全国中等职业学校机械类专业通用教材
全国技工院校机械类专业通用教材（中级技能层级）

机械制图

（第七版）

人力资源社会保障部教材办公室组织编写

中国劳动社会保障出版社

简介

本书主要内容包括制图基本知识与技能，正投影作图基础，立体表面交线的投影作图，轴测图，组合体，机械图样的基本表示法，机械图样的特殊表示法，零件图，装配图，零部件测绘，金属结构图、焊接图和展开图等。

本书由果连成主编，王槐德、孙喜兵、李同军、韦森、田华参加编写；钱可强主审，王运峰、张书平参加审稿。

图书在版编目(CIP)数据

机械制图/人力资源社会保障部教材办公室组织编写. -- 7 版. -- 北京：中国劳动社会保障出版社，2018

全国中等职业学校机械类专业通用教材　全国技工院校机械类专业通用教材：中级技能层级

ISBN 978－7－5167－3582－4

Ⅰ.①机…　Ⅱ.①人…　Ⅲ.①机械制图-中等专业学校-教材　Ⅳ.①TH126

中国版本图书馆 CIP 数据核字(2018)第 147125 号

中国劳动社会保障出版社出版发行

（北京市惠新东街 1 号　邮政编码：100029）

*

北京新华印刷有限公司印刷装订　　新华书店经销

787 毫米×1092 毫米　16 开本　17.25 印张　409 千字

2018 年 7 月第 7 版　　2022 年12月第 14 次印刷

定价：29.00 元

营销中心电话：400-606-6496

出版社网址：http://www.class.com.cn

http://jg.class.com.cn

前　言

为了更好地适应全国技工院校机械类专业的教学要求，全面提升教学质量，人力资源社会保障部教材办公室组织有关学校的一线教师和行业、企业专家，在充分调研企业生产和学校教学情况、广泛听取教师对教材使用反馈意见的基础上，对全国技工院校机械类专业通用教材进行了修订和补充开发。本次修订（新编）的教材包括：《机械制图（第七版）》《机械基础（第六版）》《机械制造工艺基础（第七版）》《金属材料与热处理（第七版）》《极限配合与技术测量基础（第五版）》《电工学（第六版）》《工程力学（第六版）》《数控加工基础（第四版）》《计算机制图——AutoCAD 2018》《计算机制图——CAXA 电子图板 2018》等。

本次教材修订（新编）工作的重点主要体现在以下两个方面：

第一，根据教学实践和科学技术的发展，合理更新教材内容。

根据机械类专业毕业生所从事岗位的实际需要和教学实际情况的变化，合理确定学生应具备的能力与知识结构，对部分教材内容及其深度、难度做了适当调整；根据相关专业领域的最新发展，在教材中充实新知识、新技术、新设备、新材料等方面的内容，体现教材的先进性；采用最新国家技术标准，使教材更加科学和规范。

第二，引入“互联网+”技术，进一步做好教学服务工作。

在《机械制图（第七版）》《机械基础（第六版）》教材中使用了增强现实（AR）技术。学生在移动终端上安装 App，扫描教材中带有 AR 图标的页面，可以对呈现的立体模型进行缩放、旋转、剖切等操作，以及观察模型的运动和拆分动画，便于更直观、细致地探究机构的内部结构和工作原理，还可以浏览相关视频、图片、文本等拓展资料。在其他教材中使用了二维码技术，针对教材中的教学重点和难点制作了动画、视频、微课等多媒体资源，学生使用移动终端扫描二维码即可在线观看相应内容。

本套教材配有习题册、教学参考书、多媒体电子课件和在线题库组卷系统，可以通过中国技工教育网（http：//jg.class.com.cn）下载电子课件等教学资源和使用在线题库组卷系统。

本次教材的修订（新编）工作得到了河北、辽宁、江苏、山东、广东、广西、陕西等省、自治区人力资源社会保障厅及有关学校的大力支持，在此我们表示诚挚的谢意。

人力资源社会保障部教材办公室

2018年7月

目　录

绪　论

一、图样的内容和作用

根据投影原理、标准或有关规定表示的工程对象，并有必要技术说明的图称为图样。在制造机器或部件时，要根据零件图加工零件，再按装配图把零件装配成机器或部件。如图 0—1 所示的千斤顶，它是利用螺旋传动来顶举重物的。图 0—2 所示为千斤顶装配图，根据装配图中的序号和明细栏，对照千斤顶立体图可看出，该部件由五种零件和三种标准件装配而成。图 0—3 所示为千斤顶中顶块的零件图。装配图是表示组成机器或部件中各零件间连接方式和装配关系的图样，零件图是表达零件结构、形状、大小及技术要求的图样。根据装配图所表示的各零件间装配关系和技术要求，把合格的零件装配在一起，才能制造出机器或部件。

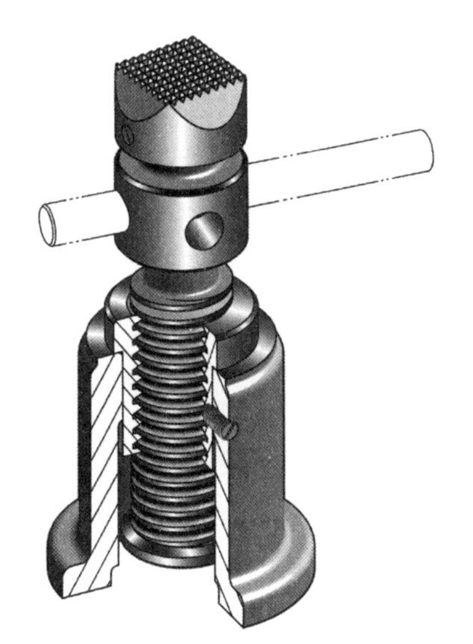

图 0—1　千斤顶

二、学习机械制图课程的目的

在现代工业生产中，机械、化工或建筑工程都是根据图样进行制造和施工的。设计者通过图样表达设计意图；制造者通过图样了解设计内容、技术要求，进而组织制造和指导生产；使用者通过图样了解机器设备的结构和性能，进行操作、维修和保养。因此，图样是交流及传递设计思想、技术信息的媒介和工具，是工程界通用的技术语言。作为中等职业教育培养目标的生产第一线的现代技能型人才，必须学会并掌握这种语言，具备识读和绘制工程图样的基本能力。

本课程研究的图样主要是机械图样。本课程是学习识读及绘制机械图样的原理和方法的一门主干专业技术基础课。通过本课程学习，可为学习后续的专业课程以及发展自身的职业能力打下必要的基础。

三、本课程的主要内容和基本要求

本课程的主要内容包括制图基本知识与技能、正投影作图基础、机械图样的表示法、零件图和装配图的识读与绘制、零部件测绘等部分。学完本课程应达到以下基本要求：

1. 通过学习制图基本知识与技能，应熟悉国家标准《机械制图》的基本规定，学会正确使用绘图工具和仪器的方法，初步掌握徒手绘制草图的技能。

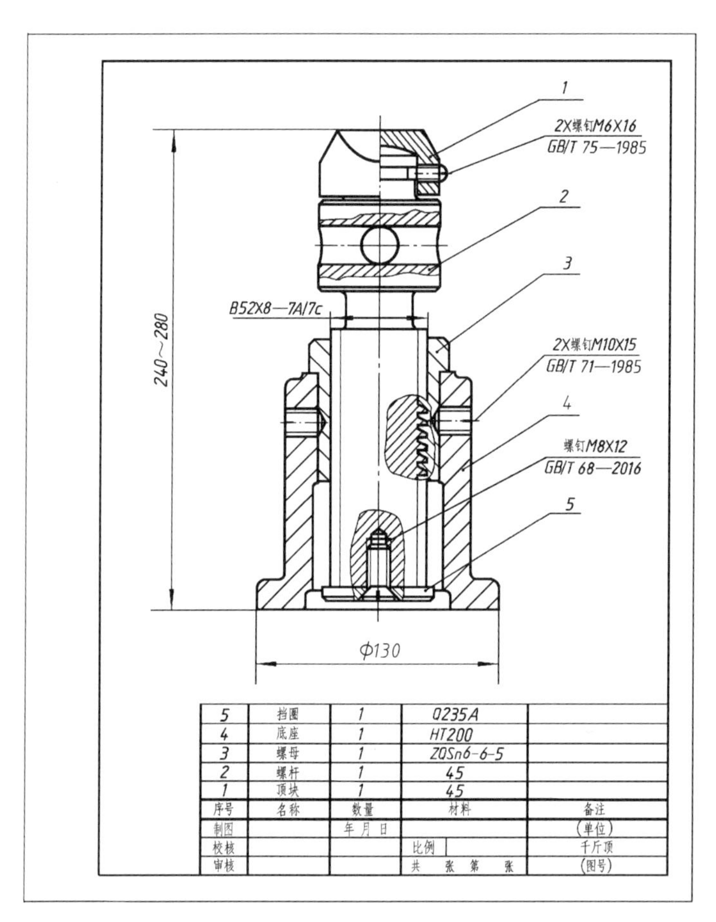

图 0—2　千斤顶装配图

2. 正投影法基本原理是识读和绘制机械图样的理论基础，是本课程的核心内容。通过学习正投影作图基础、组合体及其尺寸标注，应掌握运用正投影法表达空间形体的图示方法，并具备一定的空间想象和思维能力。

3. 机械图样的表示法包括图样的基本表示法及常用机件和标准结构要素的特殊表示法。通过学习机械图样的表示法，理解并掌握视图、剖视图、断面图等的画法和注法规定，以及螺纹紧固件连接、齿轮啮合、键和销连接等画法规定，这是识读和绘制零件图、装配图的重要基础。

4. 机械图样的识读与绘制是本课程的主干内容，也是学习本课程的目的所在。通过学习，还应了解各种技术要求的符号、代号和标记的含义，具备识读和绘制中等复杂程度零件图和装配图的基本能力。

5. 零部件测绘是本课程综合应用的实践性教学内容。通过学习，既要掌握零部件测绘的基本方法和步骤，又要学会全面而灵活地运用前面所学的相关知识。同时，要贴近企业生产实际，注重培养学生的综合职业能力。

四、学习方法提示

1. 本课程的核心内容是如何用二维平面图形来表达三维空间形体，以及由二维平面图形想象三维空间物体的形状。因此，学习本课程的重要方法是自始至终把物体的投影与物体的形状紧密联系，不断地“由物画图”和“由图想物”，既要想象物体的形状，又要思考作图的投影规律，逐步提高空间想象和思维能力。

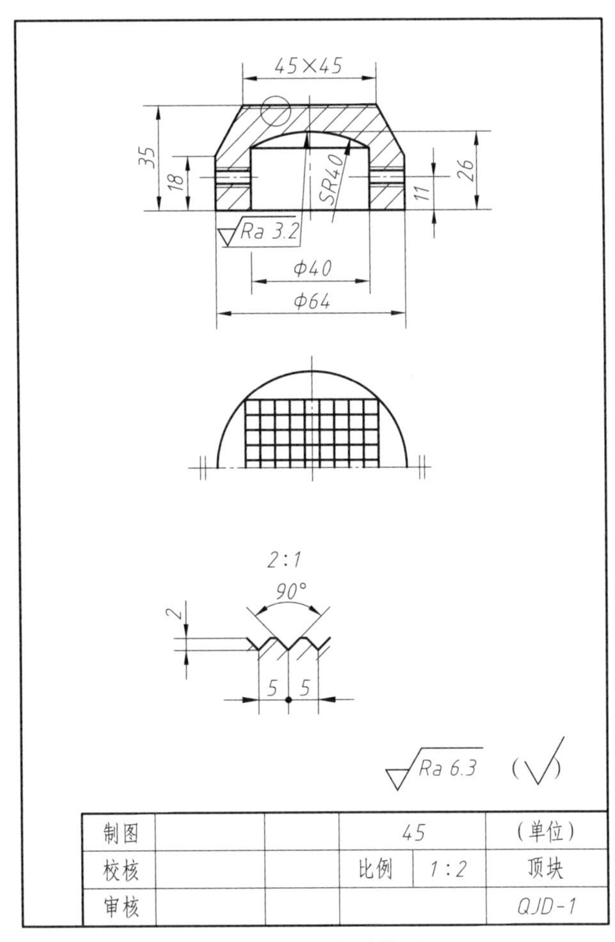

图 0—3　顶块零件图

2. 学与练相结合，在学中练，练中学。每堂课后要认真完成相应的习题或作业，及时巩固所学知识。虽然本课程的教学目标是以识图为主，但是读图源于画图，所以要读画结合，以画促读，通过画图训练促进读图能力的提高。

3. 工程图样不仅是我国工程界的技术语言，也是国际工程界通用的技术语言，不同国籍的工程技术人员都能读懂。工程图样之所以具有这种性质，是因为工程图样是按国际上共同遵守的规则绘制的。这些规则可归纳为两个方面：一是规律性的投影作图；二是规范性的制图标准。学习本课程时应遵循这两个规则，不仅要熟练地掌握空间形体与平面图形的对应关系，具有丰富的空间想象能力，同时还要熟悉、了解国家标准《技术制图》和《机械制图》的相关内容，并严格遵守。

五、工程图学的历史与发展

自从劳动开创人类文明史以来，图形与语言、文字一样，是人们认识自然、表达和交流思想的基本工具。远古时代，人类从制造简单工具到建造建筑物，一直使用图形来表达意图，但均以直观、写真的方法来画图。随着生产的发展，这种简单的图形已不能正确表达形体，人们迫切需要总结出一套绘制工程图的方法，使其既能正确表达形体，又便于绘制和度量。18世纪欧洲的工业革命促进了一些国家科学技术的迅速发展。法国科学家蒙日在总结前人经验的基础上，根据平面图形表示空间形体的规律，应用投影方法创建了画法几何学，从而奠定了图学理论的基础，使工程图的表达与绘制实现了规范化。两百年来，经过不断完善和发展，工程图在工业生产中得到了广泛的应用。

在图学发展的历史长河中，我国人民也有着杰出的贡献。“没有规矩，不成方圆”，反映了我国在古代对尺规作图已有深刻的理解和认识，如春秋时代的《周礼·考工记》中已有规矩、绳墨、悬锤等绘图工具运用的记载。我国历史上保存下来的最著名的建筑图样为宋代李明仲所著的《营造法式》（刊印于1103年），书中记载的各种图样与现代的正投影图、轴测图、透视图的画法已非常接近。宋代以后，元代王桢所著《农书》（1313年）、明代宋应星所著《天工开物》（1637年）等书中都附有上述类似图样。明代徐光启所著《农政全书》画有许多农具图样，包括构造细部的详图，并附有详细的尺寸和制造技术要求注解。但由于我国长期处于封建社会，科学技术发展缓慢，图学方面虽然很早就有相当高的成就，但未能形成专著留传下来。

20世纪50年代，我国著名学者赵学田教授简明而通俗地总结了三视图的投影规律——长对正、高平齐、宽相等，从而使工程图易学、易懂。1959年，我国正式颁布国家标准《机械制图》，1970年、1974年、1984年相继做了必要修订。1992年以来，我国又陆续制定了多项适用于多种专业的国家标准《技术制图》，并对1984年颁布的《机械制图》国家标准分批进行了修订，逐步实现了与国际标准的接轨。

20世纪50年代，世界上第一台平台式自动绘图机诞生。70年代后期，随着微型计算机的出现，计算机绘图进入高速发展和广泛普及的新时期。

跨入21世纪的今天，计算机辅助设计（CAD）技术推动了几乎所有领域的设计革命。CAD技术从根本上改变了手工绘图、按图组织生产的管理方式，并已逐步实现了计算机辅助设计、计算机辅助工艺设计和计算机辅助制造以及计算机辅助管理一体化的系统解决方案，特别是三维建模的普及，更有助于学习和理解二维视图。但是，计算机的广泛应用并不意味着可以取代人的作用。同时，无图纸生产并不等于无图生产，任何设计都离不开运用图形来表达、构思，因此，图形的作用不仅不会降低，反而显得更加重要。

第一章 制图基本知识与技能

工程图样是现代工业生产中的重要技术资料，也是工程界交流信息的共同语言，具有严格的规范性。掌握制图基本知识与技能，是培养画图和读图能力的基础。本章着重介绍国家标准《技术制图》和《机械制图》中的制图基本规定，并简要介绍绘图工具的使用以及平面图形的画法。

§1—1 制图基本规定

为了适应现代化生产和管理的需要，便于技术交流，我国制定并发布了一系列国家标准，简称“国标”，包括强制性国家标准（代号“GB”）、推荐性国家标准（代号“GB/T”）和国家标准化指导性技术文件（代号“GB/Z”）。例如，《技术制图 图样画法 视图》(GB/T 17451—1998) 即表示技术制图标准中图样画法的视图部分，发布顺序号为 17451，发布年号是 1998 年。需注意的是，《机械制图》标准适用于机械图样，《技术制图》标准则对工程界的各种专业图样普遍适用。本节摘录了国家标准《技术制图》和《机械制图》中有关的基本规定。

一、图纸幅面和格式（GB/T 14689—2008）

1. 图纸幅面

绘制图样时，图纸幅面应采用表 1—1 中规定的基本幅面。基本幅面代号有 A0、A1、A2、A3、A4 五种。

图 1—1 中粗实线所示为基本幅面。必要时，可以按规定加长图纸的幅面，加长幅面的尺寸由基本幅面的短边成整数倍增加后得出。细实线及细虚线所示分别为第二选择和第三选择的加长幅面。

2. 图框格式

图纸上限定绘图区域的线框称为图框。图框在图纸上必须用粗实线画出，图样绘制在图框内部。其格式分为留装订边和不留装订边两种，如图 1—2 和图 1—3 所示。同一产品的图样只能采用一种图框格式。

表 1—1　图纸幅面及图框格式尺寸　mm

幅面代号	幅面尺寸	周边尺寸		
	B×L	a	c	e
A0	841×1 189	25	10	20
A1	594×841			
A2	420×594			10
A3	297×420		5	
A4	210×297			

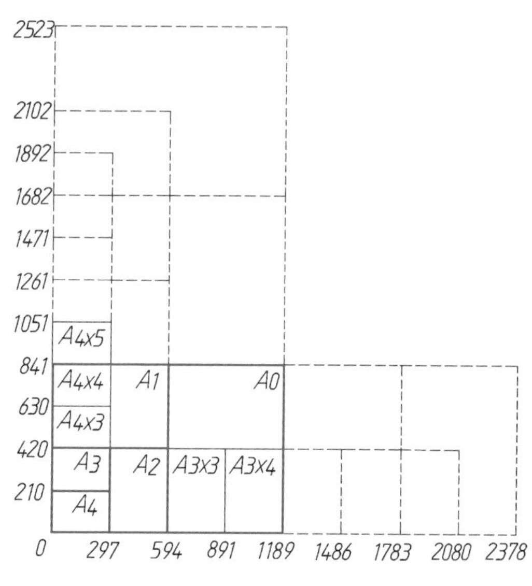

图 1—1　五种图纸幅面及加长边

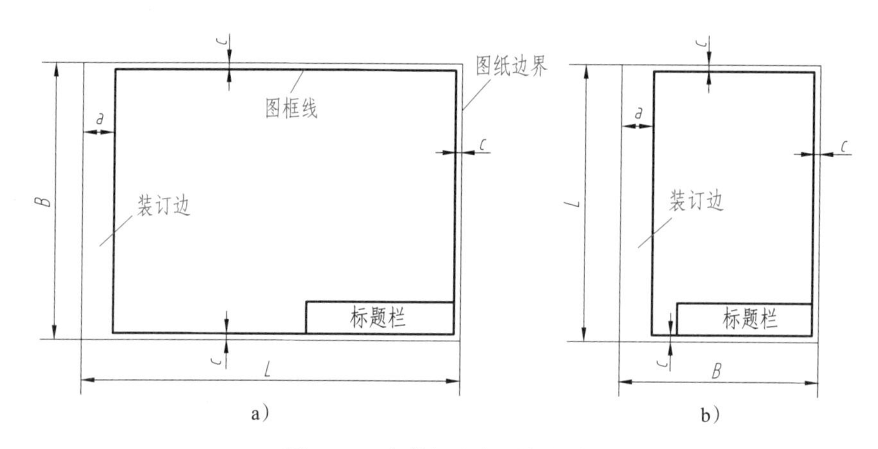

图 1—2　留装订边的图框格式

a）横放　b）竖放

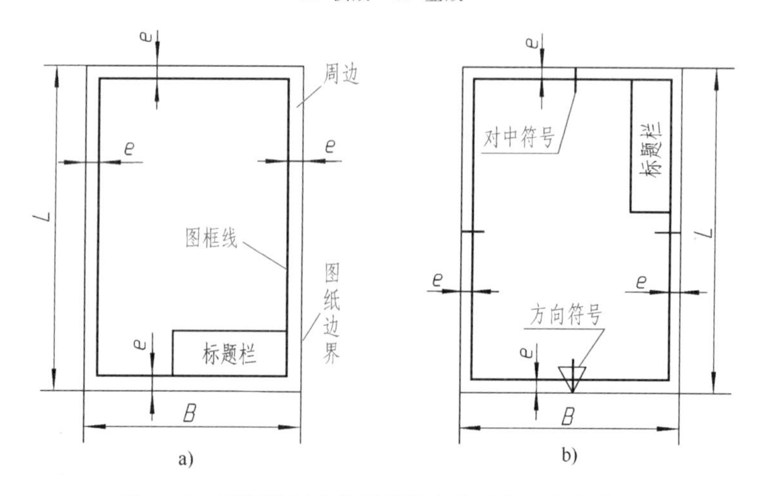

图 1—3　不留装订边的图框格式及对中、方向符号

为了复制和缩微摄影的方便，应在图纸各边长的中点处绘制对中符号。对中符号是从周边画入图框内 5 mm 的一段粗实线，如图 1—3b 所示。当对中符号在标题栏范围内时，则伸入标题栏内的部分予以省略。

3. 标题栏

标题栏由名称及代号区、签字区、更改区和其他区组成，其格式和尺寸按 GB/T 10609.1—2008 的规定绘制，如图 1—4a 所示，教学中建议采用简化的标题栏（图 1—4b）。

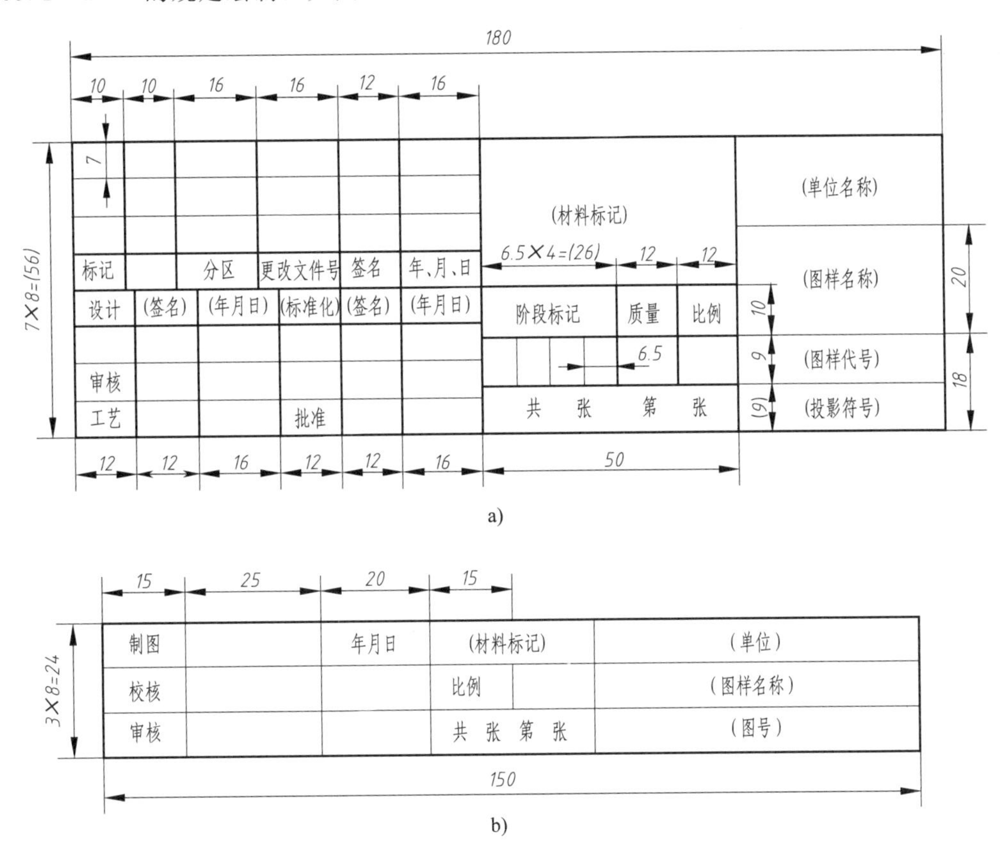

图 1—4　标题栏的格式

标题栏位于图纸右下角，标题栏中的文字方向为看图方向。如果使用预先印制的图纸，需要改变标题栏的方位时，必须将其旋转至图纸的右上角，此时，为了明确看图的方向，应在图纸的下边对中符号处画一个方向符号（细实线绘制的正三角形），如图 1—3b 所示。

二、比例（GB/T 14690—1993）

比例是指图样中图形与其实物相应要素的线性尺寸之比。

当需要按比例绘制图样时，应从表 1—2 规定的系列中选取。

为了看图方便，建议尽可能按机件的实际大小即原值比例画图，如机件太大或太小，则采用缩小或放大比例画图。不论放大或缩小，标注尺寸时必须注出设计要求的尺寸。图 1—5 所示为用不同比例画出的同一图形。

三、字体（GB/T 14691—1993）

图样中书写的汉字、数字和字母必须做到：字体工整、笔画清楚、间隔均匀、排列整齐。字体的号数即字体的高度 h 分为 8 种：20、14、10、7、5、3.5、2.5、1.8 mm。

表 1—2　　　　　　　　　　　　　　　**绘 图 比 例**

原值比例	1∶1					
放大比例	2∶1 (2.5∶1)	5∶1 (4∶1)	1×10^n∶1 (2.5×10^n∶1)	2×10^n∶1 (4×10^n∶1)	5×10^n∶1	
缩小比例	1∶2 (1∶1.5) (1∶1.5×10^n)	1∶5 (1∶2.5) (1∶2.5×10^n)	1∶10	1∶1×10^n (1∶3) (1∶3×10^n)	1∶2×10^n (1∶4) (1∶4×10^n)	1∶5×10^n (1∶6) (1∶6×10^n)

注：n 为正整数，优先选用不带括号的比例。

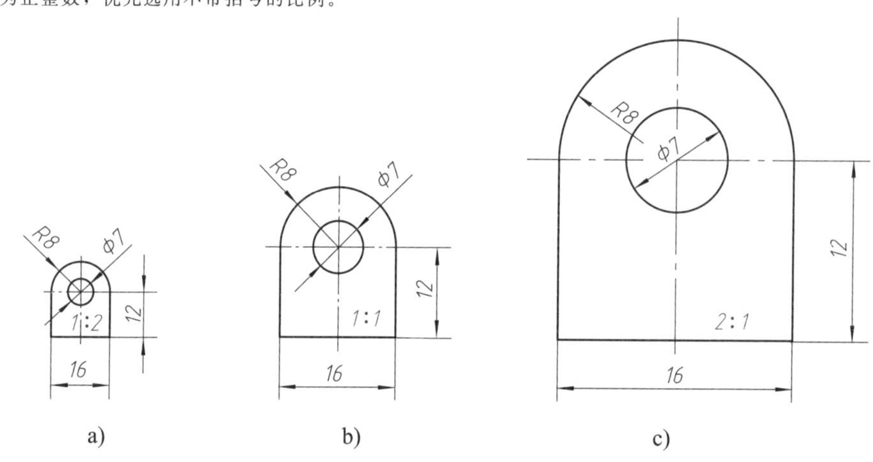

图 1—5　用不同比例画出的图形

汉字应写成长仿宋体，并采用国家正式公布的简化字。汉字的高度应不小于 3.5 mm，其宽度一般为 $h/\sqrt{2}$。

长仿宋体汉字的书写要领是横平竖直、注意起落、结构均匀、填满方格。汉字常由几个部分组成，为了使字体结构匀称，书写时应恰当分配各组成部分的比例。

数字和字母可写成直体或斜体（常用斜体），斜体字字头向右倾斜，与水平基准线约成 75°。字体示例见表 1—3。

表 1—3　　　　　　　　　　　　　　　**字体示例**

类型	示例
长仿宋体汉字	基本笔画 机　械　制　图 结构特点

续表

类型		示例
长仿宋体汉字	10号	字体工整　笔画清楚　间隔均匀　排列整齐
	7号	横平竖直　注意起落　结构均匀　填满方格
	5号	技术制图石油化工机械电子汽车航空船舶土木建筑矿山井坑港口纺织焊接设备工艺
	3.5号	螺纹齿轮端子接线飞行指导驾驶舱位挖填施工引水通风闸阀坝棉麻化纤材料及热处理
拉丁字母	大写斜体	*ABCDEFGHIJKLMNOPQRSTUVWXYZ*
	小写斜体	*abcdefghijklmnopqrstuvwxyz*
阿拉伯数字	斜体	*0123456789*
	正体	0123456789
罗马数字	斜体	*Ⅰ Ⅱ Ⅲ Ⅳ Ⅴ Ⅵ Ⅶ Ⅷ Ⅸ Ⅹ*
	正体	Ⅰ Ⅱ Ⅲ Ⅳ Ⅴ Ⅵ Ⅶ Ⅷ Ⅸ Ⅹ
字体的应用		$\phi 20^{+0.010}_{-0.023}$　$7^{\circ}{}^{+1^{\circ}}_{-2^{\circ}}$　$\frac{3}{5}$ A—A　M24—6h　HT200　R8　5% $\phi 25\frac{H6}{m5}$　$\frac{Ⅱ}{2:1}$　$\frac{A}{5:1}$ 0.02　A　Ra 6.3

四、图线（GB/T 17450—1998、GB/T 4457.4—2002）

1. 图线的线型及应用

绘图时应采用国家标准规定的图线线型和画法。国家标准《技术制图　图线》（GB/T

17450—1998）规定了绘制各种技术图样的15种基本线型。根据基本线型及其变形，国家标准《机械制图 图样画法 图线》（GB/T 4457.4—2002）中规定了9种图线，其名称、线型及应用示例见表1—4和图1—6。

表1—4　　图线的线型及应用（根据GB/T 4457.4—2002）

图线名称	图线形式	图线宽度	一般应用举例
粗实线	————	粗（d）	可见轮廓线
细实线	————	细（$d/2$）	尺寸线及尺寸界线 剖面线 重合断面的轮廓线 过渡线
细虚线	– – – – – –	细（$d/2$）	不可见轮廓线
细点画线	—·——	细（$d/2$）	轴线 对称中心线
粗点画线	—·——	粗（d）	限定范围表示线
细双点画线	—··——	细（$d/2$）	相邻辅助零件的轮廓线 轨迹线 可动零件的极限位置的轮廓线 中断线
波浪线	～～～	细（$d/2$）	断裂处边界线 视图与剖视图的分界线
双折线	—\/\—\/\—	细（$d/2$）	
粗虚线	– – – – – –	粗（d）	允许表面处理的表示线

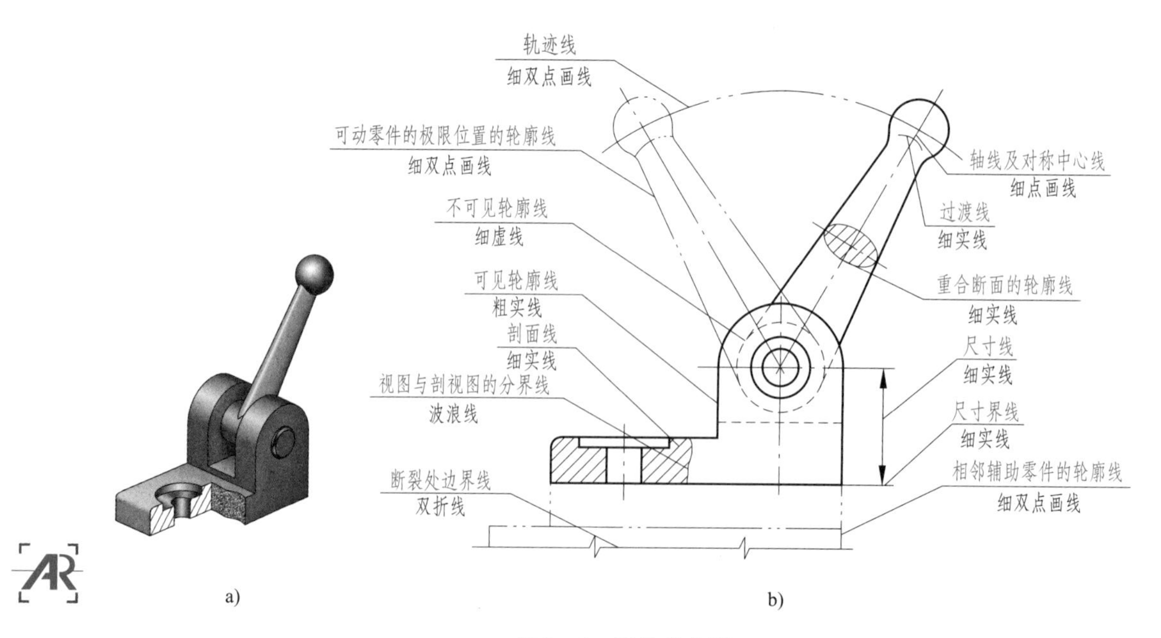

图1—6　图线的应用

机械制图中通常采用两种线宽，粗、细线的比例为2∶1，粗线宽度（d）优先采用0.5 mm、0.7 mm。为了保证图样清晰、便于复制，应尽量避免出现线宽小于0.18 mm的图线。

2. 图线画法

（1）细虚线、细点画线、细双点画线与其他图线相交时尽量交于画或长画处。如图1—7a所示，画圆的中心线时，圆心应是长画的交点，细点画线两端应超出轮廓3～5 mm；当细点画线较短时（如小圆直径小于8 mm），允许用细实线代替细点画线，如图1—7b所示。图1—7c所示为错误画法。

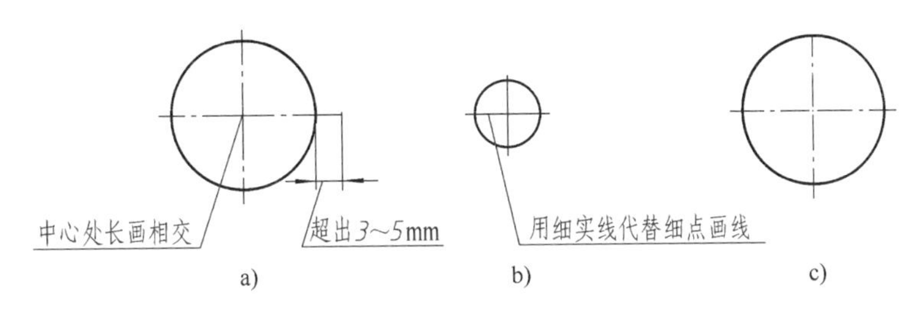

图1—7 圆中心线的画法

（2）细虚线直接在粗实线延长线上相接时，细虚线应留出空隙，如图1—8a所示；细虚线与粗实线垂直相接时则不留空隙，如图1—8b所示；细虚线圆弧与粗实线相切时，细虚线圆弧应留出空隙，如图1—8c所示。

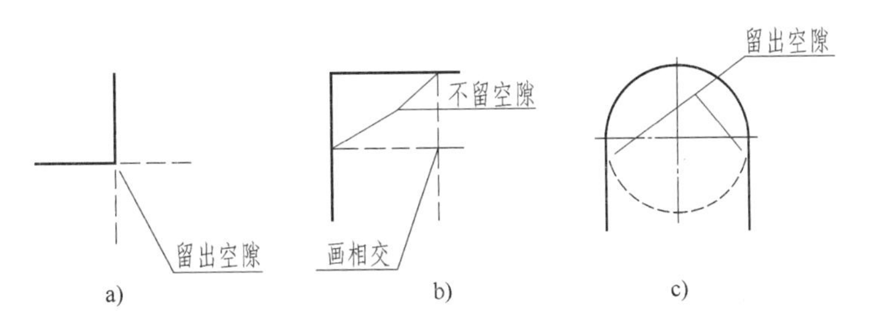

图1—8 细虚线的画法

§1—2 尺寸注法

图形只能表示物体的形状，而其大小由标注的尺寸确定。尺寸是图样中的重要内容之一，是制造机件的直接依据。因此，在标注尺寸时，必须严格遵守国家标准中的有关规定，做到正确、齐全、清晰和合理。尺寸注法的依据是国家标准《机械制图　尺寸注法》（GB/T 4458.4—2003）和《技术制图　简化表示法　第2部分：尺寸注法》（GB/T 16675.2—1996）。

一、标注尺寸的基本规则

1. 机件的真实大小应以图样上标注的尺寸数值为依据，与图形的大小及绘图的准确度无关。

2. 图样中的尺寸以 mm 为单位时，不必标注计量单位的符号（或名称）。如采用其他单位，则应注明相应的单位符号。

3. 图样中所标注的尺寸为该图样所示机件的最后完工尺寸，否则应另加说明。

4. 机件上的每一尺寸一般只标注一次，并应标注在表示该结构最清晰的图形上。

二、标注尺寸的要素

标注尺寸由尺寸界线、尺寸线和尺寸数字三个要素组成，如图 1—9 所示。

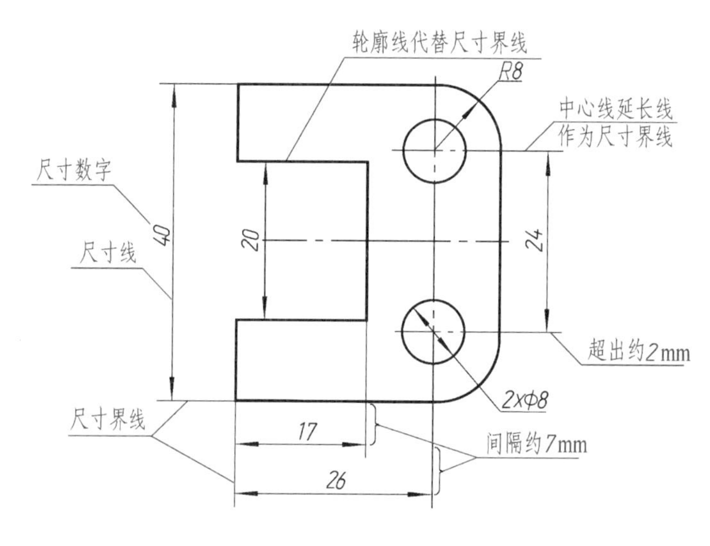

图 1—9　标注尺寸的要素

1. 尺寸界线

尺寸界线表示所注尺寸的起始和终止位置，用细实线绘制，并应从图形的轮廓线、轴线或对称中心线引出；也可以直接利用轮廓线、轴线或对称中心线作为尺寸界线。尺寸界线一般应与尺寸线垂直，并超出尺寸线约 2 mm。

2. 尺寸线

尺寸线用细实线绘制，应平行于被标注的线段，相同方向各尺寸线之间的间隔约为 7 mm。尺寸线一般不能用图形上的其他图线代替，也不能与其他图线重合或画在其延长线上，并应尽量避免与其他尺寸线或尺寸界线相交。

尺寸线终端有箭头（图 1—10a）和斜线（图 1—10b）两种形式。通常，机械图样的尺寸线终端画箭头，土木建筑图的尺寸线终端画斜线。当没有足够的位置画箭头时，可用小圆点（图 1—10c）或斜线代替（图 1—10d）。

3. 尺寸数字

线性尺寸数字一般应注写在尺寸线的上方或左方，也允许注写在尺寸线的中断处。注写线性尺寸数字，如尺寸线为水平方向时，尺寸数字规定由左向右书写，字头朝上；如尺寸线为竖直方向时，尺寸数字规定由下向上书写，字头朝左；在倾斜的尺寸线上注写尺寸数字时，必须使字头方向有向上的趋势。线性尺寸、角度尺寸、圆及圆弧尺寸、小尺寸等的注法见表 1—5。

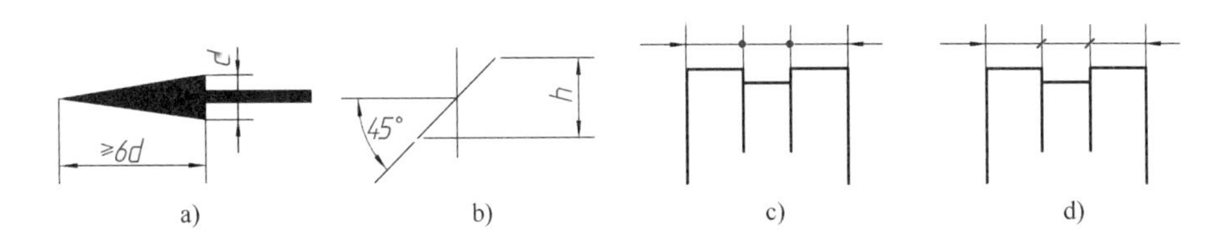

图 1—10　尺寸线的终端

a）箭头形式　b）斜线形式　c）小圆点代替　d）斜线代替

表 1—5　　尺寸注法示例

内容	图例及说明
线性尺寸数字方向	当尺寸线在图示30°范围内(红色)时，可采用右边几种形式标注，同一张图样中标注形式要统一
线性尺寸注法	第一种方法　第二种方法　必要时尺寸界线与尺寸线允许倾斜 优先采用第一种方法，同一张图样中标注形式要统一
圆及圆弧尺寸注法	圆的直径数字前面加注“ϕ”。当尺寸线的一端无法画出箭头时，尺寸线要超过圆心一段 圆弧半径数字前面加注“R”。半径尺寸线一般应通过圆心

续表

内容	图例及说明
小尺寸注法	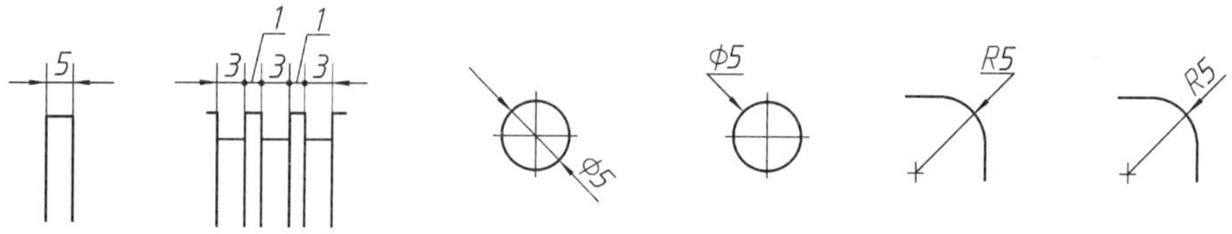 当无足够位置标注小尺寸时，箭头可外移或用小圆点代替两个箭头，尺寸数字也可注写在尺寸界线外或引出标注
避免图线通过尺寸数字	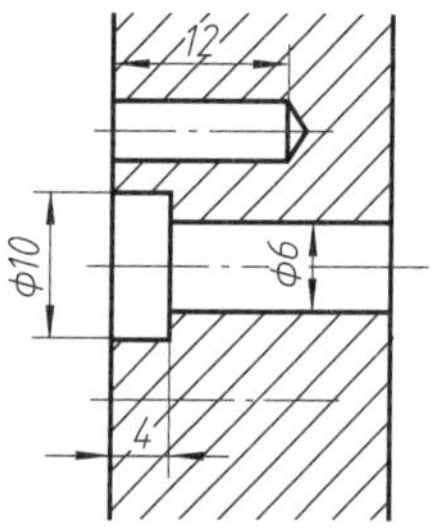 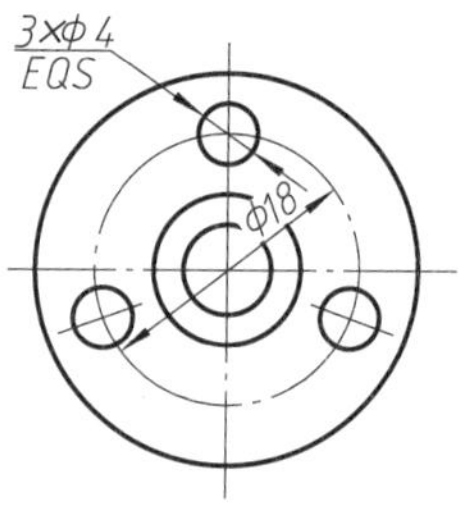 当尺寸数字无法避免被图线通过时，图线必须断开。图中"3×Φ4 EQS"表示3个ϕ4孔均布
角度和弧长尺寸注法	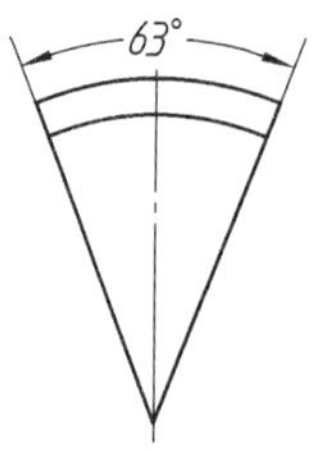 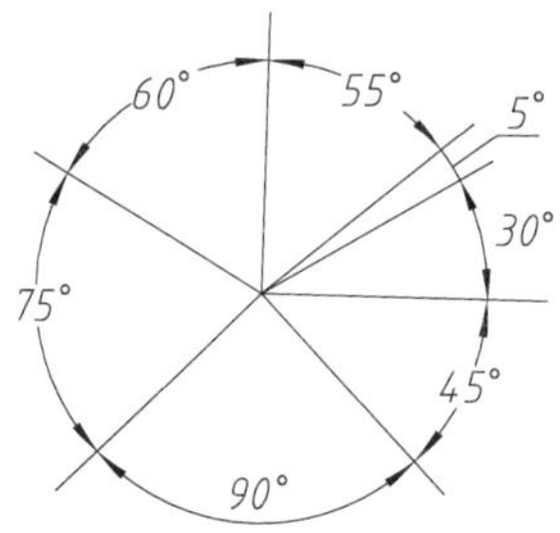 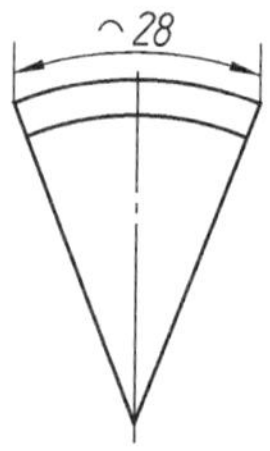 角度的尺寸界线应沿径向引出，尺寸线画成圆弧，其圆心是该角的顶点。角度的尺寸数字一律水平书写，一般注写在尺寸线的中断处，必要时也可注写在尺寸线的上方、外侧或引出标注 弧长的尺寸线是该圆弧的同心弧，尺寸界线平行于对应弦长的垂直平分线。"⌒28"表示弧长28
对称机件的尺寸注法	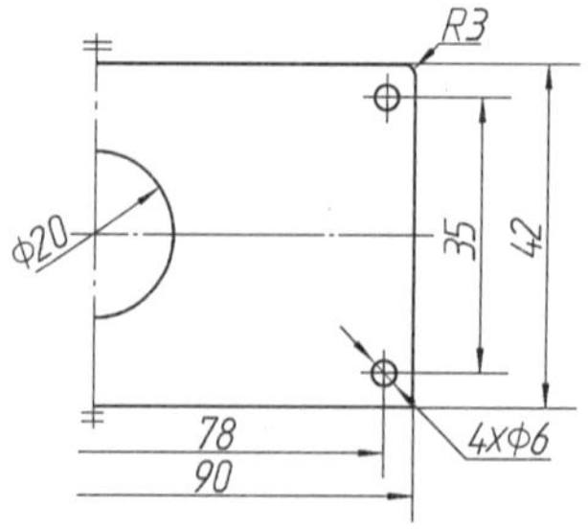 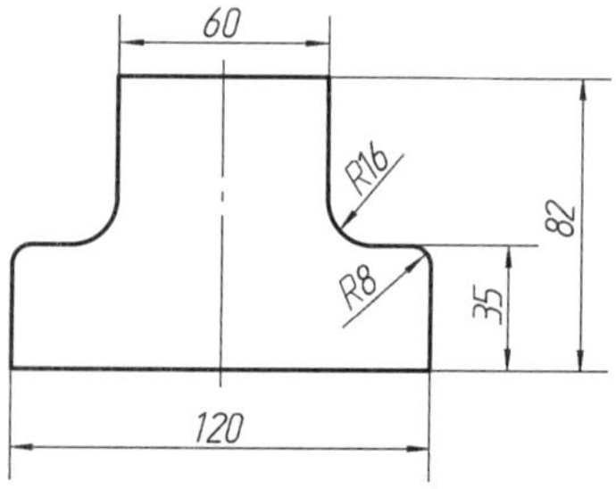 78、90两尺寸线的一端无法注全时，它们的尺寸线要超过对称线一段。图中"4×Φ6"表示有4个ϕ6孔 分布在对称线两侧的相同结构，可仅标注其中一侧的结构尺寸

§1—3 尺规绘图

一、尺规绘图工具及其使用

尺规绘图是指用铅笔、丁字尺、三角板、圆规等绘图工具来绘制图样。虽然目前技术图样已逐步由计算机绘制，但尺规绘图既是工程技术人员的必备基本技能，又是学习和巩固图学理论知识不可缺少的方法，必须熟练掌握。

常用的绘图工具有以下几种：

1. 图板和丁字尺

画图时，先将图纸用胶带纸固定在图板上，丁字尺头部要靠紧图板左边，画线时铅笔垂直于纸面并向运笔方向倾斜 45°～60°（图 1—11）。丁字尺上下移动到画线位置，自左向右画水平线（图 1—12）。

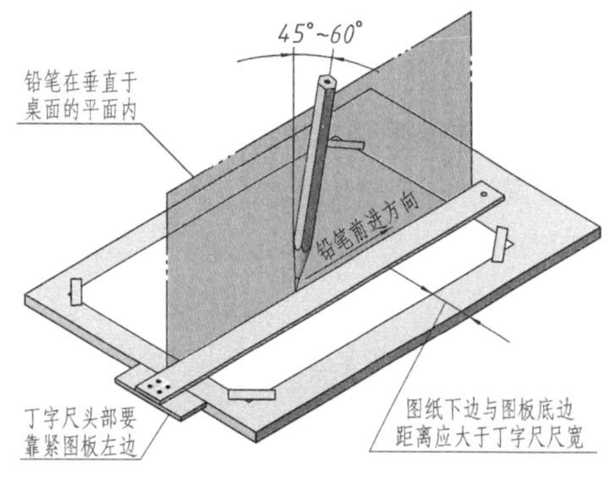

图 1—11　图板、丁字尺及铅笔的使用

2. 三角板

一副三角板由 45°和 30°（60°）两块直角三角板组成。三角板与丁字尺配合使用可画垂直线（图 1—12），还可画出与水平线成 30°、45°、60°以及 15°的任意整倍数倾斜线（图 1—13）。

两块三角板配合使用，可作任意已知直线的垂直线或平行线，如图 1—14 所示。

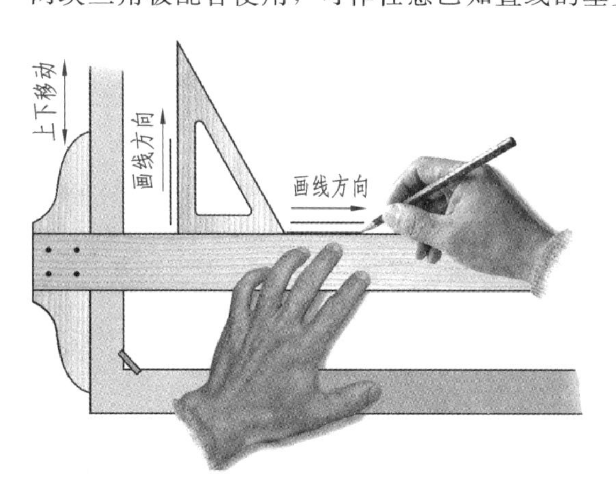

图 1—12　丁字尺和三角板

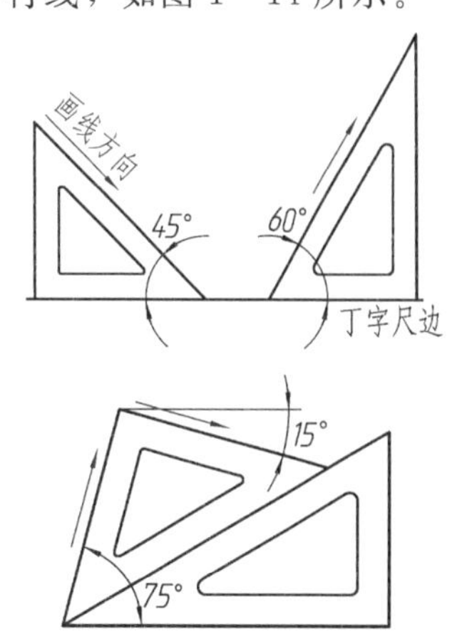

图 1—13　用三角板画常用角度斜线

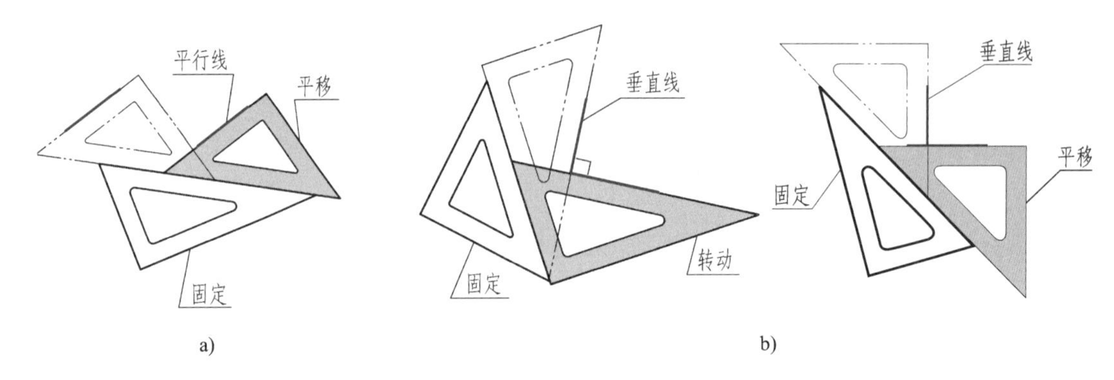

图 1—14　两块三角板配合使用

a）作平行线　b）作垂直线

3. 圆规和分规

圆规用来画圆和圆弧。画圆时，圆规的钢针应使用有台阶的一端（避免图纸上的针孔不断扩大），并使笔尖与纸面垂直。圆规的使用方法如图 1—15 所示。

分规（图 1—16a）是用来截取线段和等分直线（图 1—16b）或圆周，以及量取尺寸的工具。分规的两个针尖并拢时应对齐。

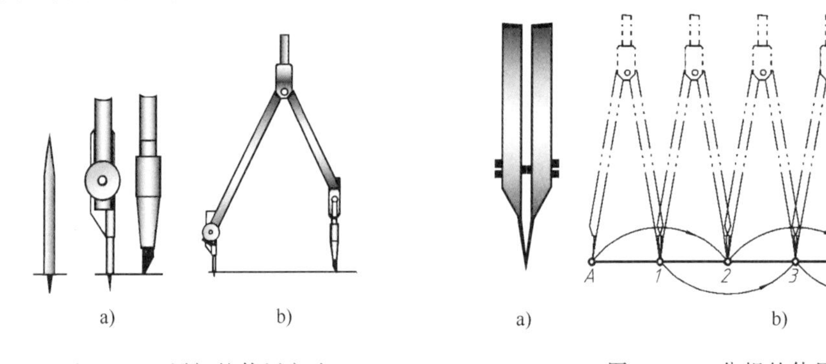

图 1—15　圆规的使用方法

图 1—16　分规的使用方法

4. 铅笔

绘图铅笔用“B”和“H”代表铅芯的软硬程度。“B”表示软性铅笔，“B”前面的数字越大，表示铅芯越软（黑）；“H”表示硬性铅笔，“H”前面的数字越大，表示铅芯越硬（淡）。“HB”表示铅芯硬度适中。

通常画粗实线用 B 或 2B 铅笔，铅笔铅芯部分削成矩形，如图 1—17a 所示；画细实线用 H 或 2H 铅笔，并将铅笔削成圆锥状，如图 1—17b 所示；写字铅笔选 HB 或 H。值得注意的是，画圆或圆弧时，圆规上的铅芯比铅笔铅芯软一号为宜。

除了上述工具外，绘图时还要备有削铅笔的小刀、磨铅芯的砂纸、橡皮以及固定图纸的胶带纸等。有时为了画非圆曲线，还要用到曲线板。如果要描图，则要用到直线笔（鸭嘴笔）或针管笔。

二、常见平面图形画法

机件的轮廓形状基本上都是由直线、圆弧和一些其他曲线组成的几何图形，绘制几何图形称为几何作图。下面介绍几种最常用的几何作图方法。

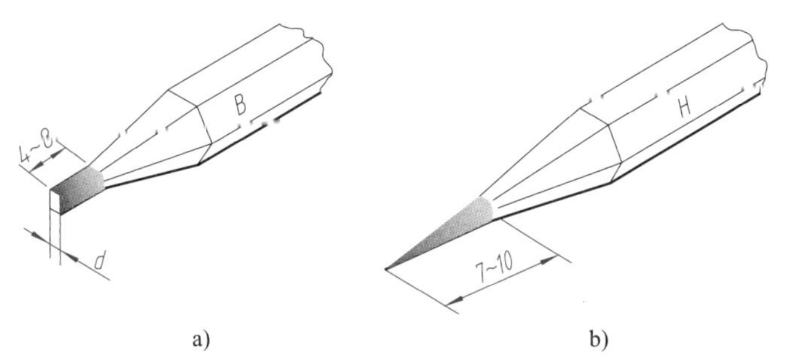

图 1—17 铅笔的削法

1. 等分圆周与正多边形（表 1—6）

表 1—6　　等分圆周与正多边形的作图方法和步骤

种类	图示作图方法	说明
圆周四、八等分		用 45°三角板与丁字尺配合或与另一块三角板配合作图，可直接分圆周为四、八等份，连接各等分点即可得到正四边形和正八边形
圆周三、六等分		用圆规分圆周为三、六等份，连接各等分点，即可作出正三角形和正六边形
		分别用 30°、60°三角板与丁字尺配合作图，可作出不同位置的正三角形或正六边形
圆周五等分	R=AG　A　G　H　O　F　R=AH　A　H　O	1. 作半径 OF 的中点 G 2. 以 G 为圆心，AG 为半径画弧，与水平直径线交于点 H 3. 以 AH 为半径，分圆周为五等份，顺次连接各等分点即可得到正五边形（或五角星）

2. 斜度和锥度

（1）斜度　指一直线对另一直线或一平面对另一平面的倾斜程度。在图样中以 1∶n 的形式标注，并在数字前加标斜度符号。

（2）锥度　指正圆锥底圆直径与圆锥高度之比。在图样中以 1∶n 的形式标注，并在数字前加标锥度符号。

应注意：标注斜度符号或锥度符号都应与相应图形的斜度或锥度方向保持一致。

斜度和锥度的画法与标注见表 1—7。

表 1—7　　斜度和锥度的画法与标注

名称	图示作图方法	说明
斜度	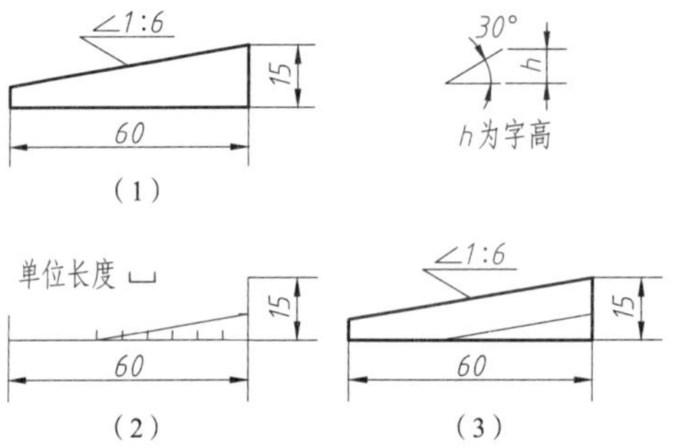 ∠1:6　15　60　(1)　30°　h　h为字高　单位长度　15　60　(2)　∠1:6　15　60　(3)	（1）给定图形 （2）作斜度 1∶6 的辅助线 （3）过指定点作辅助线的平行线，完成作图并标注尺寸 注：右上角图为斜度符号
锥度	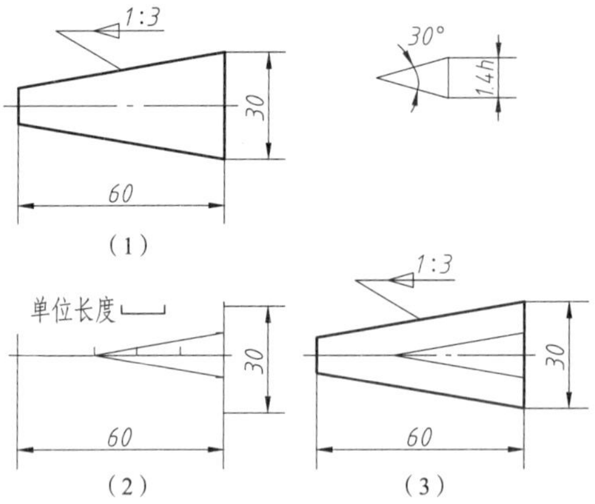 1:3　30　60　(1)　30°　1.4h　单位长度　30　60　(2)　1:3　30　60　(3)	（1）给定图形 （2）作锥度 1∶3 的辅助线 （3）过指定点作辅助线的平行线，完成作图并标注尺寸 注：右上角图为锥度符号

3. 已知长、短轴，用四心圆法作椭圆（图 1—18）

（1）画出长、短轴 AB、CD，连接 AC，以 C 为圆心，长半轴与短半轴之差为半径画弧交 AC 于 E 点（图 1—18a）。

（2）作 AE 中垂线与长、短轴交于 O_3、O_1 点，并作出其对称点 O_4、O_2（图 1—18b）。

（3）分别以 O_1、O_2 为圆心，O_1C 为半径画大弧；以 O_3、O_4 为圆心，O_3A 为半径画小弧（大、小弧的切点 K 在相应的连心线上），即得椭圆（图 1—18c）。

4. 圆弧连接

用一段圆弧光滑地连接另外两条已知线段（直线或圆弧）的作图方法称为圆弧连接。要保证圆弧连接光滑，就必须使线段与线段在连接处相切，作图时应先求作连接圆弧的圆心及确定连接圆弧与已知线段的切点。作图方法见表 1—8。

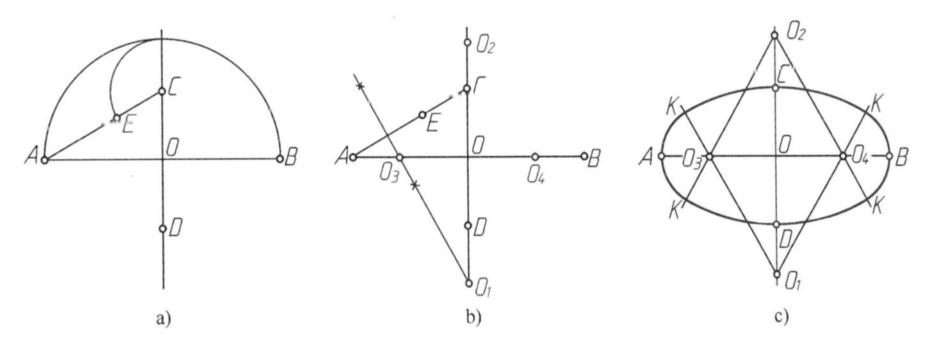

图 1—18　用四心圆法作椭圆

表 1—8　　　　　　　　　　　　**圆 弧 连 接**

	已知条件	作图方法和步骤		
		求连接圆弧圆心	求切点	画连接弧
圆弧连接两已知直线	R E F M N	E R F R M N	E 切点A O F M 切点B N	E A O F R M B N
圆弧内连接已知直线和圆弧	R_1 O_1 R M N	$R-R_1$ O_1 R M N	切点A O_1 O M 切点B N	A O_1 R O M B N
圆弧外连接两已知圆弧	R_1 R_2 O_1 O_2 R	O_1 O_2 $R+R_1$ $R+R_2$	O_1 O_2 切点A O 切点B	O_1 R O_2 A B O

续表

	已知条件	作图方法和步骤		
		求连接圆弧圆心	求切点	画连接弧
圆弧内连接两已知圆弧				
圆弧分别内外连接两已知圆弧				

三、平面图形的分析与作图

平面图形是由若干直线和曲线封闭连接组合而成的。画平面图形时，要通过对这些直线或曲线的尺寸及连接关系的分析，才能确定平面图形的作图步骤。

下面以图 1—19 所示手柄为例说明平面图形的分析方法和作图步骤。

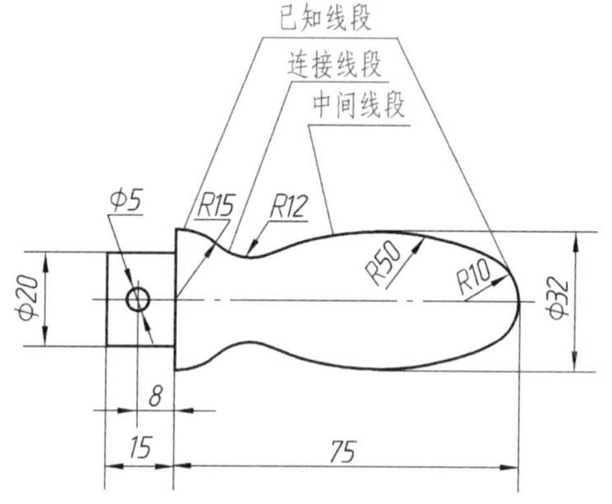

图 1—19 手柄的线段分析

1. 尺寸分析

尺寸基准指标注尺寸的起点。平面图形有水平和垂直两个方向的尺寸基准（类似于坐标轴），通常尺寸基准为图形的中心线、较长直线，如图 1—19 中的对称中心线和手柄左端较长直线（端面），画图时，应先画这些基准线。

平面图形中所注尺寸按其作用可分为以下两类：

（1）定形尺寸　指确定形状大小的尺寸，如图 1—19 中的 ϕ20、ϕ5、15、R15、R50、R10、ϕ32 等尺寸。

（2）定位尺寸　指确定各组成部分相对位置的尺寸，如图 1—19 中的 8 是确定 ϕ5 小孔位置的定位尺寸。有的尺寸既有定形尺寸的作用，又有定位尺寸的作用，如图 1—19 中的 75。

2. 线段分析

平面图形中的各线段，有的尺寸齐全，可以根据其定形尺寸、定位尺寸直接作图画出；

有的尺寸不齐全，必须根据其连接关系用几何作图的方法画出。按尺寸是否齐全，线段分为以下三类：

（1）已知线段　指定形尺寸、定位尺寸均齐全的线段，如手柄的 $\phi5$、$R10$、$R15$。

（2）中间线段　指只有定形尺寸和一个定位尺寸，而缺少另一定位尺寸的线段。这类线段要在其相邻一端的线段画出后，再根据连接关系（如相切）用几何作图的方法画出，如手柄的 $R50$。

（3）连接线段　指只有定形尺寸而缺少定位尺寸的线段，如手柄的 $R12$。

图 1—20 所示为手柄的作图步骤。

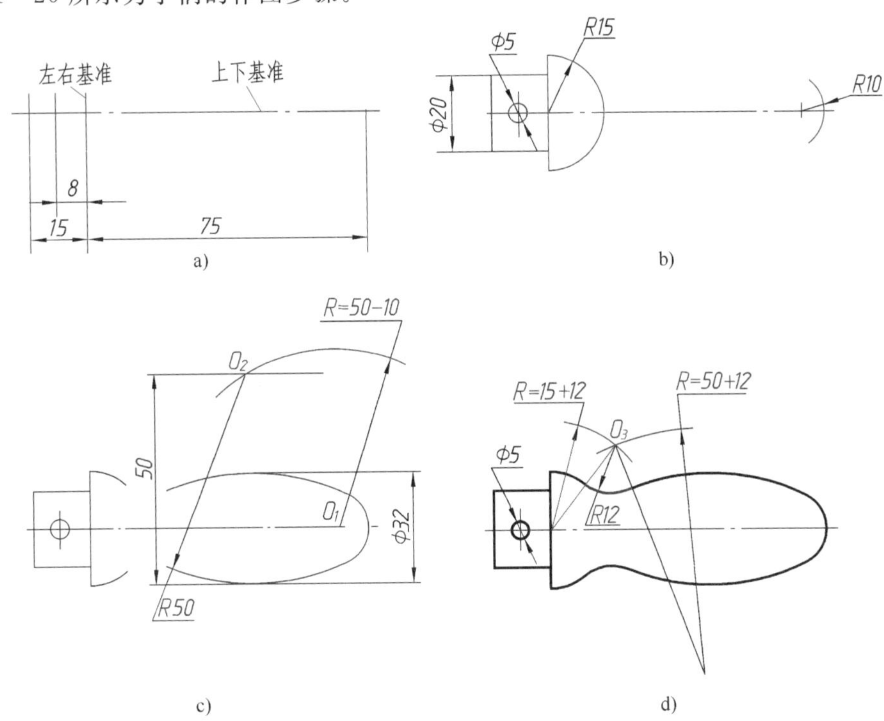

图 1—20　手柄的作图步骤

a）画基准线　b）画已知线段　c）画中间线段（求出圆心、切点）

d）画连接线段（求出圆心、切点）并描深

四、尺规绘图的基本流程

1. 绘图前的准备

（1）准备好必需的制图工具和仪器。

（2）确定图形采用的比例及图纸幅面和图纸方向。

（3）将图纸固定在图板的适当位置，使绘图时丁字尺、三角板移动自如。

（4）绘出图框和标题栏。

（5）初步分析图形总体尺寸和尺寸基准、各线段的性质及画图的先后顺序，确定图形在图纸上的布局。

2. 绘图步骤

（1）图形分析　明确尺寸基准（画图基准），通过尺寸分析确定已知线段、中间线段和连接线段。

（2）画底稿　通常打底稿时用较硬的铅笔（H 或 2H）轻淡地画出。先画基准线、已知线段，再画中间线段，后画连接线段。

（3）检查　底稿画好后，要仔细检查，修正错误，擦掉多余作图线。

（4）描深　尽可能按先曲后直、先小后大、自上而下、由左至右的顺序原则加深图形，粗实线一般用 B 或 2B 铅笔绘制，且圆规上使用的铅芯比铅笔软一号；用 H 或 2H 铅笔画所有细线（细实线、细点画线和细虚线）。

（5）画尺寸界线、尺寸线和箭头　注意按要求画同方向尺寸时，先画小尺寸后画大尺寸，由内向外，排列规整。

（6）填写尺寸数字和标题栏　图 1—21 所示为完成的手柄平面图。

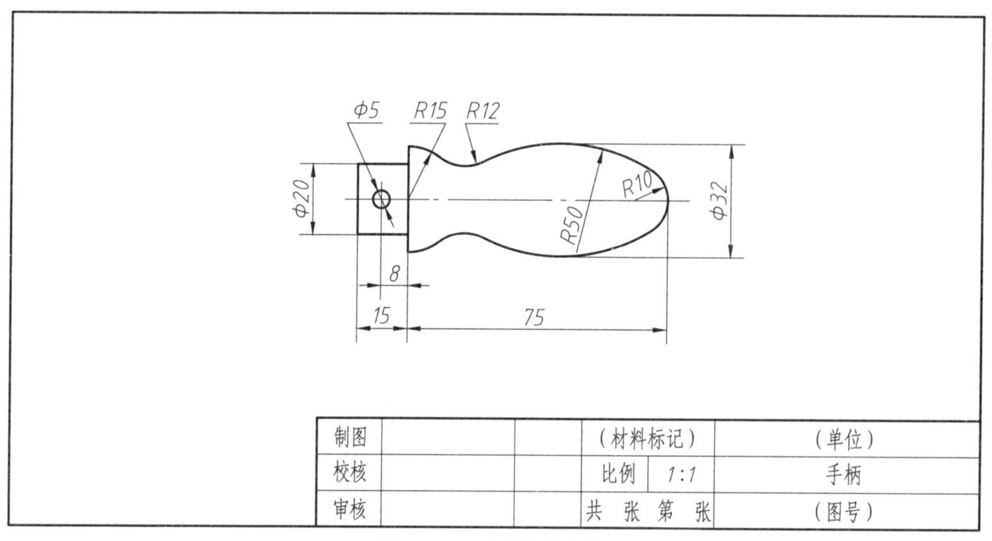

图 1—21　手柄平面图

课堂实训

选用适当图纸，绘制如图 1—22 所示的扳手平面图。

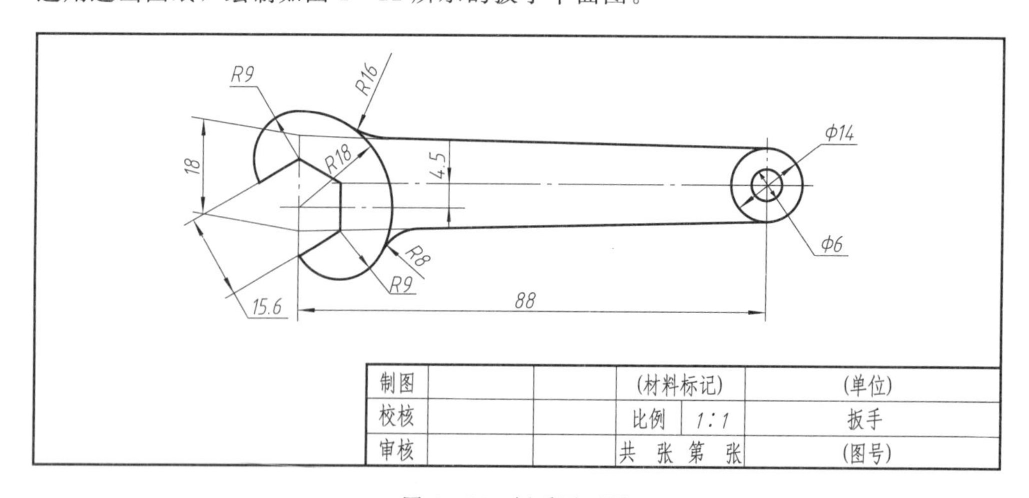

图 1—22　扳手平面图

第二章 正投影作图基础

正投影图能准确表达物体的形状，度量性好，作图方便，在工程上得到广泛应用。本章重点讨论正投影图的投影规律和作图方法，它是识读和绘制机械图样的重要理论基础，也是机械制图课程的核心内容。

§2—1 投影法概述

物体在光线照射下，在地面或墙面上会产生影子，如图 2—1a 所示，人们对这种自然现象加以抽象研究，总结其中规律，创造了投影法，图 2—1b 所示为物体的投影。

投射线通过物体投射到预定面，在该面上得到图形的方法称为投影法。

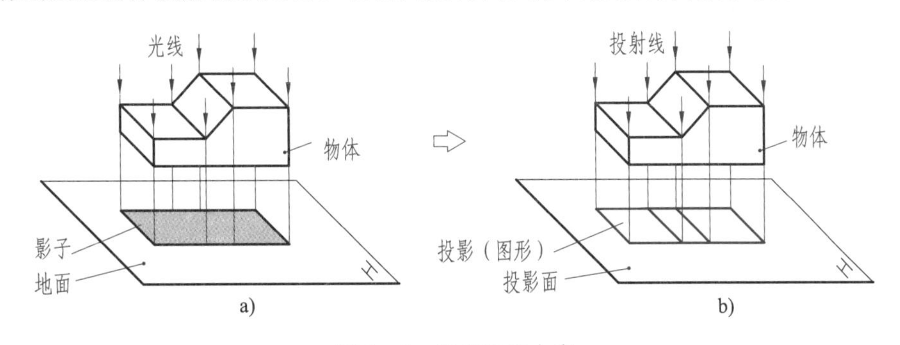

图 2—1　投影法的由来

一、投影法分类

1. 中心投影法

投射线汇交一点的投影法称为中心投影法。

如图 2—2 所示，设 S 为投射中心，SA、SB、SC 为投射线，平面 P 为投影面。延长 SA、SB、SC 与投影面 P 相交，交点 a、b、c 即为三角形顶点 A、B、C 在 P 面上的投影。日常生活中的照相、放映电影都是中心投影的实例。透视图就是用中心投影原理绘制的，它与人的视觉习惯相符，能体现近大远小的效果，形象逼真，具有强烈的立体感，广泛用于绘制建筑、机械产品等效果图。

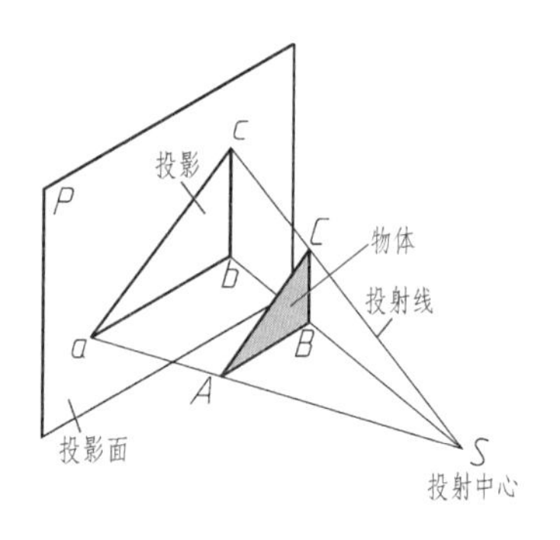

图 2—2 中心投影法

2. 平行投影法

投射线相互平行的投影法称为平行投影法。按投射线与投影面倾斜或垂直的关系，平行投影法分为斜投影法和正投影法两种。

（1）斜投影法 是指投射线与投影面倾斜的平行投影法，如图 2—3a 所示。斜二轴测图就是采用斜投影法绘制的。

（2）正投影法 是指投射线与投影面垂直的平行投影法，如图 2—3b 所示。

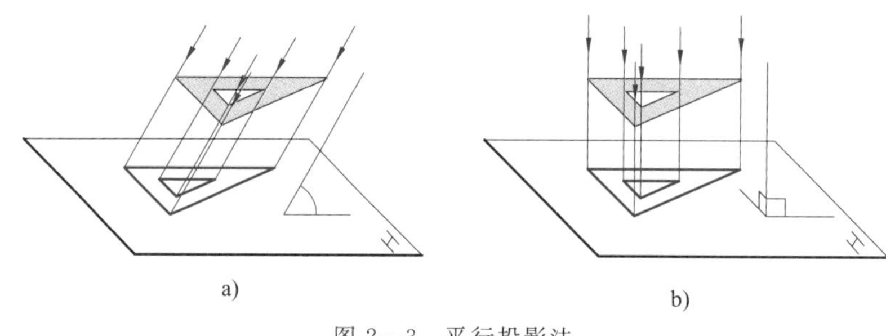

图 2—3 平行投影法

a）斜投影法 b）正投影法

根据正投影法所得到的图形称为正投影。为叙述方便，本书将“正投影”简称为“投影”。机械图样主要是用正投影法绘制的。在工程图样中，根据有关标准绘制的多面正投影图也称为“视图”。

二、直线与平面的正投影特性

本课程研究的直线均指有限长度的直线段，简称直线；由直线或曲线围成的平面形简称平面。

1. 真实性

当直线或平面平行于投影面时，直线的投影反映直线的实长，平面的投影反映平面的实形，这种投影特性称为真实性，如图 2—4a 所示。

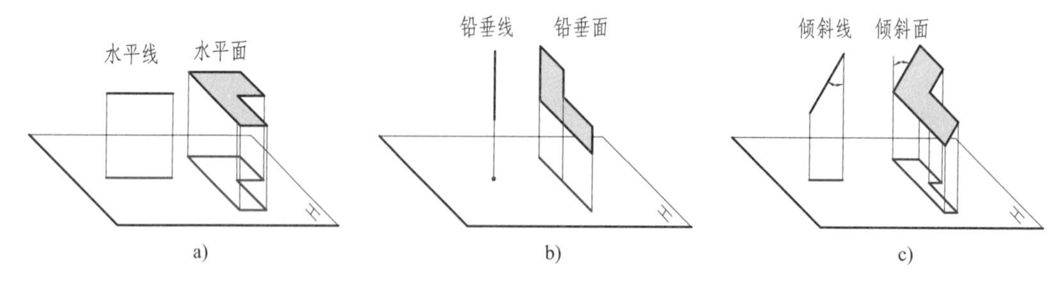

图 2—4 正投影法的投影特性

a）真实性 b）积聚性 c）类似性

2. 积聚性

当直线或平面垂直于投影面时，直线的投影积聚成一点，平面的投影积聚成为一直线，这种投影特性称为积聚性，如图 2—4b 所示。

3. 类似性

当直线或平面倾斜于投影面时，直线的投影仍为直线，但投影长小于直线实长；平面的投影为原有平面图形的类似形（类似形是指两图形对应边数相等，平行关系和凹凸关系不变），称这种投影特性为类似性（或称收缩性），如图 2—4c 所示。

§2—2 三视图的形成及其投影规律

一、三投影面体系的建立

用正投影法在一个投影面上得到的一个视图，只能反映物体一个方向的形状，不能完整反映物体的形状。如图 2—5a 所示，垫块在投影面上的投影只能反映其前面的形状，而顶面和侧面的形状无法反映出来。因此，要表示垫块完整的形状，就必须从多个方向进行投射，画出多个视图，通常用三个视图来表示。

如图 2—5a 所示，首先将垫块由前向后朝正立投影面（简称正面，用 V 表示）投射，在正面上得到的视图称为主视图；然后再加一个与正面垂直的水平投影面（简称水平面，用 H 表示），并由垫块的上方向下投射，在水平面上得到的视图称为俯视图（图 2—5b）；再加一个与正面和水平面均垂直的侧立投影面（简称侧面，用 W 表示），从垫块的左方向右投射，在侧面上得到的视图称为左视图（图 2—5c）。显然，垫块的三个视图从三个不同方向反映了它的形状。

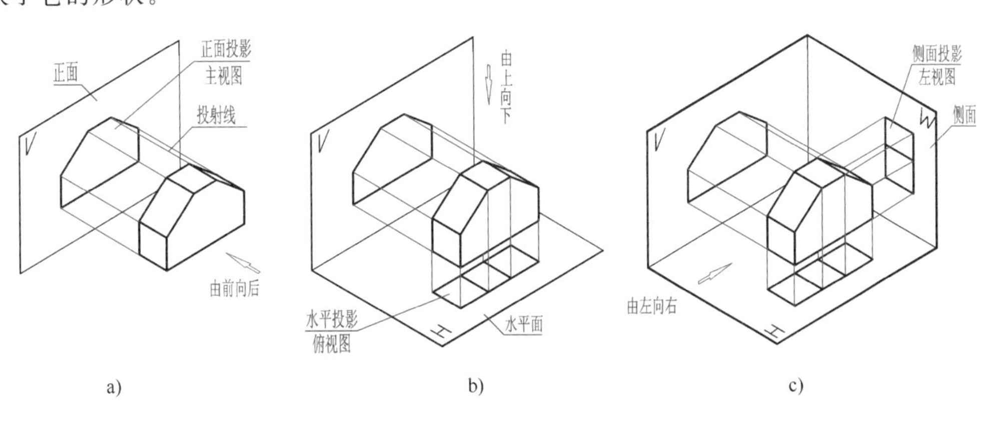

图 2—5 三视图的形成

a）主视图 b）俯视图 c）左视图

三个互相垂直的投影面构成三投影面体系，投影面的交线 OX、OY、OZ 称为投影轴，三投影轴交于一点 O，称为原点。为了将垫块的三个视图画在一张图纸上，须将三个投影面展开到一个平面上。如图 2—6a 所示，规定正面不动，将水平面和侧面沿 OY 轴分开，并将水平面绕 OX 轴向下旋转 90°（随水平面旋转的 OY 轴用 OY_H 表示）；将侧面绕 OZ 轴向右旋转 90°（随侧面旋转的 OY 轴用 OY_W 表示）。旋转后，俯视图在主视图的下方，左视图在主视图的右方（图 2—6b）。画三视图时不必画出投影面的边框，所以去掉边框，得到图 2—6c 所示的三视图。

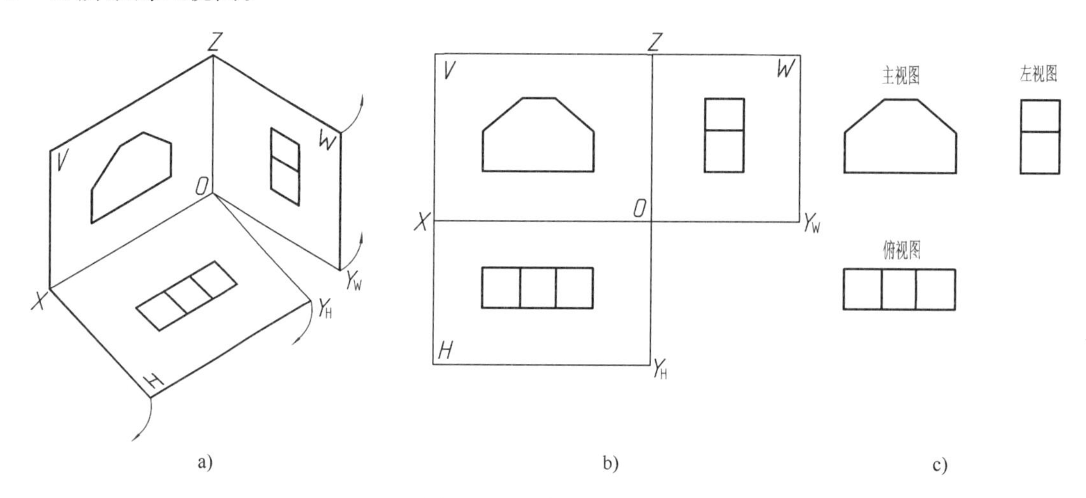

图 2—6　三视图的展开

二、三视图的投影对应关系

物体有长、宽、高三个方向的大小。通常规定：物体左右之间的距离为长，前后之间的距离为宽，上下之间的距离为高（图 2—7a）。从图 2—7b 可以看出，一个视图只能反映物体两个方向的大小。如主视图反映垫块的长和高，俯视图反映垫块的长和宽，左视图反映垫块的宽和高。由上述三个投影面展开过程可知，俯视图在主视图的下方，对应的长度相等，且左右两端对正，即主、俯视图对应部分的连线为互相平行的竖直线。同理，左视图与主视图高度相等且对齐，即主、左视图对应部分在同一条水平线上。左视图与俯视图均反映垫块的宽度，所以俯、左视图对应部分的宽度应相等，如图 2—7c 所示。

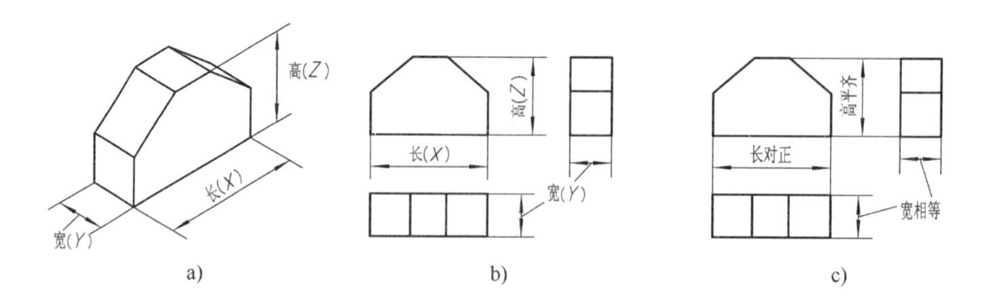

图 2—7　三视图的投影对应关系

上述三视图之间的投影对应关系可归纳为以下三条投影规律（三等规律）：

（1）主视图与俯视图反映物体的长度——长对正。

（2）主视图与左视图反映物体的高度——高平齐。

（3）俯视图与左视图反映物体的宽度——宽相等。

“长对正、高平齐、宽相等”的投影对应关系是三视图的重要特性，也是画图与读图的依据。

三、三视图与物体的方位对应关系

如图 2—8 所示，物体有上、下、左、右、前、后六个方位，其中：

主视图反映物体的上、下和左、右的相对位置关系。

俯视图反映物体的前、后和左、右的相对位置关系。

左视图反映物体的前、后和上、下的相对位置关系。

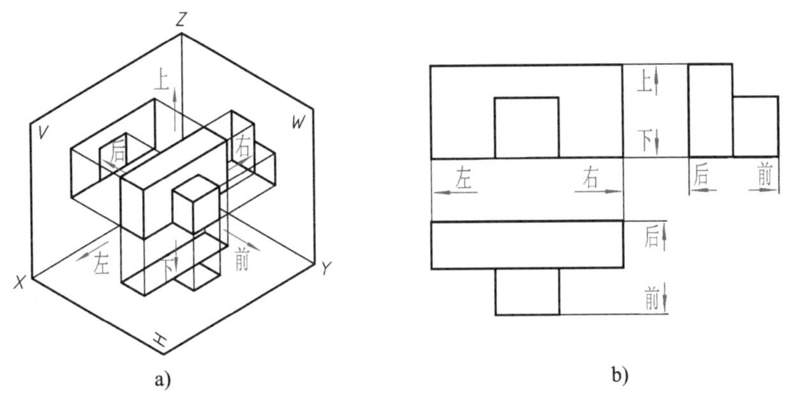

图 2—8　三视图的方位对应关系

画图和读图时要特别注意俯视图与左视图的前、后对应关系。由三视图的展开过程可知：俯、左视图中靠近主视图一侧为物体的后方，远离主视图一侧为物体的前方。所以，物体俯、左视图不仅宽度相等，还应保持前、后位置的对应关系。

【例 2—1】 根据长方体（缺角）的立体图和主、俯视图（图 2—9a），补画左视图，并分析长方体表面间的相对位置。

分析

应用三视图的投影和方位的对应关系来补画左视图，并分析及判断长方体表面间的相对位置。

作图

（1）按长方体的主、左视图高平齐，俯、左视图宽相等的投影关系，补画长方体的左视图（图 2—9b）。

（2）用同样方法补画长方体缺角的左视图，此时必须注意前、后位置的对应关系（图 2—9c）。

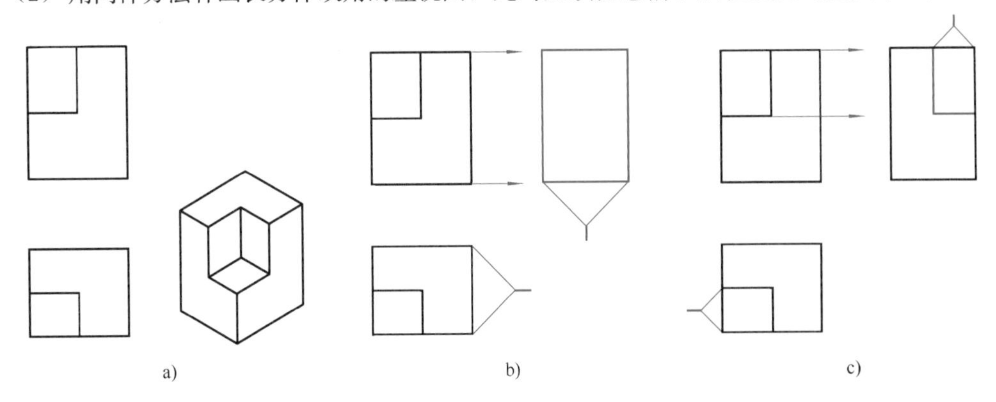

图 2—9　由主、俯视图补画左视图

讨论

如何判断长方体表面间的相对位置？由三视图的方位对应关系可知，主视图反映物体上、下和左、右相对位置，但主视图不能反映物体的前、后方位关系；同理，俯视图不能反映物体的上、下方位关系；左视图不能反映物体的左、右方位关系。因此，如果用主视图来判断长方体前、后两个表面的相对位置时，必须从俯视图或左视图上找到前、后两个表面的位置，才能确定哪个表面在前，哪个表面在后，如图 2—10a 所示。

用同样方法在俯视图上判断长方体上、下两个表面的相对位置，在左视图上判断长方体左、右两个表面的相对位置，如图 2—10b、c 所示。

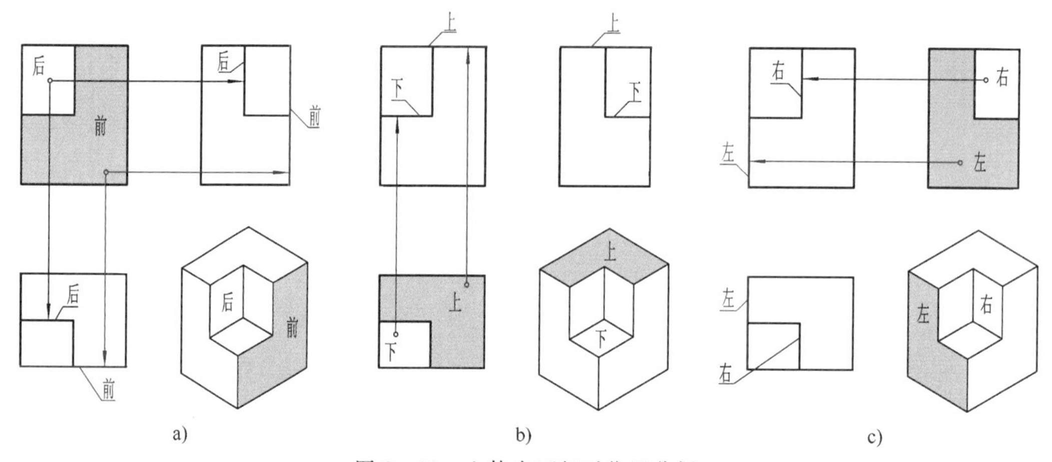

图 2—10　立体表面相对位置分析

【例 2—2】 根据图 2—11a 所示弯板立体图，绘制其三视图。

分析

弯板由带切角的底板与半圆柱拱形竖板两部分组合而成。画三视图时，考虑到三视图的布局，应先画出各视图定位线（物体的对称线、中心线及较大平面的基准线等，由于每个视图都能反映物体两个方向的尺寸，因此，每个物体的长、宽、高三个方向都要有基准，即画图或度量尺寸的起点）；然后从反映物体形状特征的视图画起，如立体图中箭头指示方向；再按投影关系逐步画出各部分的三视图。

作图

（1）画弯板的对称中心线、底面基准线（图 2—11b）。

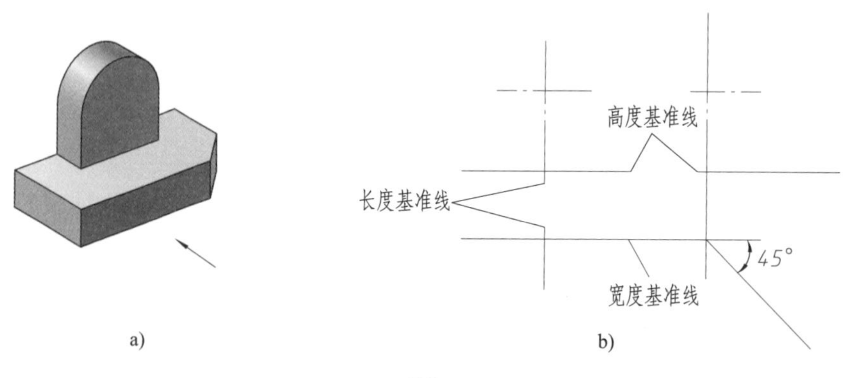

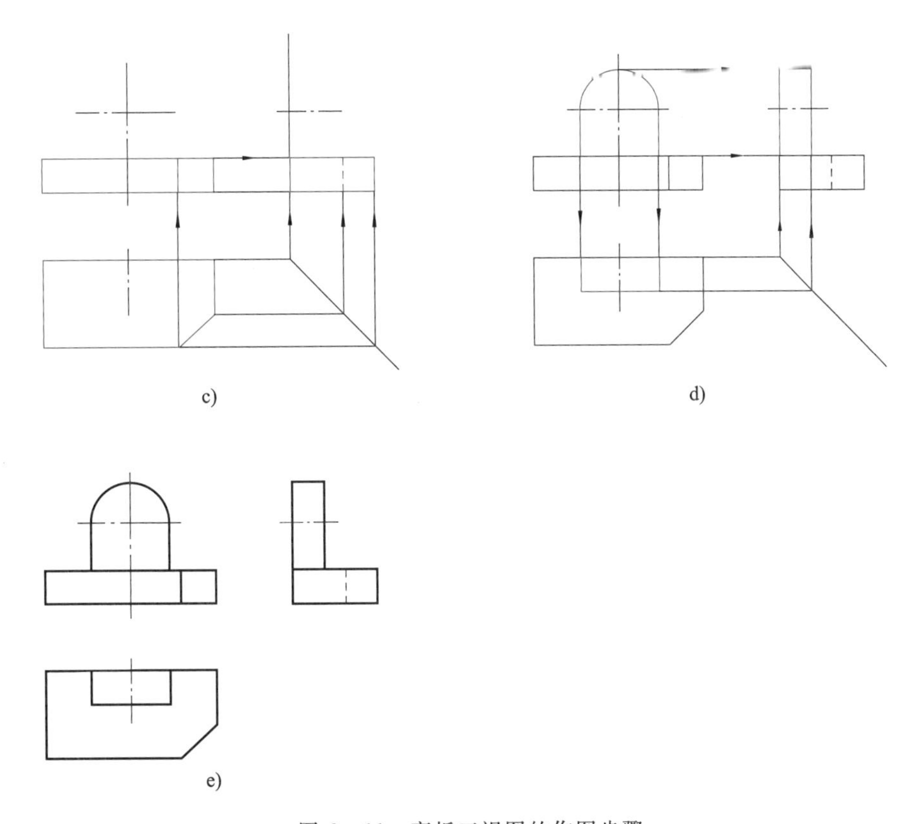

图 2—11　弯板三视图的作图步骤

a）立体图　b）画定位线　c）画底板　d）画竖板　e）描深，完成三视图

（2）画底板的三视图，应先画反映底板形状特征（切角）的俯视图，再按投影关系补画主视图、左视图（图 2—11c）。

（3）画反映竖板形状特征的主视图，然后再按投影关系补画其俯视图、左视图（图 2—11d）。

（4）描深并擦去不必要的作图线，完成三视图（图 2—11e）。

§2—3　立体上点、直线、平面的投影

任何平面立体的表面都包含点、直线和平面等基本几何元素，如图 2—12a 所示的三棱锥由四个面、六条线和四个点组成。要完整、准确地绘制物体的三视图，就要进一步研究这些几何元素的投影特性和作图方法，这对今后画图和读图具有十分重要的意义。

一、点的投影分析

1. 点的投影规律

点的投影仍是点。图 2—12b 表示空间点 S 在三投影面体系中的投影。将点 S 分别向三

个投影面投射，得到的投影分别为 s（水平投影）、s'（正面投影）、s''（侧面投影）。通常空间点用大写字母表示，对应的投影用小写字母表示。投影面展开后得到图 2—12c 所示的投影图。由投影图可看出点 S 的投影有以下规律：

（1）点 S 的 V 面投影和 H 面投影的连线垂直于 OX 轴，即 $s's \perp OX$。

（2）点 S 的 V 面投影和 W 面投影的连线垂直于 OZ 轴，即 $s's'' \perp OZ$。

（3）点 S 的 H 面投影到 OX 轴的距离等于其 W 面投影到 OZ 轴的距离，即 $ss_X = s''s_Z$。

由此可见，点的投影仍符合“长对正、高平齐、宽相等”的投影规律。

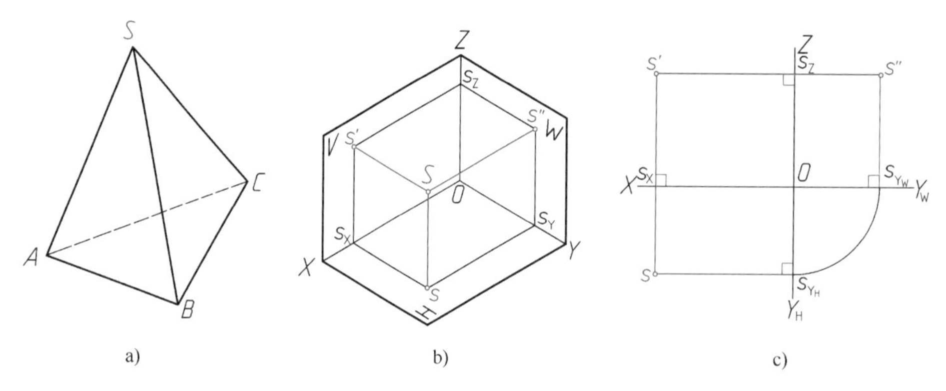

图 2—12　点的投影

2. 点的坐标与投影关系

在三投影面体系中，点的位置可由点到三个投影面的距离来确定。如果将三个投影面作为三个坐标面，投影轴作为坐标轴，则点的投影和点的坐标关系如图 2—13 所示。

点 A 到 W 面的距离 $Aa''=a'a_Z=aa_Y=a_XO=X$ 坐标。

点 A 到 V 面的距离 $Aa'=a''a_Z=aa_X=a_YO=Y$ 坐标。

点 A 到 H 面的距离 $Aa=a''a_Y=a'a_X=a_ZO=Z$ 坐标。

空间点的位置可由该点的坐标（X，Y，Z）确定，A 点三投影的坐标分别为 a（X，Y）、a'（X，Z）、a''（Y，Z）。任一投影都包含了两个坐标，所以一个点的两个投影就包含了确定该点空间位置的三个坐标，即确定了点的空间位置。

换言之，若已知某点的两个投影，则可求出其第三投影。

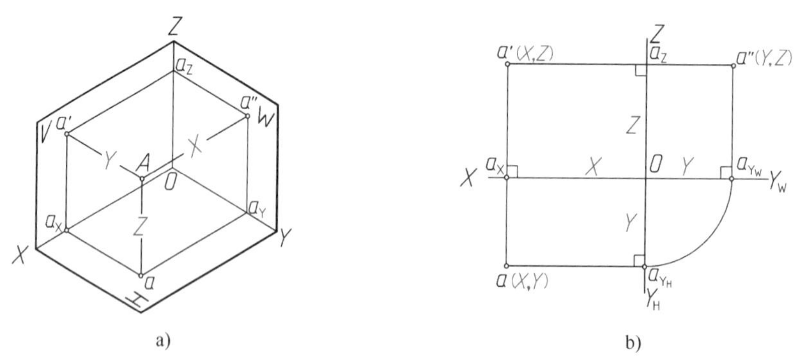

图 2—13　点的投影和点的坐标关系

【例 2—3】 如图 2—14a 所示，已知点 A 的 V 面投影 a' 和 W 面投影 a''，求作 H 面投影 a。

分析

根据点的投影规律可知，$a'a \perp OX$，过 a' 作 OX 轴的垂线 $a'a_X$，所求 a 必定在 $a'a_X$ 的延长线上。由 $aa_X = a''a_Z$，可确定 a 在 $a'a_X$ 延长线上的位置。

作图

（1）过 a' 作 $a'a_X \perp OX$ 并延长，如图 2—14b 所示。

（2）量取 $aa_X = a''a_Z$，可求得 a。也可如图 2—14c 所示，利用 45°线作图。

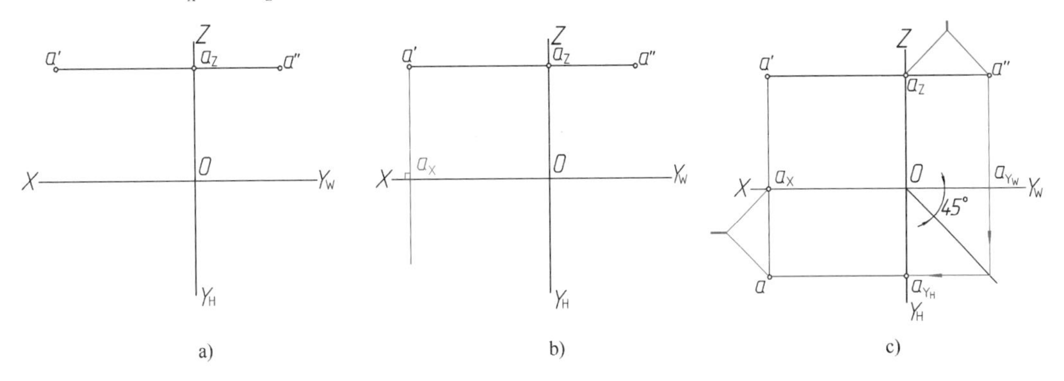

图 2—14　已知点的两投影求第三投影

讨论演练

从图 2—14c 所示的投影图中找到点 A 的坐标 A（X，Y，Z），以毫米为单位取整；反之，已知点的坐标 B（10，7，5），可以求作点 B 的三面投影，在图 2—14c 上试一试。

3. 两点的相对位置

两点的相对位置是指两点的左右、前后和上下位置关系，由其两点对应坐标大小确定，如图 2—15 所示。

X 坐标大者在左，小者在右；Y 坐标大者在前，小者在后；Z 坐标大者在上，小者在下。两点的对应坐标差决定了两点之间的同向距离。

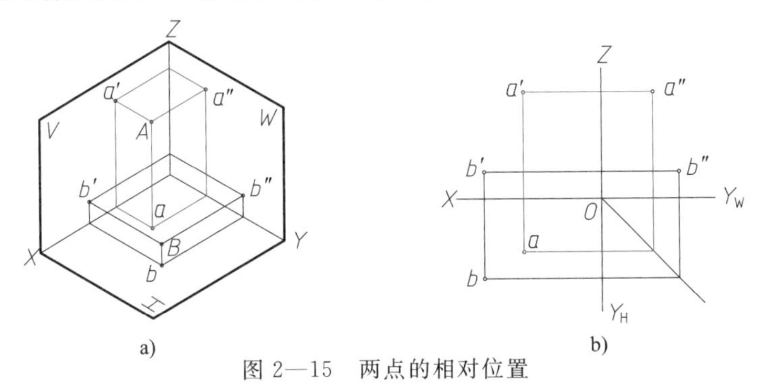

图 2—15　两点的相对位置

【例 2—4】 已知空间点 C（16，5，6），点 D 在点 C 之右 10 mm、之前 7 mm、之上 8 mm，求作 C、D 两点的三面投影，如图 2—16 所示。

分析

由点 C（16，5，6）可作出其三面投影图，如图 2－16a 所示。点 D 在点 C 之右 10 mm，说明点 D 比点 C 的 X 坐标小，即点 D 的 X 坐标为 16－10＝6；点 D 在点 C 之前 7 mm，说明

点 D 比点 C 的 Y 坐标大，即点 D 的 Y 坐标为 5＋7＝12；点 D 在点 C 之上 8 mm，说明点 D 比点 C 的 Z 坐标大，即点 D 的 Z 坐标为 6＋8＝14。根据两点坐标差或点 D 的坐标即可求作点 D 的三面投影。

作图

（1）根据点 C 的三个坐标作出其三面投影 c、c'、c''（图 2—16a）。

（2）在点 c 右侧 10 mm 处作 X 轴垂线，并沿垂线在 Y_H 轴方向量取 5＋7＝12，或与水平投影 c 对齐并沿垂线在 Y_H 轴方向直接量取 7 mm，即得点 D 的水平投影 d；沿垂线在 Z 轴方向量取6＋8＝14，即得点 D 的正面投影 d'（图 2—16b）。

（3）按“三等”投影规律，作出 d''，完成三面投影（图 2—16c）。

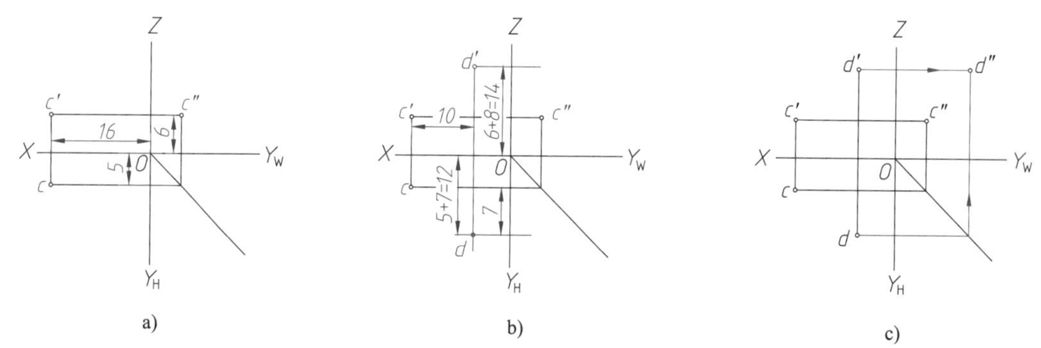

图 2—16　由点坐标关系求作其三面投影

思考

在图 2—16 中，若有一点 E（16，5，12），求其三面投影，比较 C、E 两点的位置关系，观察水平投影出现什么状况。

4. 重影点与可见性

若空间两点在某一投影面上的投影重合，称为重影，如图 2—17 所示，点 B 和点 A 在 H 面上的投影 $b(a)$ 重合，称为重影点。根据投影原理可知：两点重影时，远离投影面的一点为可见点，另一点则为不可见点，通常规定在不可见点的投影符号外加圆括号表示，如图 2—17b 俯视图所示。重影点的可见性可通过该点的另外两个投影来判别，在图 2—17b 中，由 V 面投影和 W 面投影可知，点 B 在点 A 之上，由此可判断在 H 面投影中 b 为可见，a 为不可见。

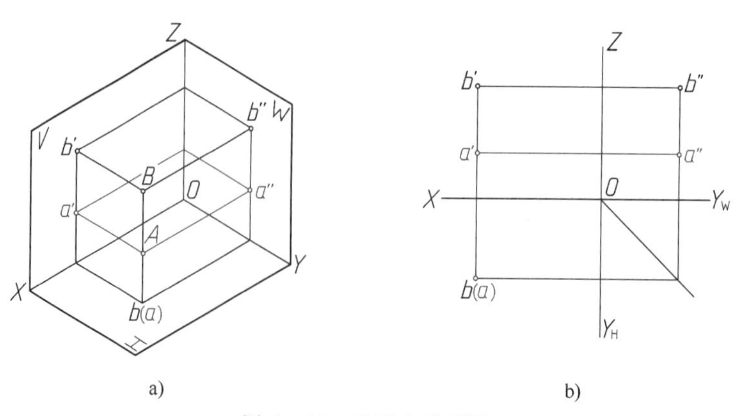

图 2—17　重影点的投影

思考

图 2—17 中，AB 两点连线构成的直线段 AB 与 H 面是什么关系？其三面投影如何？

二、直线的投影

直线的投影由其与投影面的相对位置确定。直线的投影一般为直线，特殊情况积聚为一点，如图 2—4b 所示。

直线的投影可由直线上两点在同一投影面上的投影（也称同面投影）用粗实线相连所得。如图 2—18 所示，求直线 AB 的三面投影，先作其两端点的投影 a、a'、a''和 b、b'、b''（图 2—18b），将其同面投影相连，即得直线 AB 的三面投影 ab、$a'b'$、$a''b''$（图 2—18c）。

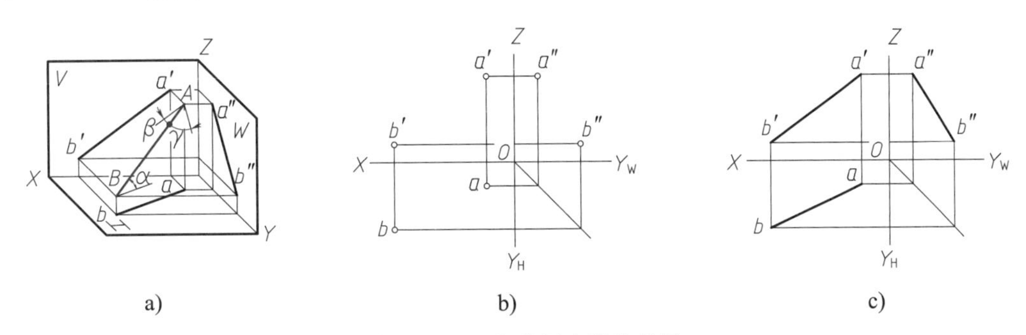

图 2—18　一般位置直线的投影

a）立体图　b）两点的投影　c）直线的投影

在三投影面体系中，按直线与投影面的相对位置，可分为三类，即一般位置直线、投影面平行线和投影面垂直线。投影面平行线和投影面垂直线又称特殊位置直线。

1. 一般位置直线

既不平行也不垂直于任一投影面，即与三个投影面均处于倾斜位置的直线，称为一般位置直线，如图 2—18a 所示的直线 AB。一般位置直线的投影特性如下：

（1）三个投影均小于实长。

（2）三个投影均与投影轴倾斜。

在三投影面体系中，直线对 H、V、W 三投影面所成倾角分别用 α、β、γ 表示。

2. 投影面平行线

只平行于一个投影面而倾斜于另外两个投影面的直线，称为投影面平行线。具体有以下三种：

水平线——平行于 H 面的直线。

正平线——平行于 V 面的直线。

侧平线——平行于 W 面的直线。

投影面平行线的投影特性见表 2—1。

3. 投影面垂直线

垂直于一个投影面而与另外两个投影面平行的直线，称为投影面垂直线。具体有以下三种：

铅垂线——垂直于 H 面的直线。

正垂线——垂直于 V 面的直线。

侧垂线——垂直于 W 面的直线。

投影面垂直线的投影特性见表 2—2。

表 2—1 **投影面平行线的投影特性**

名称	水平线（$AB /\!/ H$）	正平线（$BC /\!/ V$）	侧平线（$AC /\!/ W$）
实例			
立体图			
投影图			
投影特性	1. 投影面平行线的三个投影都是直线，其中在与直线平行的投影面上的投影反映实长，而且与投影轴的夹角等于直线对另一相关投影面的夹角 2. 另外两个投影都短于线段实长，且分别平行于相应的投影轴		

表 2—2 **投影面垂直线的投影特性**

名称	铅垂线（$AB \perp H$）	正垂线（$AC \perp V$）	侧垂线（$AD \perp W$）
实例			
立体图			

续表

名称	铅垂线（$AB\perp H$）	正垂线（$AC\perp V$）	侧垂线（$AD\perp W$）
投影图	Z, a', a'', b', b'', X, O, Y_W, $a(b)$, Y_H	$a'(c')$, Z, c'', a'', X, O, Y_W, c, a, Y_H	a', d', Z, $a''(d'')$, X, O, Y_W, a, d, Y_H
投影特性	1. 投影面垂直线在所垂直的投影面上的投影积聚为一个点 2. 另外两个投影都反映线段实长，且分别平行于相应的投影轴		

【例 2—5】 分析正三棱锥各棱线和底边与投影面的相对位置（图 2—19）。

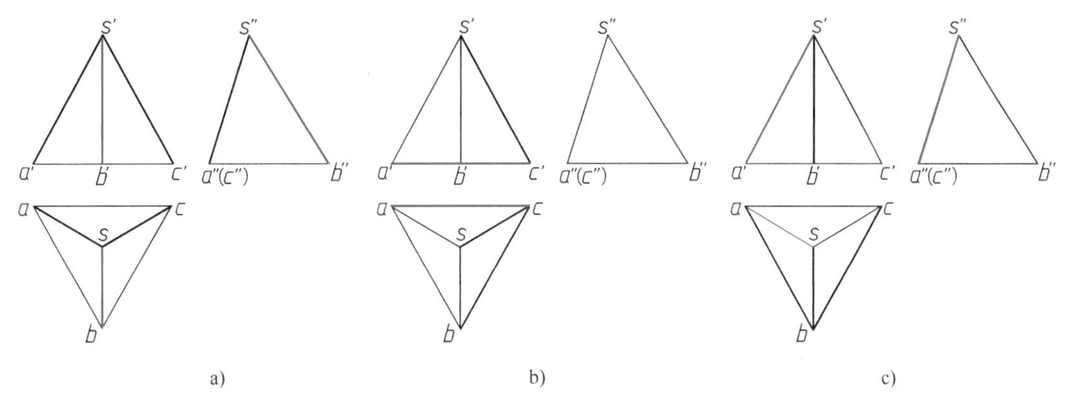

图 2—19 直线与投影面的相对位置

a）棱线 SB b）底边 AC c）棱线 SA

（1）棱线 SB sb 与 $s'b'$ 分别平行于 OY_H 和 OZ，可确定 SB 为侧平线，侧面投影 $s''b''$ 反映实长，如图 2—19a 所示。

（2）底边 AC 侧面投影 $a''(c'')$ 重影，可判断 AC 为侧垂线，$a'c'=ac=AC$，如图 2—19b 所示。

（3）棱线 SA 三个投影 sa、$s'a'$、$s''a''$ 对投影轴均倾斜，所以必定是一般位置直线，如图 2—19c 所示。

课堂讨论

直线在物体表面体现为棱线，通过分析，找出图 2—20 中的一般位置直线、投影面平行线（水平线、正平线、侧平线）和投影面垂直线（铅垂线、正垂线、侧垂线），并分别画出其投影。

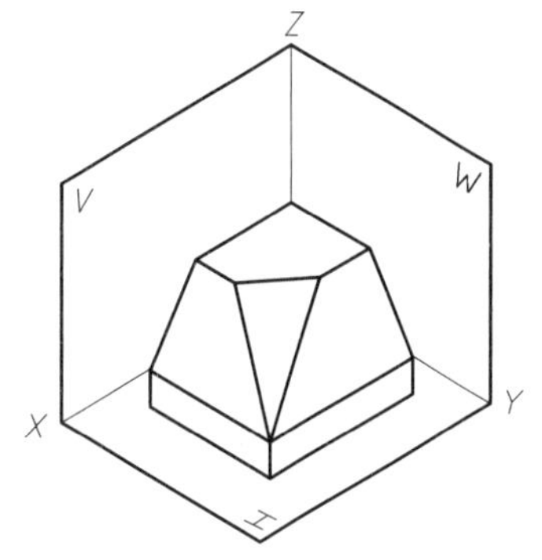

图 2—20 分析物体上棱线的位置关系

三、平面的投影

如图 2—4 所示，平面与投影面位置不同，其投影一般是平面形（实形或类似形），特殊情况积聚为一直线段。

由几何学可知，不在同一直线上的三点确定一平面。物体上的平面通常是三角形、四边形或由线段围成的几何平面图形。作平面投影时，只要作出平面上各顶点的投影，然后用粗实线连接其同面投影即可。

在三投影面体系中，平面对投影面的相对位置有三类，即投影面平行面、投影面垂直面和一般位置平面。其中投影面平行面和投影面垂直面又称特殊位置平面。

1. 投影面平行面

平行于一个投影面而垂直于另外两个投影面的平面，称为投影面平行面。具体有以下三种：

水平面——平行于 H 面，垂直于 V、W 面的平面。

正平面——平行于 V 面，垂直于 H、W 面的平面。

侧平面——平行于 W 面，垂直于 H、V 面的平面。

投影面平行面的投影特性见表 2—3。

表 2—3　　投影面平行面的投影特性

名称	水平面（$P/\!/H$）	正平面（$Q/\!/V$）	侧平面（$R/\!/W$）
实例	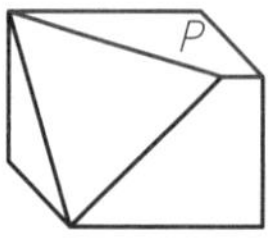	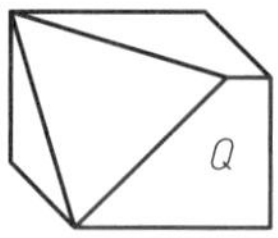	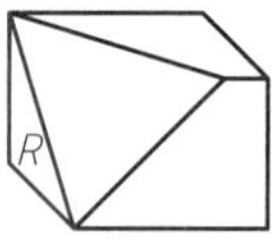
立体图	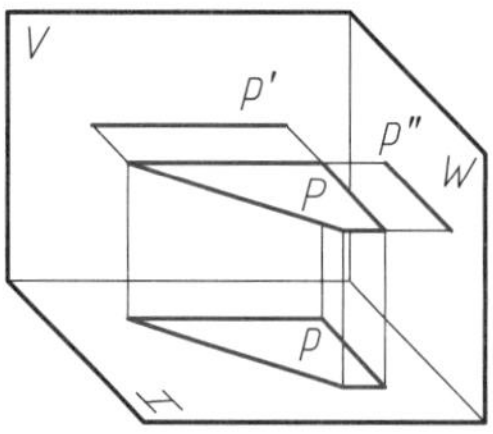	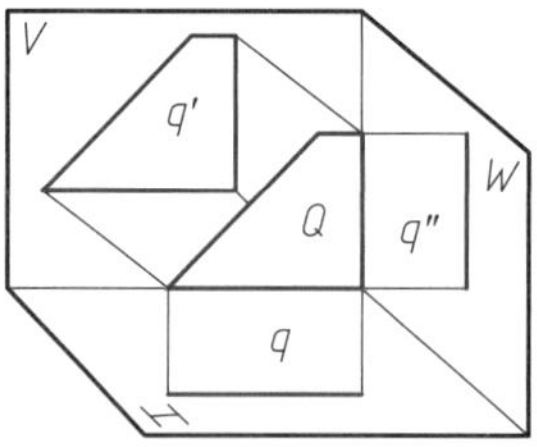	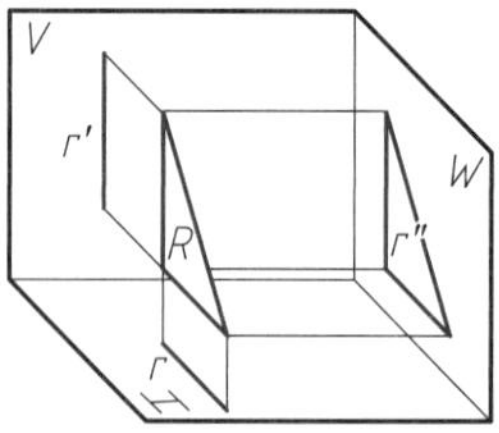
投影图	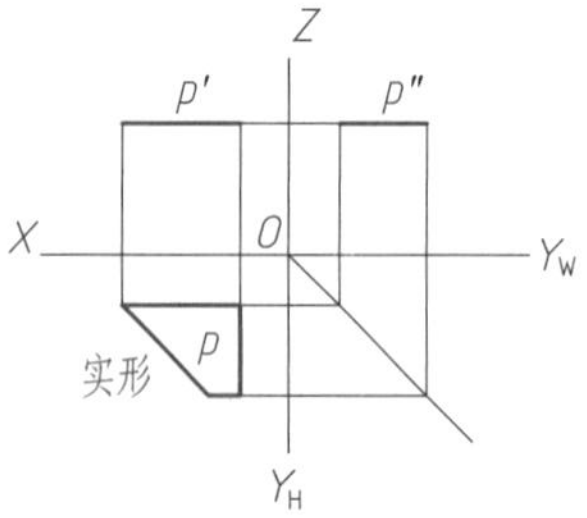	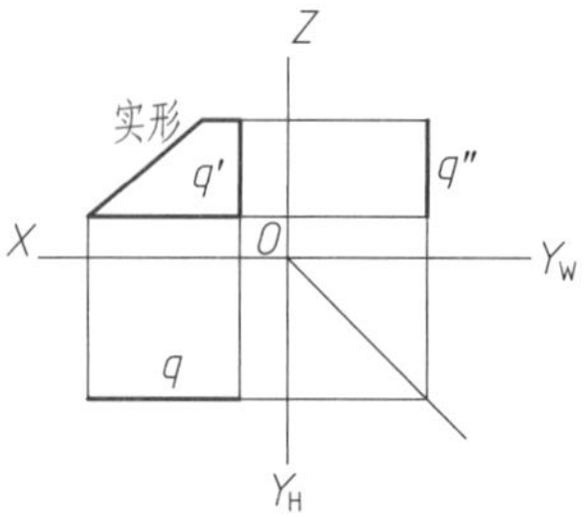	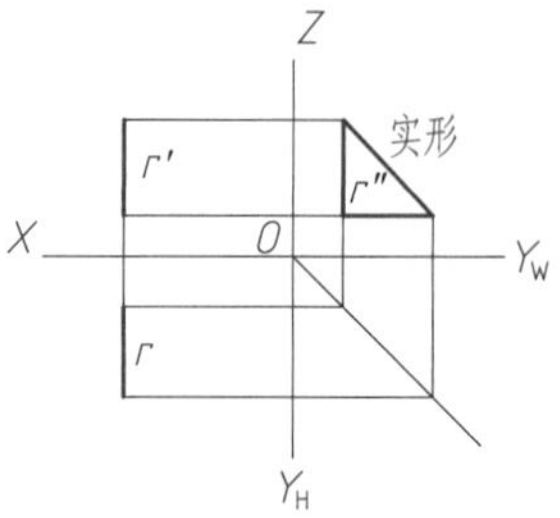
投影特性	1. 在与平面平行的投影面上，该平面的投影反映实形 2. 其余两个投影为水平线段或铅垂线段，都具有积聚性		

2. 投影面垂直面

垂直于一个投影面而倾斜于另外两个投影面的平面，称为投影面垂直面。具体有以下三种：

铅垂面——垂直于 H 面，倾斜于 V、W 面的平面。

正垂面——垂直于 V 面，倾斜于 H、W 面的平面。

侧垂面——垂直于 W 面，倾斜于 H、V 面的平面。

投影面垂直面的投影特性见表 2—4。

表 2—4　　投影面垂直面的投影特性

名称	铅垂面（$P\perp H$）	正垂面（$Q\perp V$）	侧垂面（$R\perp W$）
实例	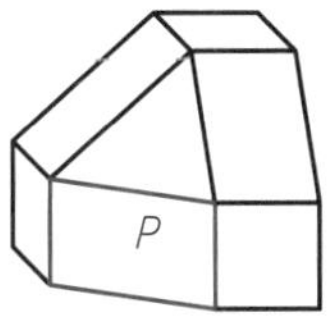	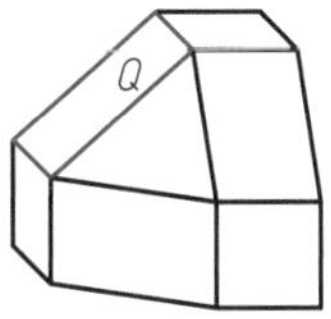	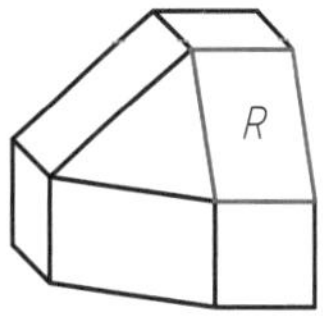
立体图	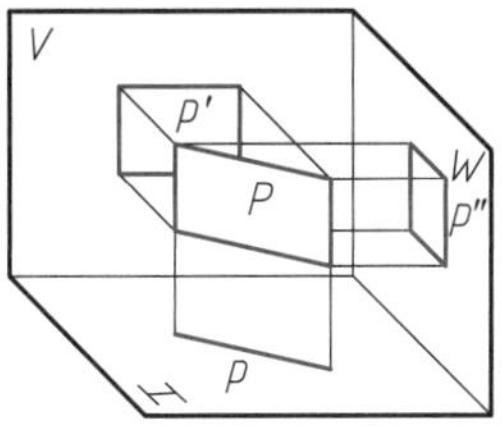	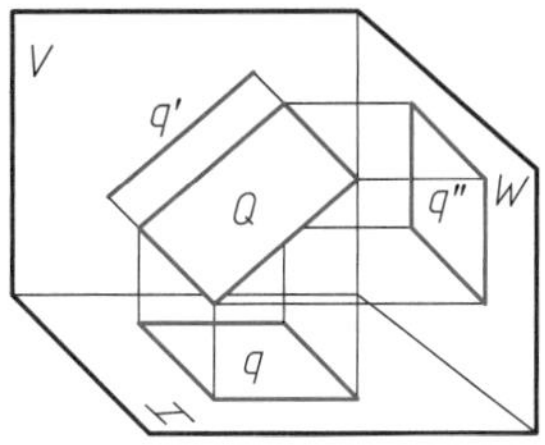	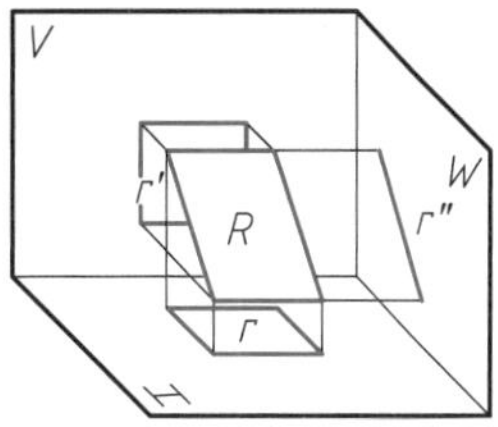
投影图	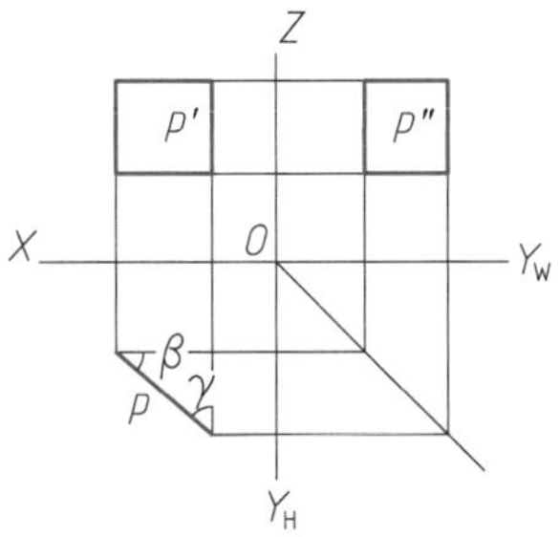	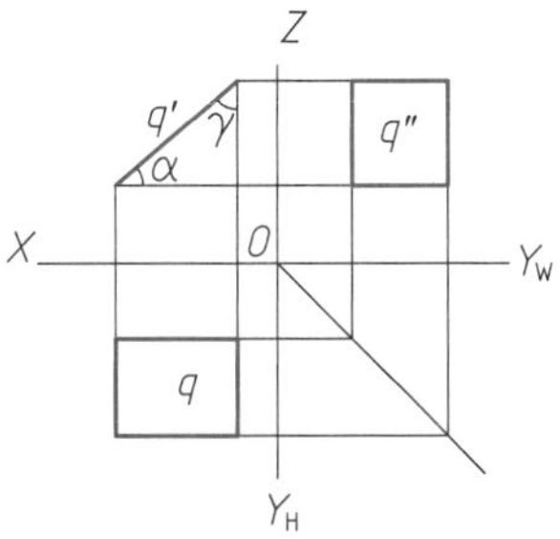	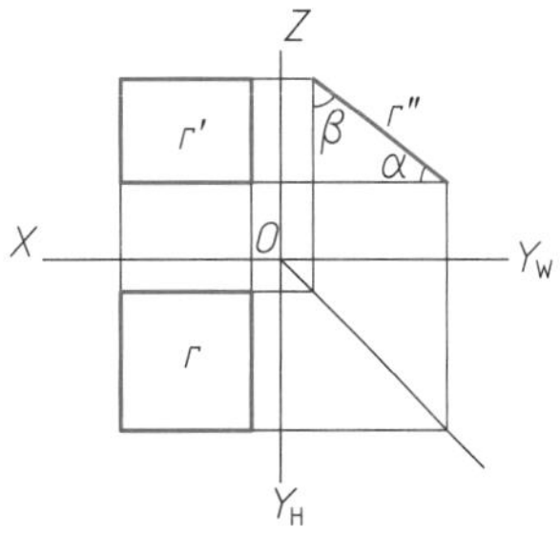
投影特性	1. 在与平面垂直的投影面上，该平面的投影为一倾斜线段，具有积聚性，且反映与另外两个投影面的夹角 2. 其余两个投影都是缩小的类似形		

3. 一般位置平面

与三个投影面都倾斜的平面称为一般位置平面。

如图 2—21 所示，形体上的平面 M 对 V、H、W 三个投影面都倾斜，所以在图 2—21b、c 中三个投影面上的投影 m、m'、m''均为原三角形平面 M 的类似形。

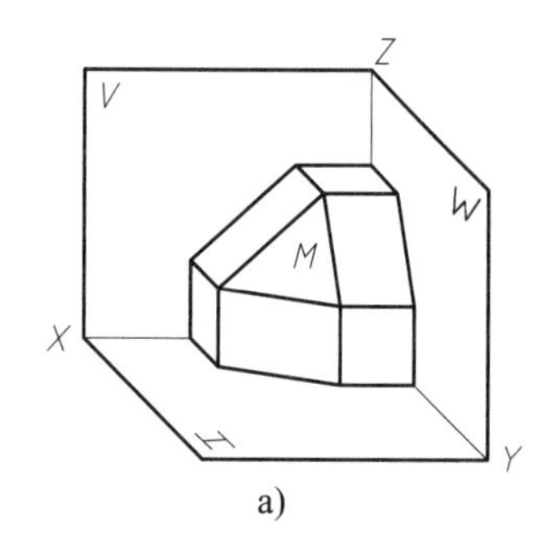

a)

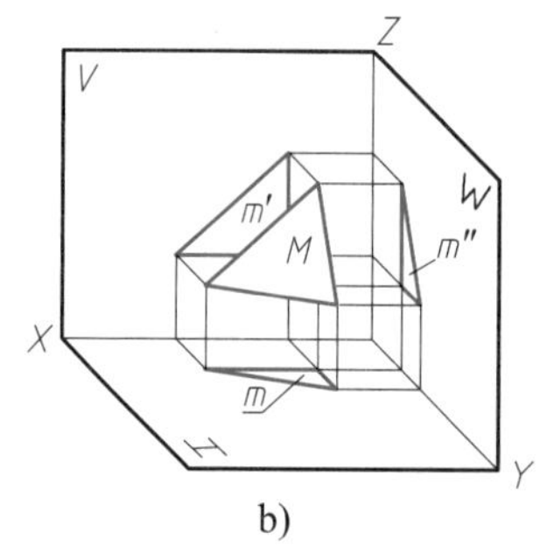

b)

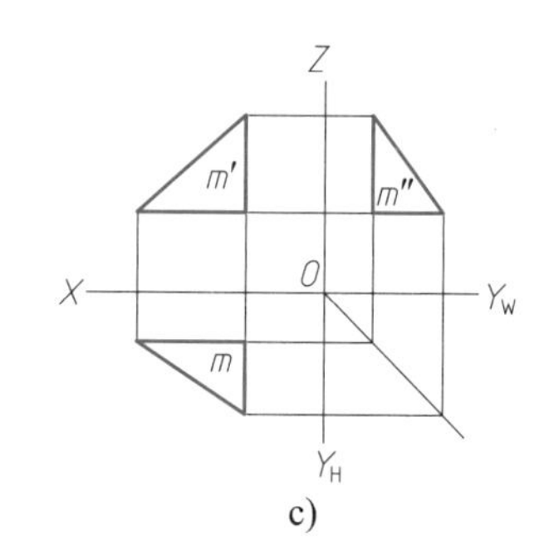

c)

图 2—21　一般位置平面

【例 2—6】 分析正三棱锥各棱面和底面与投影面的相对位置（图 2—22）。

（1）底面 ABC　V 面和 W 面投影积聚为水平线，分别平行于 OX 轴和 OY_W 轴，可确定底面 ABC 是水平面，水平投影反映实形，如图 2—22a 所示。

（2）棱面 SAB　三个投影 sab、$s'a'b'$、$s''a''b''$都没有积聚性，均为棱面 SAB 的类似形，可判断棱面 SAB 是一般位置平面，如图 2—22b 所示。

（3）棱面 SAC　由 W 面投影中的重影点 $a''(c'')$ 可知，棱面 SAC 的一边 AC 是侧垂线。根据几何定理，一个平面上的任意一条直线垂直于另一个平面，则两平面互相垂直。因此，可确定棱面 SAC 是侧垂面，W 面投影积聚成一条直线，如图 2—22c 所示。

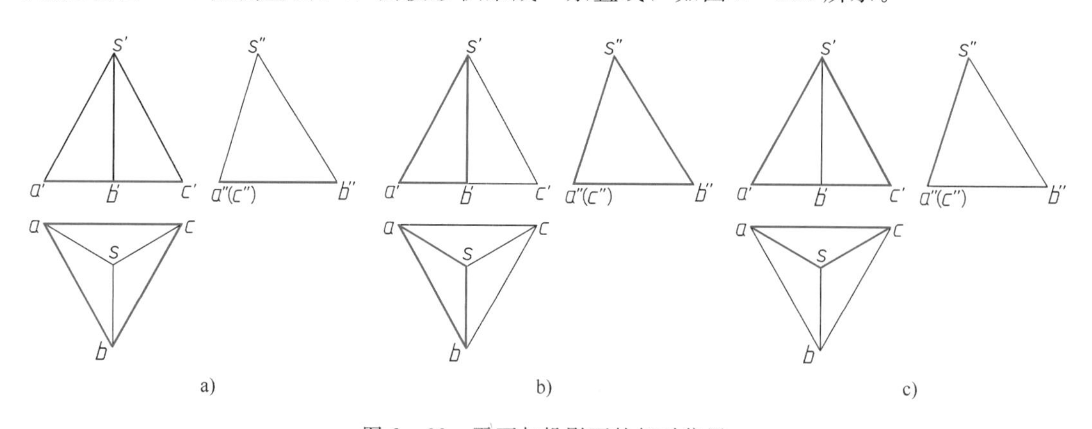

图 2—22　平面与投影面的相对位置

a）底面 ABC　b）棱面 SAB　c）棱面 SAC

课堂讨论

图 2—22 中棱面 SBC 的三面投影及其空间位置如何？它与棱面 SAB 的空间位置及其投影有何关系？

思考

如图 2—23 所示，对照立体图，（1）分析并指出物体上有____个水平面、____个正平面、____个侧平面、____个铅垂面、____个正垂面、____个侧垂面；____（有/无）一般位置平面。（2）棱线 $AB/\!/CD$，其同面投影一定平行；反之成立吗？

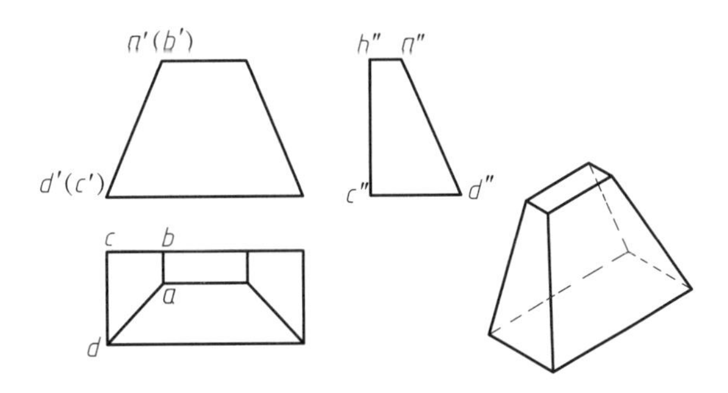

图 2—23　分析物体棱面投影及空间位置

§2—4　基本体的投影作图

任何物体均可以看成由若干基本体组合而成。基本体包括平面体和曲面体两类。平面体的每个表面都是平面，如棱柱、棱锥等；曲面体至少有一个表面是曲面，如圆柱、圆锥、圆球等。

下面分别讨论几种常见基本体视图的画法及其尺寸标注。

一、棱柱

棱柱的棱线互相平行，常见的棱柱有三棱柱、四棱柱、五棱柱和六棱柱等。下面以图 2—24a 所示正六棱柱为例，分析其投影特征和作图方法。

分析

图 2—24a 所示正六棱柱的顶面和底面是相互平行的正六边形，六个侧棱面均为矩形，且与顶面和底面垂直。为便于作图，通常选择正六棱柱的顶面和底面平行于水平面，并使前、后两矩形平面平行于正投影面，如图 2—24a 所示。正六棱柱的投影特征如下：

俯视图——正六边形，也是顶面和底面的重合投影，且反映实形；六条边分别是六个棱面有积聚性的投影。

主视图——三个矩形线框组合，中间的矩形是前、后棱面的重合投影，反映实形；左、右两个矩形是其余四个棱面的重合投影，为缩小的类似形；顶面和底面为水平面，其正面投影积聚为上、下两条水平线。

左视图——两个相同矩形线框的组合，分别是棱柱前、后两部分左、右棱面的重合投影；其上、下两条水平线分别是顶面和底面有积聚性的投影；前、后两棱面垂直于侧投影面，其投影积聚为两条竖线。

作图

（1）作正六棱柱的对称中心线和底面基准线，确定各视图的位置（图 2—24b）。

（2）先画出反映主要形状特征的视图即俯视图的正六边形。按长对正的投影关系及正六棱柱的高度画出主视图（图 2—24c）。

（3）按高平齐、宽相等的投影关系画出左视图（图 2—24d）。

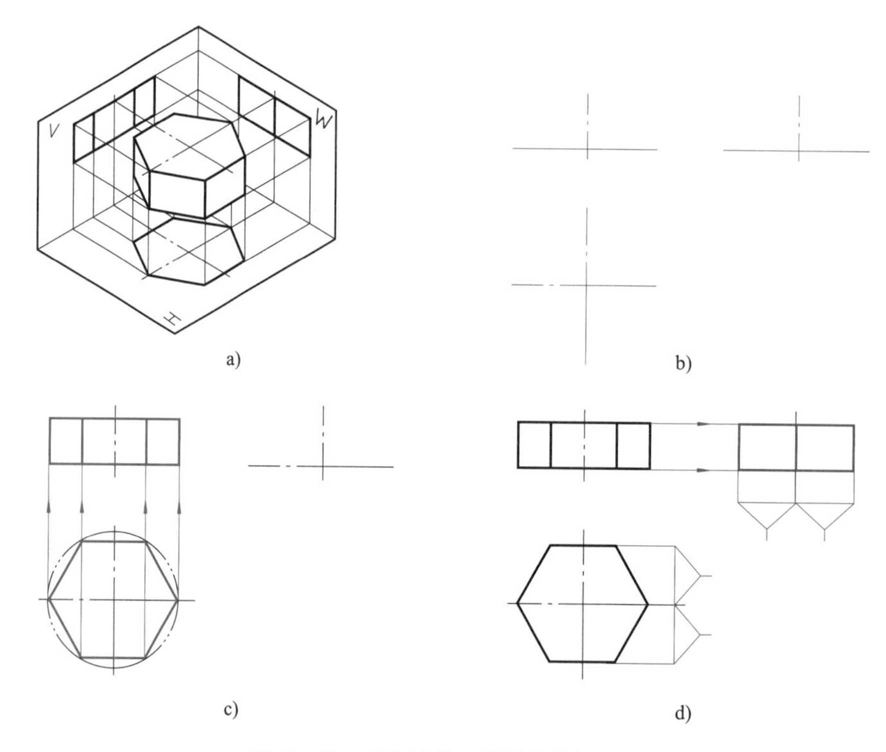

图 2—24　正六棱柱三视图的作图步骤

二、棱锥

棱锥的棱线交于一点，常见的棱锥有三棱锥、四棱锥和五棱锥等。下面以图 2—25a 所示的四棱锥为例，分析其投影特征和作图方法。

分析

图 2—25a 所示四棱锥的底面平行于水平面，其水平投影反映实形；左、右两个棱面是正垂面，均垂直于正面，其正面投影积聚成直线，同时与 H、W 面倾斜，其投影为类似的三角形；前、后两个棱面为侧垂面，其侧面投影积聚成直线，同时与 V、H 面倾斜，其投影均为类似的三角形。与锥顶相交的四条棱线既不平行于也不垂直于任意一个投影面，所以它们在三投影面上的投影均不反映实长。

作图

（1）作四棱锥的对称中心线和底面基准线（图 2—25b）。

（2）画底面的水平投影（矩形）和正面投影（水平线）。根据四棱锥的高度在主视图上定出锥顶的投影位置，然后在主、俯视图上分别将锥顶及底面各顶点的投影用直线连接，即得四条棱线的投影（图 2—25c）。

（3）按高平齐、宽相等的投影关系画出左视图（图 2—25d）。

由此可见，四棱锥的投影特征如下：与底面平行的水平投影反映底面实形——矩形，其内部包含四个三角形棱面的投影；另外两个投影均为三角形。

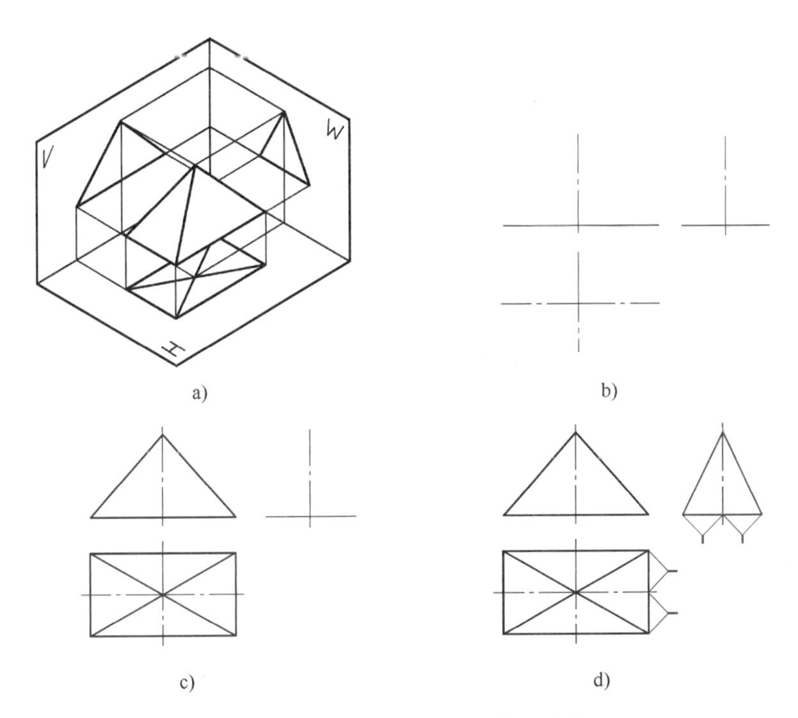

图 2—25　四棱锥三视图的作图步骤

【例 2—7】 已知物体的主、俯视图，补画左视图（图 2—26a）。

分析

从已知物体的主、俯视图（参照立体图）可想象出该物体由两部分组成：下部为四棱柱，上部为被垂直于正面的平面左右各切去一角的三棱柱。三棱柱的棱线垂直于侧面，它的一个侧面与四棱柱的顶面重合。

作图

（1）如图 2—26b 所示，先补画出下部四棱柱的左视图。

（2）作三棱柱上面中间棱线的侧面投影。由于该棱线垂直于侧面，是侧垂线，其侧面投影积聚为一点（在图形中间），过该点与矩形两端点连线，即完成左视图（图 2—26c）。应该注意：左视图上的三角形为三棱柱左、右两个斜面（正垂面）在侧面上的投影；两条斜线为三棱柱前、后两个棱面（侧垂面）的积聚性投影。

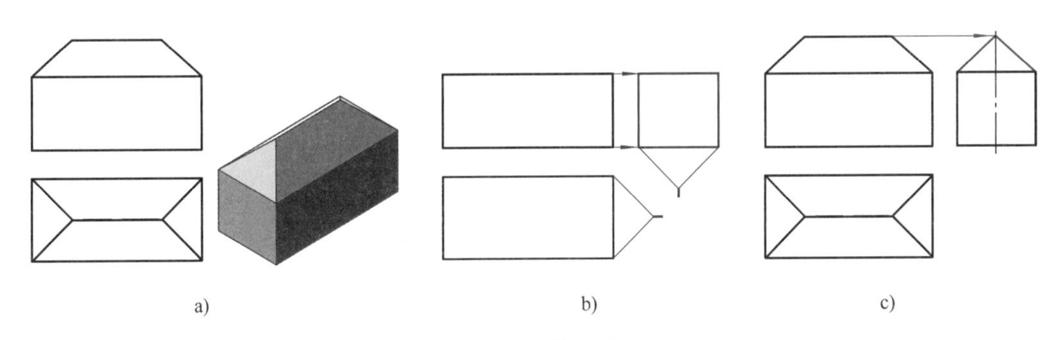

图 2—26　已知主、俯视图补画左视图

三、圆柱

圆柱体是由圆柱面与上、下两端面所围成的。圆柱面可看作由一条直母线绕与其平行的轴线回转而成，如图 2—27a 所示。圆柱面上任意一条平行于轴线的直线称为圆柱面的素线。

分析

如图 2—27b 所示，由于圆柱轴线垂直于水平面，且圆柱上、下端面为水平面，因此，圆柱上、下端面的水平投影反映实形且重合，正、侧面投影积聚成直线。圆柱面的水平投影积聚为一圆，与两端面的水平投影重合。在正面投影中，前、后两半圆柱面的投影重合为一矩形，矩形的两条竖线分别是圆柱面最左、最右素线的投影，也是圆柱面前、后分界的转向轮廓线。在侧面投影中，左、右两半圆柱面的投影重合为一矩形，矩形的两条竖线分别是圆柱面最前、最后素线的投影，也是圆柱面左、右分界的转向轮廓线。

作图

作圆柱的三视图时，应先画出圆的中心线和圆柱轴线的各投影，然后从投影特征为圆的视图画起，再按投影关系逐步完成其他视图，如图 2—27c 所示。

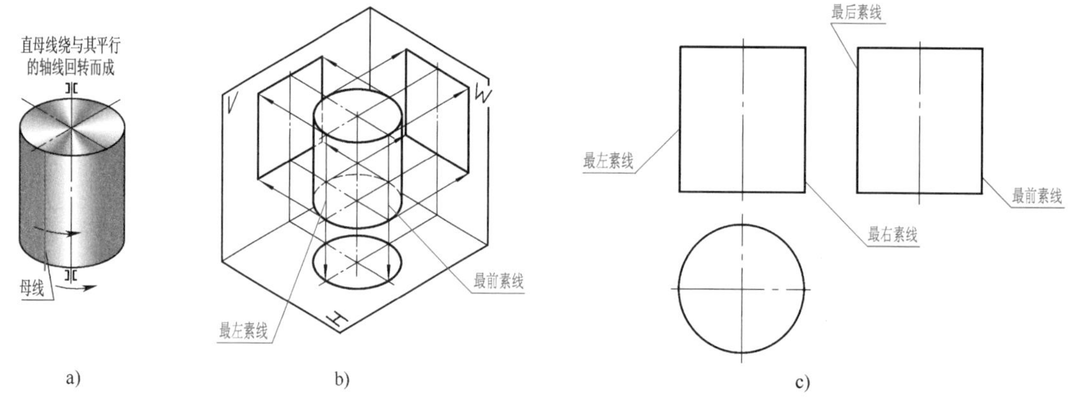

图 2—27 正圆柱及其三视图

四、圆锥

圆锥是由圆锥面和底面所围成的。如图 2—28a 所示，圆锥面可看作由一条直母线绕与其相交的轴线回转而成。

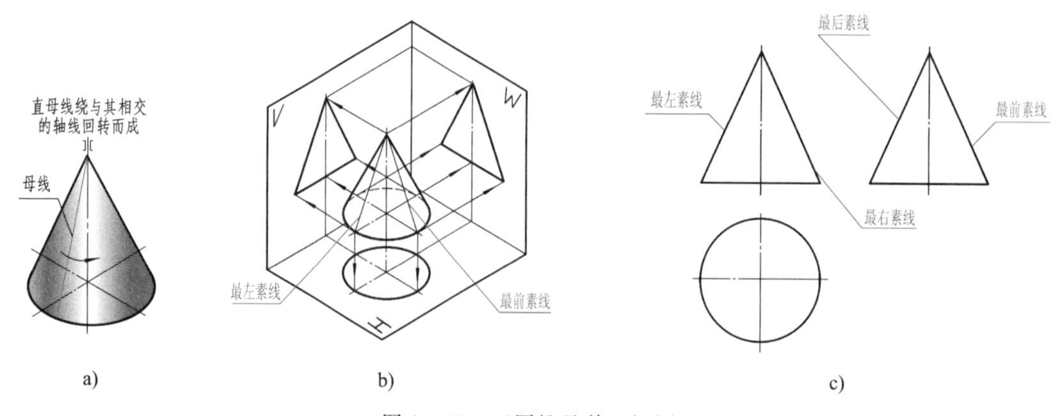

图 2—28 正圆锥及其三视图

分析

如图 2—28b 所示为轴线垂直于水平面的正圆锥，锥底平行于水平面，水平投影反映实形，正面和侧面投影积聚成直线。圆锥面的三个投影都没有积聚性，其水平投影与底面投影重合，全部可见；在正面投影中，前、后两半圆锥面的投影重合为一等腰三角形，三角形的两腰分别是圆锥最左、最右素线的投影，也是圆锥面前、后分界的转向轮廓线；在圆锥的侧面投影中，左、右两半圆锥面的投影重合为一等腰三角形，三角形的两腰分别是圆锥最前、最后素线的投影，也是圆锥面左、右分界的转向轮廓线。

作图

作圆锥的三视图时，应先画圆的中心线和圆锥轴线的各投影，再从投影为圆的视图画起，按圆锥的高度确定锥顶，逐步画出其他视图，如图 2—28c 所示。

五、圆球

圆球的表面可看作由一条圆母线绕其直径回转而成（图 2—29a）。

从图 2—29c 中可以看出，球的三个视图都为等径圆，并且是球面上平行于相应投影面的三个不同位置的最大轮廓圆。正面投影的轮廓圆是前、后两半球面可见与不可见的分界线；水平投影的轮廓圆是上、下两半球面可见与不可见的分界线；侧面投影的轮廓圆是左、右两半球面可见与不可见的分界线。

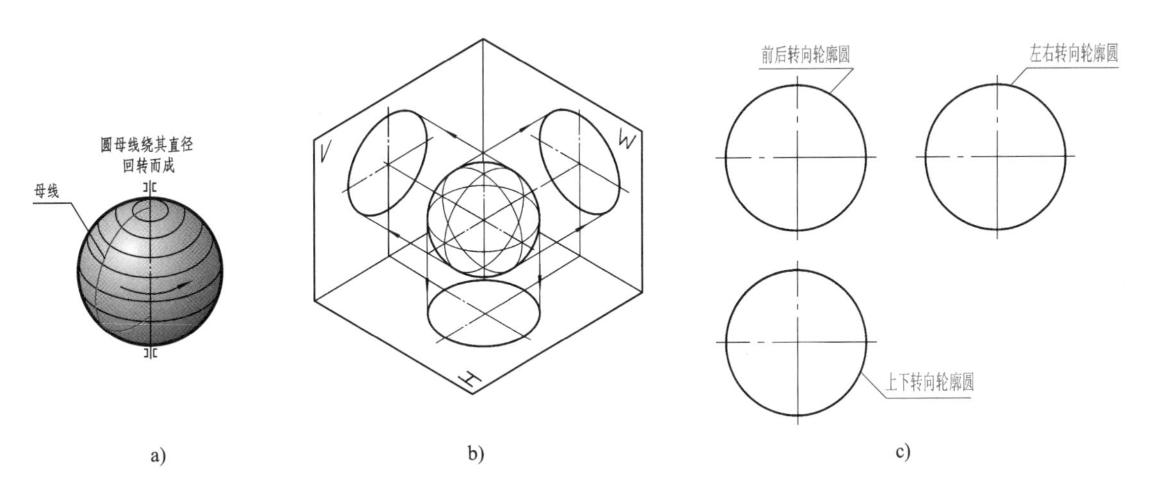

图 2—29　圆球及其三视图

提示

表达一个立体的形状和大小，不一定要画出三个视图，有时画一个或两个视图即可。当然，有时三个视图也不能完整表达物体的形状，则要画更多的视图。例如，表示上述圆柱、圆锥时，若只表达形状，不标注尺寸，则用主、俯两个视图即可。若标注尺寸，上述圆柱、圆锥和圆球仅画一个视图即可。

六、基本体的尺寸标注

视图用来表达物体的形状，物体的大小则要由视图上所标注的尺寸数字来确定。任何物体都具有长、宽、高三个方向的尺寸。在视图上标注基本体的尺寸时，应将三个方向的尺寸标注齐全，既不能缺少，也不允许重复。表 2—5 列举了一些常见基本体及其尺寸的标注方法。

从表 2—5 可以看出，在表达物体的一组三视图中，尺寸应尽量标注在反映基本体形状特征的视图上，而圆的直径一般标注在投影为非圆的视图上。需要说明的是，一个径向尺寸包含两个方向。

表 2—5　　　　常见基本体及其尺寸的标注方法

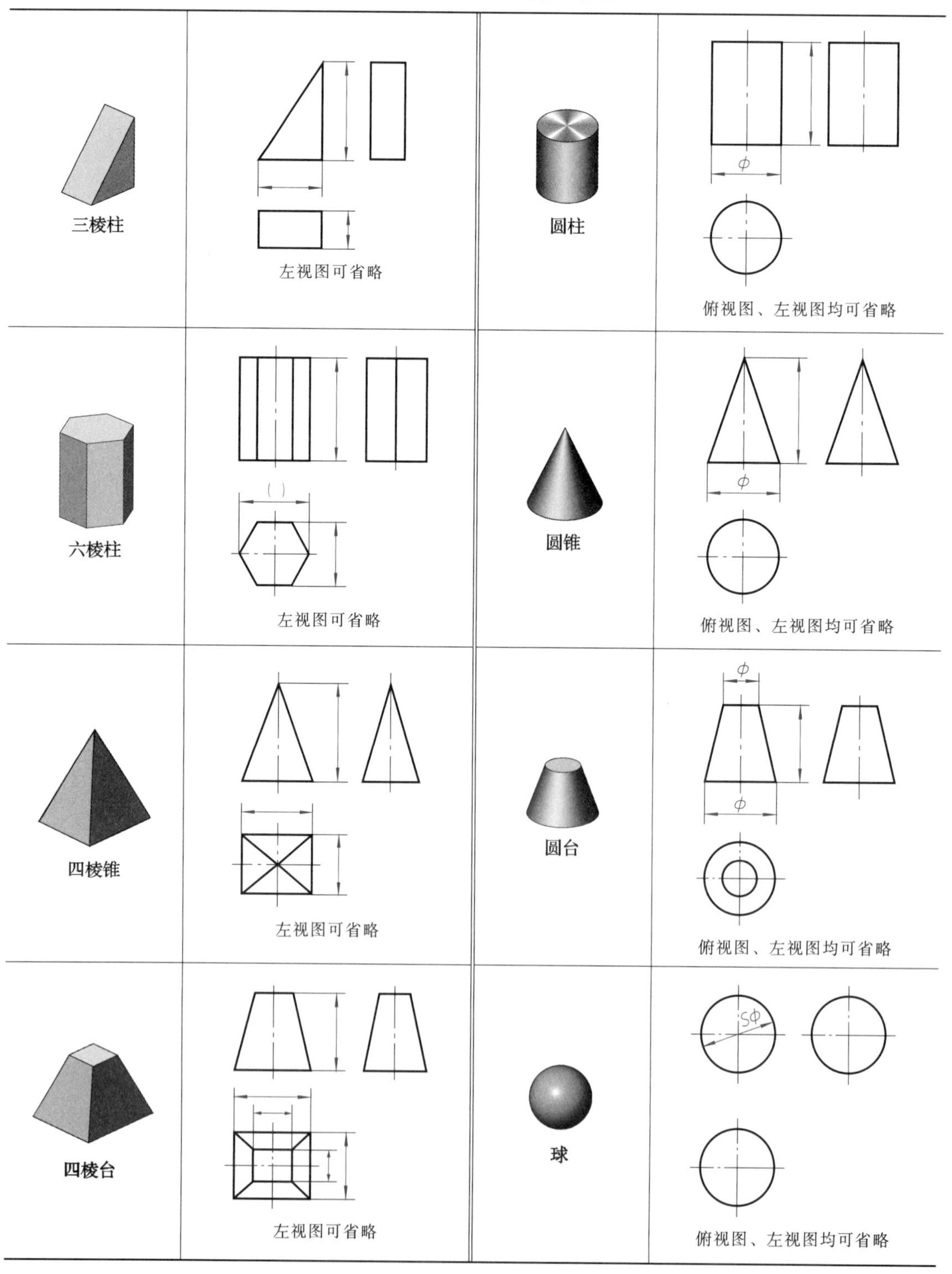

思考

1. 比较棱柱和圆柱的三视图及其尺寸标注有何异同点。
2. 表达半圆柱并标注尺寸需要几个视图?

典型案例

根据图 2—30a 所示的铆钉主视图及其尺寸，补画其俯视图、左视图。

分析

由视图右端半圆形和尺寸 $SR9$ 可知，该部分是半球体；由视图中间的矩形和相关尺寸 $\phi12$、16—2 表明这部分是圆柱；由左端梯形及相关尺寸 $\phi12$、$\phi8$ 和 2 可知，这部分为圆台。即铆钉由半球、圆柱和圆台三个基本体构成，如图 2—30b 所示。

作图

1. 画出左视图中心线和俯视图中的轴线（图 2—30c）。
2. 根据投影关系，补画各部分基本体的俯视图和左视图（图 2—30d）。

思考

简单物体一定要用三个视图表达吗？何时可以省略一个或两个视图？试举例说明。

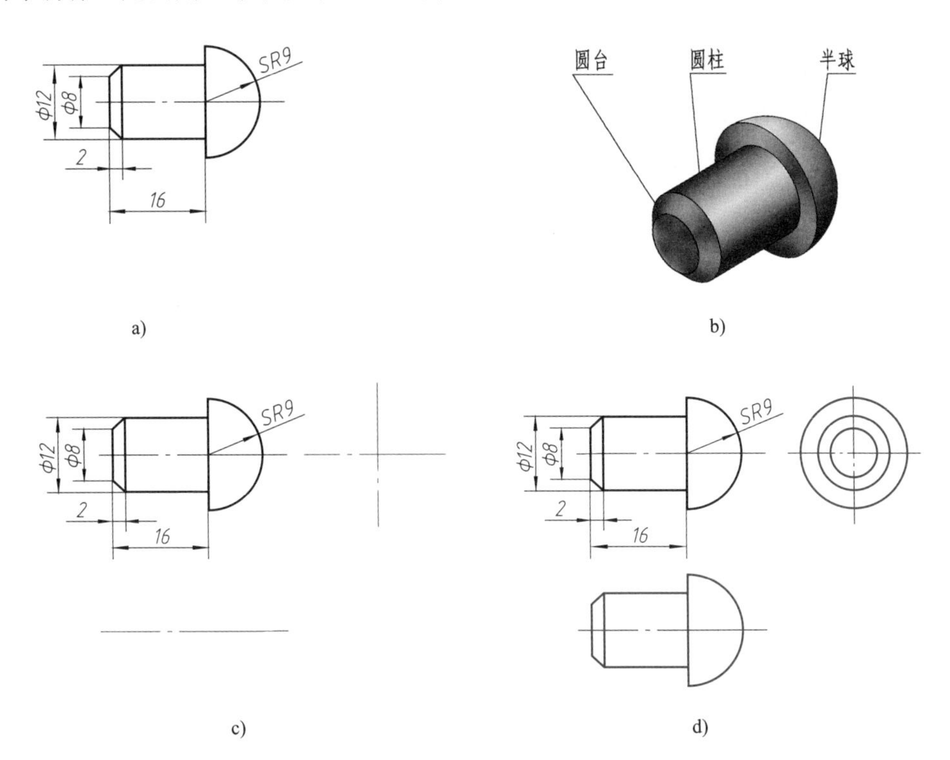

图 2—30　由主视图及尺寸补画俯视图、左视图

第三章 立体表面交线的投影作图

机件表面是由一些平面或曲面构成的，机件上两个表面相交形成表面交线。在这些交线中，有的是平面与立体表面相交而产生的截交线（图 3—1a、b），有的是两立体表面相交且两部分形体互相贯穿而形成的相贯线（图 3—1c）。了解这些交线的性质并掌握交线的画法，有助于正确表达机件的结构、形状及读图时对机件进行形体分析。

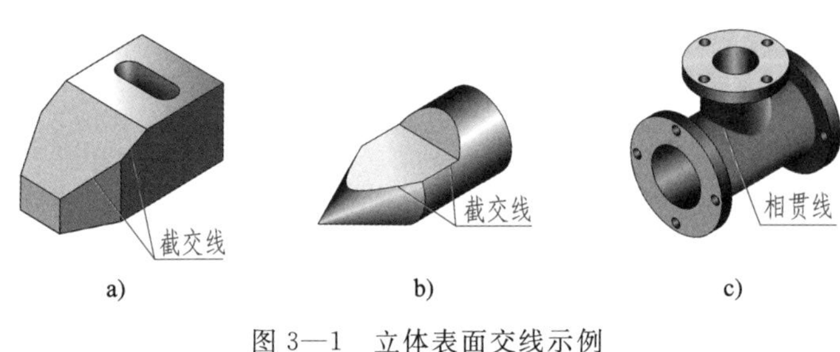

图 3—1　立体表面交线示例

a）压板　b）顶尖　c）三通管

§3—1　立体表面上点的投影

无论是截交线还是相贯线，它们都是由立体表面上一系列的点连接而成的，掌握常见立体表面上点的投影作图方法是解决立体表面交线投影作图问题的基础和关键。在此先要明确一个从属关系：若点在直线或平面上，则点的投影一定在点所在直线或平面的投影上。

一、棱柱表面上点的投影

若棱柱各表面均处于特殊位置，则棱柱表面上点的投影可利用平面投影的积聚性求得。在三个视图中，若平面处于可见位置，则该面上点的同面投影也是可见的；反之为不可见。

如图 3—2 所示，已知正六棱柱棱面 $ABCD$ 上点 M 的 V 面投影 m'，要求作该点 H 面投影 m 和 W 面投影 m''。由于点 M 所在棱面 $ABCD$ 为铅垂面，其 H 面的投影积聚为直线 $a(d)b(c)$，因此，点 M 的 H 面投影 m 必定在直线 $a(d)b(c)$ 上，由此求出 m，然后由 m' 和 m 求出 m''。由于棱面 $ABCD$ 的 W 面投影为可见，故 m'' 为可见。

a)　　　　　　　　b)

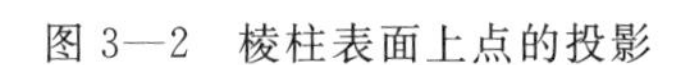

图 3—2　棱柱表面上点的投影

二、棱锥表面上点的投影

棱锥的表面可能是特殊位置平面，也可能是一般位置平面。凡属特殊位置表面上的点，其投影可利用平面投影的积聚性直接求得；对于一般位置表面上点的投影，则可通过在该面作辅助线的方法求得。

图 3—3 所示为已知三棱锥棱面上点 M 的 V 面投影 m'，求其另外两面投影的作图过程。

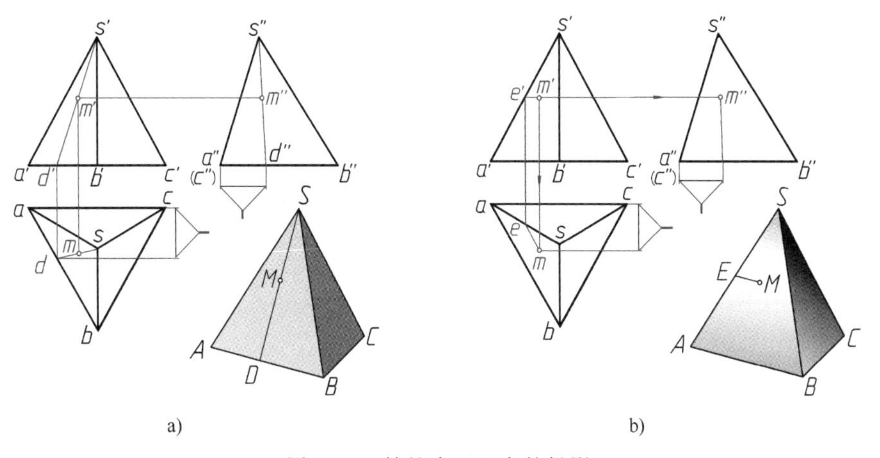

a)　　　　　　　　b)

图 3—3　棱锥表面上点的投影

由于点 M 所在表面△SAB 为一般位置平面，因此要用辅助线法作图。在图 3—3a 中，辅助线为过锥顶 S 和点 M 的直线 SD。作图步骤：连接 $s'm'$，并延长交 $a'b'$于 d'，得辅助线 SD 的 V 面投影 $s'd'$，再求出 SD 的 H 面投影 sd，则 m 必在 sd 上，由此求得 M 点的 H 面投影 m。点 M 的 W 面投影 m''可通过 $s''d''$求得，也可由 m'和 m 直接求得。

思考

图 3—3b 所示为另一种辅助线的作图方法，即过点 M 作 AB 的平行线 ME，试归纳一下作图步骤。

三、圆柱表面上点的投影

如图 3—4 所示，已知圆柱面上两点 M、N 的 V 面投影 m'、n'，求作它们的 H 面投影和 W 面投影。

由于圆柱体的轴线垂直于 H 面，所以点 M、N 的 H 面投影可利用圆柱面的 H 面投影积聚性直接求得。由于 m' 是可见的，所以点 M 在前半圆柱面上，即在 H 面投影圆前半圆的圆周上。求得 m 后，可根据 m' 和 m 求出 m''。同理可求出 n 和 n''。由于点 N 在圆柱面最右素线上，即圆柱面前、后分界的转向轮廓线上，所以 n'' 为不可见。

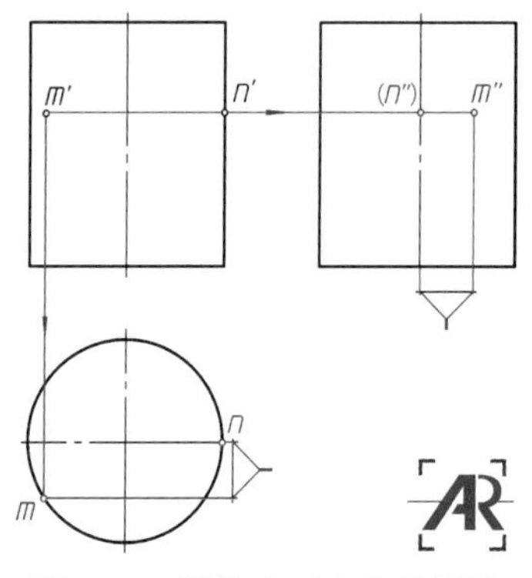

图 3—4　圆柱表面上点的投影

四、圆锥表面上点的投影

由于圆锥面的投影没有积聚性，因此必须在圆锥面上作一条包含该点的辅助线（直线或圆），先求出辅助线的投影，再利用线上点的投影关系求出圆锥表面上点的投影。

如图 3—5 所示，已知圆锥面上点 M 的 V 面投影 m'，求作点 M 的 H 面投影 m 和 W 面投影 m''。

方法一：辅助素线法　如图 3—5a 所示，过锥顶作包含点 M 的素线 SA（$s'a'$、sa、$s''a''$），则 m、m'' 必定分别在 sa、$s''a''$ 上，由 m' 便可作出 m 和 m''，如图 3—5b 所示。

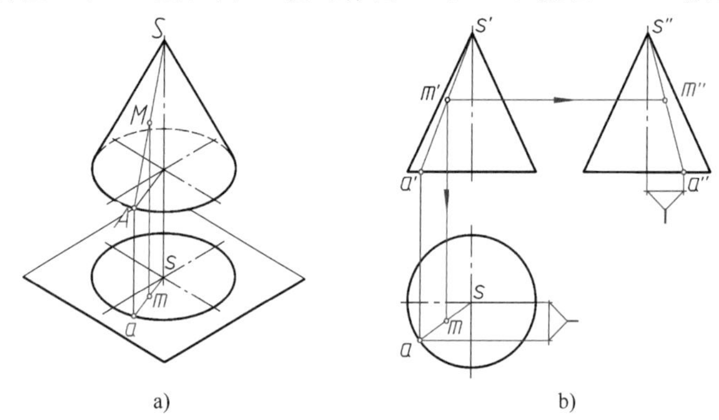

图 3—5　用辅助素线法求圆锥面上点的投影

方法二：辅助纬圆法　如图 3—6a 所示，在锥面上过点 M 作一辅助纬圆（垂直于圆锥轴线的圆），则点 M 的各投影必在该圆的同面投影上。

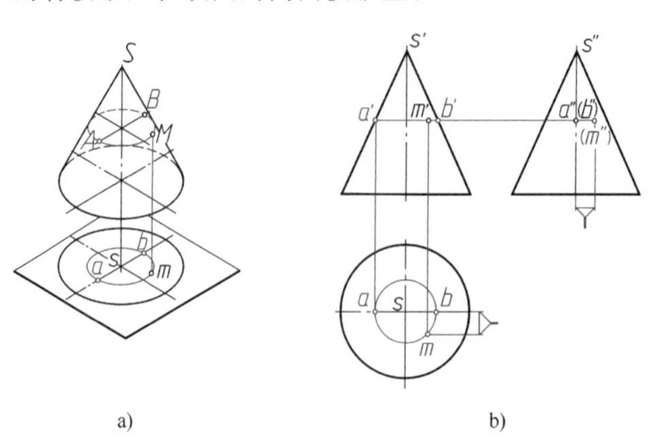

图 3—6　用辅助纬圆法求圆锥面上点的投影

具体作图方法如图 3—6b 所示，过 m' 作圆锥轴线的垂直线，交圆锥左、右轮廓线于 a'、b'，得辅助纬圆的 V 面投影。作辅助纬圆的 H 面投影（以 s 为圆心，$a'b'$ 为直径画圆）。由 m' 求得 m，因 m' 是可见的，所以 m 在前半圆锥面上；再由 m' 和 m 求得 m''。由于 M 点在右半圆锥面上，所以 m'' 为不可见。

知识拓展

辅助纬圆法也称辅助平面法，因为纬圆相当于辅助平面与立体表面的交线。

五、球面上点的投影

如图 3—7 所示，已知球面上点 M 的 V 面投影（m'），求 m 和 m''。

球面的三个投影都没有积聚性，要利用辅助纬圆法求解。

如图 3—7a 所示为作水平辅助纬圆：过 m' 作水平圆 V 面的积聚投影 $1'2'$，再作出其 H 面的投影（以 O 为圆心，$1'2'$ 为直径画圆），在该圆的 H 面投影上求得 m。由于 m' 不可见，则 M 必定在后半球面上。然后由 m' 和 m 求出 m''，由于点 M 在右半球面上，所以 m'' 不可见。

讨论

如图 3—7b 所示为通过平行于侧面的辅助纬圆求球面上点的投影的作图过程。

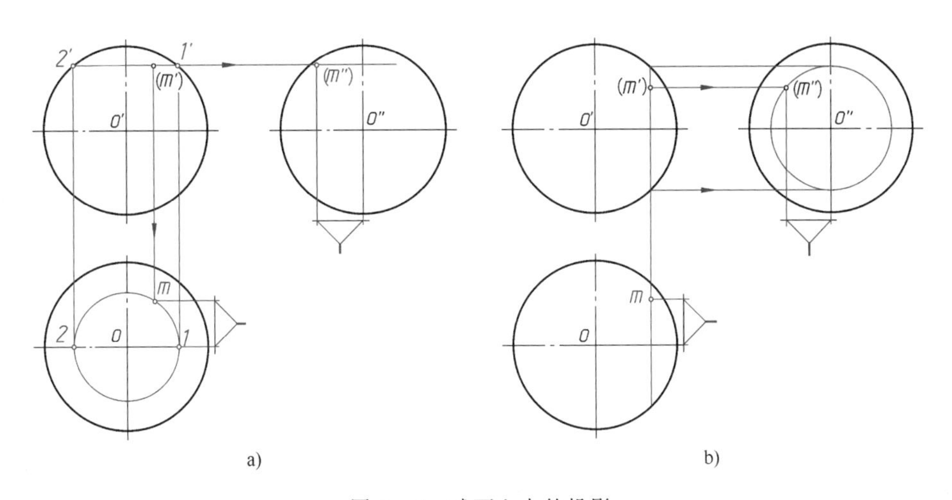

图 3—7　球面上点的投影

小结

求立体表面上点的投影的关键是利用点与线、面的从属关系，即点在某一立体的线、面上，点的投影一定落在点所处的线、面的同面投影上。

（1）若点在特殊位置平面，可直接根据其表面有积聚性的投影求得。

（2）若点在一般位置平面或曲面的一般位置，则需用辅助素线法或辅助纬圆法，先作辅助线或辅助纬圆的投影，再按投影关系求得点的投影。

§3—2 截交线的投影作图

用平面切割立体，如图 3—1a、b 所示的压板和顶尖，它们的表面都有被平面切割而形成的截交线。

截交线的形状虽有多种，但均具有以下两个基本特性：

（1）封闭性　截交线为封闭的平面图形。

（2）共有性　截交线既在截平面上，又在立体表面上，是截平面与立体表面的共有线，截交线上的点均为截平面与立体表面的共有点。

因此，求作截交线就是求截平面与立体表面的共有点和共有线。

一、平面切割平面体

1. 正六棱柱被切割

分析

如图 3—8a 所示，正六棱柱被正垂面切割，截平面 P 与正六棱柱的六个棱面都相交，所以截交线是一个六边形。六边形的顶点为各棱线与截平面 P 的交点。截交线的正面投影积聚在 p'上，$1'$、$2'$、$3'$、$4'$、$5'$、$6'$分别为各棱线与 p'的交点。由于正六棱柱的六个棱面在俯视图上的投影具有积聚性，所以截交线的水平投影为已知。根据截交线的正面和水平投影可作出其侧面投影，并且截交线的侧面投影为类似于水平投影的六边形。

作图

（1）画出被切割前正六棱柱的左视图（图 3—8b）。

（2）根据截交线（六边形）各顶点的正面和水平投影作出截交线的侧面投影 $1''$、$2''$、$3''$、$4''$、$5''$、$6''$（图 3—8c）。

（3）顺次连接 $1''$、$2''$、$3''$、$4''$、$5''$、$6''$、$1''$，补画遗漏的虚线（注意：正六棱柱上最右棱线的侧面投影为不可见，左视图上不要漏画这一段虚线），擦去多余的作图线并描深。作图结果如图 3—8d 所示。

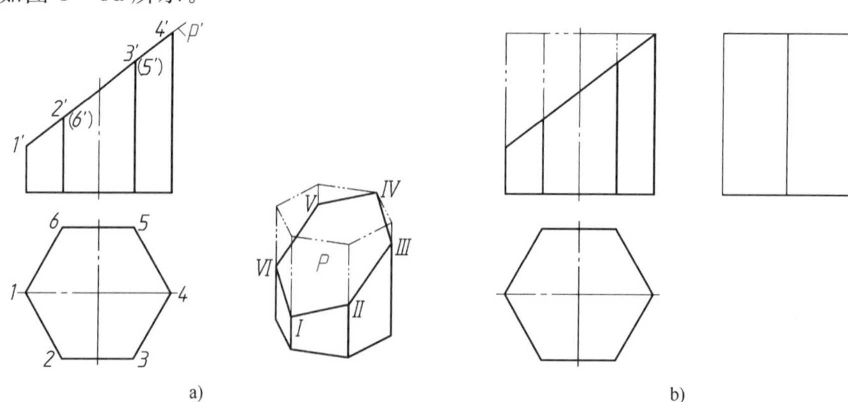

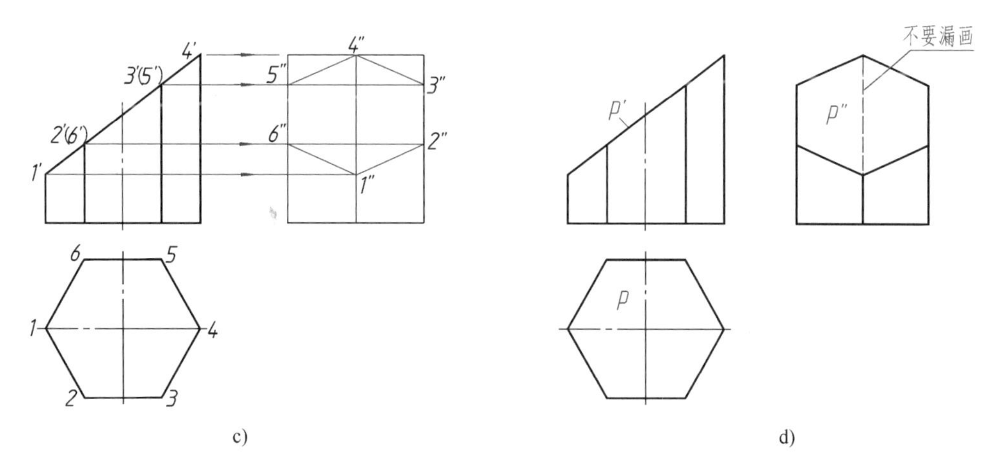

图 3—8　平面切割正六棱柱

2. 正四棱锥被切割

分析

如图 3—9a 所示，正四棱锥被正垂面切割，截交线是一个四边形，四边形的顶点是四条棱线与截平面 P 的交点。由于正垂面的正面投影具有积聚性，因此截交线的正面投影积聚在 p'上，1′、2′、3′、4′分别为四条棱线与 p'的交点，水平投影与侧面投影应为类似的四边形。

作图

（1）画出被切割前正四棱锥的左视图（图 3—9b）。

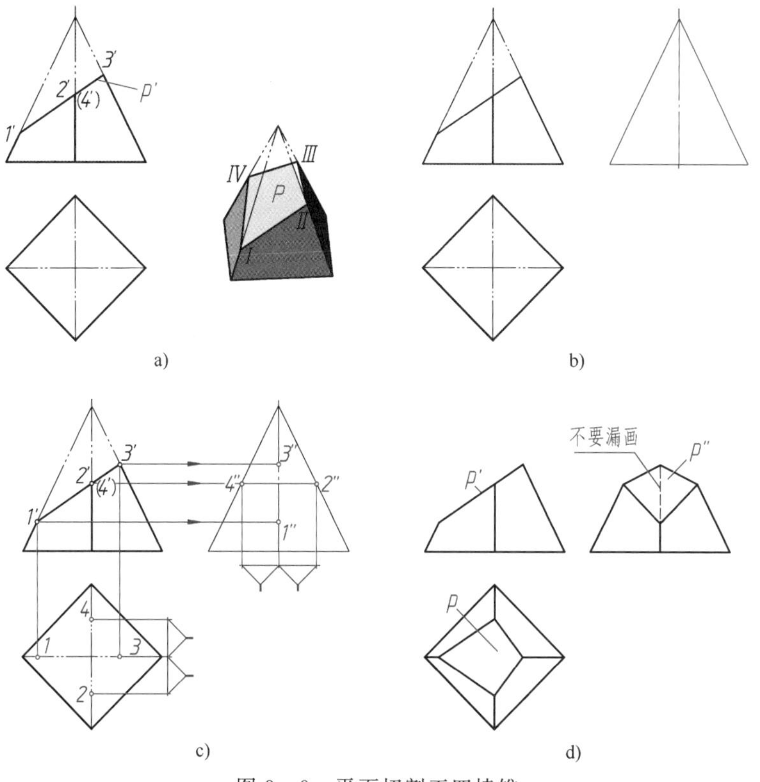

图 3—9　平面切割正四棱锥

（2）根据截交线的正面投影作水平投影和侧面投影（图 3—9c）。截交线的侧面投影可由正面投影按高平齐的投影关系作出。水平投影 1、3 可由正面投影按长对正的投影关系作出；水平投影 2、4 可由侧面投影 2″、4″按俯、左视图宽相等的投影关系作出。

（3）在俯视图及左视图上顺次连接各交点的投影，擦去多余的作图线并描深。注意不要漏画左视图上的虚线（图 3—9d）。

典型案例

【例 3—1】 画出图 3—10a 所示平面切割体的三视图。

分析

该切割体可看成用正垂面 P 和铅垂面 Q 分别切去长方体的左上角和左前角而形成。平面 P 与长方体表面的交线ⅠⅡ、ⅢⅣ是正垂线；平面 Q 与长方体表面的交线 AB、CD 是铅垂线；而 P 面与 Q 面的交线 AD 则是一般位置直线。本题作图的关键是求作 AD 的侧面投影 $a''d''$。

作图

（1）作出长方体被正垂面 P 切割后的投影（图 3—10b）。

（2）作出铅垂面 Q 的投影（图 3—10c）。铅垂面 Q 产生的交线为梯形 $ABCD$。先画出有积聚性的水平投影，再作出铅垂线 AB 和 CD 的正面投影 $a'b'$、$c'd'$ 及侧面投影 $a''b''$、$c''d''$，连接端点 $a''d''$ 即为一般位置直线 AD 的侧面投影。值得注意的是，长方体被正垂面切割后的 P 面的水平和侧面投影是类似的五边形；被铅垂面切割后的 Q 面的正面和侧面投影是类似的四边形。

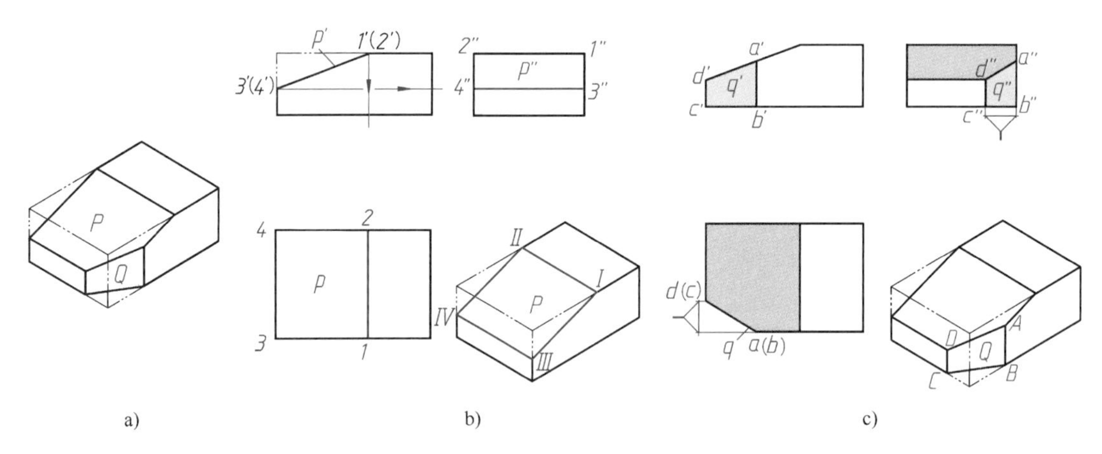

图 3—10　平面切割体的作图过程

【例 3—2】 在四棱柱上切割一个通槽，已知通槽的正面投影，求作水平投影和侧面投影（图 3—11）。

分析

如图 3—11a 所示，四棱柱上的通槽是由三个特殊位置平面切割四棱柱而形成的。两侧壁是侧平面，它们的正面和水平投影积聚成直线，而侧面投影反映侧壁的实形，并重合在一起。槽底是水平面，其正面和侧面投影均积聚成直线，水平投影反映实形，可利用积聚性作出通槽的水平投影和侧面投影。

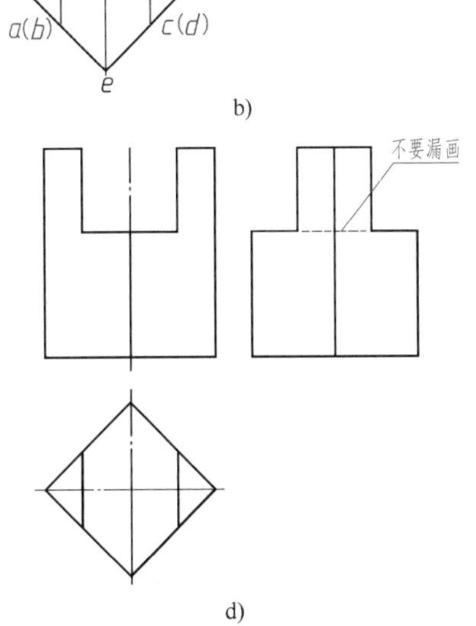

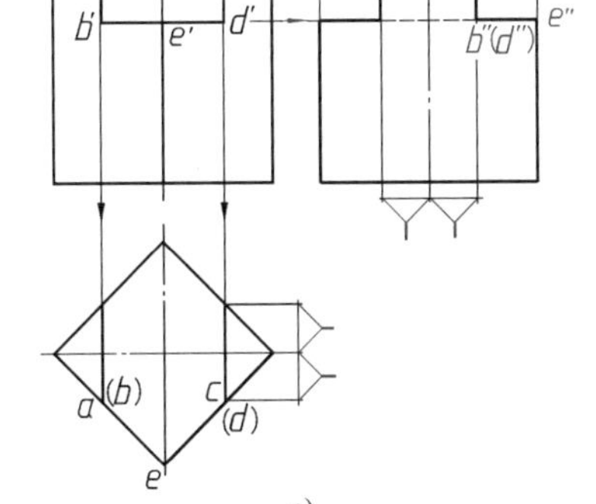

a)　　b)　　c)　　d)

图 3—11　四棱柱开槽

作图

（1）根据已知通槽的主视图，在俯视图上作出两侧壁的积聚性投影，它是侧平面与水平面交线（正垂线）的水平投影。槽底是水平面，其水平投影反映实形。参照立体图在俯视图上标注相应的字母（因为图形前后、左右对称，所以只标注前半部分），如图 3—11b 所示。

（2）按高平齐、宽相等的投影关系，作出通槽的侧面投影（图 3—11c）。

（3）擦去多余作图线，描深切割后的图形轮廓，左视图中的一段虚线不要漏画（图 3—11d）。

从作图过程可以看出，四棱柱由于被切割出通槽，使侧棱的外轮廓在槽口部分发生变形，左视图中槽口部分的轮廓线向中心“收缩”，从而使两边出现缺口，如图 3—11d 所示。

二、平面切割回转曲面体

平面切割曲面体时，截交线的形状取决于曲面体表面的形状以及截平面与曲面体的相对位置。当截平面与曲面体相交时，截交线的形状和性质见表 3—1。

平面与回转曲面体相交时，其截交线一般为封闭的平面曲线，特殊情况下是直线，或直线与平面曲线组成的封闭的平面图形。作图的基本方法是求出曲面体表面若干条素线与截平面的交点，然后顺次光滑连接即得截交线。截交线上一些能确定其形状和范围的点，如最高与最低点、最左与最右点、最前与最后点以及可见与不可见的分界点等，均称为特殊点。作图时通常先作出截交线上的特殊点，再按需要作出一些中间点，最后依次连接各点，并注意投影的可见性。

表 3—1 **平面切割回转曲面体**

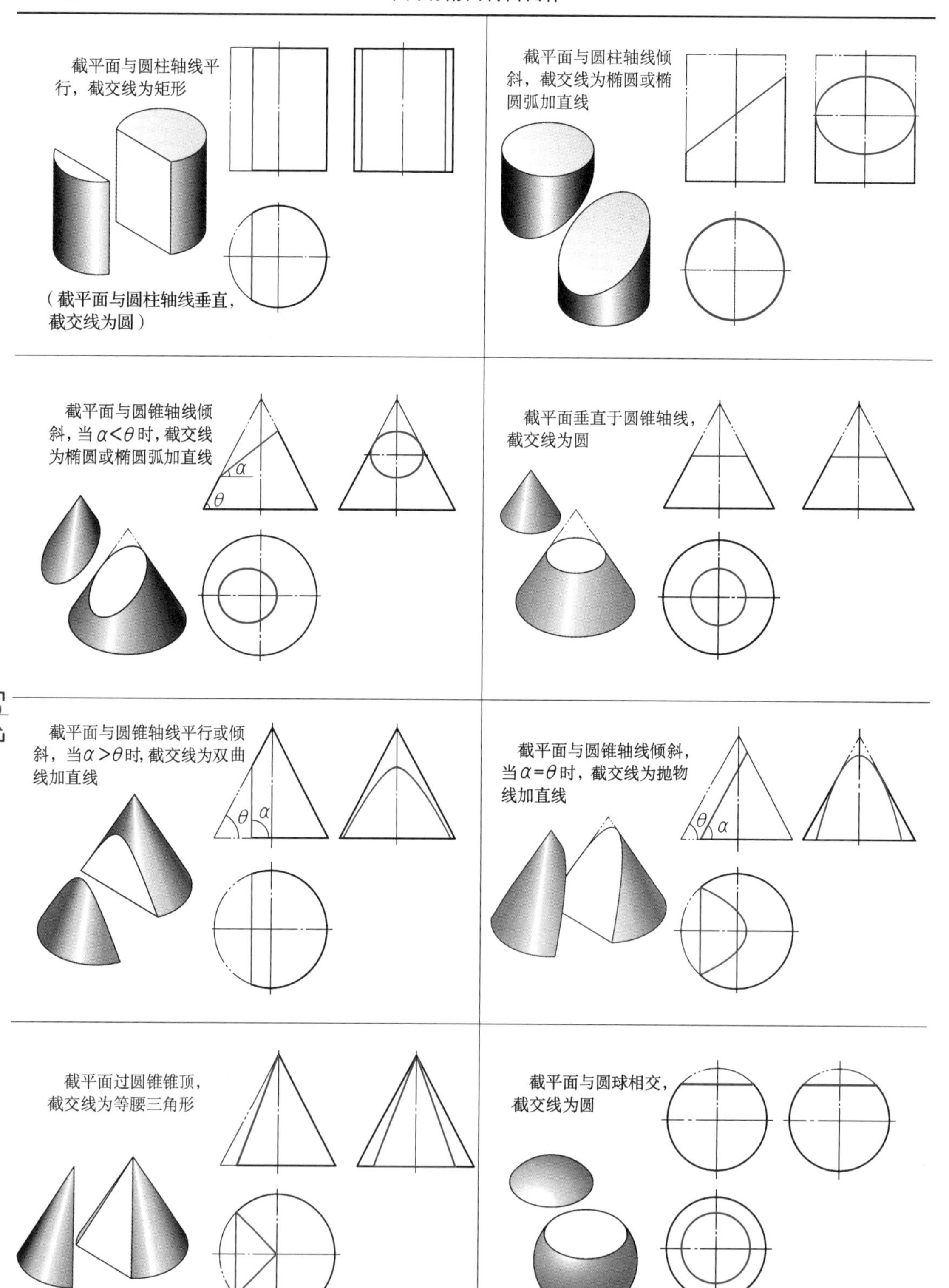

1. 平面与圆柱相交

平面与圆柱相交时，根据截平面与圆柱轴线相对位置的不同可形成三种不同形状的截交线。

【例 3—3】 如图 3—12a 所示为圆柱被正垂面斜切，已知主、俯视图，求作左视图。

分析

截平面 P 与圆柱轴线倾斜，截交线为椭圆。由于 P 面是正垂面，所以截交线的正面投影积聚在 p'上；因为圆柱面的水平投影具有积聚性，所以截交线的水平投影积聚在圆周上。而截交线的侧面投影一般情况下仍为椭圆。

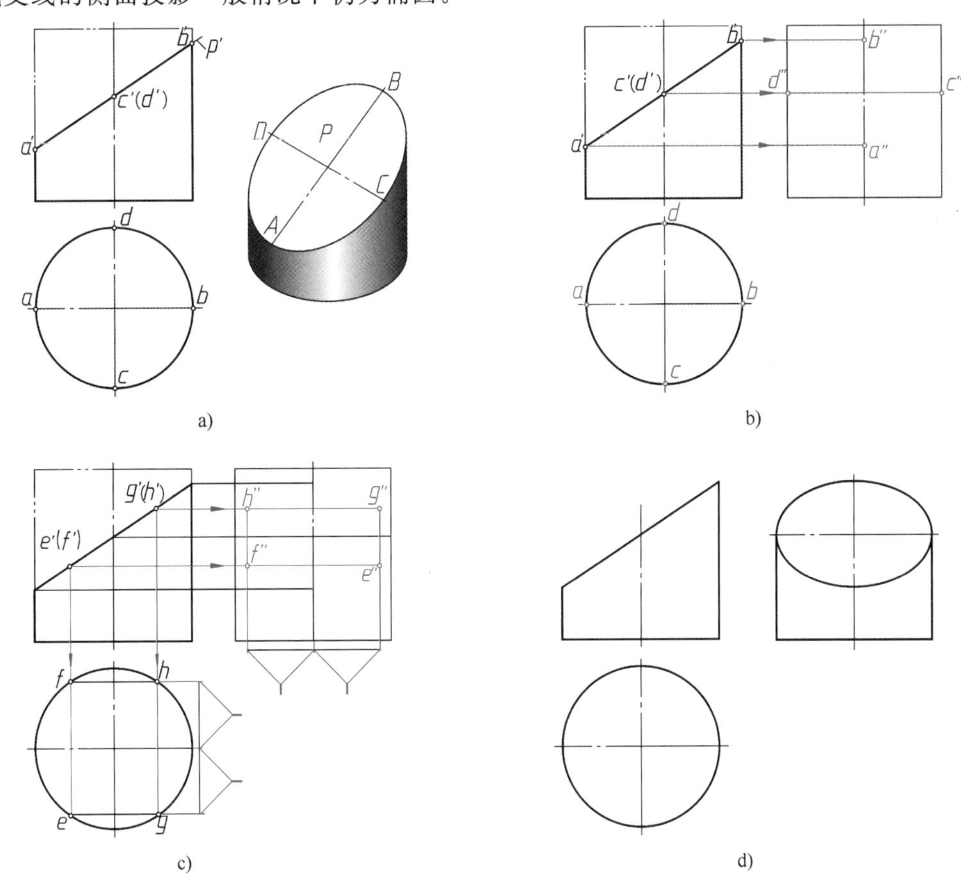

图 3—12 正垂面斜切圆柱

作图

（1）求特殊点 由图 3—12a 可知，最低点 A 和最高点 B 是椭圆长轴的两端点，也是位于圆柱最左、最右素线上的点。最前点 C 和最后点 D 是椭圆短轴的两端点，也是位于圆柱最前、最后素线上的点。A、B、C、D 的正面和水平投影可利用积聚性直接作出。然后由正面投影 a'、b'、c'、d' 和水平投影 a、b、c、d 作出侧面投影 a''、b''、c''、d''（图 3—12b）。

（2）求中间点 为了准确作图，还必须在特殊点之间作出适当数量的中间点，如 E、F、G、H 各点。可先作出它们的水平投影 e、f、g、h 和正面投影 $e'(f')$、$g'(h')$，再作出侧面投影 e''、f''、g''、h''（图 3—12c）。

（3）依次光滑连接 a''、e''、c''、g''、b''、h''、d''、f''、a''，即为所求截交线——椭圆的侧面投影，圆柱的轮廓线在 c''、d''处与椭圆相切。描深切割后的图形轮廓，如图 3—12d 所示。

课堂讨论

随着截平面与圆柱轴线倾角的变化，所得截交线——椭圆的长轴投影也相应变化（短轴投影不变）。当截平面与圆柱轴线成 45°时（正垂面位置），截交线的空间形状仍为椭圆，请思考截交线的侧面投影是圆还是椭圆？为什么？

【例 3—4】 求作带切口圆柱的侧面投影（图 3—13a）。

分析

圆柱切口由水平面 P 和侧平面 Q 切割而成。如图 3—13a 所示，由截平面 P 所产生的截交线是一段圆弧，其正面投影是一段水平线（积聚在 p'上），水平投影是一段圆弧（积聚在圆柱的水平投影上）。截平面 P 与 Q 的交线是一条正垂线 BD，其正面投影积聚成点 $b'(d')$，水平投影 b 和 d 在圆周上。由截平面 Q 所产生的截交线是两段铅垂线 AB 和 CD（圆柱面上的两段素线）。它们的正面投影 $a'b'$ 与 $c'd'$ 积聚在 q' 上，水平投影分别为圆周上的两个点 $a(b)$、$c(d)$。Q 面与圆柱顶面的截交线是一条正垂线 AC，其正面投影 $a'(c')$ 积聚成点，水平投影 ac、bd 重合。

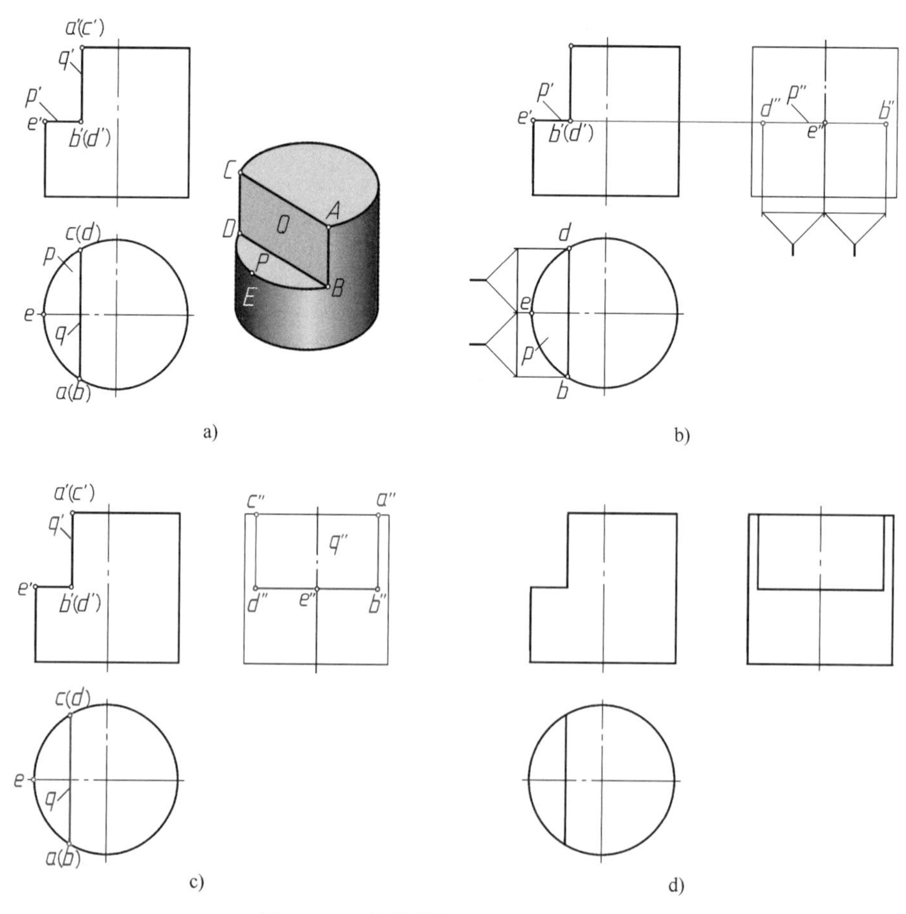

图 3—13　求作带切口圆柱的侧面投影

作图

（1）由 p' 向右引投影连线，再从俯视图上量取宽度定出 b''、d''（图 3—13b）。

（2）由 b''、d'' 分别向上作竖线与顶面交于 a''、c''，即得由截平面 Q 所产生的截交线 AB、CD 的侧面投影 $a''b''$、$c''d''$（图 3—13c）。

（3）作图结果如图 3—13d 所示。

思考

如果扩大切割圆柱的范围，使截平面 P 切过圆柱轴线（图 3—14），其侧面投影与图 3—13d 所示的侧面投影有所不同，由于截平面 P 切过圆柱轴线，圆柱面前、后两段轮廓已被切去。应仔细分析由于切割位置不同而形成的侧面投影所画轮廓线的区别。

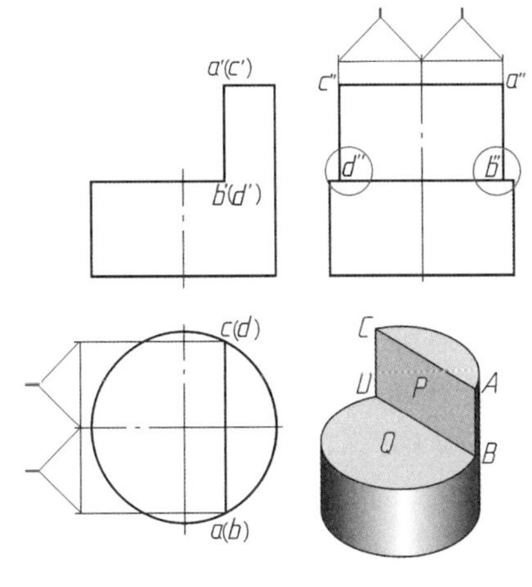

图 3—14　不同切割范围下侧面投影的变化

【例 3—5】 补全接头的三面投影（图 3—15a）。

分析

接头是由一个圆柱体左端开槽（中间被两个正平面和一个侧平面切割）、右端切肩（上、下被水平面和侧平面对称地切去两块）而形成的，所产生的截交线均为直线和平行于侧面的圆弧。

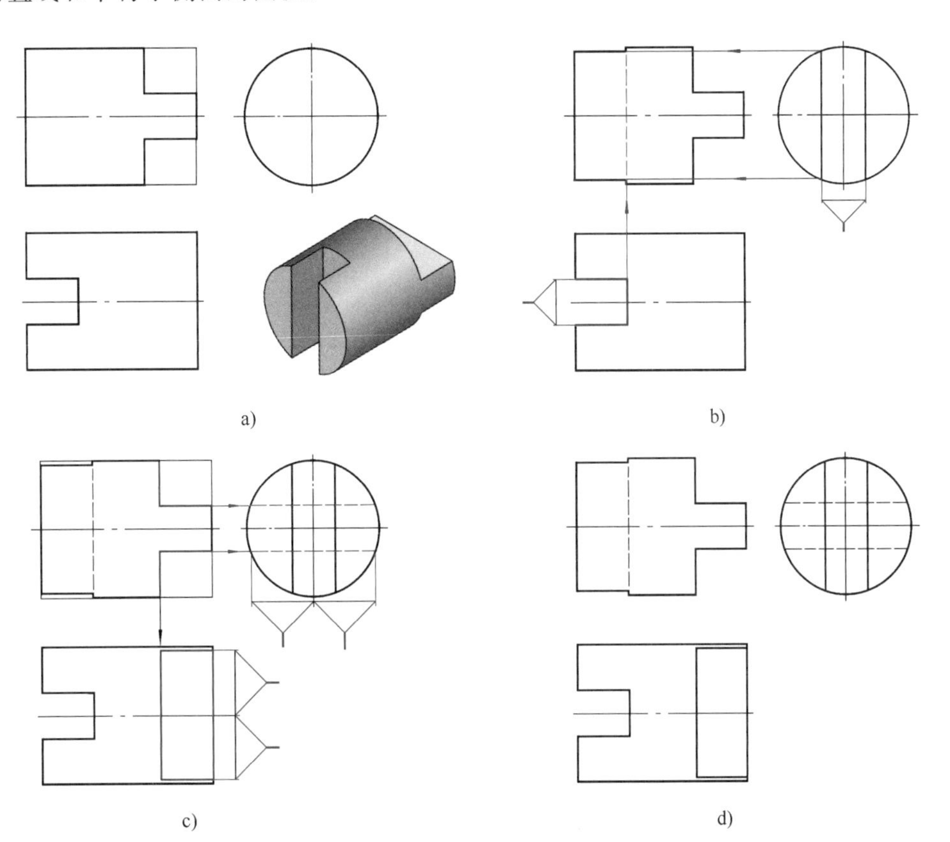

图 3—15　接头表面截交线的作图步骤

作图

（1）根据槽口的宽度，作出槽口的侧面投影（两条竖线），再按投影关系作出槽口的正面投影（图 3—15b）。

（2）根据切肩的厚度，作出切肩的侧面投影（两条虚线），再按投影关系作出切肩的水平投影（图 3—15c）。

（3）擦去多余的作图线并描深。图 3—15d 所示为完整的接头三视图。

思考

由图 3—15d 的正面投影可以看出，圆柱体最高、最低两条素线因左端开槽而各截去一段，所以正面投影的外形轮廓线在开槽部位向轴线收缩，其收缩程度与槽宽有关。又由水平投影可以看出，圆柱右端切肩被切去上、下对称的两块，其截交线的水平投影为矩形，因为圆柱体最前、最后素线的切肩部位未被切去，所以圆柱体水平投影的外形轮廓线是完整的。

2. 平面与圆锥相交（参见表 3—1）

根据截平面对圆锥轴线的位置不同，截交线有椭圆、圆、双曲线、抛物线和两相交直线五种情况。除了过锥顶的截平面与圆锥面的截交线是两相交直线外，其他四种情况都是曲线，但不论何种曲线（圆除外），其作图步骤总是先作出截交线上的特殊点，再作出若干中间点，最后光滑连成曲线。

【例 3—6】 补全正平面切割圆锥后的正面投影（图 3—16a）。

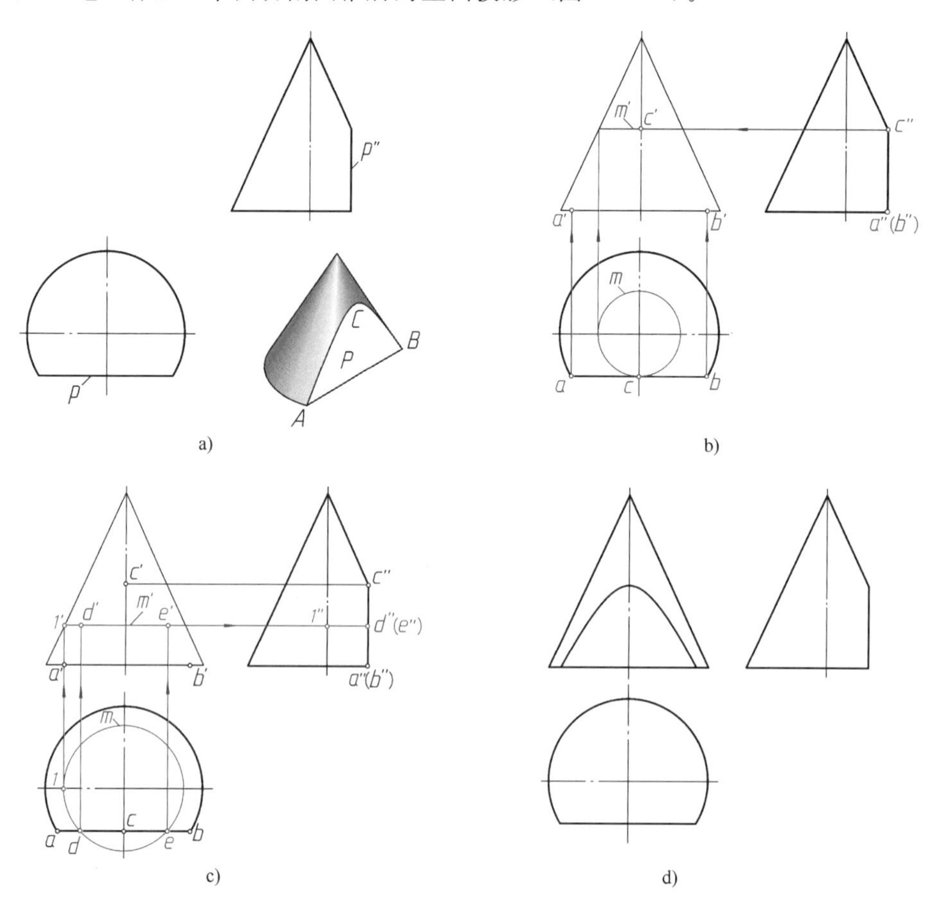

图 3—16　正平面切割圆锥

分析

正平面与圆锥轴线平行，与圆锥面和底面形成的交线为双曲线加直线，可采用辅助纬圆法或辅助素线法求作双曲线的正面投影。

作图

（1）求特殊点　最高点 C 是圆锥面最前素线与正平面的交点，利用积聚性直接作出侧面投影 c'' 和水平投影 c，由 c'' 和 c 作出正面投影 c'；最低点 A、B 是圆锥底面与正平面的交点，直接定出 a、b 和 a''、b''，再作出 a'、b'（图 3—16b）。

（2）求中间点　在适当位置作水平纬圆，该圆的水平投影与正平面水平投影的交点 d、e 即为交线上两点的水平投影，再作出 d'、e' 和 d''、e''（图 3—16c）。

（3）依次光滑连接 a'、d'、c'、e'、b'，补全切割后的正面投影（图 3—16d）。

思考

如图 3—17 所示，正垂面 P 斜切圆锥，当 $\alpha=\theta$ 时，截交线是什么曲线？试作出截交线的水平和侧面投影。

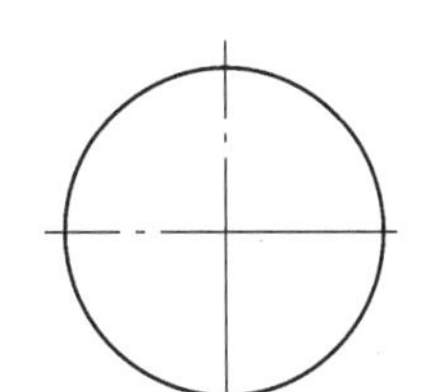

图 3—17　思考题

【例 3—7】 求作圆锥被切割后的水平和侧面投影（图 3—18a）。

分析

如图 3—18a 所示，圆锥被正垂面 P 和水平面 Q 切割，平面 P 通过锥顶，与圆锥面的截交线是两相交直线；平面 Q 与圆锥面的截交线是圆弧。平面 P 与 Q 的交线 BC 为正垂线。

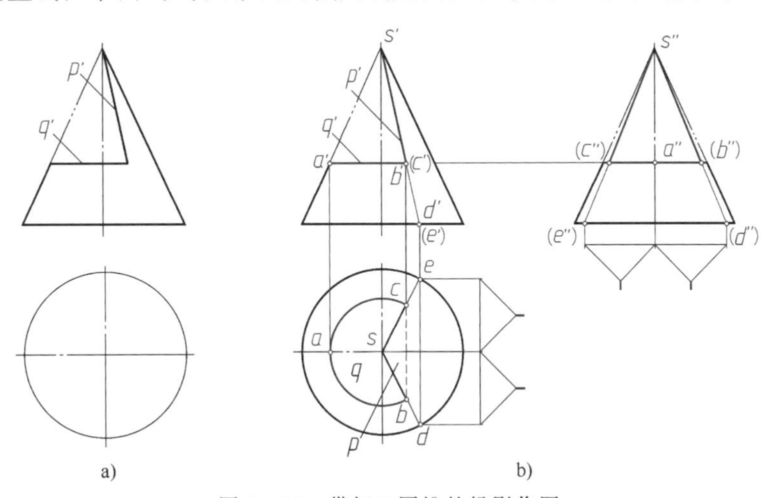

图 3—18　带切口圆锥的投影作图

作图

如图 3—18b 所示，作图步骤如下：

（1）作平面 P 的截交线　延长 p' 与底圆的正面投影相交，作出锥面上素线 SD、SE 的正面投影 $s'd'$、$s'e'$（重合在一起），由 $s'd'$、$s'e'$ 求出 sd、se 和 $s''d''$、$s''e''$，过 b'、c' 分别向 sd、se 和 $s''d''$、$s''e''$ 作投影连线，得截交线的投影 sb、sc 和 $s''b''$、$s''c''$。

（2）作平面 Q 的截交线　以 s 为圆心，sb 为半径画出截交线圆弧的实形 $\overset{\frown}{bac}$①；其侧面投影为水平线。

（3）作平面 P、Q 交线的投影　平面 P、Q 的交线 BC 的水平投影 bc 因锥体上部遮挡而不可见，应画成细虚线；侧面投影 $b''c''$ 与水平面 Q 的投影重合。

（4）整理、描深　圆锥面上截交线的投影在水平投影上均可见，画成粗实线。侧面投影中最前、最后素线投影的切口部分已被切去，不再画出。

3. 平面与圆球相交

平面切割圆球时，其截交线均为圆，圆的大小取决于平面与球心的距离。当平面平行于投影面时，在该投影面上的交线圆的投影反映实形，另外两个投影面上的投影积聚成直线。图 3—19 所示为圆球被水平面和侧平面切割后的三面投影图。

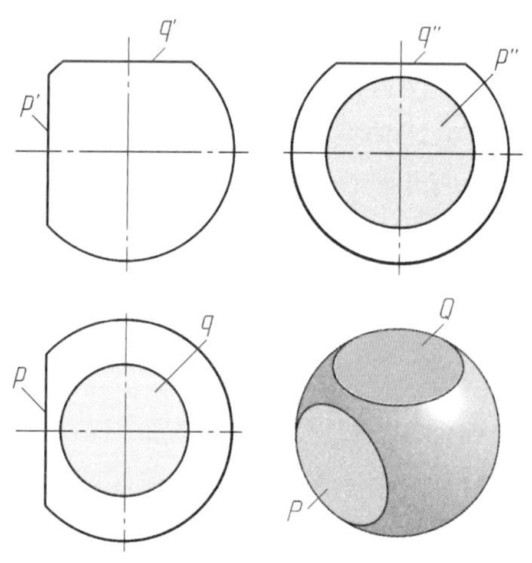

图 3—19　平面切割圆球

【例 3—8】 如图 3—20a 所示，已知半球开槽的主视图，补全俯视图，并作出左视图。

分析

半球上部的通槽是由左右对称的两个侧平面和一个水平面切割而成的，它们与球面的截交线均为圆弧。

作图

（1）作通槽的水平投影　通槽底面的水平投影由两段相同的圆弧和两段积聚性直线组成，圆弧的半径为 R_1（图 3—20b），可从正面投影中量取。

（2）作通槽的侧面投影　通槽的两侧面为侧平面，其侧面投影为圆弧，半径 R_2 可从正面投影中量取。通槽的底面为水平面，侧面投影积聚为一条直线，中间部分不可见，画成虚线（图 3—20c）。

必须注意：在侧面投影中，球面上通槽部分的转向轮廓线被切去。

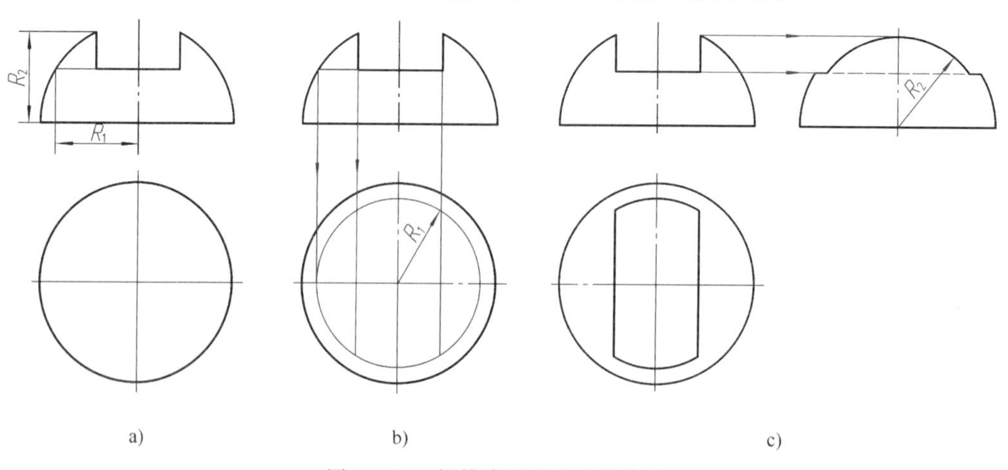

图 3—20　切槽半圆球的投影作图

① 按新的国家标准规定，圆弧符号应标在字母的左边（⌒bac），为方便起见，本书后面沿用原来的形式（$\overset{\frown}{bac}$）。

【例 3—9】 绘制图 3—21 所示顶尖的三视图。

分析

顶尖头部由同轴（侧垂线）的圆锥和圆柱被水平面 P 和正垂面 Q 切割而成。平面 P 与圆锥面的截交线为双曲线，与圆柱面的截交线为两条侧垂线（AB、CD）。平面 Q 与圆柱面的截交线为椭圆弧。P、Q 两平面的交线 BD 为正垂线。由于 P 面和 Q 面的正面投影及 P 面和圆柱面的侧面投影都具有积聚性，所以只需作出截交线以及截平面 P 和 Q 交线的水平投影。

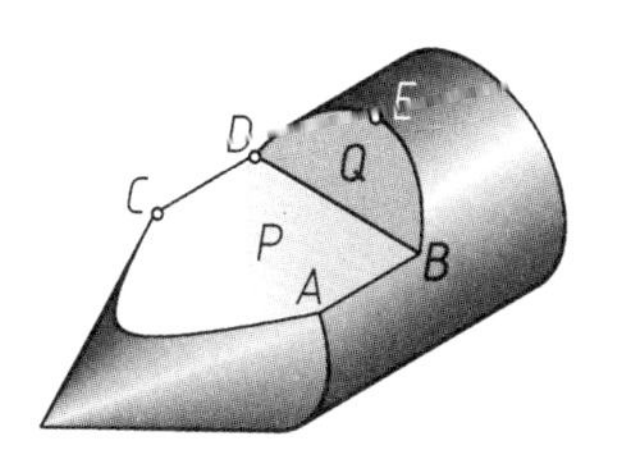

图 3—21　顶尖

作图

（1）画出同轴回转体完整的三视图，在主视图上作出平面 P、Q 具有积聚性的正面投影 p'、q'（图 3—22a）。

（2）参照图 3—16 所示方法作出平面 P 与圆锥面的截交线（双曲线）。按投影关系作出平面 P 与圆柱面截交线 AB、CD 的水平投影 ab、cd，以及 P、Q 两平面交线 BD 的水平投影 bd（图 3—22b）。注意俯视图中圆锥与圆柱的交线被 P 面、Q 面截去的一段不应画出，但由于其下方还有圆锥与圆柱不可见的交线，所以这一段应改为虚线。

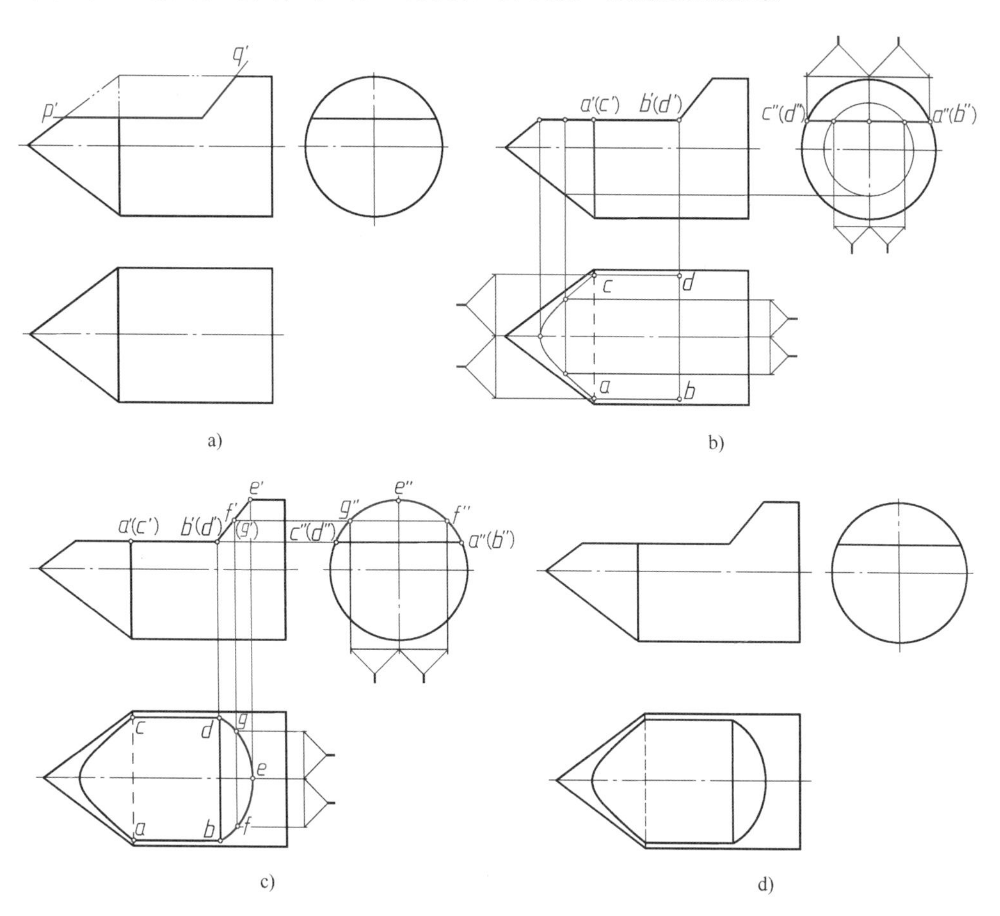

图 3—22　顶尖的投影作图

（3）Q 面与圆柱面截交线（椭圆弧）的正面投影积聚为直线，侧面投影积聚为圆。由 e' 作出 e 和 e''，在椭圆弧正面投影的适当位置定出 f'、g'，直接作出侧面投影 f''、g''，再由 f''、g'' 和 f'、g' 作出 f、g。依次连接 b、f、e、g、d，即为平面 Q 与圆柱面截交线的水平投影（图 3—22c）。

（4）作图结果如图 3—22d 所示。

课堂讨论

1. 根据已知视图，补画视图中的缺线。

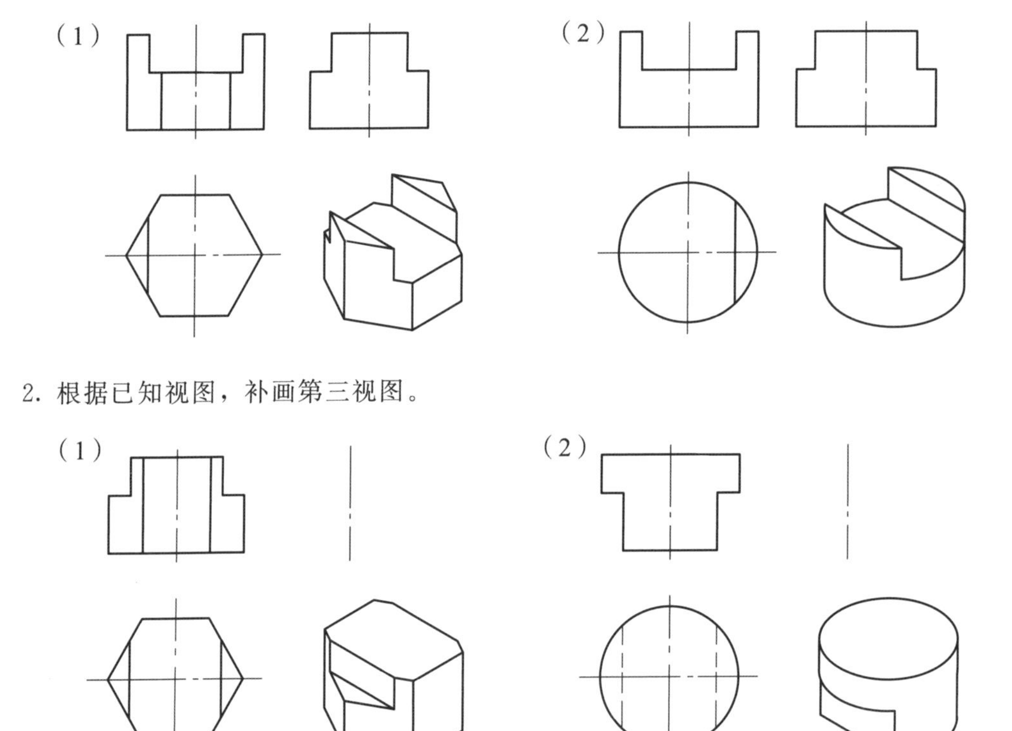

2. 根据已知视图，补画第三视图。

（1）　　（2）

3. 比较上述切割类柱体和视图有何异同点。

§3—3　相贯线的投影作图

两立体相交又称相贯，其表面产生的交线称为相贯线。相贯线的形状取决于两立体的形状、大小和相对位置，且具有以下两个特性：

（1）共有性（从属关系）　相贯线是两相交立体表面的共有线；反之，立体上任一共有点必在相贯线上。

（2）封闭性（形状特征） 相贯线一般为封闭的空间曲线，特殊情况下可以是平面曲线或直线。

相贯线作图方法：求作相贯线上一系列共有点（特殊点和中间点）的连线，通常采用表面取点法（利用积聚性）和辅助平面法。

工程中常见的是圆柱、圆锥和球体之间的正交。

一、圆柱与圆柱相交

两圆柱正交是工程上最常见的，如图 3—1c 所示的三通管就是轴线正交的两圆柱表面形成相贯线的实例。

【例 3—10】 两个直径不等的圆柱正交，求作相贯线的投影（图 3—23a）。

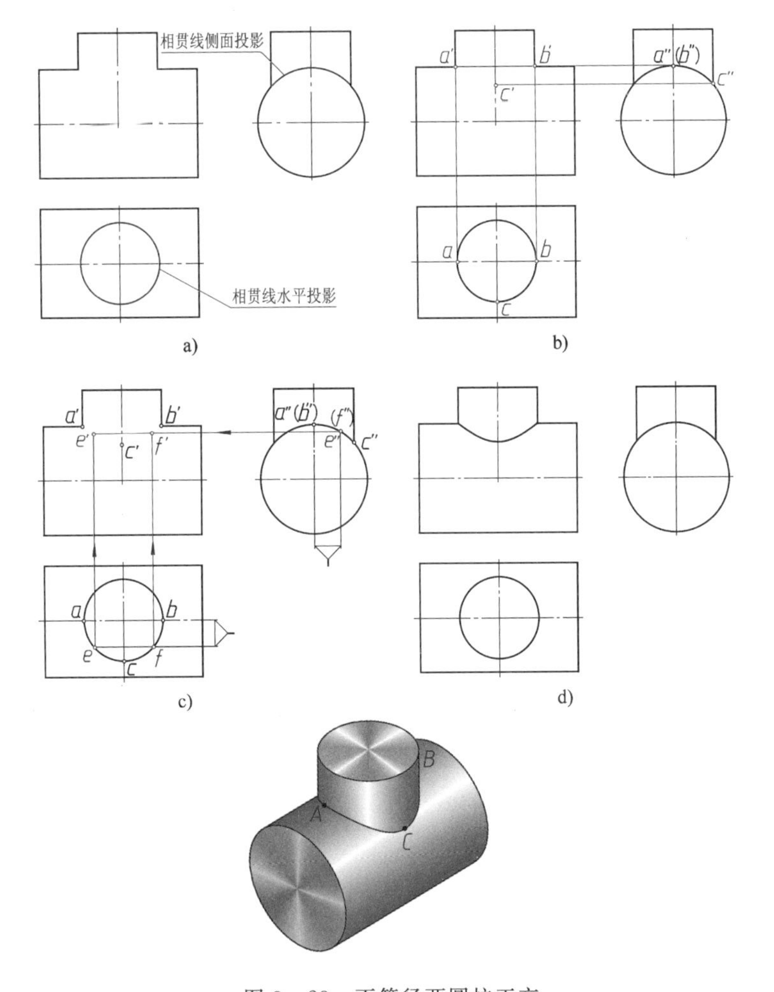

图 3—23 不等径两圆柱正交

分析

两圆柱轴线垂直相交称为正交，当直立圆柱轴线为铅垂线、水平圆柱轴线为侧垂线时，直立圆柱面的水平投影和水平圆柱面的侧面投影都具有积聚性，所以，相贯线的水平投影和侧面投影分别积聚在它们的圆周上（图 3—23a）。因此，只要根据已知的水平投影和侧面投影，求作相贯线的正面投影即可。两不等径圆柱正交形成的相贯线为空间曲线，如图 3—23

中立体图所示。因为相贯线前后对称，在其正面投影中，可见的前半部分与不可见的后半部分重合，且左右也对称。因此，求作相贯线的正面投影，只需作出前面的一半。

作图

（1）求特殊点　水平圆柱最高素线与直立圆柱最左、最右素线的交点 A、B 是相贯线上的最高点，也是最左、最右点，其正面投影 a'、b'，水平投影 a、b 和侧面投影 a''、b'' 均可直接作出。点 C 是相贯线上的最低点，也是最前点，c'' 和 c 可直接作出，再由 c''、c 求得 c'（图 3—23b）。

（2）求中间点　利用积聚性，在侧面投影和水平投影上定出 e''、f'' 和 e、f，再作出 e'、f'（图 3—23c）。

（3）光滑连接 a'、e'、c'、f'、b'，即为相贯线的正面投影，作图结果如图 3—23d 所示。

讨论

（1）如图 3—24a 所示，若在水平圆柱上穿孔，就会出现圆柱外表面与圆柱孔内表面的相贯线。这种相贯线可以看成是直立圆柱与水平圆柱相贯后，再把直立圆柱抽出而形成的。

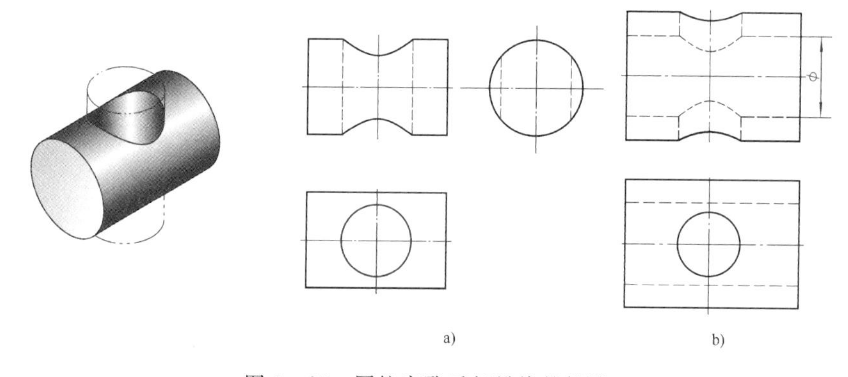

图 3—24　圆柱穿孔后相贯线的投影

如图 3—24b 所示，若要求作两圆柱孔内表面的相贯线，作图方法与求作两圆柱外表面相贯线的方法相同。

（2）如图 3—25 所示，当正交两圆柱的相对位置不变，而相对大小发生变化时，相贯线的形状和位置也将随之变化。

当 $\phi_1>\phi$ 时，相贯线的正面投影为上下对称的曲线（图 3—25a）。

当 $\phi_1=\phi$ 时，相贯线在空间上为两相交椭圆，其正面投影为两相交直线（图 3—25b）。

当 $\phi_1<\phi$ 时，相贯线的正面投影为左右对称的曲线（图 3—25c）。

从图 3—25a、c 可以看出，在相贯线的非积聚性投影上，相贯线的弯曲方向总是朝向较大圆柱的轴线。

（3）工程上两圆柱正交的实例很多，为了简化作图，国家标准规定，允许采用简化画法作出相贯线的投影，即以圆弧代替非圆曲线。当轴线垂直相交且平行于正面的两个不等径圆柱相交时，相贯线的正面投影以大圆柱的半径为半径画圆弧即可。简化画法的作图过程如图 3—26 所示。

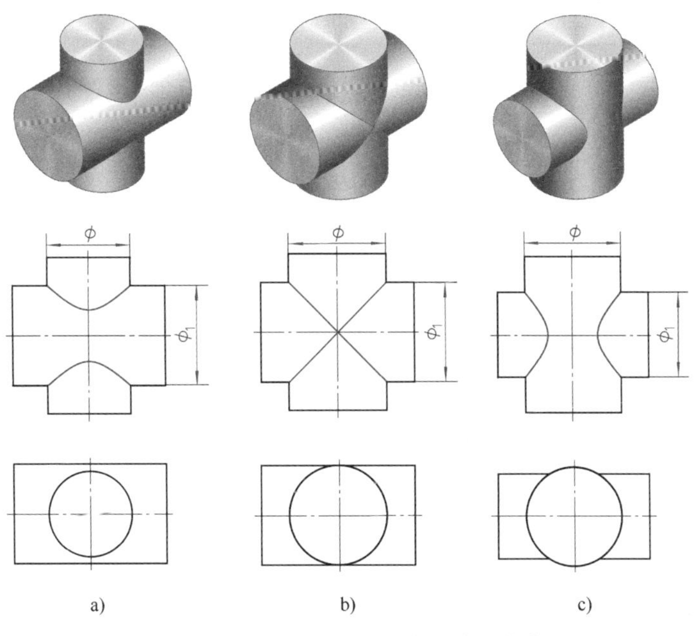

图 3—25　两圆柱正交时相贯线的变化

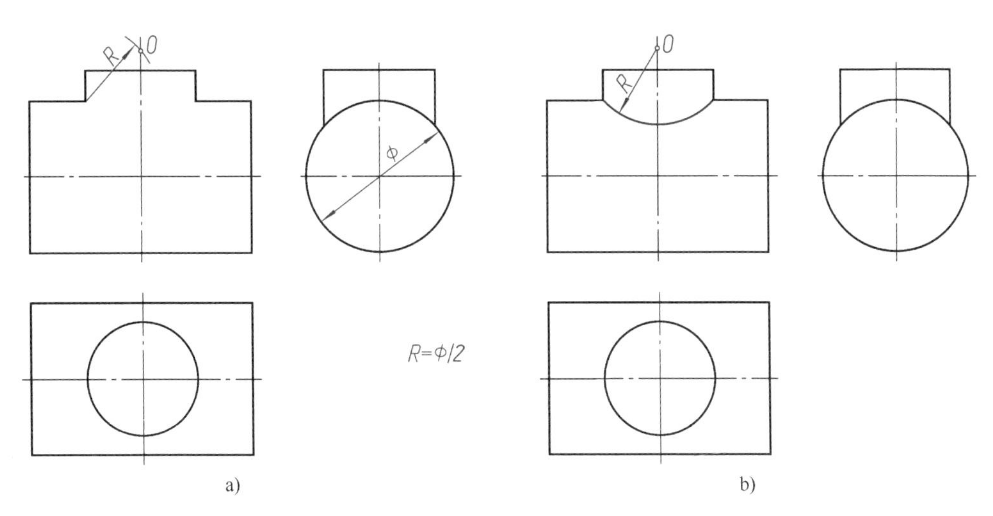

图 3—26　相贯线的简化画法

*二、圆锥与圆柱相交

由于圆锥面的投影没有积聚性，因此，当圆锥与圆柱相交时，不能利用积聚性作图，而要采用辅助平面法求出两立体表面上的若干共有点，从而画出相贯线的投影。

【例 3—11】 求作圆台和圆柱轴线正交的相贯线投影（图 3—27a）。

分析

圆台和圆柱轴线垂直相交，其相贯线为左右、前后都对称的封闭空间曲线。由于圆柱轴线垂直于侧面，其侧面投影积聚成圆，因此，相贯线的侧面投影也积聚在该圆周上，是圆台和圆柱共有部分的一段圆弧。相贯线的正面投影和水平投影采用辅助平面法求作。

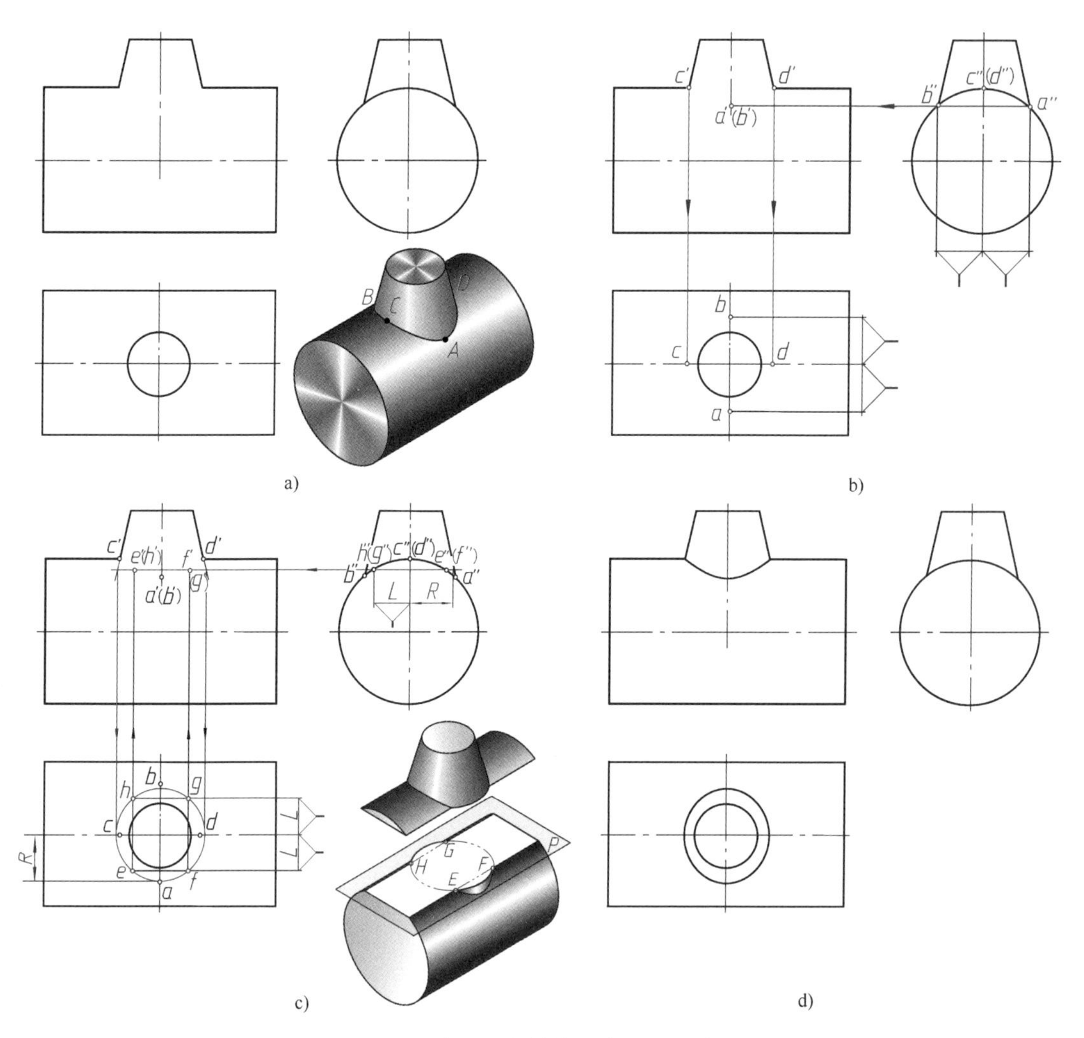

图 3—27　圆台和圆柱轴线正交的相贯线投影

作图

（1）求特殊点　根据相贯线的最高点 C、D（也是最左、最右点）和最低点 A、B（也是最前、最后点）的侧面投影 c''、d''和 a''、b''直接作出正面投影 c'、d'、a'、b'以及水平投影 c、d、a、b（图 3—27b）。

（2）求中间点　在最高点与最低点之间的适当位置作辅助平面 P，如图 3—27c 所示，P 面（水平面）与圆台的交线是圆，其水平投影反映实形，该圆的半径可在侧面投影中量取（R），或者在正面投影中通过圆台外轮廓线的延长线与 p'的交点投影作图。P 面与圆柱面的交线是两条与轴线平行的直线，它们在水平投影中的位置也从侧面投影中量取（L）。在水平投影中，圆与两条直线的交点 e、f、g、h 即为相贯线上四个点的水平投影，再由水平投影作出正面投影 e'、f'、g'、h'。

（3）在正面和水平投影上分别依次光滑连接各点，作图结果如图 3—27d 所示。

三、相贯线的特殊情况

一般情况下，相贯线为封闭的空间曲线，但也有特例，下面介绍相贯线的几种特殊情况。

1. 相贯线为平面曲线

（1）两个同轴回转体相交时，它们的相贯线一定是垂直于轴线的圆，当回转体轴线平行于某投影面时，这个圆在该投影面的投影为垂直于轴线的直线（图 3—28）。

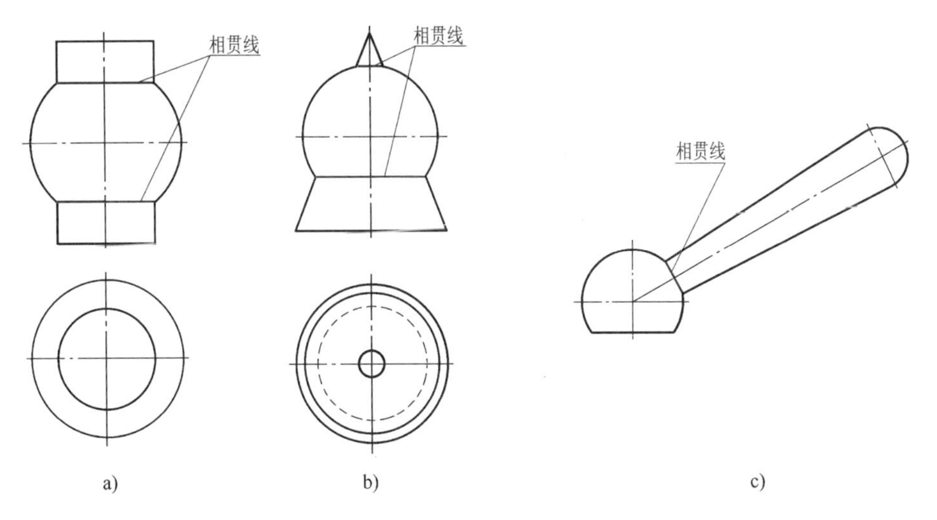

图 3—28　同轴回转体的相贯线——圆

（2）当轴线相交的两圆柱或圆柱与圆锥公切于一个球面时，相贯线是平面曲线——两个相交的椭圆。椭圆所在的平面垂直于两条轴线所决定的平面（图 3—29）。

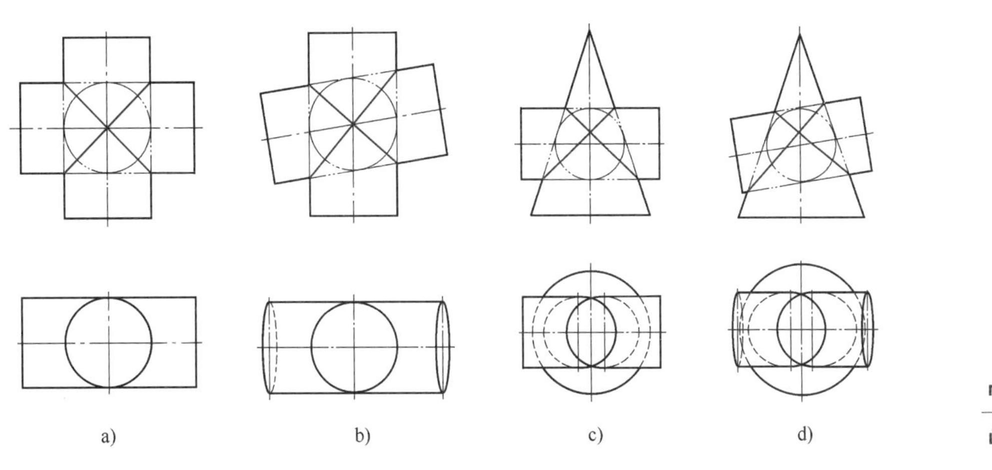

图 3—29　两回转体公切于一个球面的相贯线——椭圆

2. 相贯线为直线

当两圆柱的轴线平行时，相贯线为直线（图 3—30）。当两圆锥共顶时，相贯线为直线（图 3—31）。

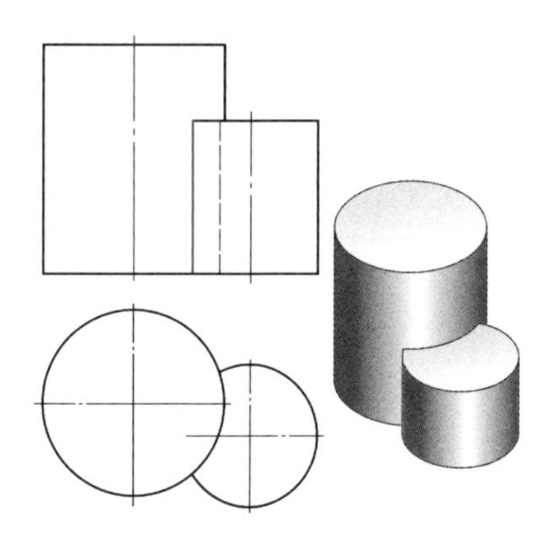

图 3—30　相交两圆柱轴线平行的相贯线——直线

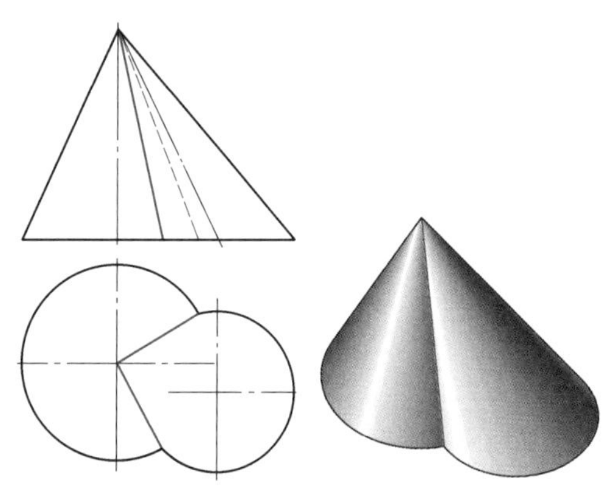

图 3—31　相交两圆锥共顶的相贯线——直线

四、综合案例

【例 3—12】 已知相贯体的俯、左视图，求作主视图（图 3—32a）。

分析

由图 3—32a 所示的立体图可以看出，该相贯体由一直立圆筒与一水平半圆筒正交，内、外表面都有交线。外表面为两个等径圆柱面相交，相贯线为两条平面曲线（椭圆），其水平和侧面投影都积聚在它们所在的圆柱面具有积聚性的投影上，正面投影为两段直线。内表面的相贯线为两段空间曲线，水平和侧面投影也都积聚在圆柱孔具有积聚性的投影上，正面投影为两段曲线。

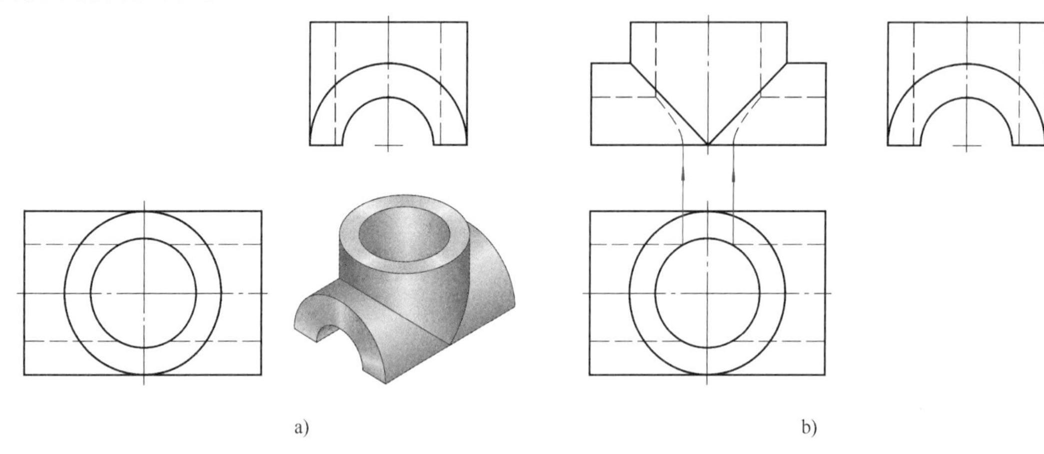

a)　　b)

图 3—32　已知俯、左视图，求作主视图

作图（图 3—32b）

（1）作两等径圆柱外表面相贯线的正面投影，即两段对称的 45°斜线。

（2）作圆柱孔内表面相贯线的正面投影。可以用图 3—23 所示的方法作这两段曲线，也可以采用图 3—26 所示的简化画法作两段圆弧。

【例 3—13】 求作半球与两个圆柱相交的相贯线的投影（图 3—33a）。

分析

水平小圆柱的上半部与半球相交，由于小圆柱与半球是共有侧垂轴的同轴回转体，所以相贯线为垂直于轴线的半圆，其侧面投影为半圆的实形，正面和水平投影都是侧平线；小圆柱的下半部与直立的大圆柱相交，相贯线是一段空间曲线，其水平和侧面投影具有积聚性，正面投影可利用积聚性取点的方法或简化画法作出。由于相贯体前后对称，所以相贯线的正面投影前后重合。

作图

作图过程如图 3—33a 所示，请读者自行阅读。作图结果如图 3—33b 所示。水平圆柱与直立圆柱相贯线的正面投影可以用简化画法作出。

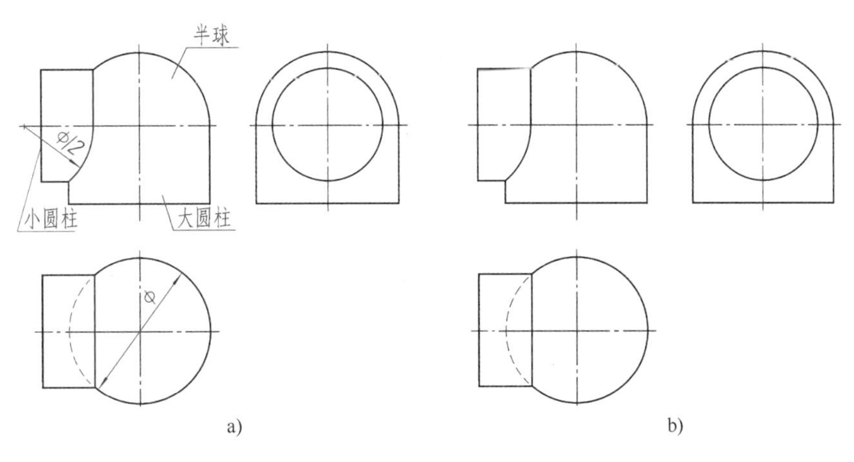

图 3—33　作半球与两个圆柱的组合相贯线

a）已知条件，分析和作图过程　b）作图结果

课堂讨论

补画视图中漏画的相贯线。

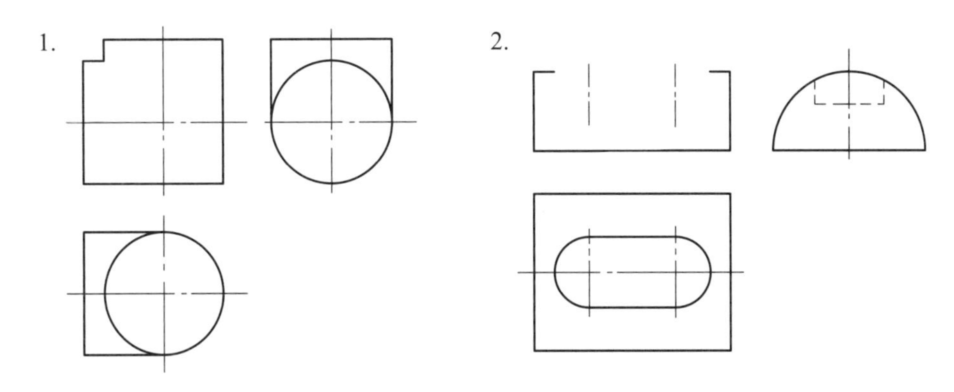

第四章 轴　测　图

工程中常用三视图（多面视图）来准确、完整地表达物体的形状和大小，作图简便，但缺乏立体感。轴测图则是在一个投影图中同时反映物体的三维结构，具有立体感，易于看懂。因此，工程上常应用轴测图表达零部件外形、机器设备的组成和工作原理，以及建筑工程中的管道系统图等。在计算机辅助设计（CAD）中轴测图也常用于绘制产品图样。

在制图教学中，轴测图也是培养空间构思能力的手段之一，通过画轴测图，可以帮助学生想象物体的形状，培养其空间想象能力。

§4—1 轴测图的基本知识

一、轴测图的形成和分类

轴测图是将物体连同其直角坐标系，沿不平行于任一坐标面的方向，用平行投影法投射在单一投影面上所得到的具有立体感的图形，如图 4—1 所示。轴测图又称轴测投影。该单一投影面称为轴测投影面。直角坐标轴 O_0X_0、O_0Y_0、O_0Z_0 在轴测投影面上的投影 OX、OY、OZ 称为轴测轴。轴测轴之间的夹角 $\angle XOY$、$\angle YOZ$、$\angle ZOX$ 称为轴间角，三根轴测轴的交点 O 称为原点，轴测轴的单位长度与相应直角坐标轴单位长度的比值称为轴向伸缩系数。X 向、Y 向和 Z 向的轴向伸缩系数分别用 p_1、q_1 和 r_1 表示，简化伸缩系数分别用 p、q 和 r 表示。

根据投射方向与轴测投影面的相对位置，轴测图分为两类：投射方向与轴测投影面垂直所得的轴测图称为正轴测图；投射方向与轴测投影面倾斜所得的轴测图称为斜轴测图。

轴间角与轴向伸缩系数是绘制轴测图的两个主要参数。正（斜）轴测图按轴向伸缩系数是否相等又分为等测、二等测和不等测三种。

表 4—1 所列为常用轴测图的分类。本章介绍最常用的正等轴测图和斜二轴测图的画法。

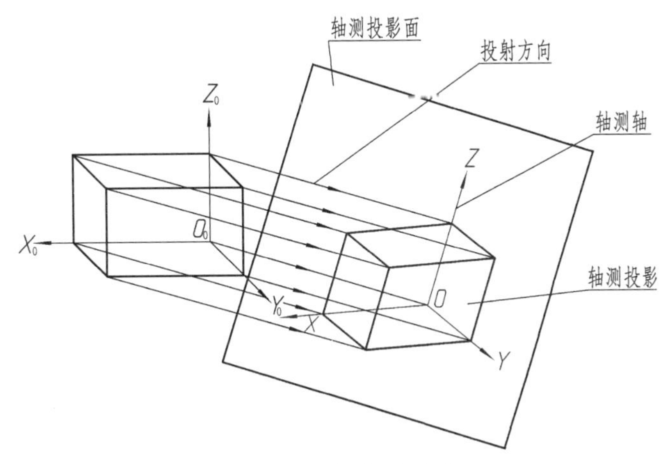

图 4—1　轴测图的形成

表 4—1　　**常用轴测图的分类（摘自 GB/T 14692—2008）**

		正轴测投影			斜轴测投影		
特性		投射方向与轴测投影面垂直			投射方向与轴测投影面倾斜		
轴测类型		等测投影	二测投影	三测投影	等测投影	二测投影	三测投影
简称		正等测	正二测	正三测	斜等测	斜二测	斜三测
应用举例	伸缩系数	$p_1=q_1=r_1=0.82$	$p_1=r_1=0.94$ $q_1=\frac{p_1}{2}=0.47$	视具体要求选用	视具体要求选用	$p_1=r_1=1$ $q_1=0.5$	视具体要求选用
	简化系数	$p=q=r=1$	$p=r=1$ $q=0.5$			无	
	轴间角	Z, X, Y; 120°, 120°, 120°	Z, X, Y; ≈97°, 131°, 132°			Z, X, Y; 90°, 135°, 135°	
	图例	1, 1, 1	1, 1, $\frac{1}{2}$			1, 1, $\frac{1}{2}$	

二、轴测投影的基本性质

1. 平行性

物体上互相平行的线段，轴测投影仍互相平行。平行于坐标轴的线段，轴测投影仍平行于相应的轴测轴，且同一轴向所有线段的轴向伸缩系数相同。

2. 度量性

凡物体上与轴测轴平行的线段的尺寸方可沿轴向直接量取。所谓“轴测”，就是指沿轴向才能进行测量的意思，这一点也是画图的关键。物体上不平行于轴测投影面的平面图形，在轴测图上变成原形的类似形。如正方形的轴测投影为菱形，圆的轴测投影为椭圆等。

画轴测图时，要充分理解和灵活运用这两点性质。

§4—2 正等轴测图

一、轴间角和轴向伸缩系数

当物体上三根坐标轴与轴测投影面的倾角均相等时，用正投影法得到的投影称为正等轴测图，简称正等测，如图 4—2a 所示。投影后，轴间角 $\angle XOY = \angle YOZ = \angle ZOX = 120°$。作图时，将 OZ 轴画成铅垂线，OX、OY 轴分别与水平线成 30°角，如图 4—2b 所示。

正等轴测图各轴向伸缩系数均相等，即 $p_1 = q_1 = r_1 = 0.82$（证明略）。画图时，物体长、宽、高三个方向的尺寸均要缩小为原大的 82%。为了作图方便，通常采用简化的轴向伸缩系数，即 $p=q=r=1$。作图时，凡平行于轴测轴的线段，可直接按物体上相应线段的实际长度量取，不需换算。

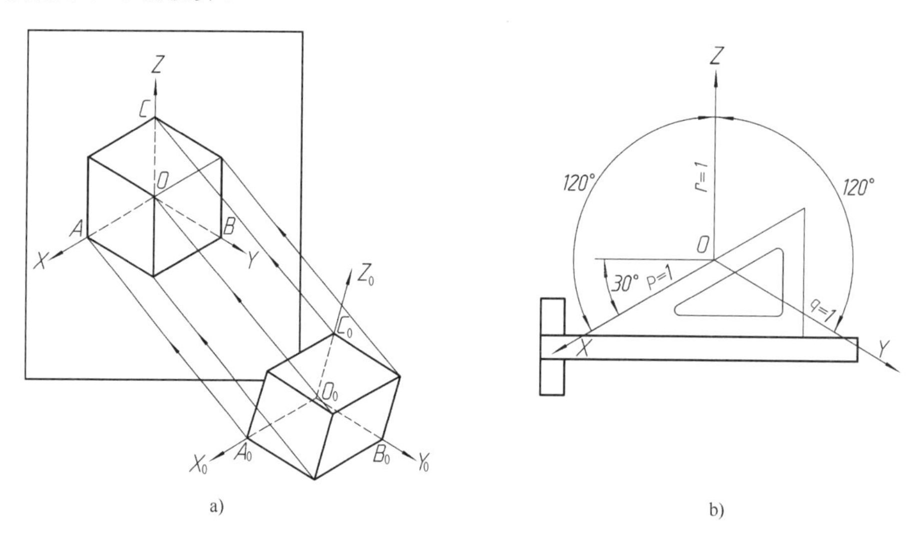

图 4—2　正等轴测图的轴间角和轴向伸缩系数

二、正等轴测图画法

常用的轴测图画法是坐标法和切割法。坐标法是先沿坐标轴方向确定各顶点的轴测投影，然后连接有关各点形成物体的轴测图，主要应用于基本体和结构定位。而对于切割型物体，则是在用坐标法画出基本体的基础上，按切割顺序用切割法完成轴测图。下面以一些常见的图例来介绍正等测画法。

1. 正六棱柱

分析

正六棱柱的前后、左右对称。设坐标原点 O_0 为顶面六边形的对称中心，X_0、Y_0 轴分别为六边形的对称中心线，Z_0 轴与正六棱柱的轴线重合，这样便于直接定出顶面六边形各顶点的坐标。从顶面开始作图。

作图

（1）选定正六棱柱顶面正六边形对称中心 O_0 为坐标原点，坐标轴为 O_0X_0、O_0Y_0、O_0Z_0（图 4—3a）。

（2）画轴测轴 OX、OY，由于 a_0、d_0 和 1_0、2_0 分别在 O_0X_0、O_0Y_0 轴上，可直接定出 A、D 和Ⅰ、Ⅱ四点（图 4—3b）。

（3）过Ⅰ、Ⅱ两点分别作 OX 轴的平行线，在线上定出 B、C、E、F 各点。依次连接各顶点即得顶面的轴测图（图 4—3c）。

（4）过顶点 A、B、C、F 沿 OZ 轴向下画棱线，并在其上量取高度 h，依次连接得底面的轴测图，擦去多余的作图线并描深，完成正六棱柱的正等轴测图（图 4—3d）。轴测图中的不可见轮廓线一般不要求画出。

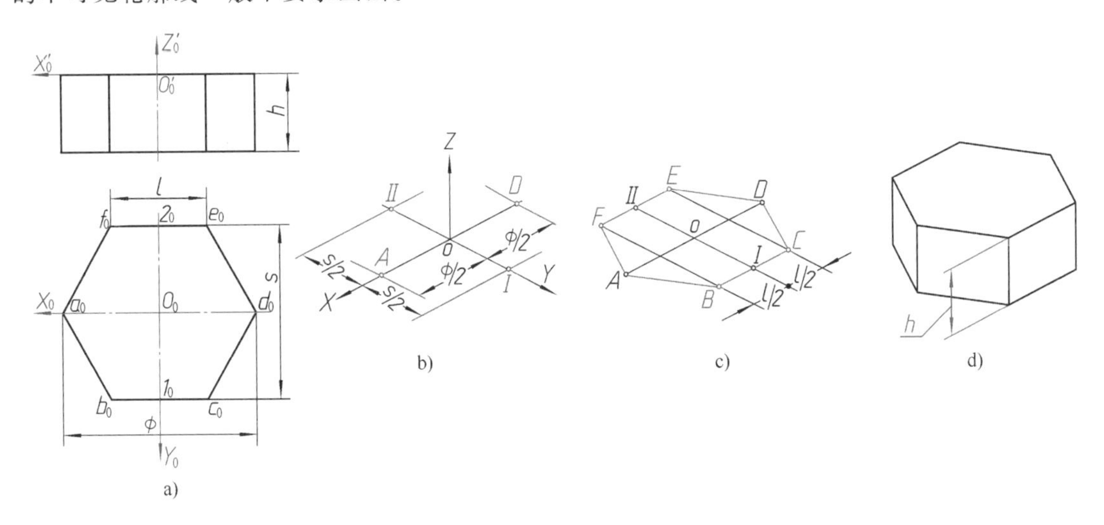

图 4—3　正六棱柱的正等测画法

【例 4—1】 作楔形块的正等轴测图（图 4—4）。

分析

对于图 4—4a 所示的楔形块，可采用切割法作图，将它看成由一个长方体斜切一角而成。对于切割后的斜面中与三个坐标轴都不平行的线段，在轴测图上不能直接从正投影图中量取，必须按坐标求出其端点，然后再连接，并利用平行性完成轴测图。

作图

（1）定坐标原点及坐标轴（图 4—4a）。

（2）按给出的尺寸 a、b、h 作出长方体的轴测图（图 4—4b）。

（3）按给出的尺寸 c、d 定出斜面上线段端点的位置，并连成平行四边形（图 4—4c）。

（4）擦去多余的作图线并描深，完成楔形块的正等轴测图（图 4—4d）。

思考

如图 4—5a 所示，若用铅垂面对称地切去楔形块的两角，其轴测图的画法要根据给出的尺寸 e、f 定出铅垂面上倾斜线端点的位置，然后连成四边形，如图 4—5b、c、d 所示。

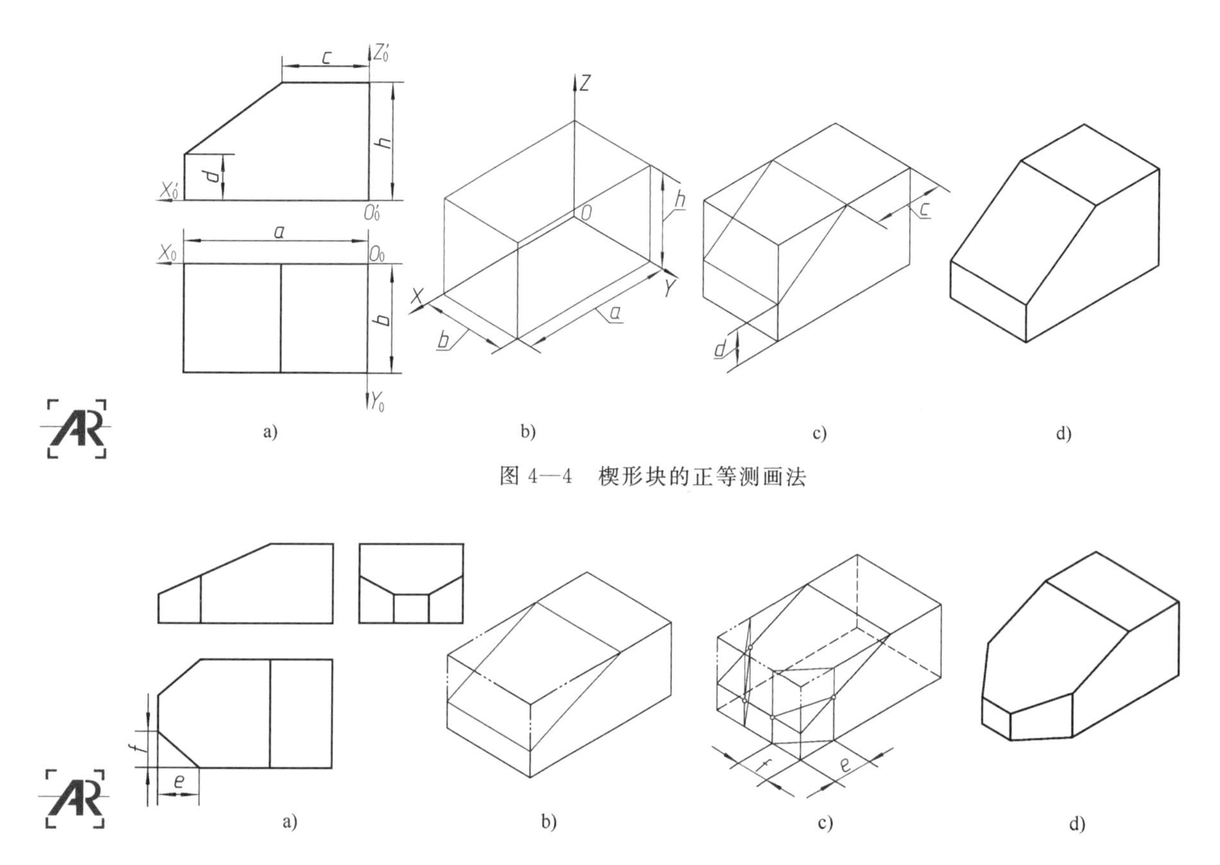

图 4—4　楔形块的正等测画法

图 4—5　楔形块切去两角后的正等测画法

2. 圆柱

分析

如图 4—6a 所示，直立正圆柱的轴线垂直于水平面，上、下底为两个与水平面平行且大小相同的圆，在轴测图中均为椭圆。可按圆柱的直径 ϕ 和高度 h 作出两个形状和大小相同、中心距为 h 的椭圆，再作两椭圆的公切线。

作图

（1）选定坐标轴及坐标原点。根据圆柱上底圆与坐标轴的交点定出点 a、b、c、d（图 4—6a）。

（2）画轴测轴，定出四个切点 A、B、C、D，过四点分别作 X、Y 轴的平行线，得外切正方形的轴测图（菱形）。沿 Z 轴量取圆柱高度 h，用同样的方法作出下底菱形（图 4—6b）。

（3）过菱形两顶点 1、2，连 $1C$、$2B$ 得交点 3，连 $1D$、$2A$ 得交点 4。1、2、3、4 即为形成近似椭圆的四段圆弧的圆心。分别以 1、2 为圆心，$1C$ 为半径作 $\overset{\frown}{CD}$ 和 $\overset{\frown}{AB}$；分别以 3、4 为圆心，$3B$ 为半径作 $\overset{\frown}{BC}$ 和 $\overset{\frown}{AD}$，得圆柱上底轴测图（椭圆）。将三个圆心 2、3、4 沿 Z 轴平移距离 h，作出下底椭圆，不可见的圆弧不必画出（图 4—6c）。

（4）作两椭圆的公切线，擦去多余的作图线并描深，完成圆柱轴测图（图 4—6d）。

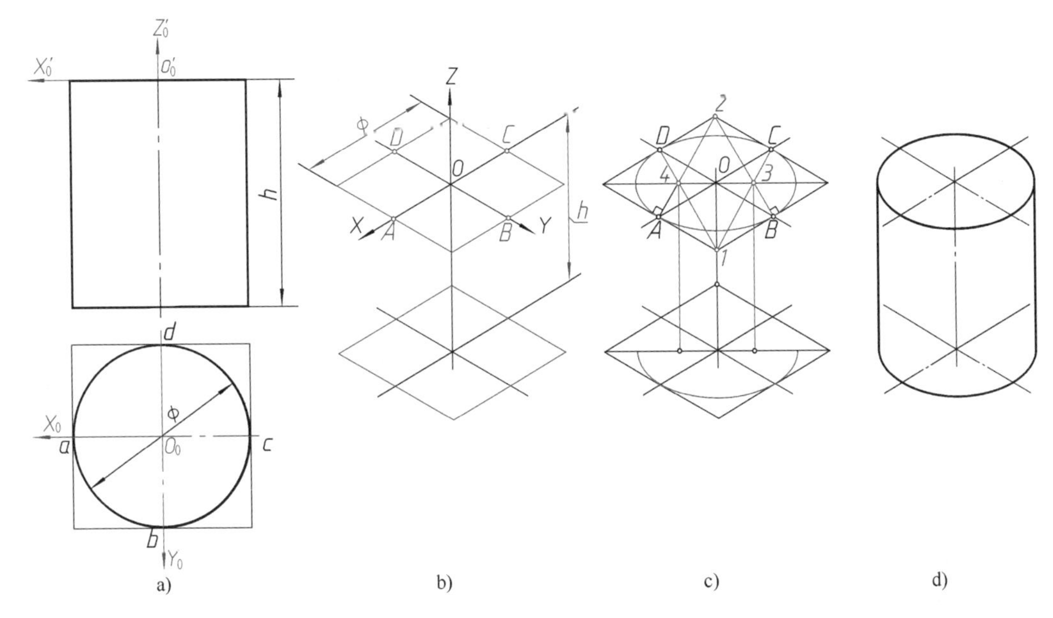

图 4—6　圆柱的正等测画法

讨论

在图 4—6c 所示的作图过程中，可以证明 $2A \perp 1A$、$2B \perp 1B$，该性质可用于后面绘制圆角的正等轴测图时确定圆心。

当圆柱轴线垂直于正面或侧面时，轴测图的画法与上述相同，只是圆平面内所含的轴测轴应分别为 X、Z 和 Y、Z，如图 4—7 所示。

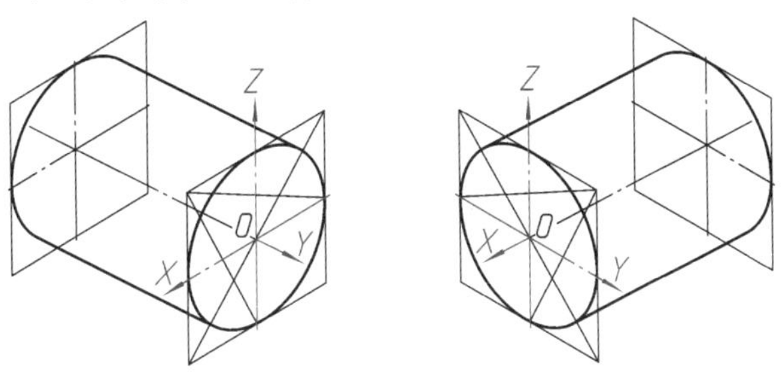

图 4—7　不同方向圆柱的正等轴测图

【例 4—2】　作开槽圆柱体的正等轴测图（图 4—8）。

分析

图 4—8a 所示为开槽圆柱体的主、左视图，圆柱轴线垂直于侧面，左端中央开一通槽，开槽交线与圆柱底面圆弧是平行关系。

作图

（1）作轴测轴 OY、OZ，画出圆柱左端面的轴测椭圆。作轴测轴 OX，圆心沿 OX 轴右移距离等于圆柱长度 l，作右端面轴测椭圆的可见部分，作两椭圆的公切线（图 4—8b）。

（2）由左端面圆心右移距离等于槽口深度 h，作槽口底面椭圆（图 4—8c）。

（3）量取槽口宽度 s，作出槽口部分的轴测图（图 4—8d）。

（4）描深可见部分轮廓线，完成开槽圆柱体的正等轴测图（图 4—8e）。

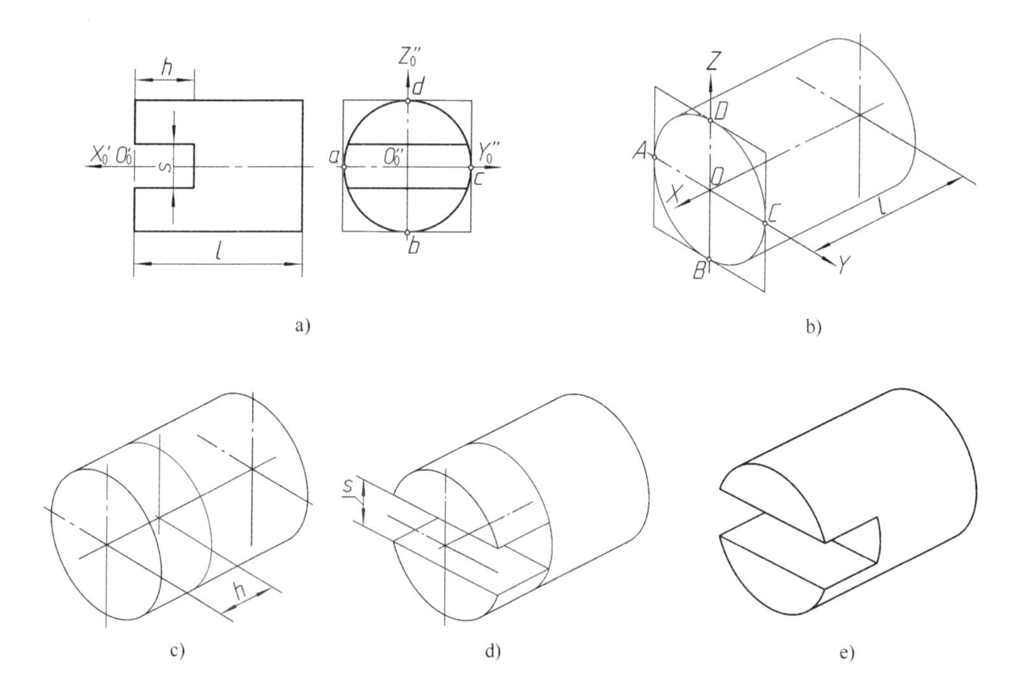

图 4—8　开槽圆柱体的正等测画法

3. 圆角

分析

平行于坐标面的圆角是圆的一部分，图 4—9a 所示为常见的 1/4 圆周的圆角，其正等测恰好是上述近似椭圆的四段圆弧中的一段。

作图

（1）作出平板的轴测图，并根据圆角半径 R，在平板上底面相应的棱线上作出切点 1、2、3、4，如图 4—9b 所示。

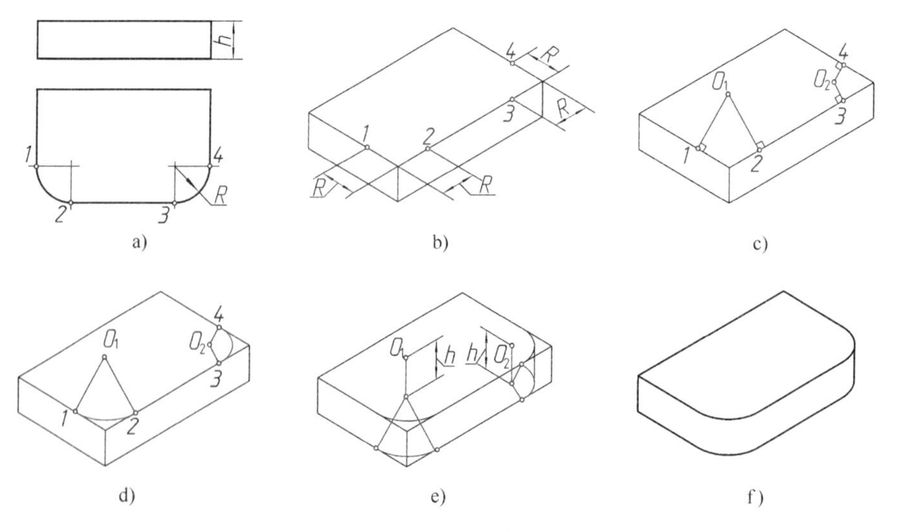

图 4—9　圆角的正等测画法

（2）过切点 1、2 分别作相应棱线的垂线，得交点 O_1，过切点 3、4 作相应棱线的垂线，得交点 O_2。以 O_1 为圆心、$O_1 1$ 为半径作圆弧 $\overset{\frown}{12}$，以 O_2 为圆心、$O_2 3$ 为半径作圆弧 $\overset{\frown}{34}$，得平板上底面两圆角的轴测图，如图 4—9c、d 所示。

（3）将圆心 O_1、O_2 下移平板厚度 h，再用与上底面圆弧相同的半径分别作两圆弧，得平板下底面圆角的轴测图，如图 4—9e 所示。在平板右端作上、下小圆弧的公切线，描深可见部分轮廓线，如图 4—9f 所示。

4. 半圆头板

分析

根据图 4—10a 给出的尺寸先作出包括半圆头的长方体，再以包含 X、Z 轴的一对共轭轴作出半圆头和圆孔的轴测图。

作图

（1）画出长方体的轴测图，并标出切点 1、2、3，如图 4—10b 所示。

（2）过切点 1、2、3 作相应棱边的垂线，得交点 O_1、O_2。以 O_1 为圆心、$O_1 2$ 为半径作圆弧 $\overset{\frown}{12}$，以 O_2 为圆心、$O_2 2$ 为半径作圆弧 $\overset{\frown}{23}$，如图 4—10c 所示。将 O_1、O_2 和 1、2、3 各点向后平移板厚 t，作相应的圆弧，再作两小圆弧的公切线，如图 4—10d 所示。

（3）作圆孔椭圆，后壁椭圆只画出可见部分的一段圆弧，擦去多余的作图线并描深，如图 4—10e 所示。

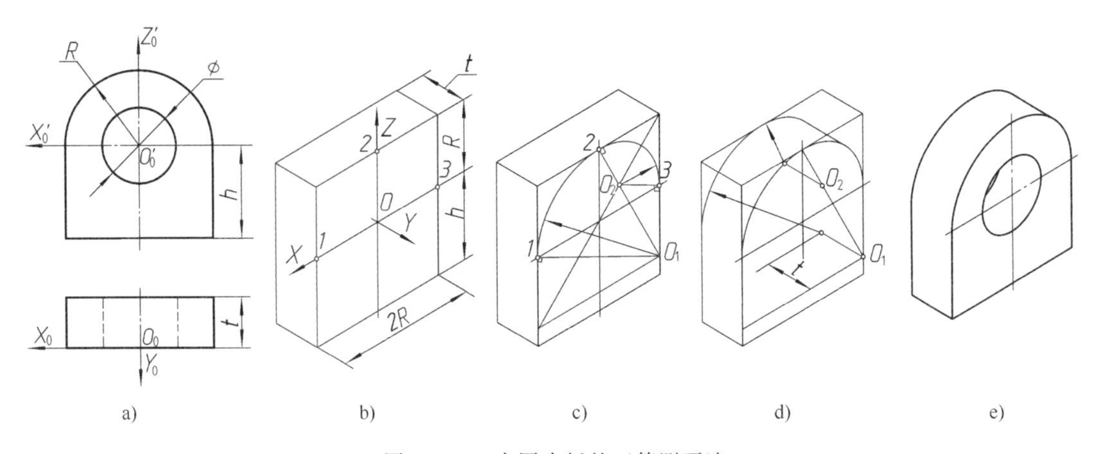

图 4—10　半圆头板的正等测画法

典型案例

【例 4—3】 根据图 4—11 所示物体的两视图，画出其正等轴测图。

分析

由图 4—11a 可知，该物体由底板和立板正交组合而成，且底板和立板后面、右侧面平齐，据此选定坐标轴：取底板上表面的后棱线距右棱 6 mm 处 O_0 为原点，确定 X_0、Y_0、Z_0 轴的方向。先用叠加法画出底板和立板，再画出局部孔的轴测图。

作图

（1）根据选定的坐标轴画出轴测轴，用坐标法绘制底板的轴测图（图 4—11b）。

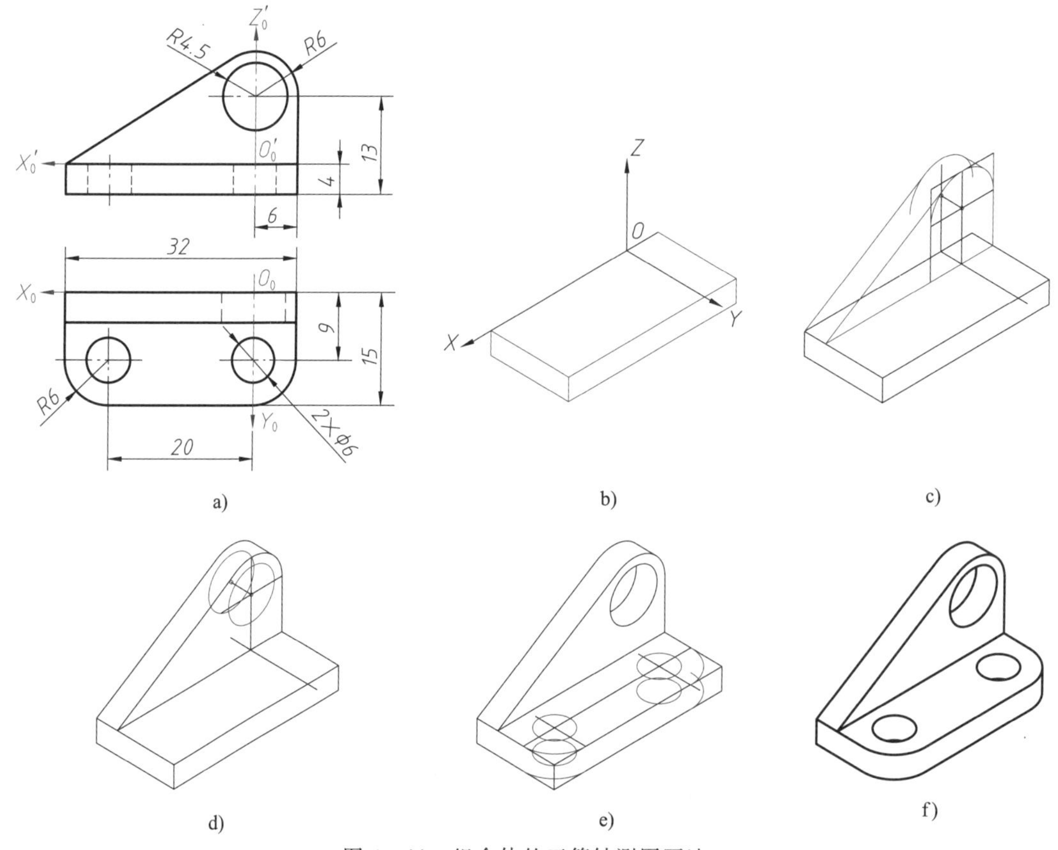

图 4—11 组合体的正等轴测图画法

a）组合体视图 b）确定坐标，画底板 c）画立板 d）画立板圆柱孔

e）画底板圆角和两个圆孔 f）擦掉多余作图线，完成轴测图

（2）在底板上表面叠加画出立板轴测图，注意轮廓线与椭圆的相切关系（图 4—11c）。

（3）画出立板孔的轴测图，注意通孔后面的可见轮廓线（图 4—11d）。

（4）画出底板局部结构（圆角和通孔）轴测图（图 4—11e）。

（5）擦掉多余作图线，描深，完成轴测图（图 4—11f）。

§4—3 斜二轴测图

如图 4—12a 所示，将坐标轴 O_0Z_0 置于铅垂位置，并使坐标面 $X_0O_0Z_0$ 平行于轴测投影面 V，用斜投影法将物体连同其坐标轴一起向 V 面投射，所得到的轴测图称为斜二轴测图。

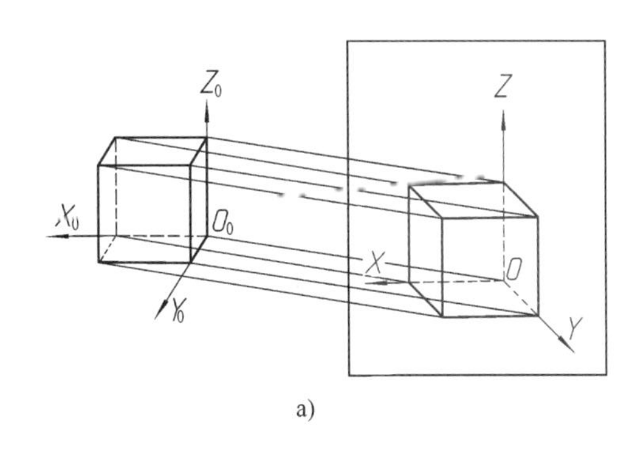

a)

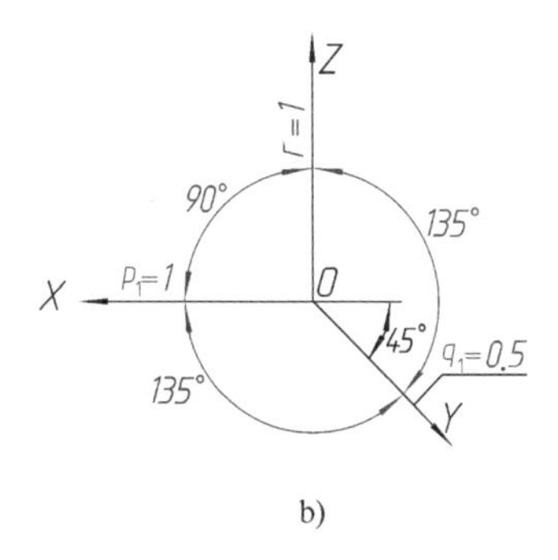

b)

图 4—12　斜二轴测图

a）斜二轴测图的形成　b）斜二轴测图的轴间角和轴向伸缩系数

一、轴间角和轴向伸缩系数

由于 $X_0O_0Z_0$ 坐标面平行于轴测投影面 V，所以轴测轴 OX、OZ 仍分别为水平方向和铅垂方向，其轴向伸缩系数 $p_1=r_1=1$，轴间角 $\angle XOZ=90°$。轴测轴 OY 的方向和轴向伸缩系数 q 可随着投射方向的变化而变化。为了绘图简便，国家标准规定，选取轴间角 $\angle XOY=\angle YOZ=135°$，$q_1=0.5$，如图 4—12b 所示。

二、斜二测画法

在斜二轴测图中，由于物体上平行于 $X_0O_0Z_0$ 坐标面的直线和平面图形均反映实长和实形，因此，当物体上有较多的圆或圆弧平行于 $X_0O_0Z_0$ 坐标面时，采用斜二测作图比较方便。下面举两个常见图例来说明斜二测画法。

1. 带圆孔的六棱柱

分析

图 4—13a 所示为带圆孔的六棱柱，其前（后）端面平行于正面，确定直角坐标系时，使坐标轴 O_0Y_0 与圆孔轴线重合，坐标面 $X_0O_0Z_0$ 与正面平行，选择正平面作为轴测投影面。这样，物体上正六边形和圆的轴测投影均为实形，作图很方便。

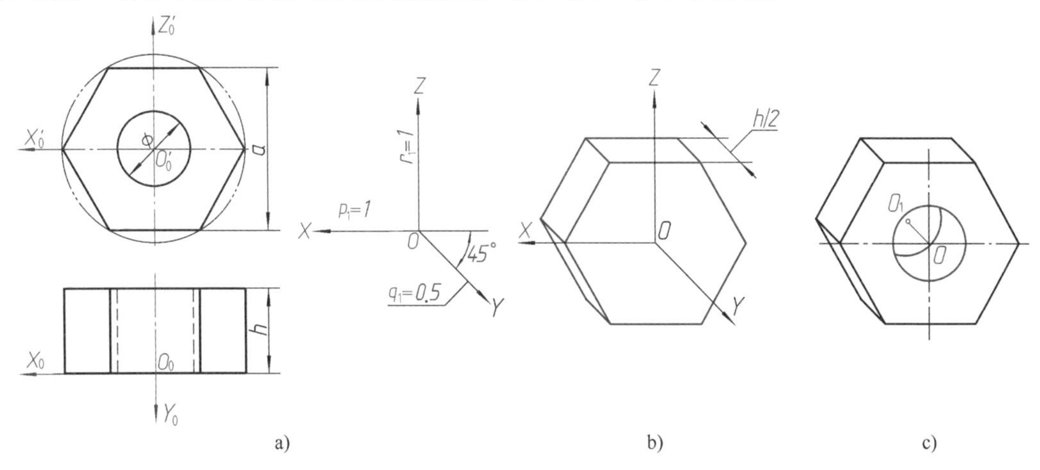

a)　b)　c)

图 4—13　带圆孔六棱柱的斜二测画法

作图

（1）定出直角坐标轴并画出轴测轴（图 4—13a）。

（2）画出前端面正六边形，由六边形各顶点沿 Y 轴方向向后平移 $h/2$，画出后端面正六边形（图 4—13b）。

（3）根据圆孔直径 ϕ 在前端面上作圆，由点 O 沿 Y 轴方向向后平移 $h/2$ 得 O_1，作出后端面圆的可见部分（图 4—13c）。

2. 圆台

分析

图 4—14a 所示为一个具有同轴圆柱孔的圆台，圆台的前、后端面及孔口都是圆。因此，将前、后端面平行于正面放置，作图很方便。

作图

（1）作轴测轴，在 Y_0 轴上量取 $l/2$，定出前端面的圆心 A（图 4—14b）。

（2）画出前、后端面圆的轴测图（图 4—14c）。

（3）作两端面圆的公切线及前孔口和后孔口的可见部分。擦去多余的作图线并描深，如图 4—14d 所示。

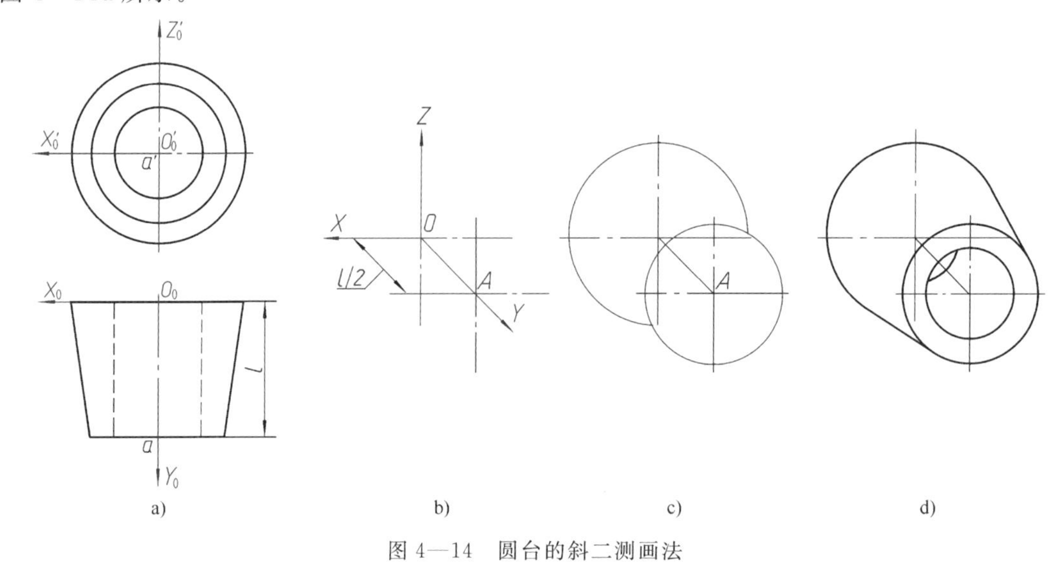

图 4—14　圆台的斜二测画法

课堂练习

按图 4—10 给定的尺寸，画出半圆头板的斜二测图，并与正等测图比较，对该物体而言哪种画法更简单？

§4—4　轴测草图画法

不用绘图仪器和工具，通过目测形体各部分之间的相对比例，徒手画出的图样称为草图。草图是创意构思、技术交流、测绘机器常用的绘图方法，具有很大的实用价值。草图虽然是徒手绘制的，但绝不是潦草的图，仍应做到图形正确、线型粗细分明、字迹工整、图面清洁。

一、徒手画草图基本技法

1. 徒手画直线

徒手画直线时，在运笔过程中，小指轻抵纸面，视线略超前一些，不宜盯着笔尖，而要用眼睛的余光瞄向运笔的前方和笔尖运行的终点。如图 4—15 所示，画水平线时宜自左向右运笔，画垂直线时宜自上而下运笔。画斜线的运笔方向以顺手为原则，若与水平线相近，则自左向右；若与垂直线相近，则自上而下。如果将图纸沿运笔方向略为倾斜，则画线时更加顺手。若所画线段比较长，不便于一笔画成，可分几段画出，但切忌一小段一小段画出。

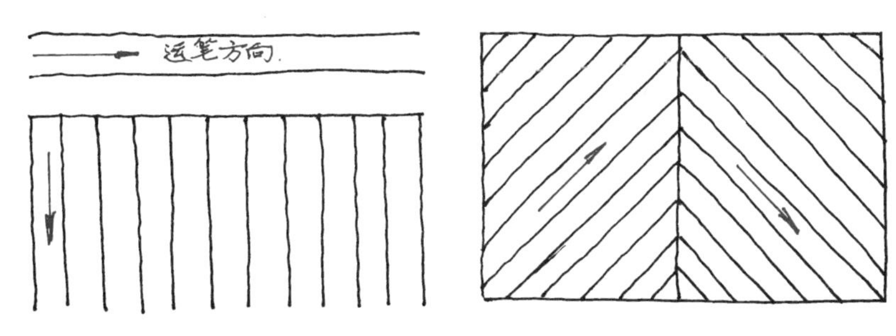

图 4—15　徒手画直线

2. 等分线段和常用角度示例

（1）八等分线段（图 4—16a）　先目测取得中点 4，再取等分点 2、6，最后取等分点 1、3、5、7。

（2）五等分线段（图 4—16b）　先目测以 2∶3 的比例将线段分成不相等的两段，然后将较短段平分，较长段三等分。

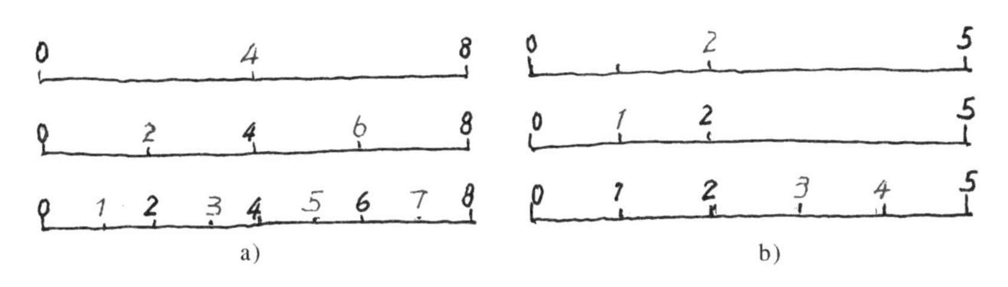

图 4—16　等分线段

画常用角度时，可利用直角三角形两条直角边的长度比定出两端点，连成直线，如图 4—17a 所示。也可以如图 4—17b 所示，将半圆弧两等分或三等分后画出 45°、30°或 60°斜线。

3. 徒手画圆、圆角和圆弧

画直径较小的圆时，可如图 4—18a 所示，在已绘中心线上按半径目测定出四点，徒手画成圆。也可以过四点先作正方形，再作内切的四段圆弧。画直径较大的圆时，只取四点作圆不准确，可如图 4—18b 所示，过圆心再画 45°和 135°斜线，并在斜线上也目测定出四点，过八点画圆。

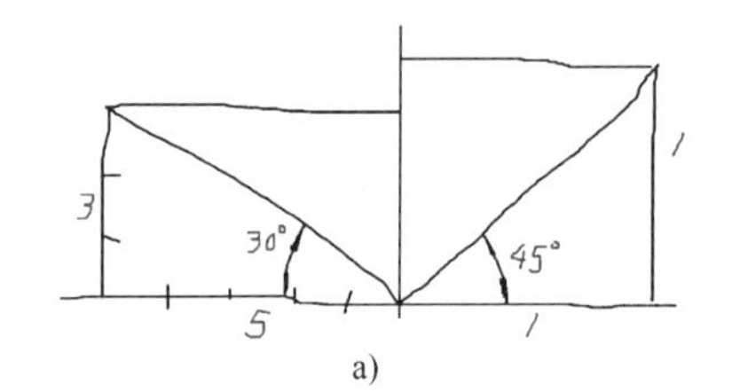

a)

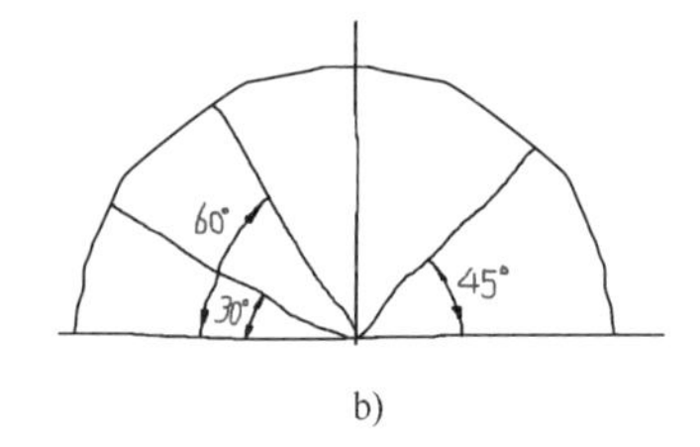

b)

图 4—17 画常用角度

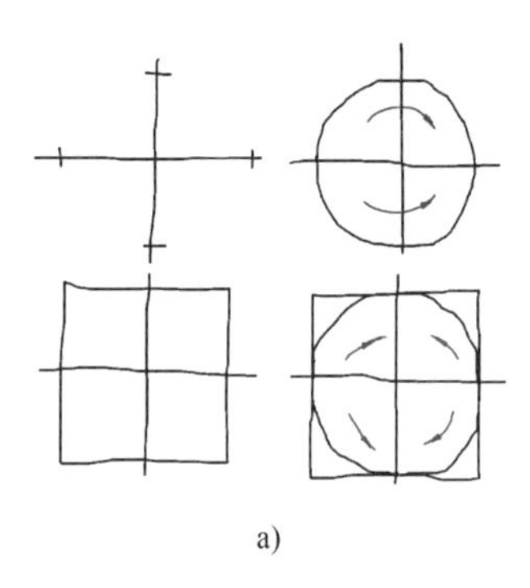
a)

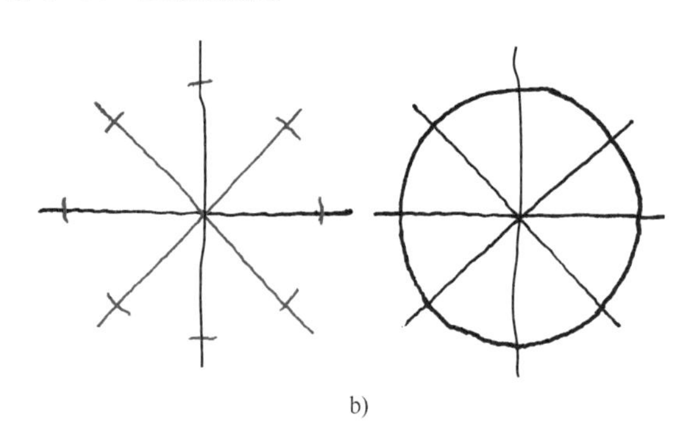
b)

图 4—18 徒手画圆

画圆角时，徒手先将直线画成相交，作分角线，再在分角线上定出圆心的位置，使它与角两边的距离等于圆角半径的大小（图 4—19a）。过圆心向两边引垂线定出圆弧的起点和终点，在分角线上也定出圆周上的一点，然后徒手把三点连成圆弧（图 4—19b）。用类似的方法还可画圆弧连接（图 4—19c）。

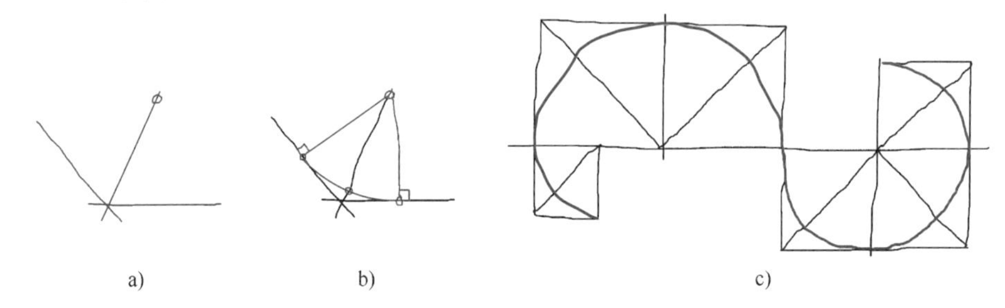
a) b) c)

图 4—19 徒手画圆角和圆弧

4. 徒手画椭圆

画较小的椭圆时，先在中心线上定出长轴、短轴或共轭轴的四个端点，作矩形或平行四边形，再作四段椭圆弧，如图 4—20a 所示。画较大的椭圆时，可按图 4—20b 所示的方法，在平行四边形的四条边上取中点 1、3、5、7，在对角线上再取四点 2、4、6、8（在图 4—20b 中，过 $O7$ 的中点 K 作 $MN /\!/ AD$，连 $M7$、$N7$ 与 AC、BD 交于点 8、6，并作出它们的对称点 4、2），将椭圆分为八段，然后顺次连接画出椭圆（图 4—20c）。

5. 徒手画正六边形

徒手画正六边形的方法如图 4—21 所示。以正六边形的对角距（1 和 4 的连线）为直径作圆，取半径 $O1$ 的中点 K 作垂线与圆周交于点 2、6，再作出对称点 3、5，连接各点即为正六边形（图 4—21a）。用类似方法可作出正六边形的正等轴测图（图 4—21b）。

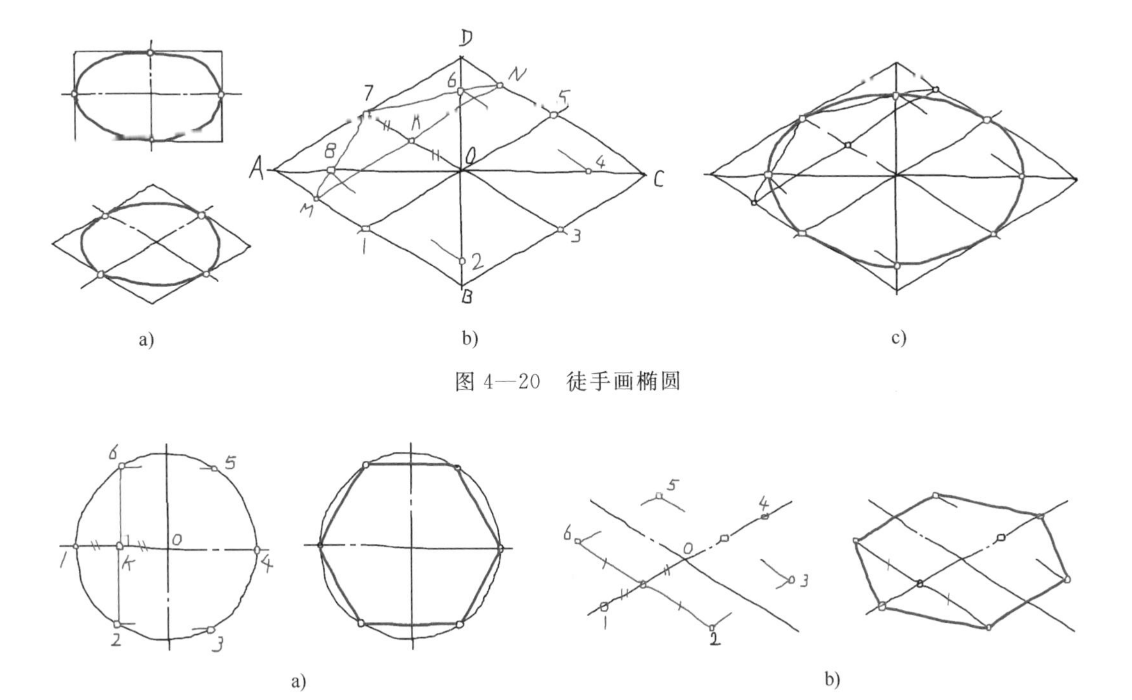

图 4—20 徒手画椭圆

图 4—21 徒手画正六边形

二、轴测草图画法综合实例

【例 4—4】 画螺栓毛坯的正等测草图。

分析

螺栓毛坯由六棱柱、圆柱和圆台组成，基本体的底面中心均在 O_0Z_0 轴上（图 4—22a）。作图时可先画出轴测轴，在 OZ 轴上定出各底面的中心 O_1、O_2、O_3，过各中心点作平行于轴

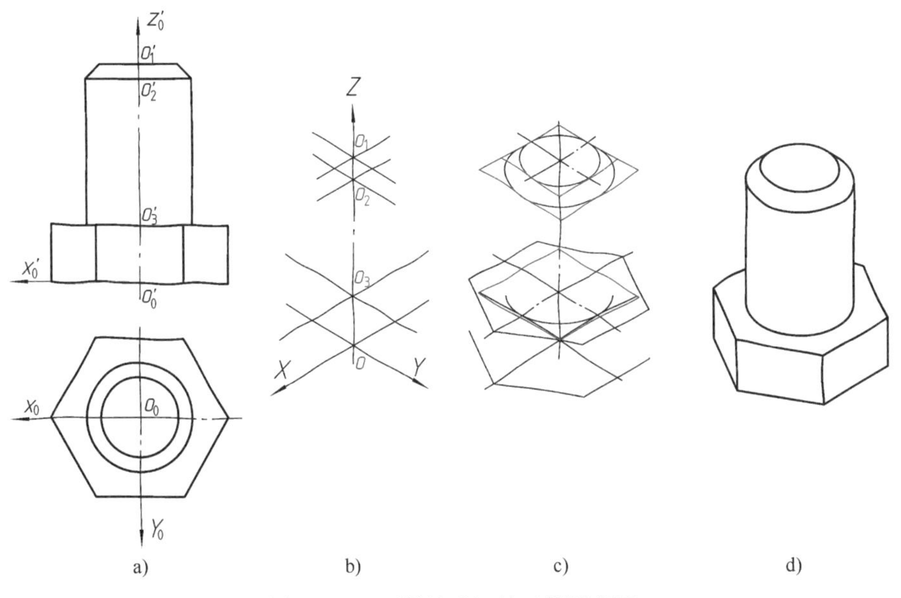

图 4—22 画螺栓毛坯的正等测草图

测轴（X，Y）的直线（图 4—22b）。按图 4—20 和图 4—21 所示的方法画出各底面的图形（图 4—22c），最后画出六棱柱、圆柱和圆台的外形轮廓（图 4—22d）。

【例 4—5】 根据接头的主、俯视图（图 4—23a）画出其正等测草图。

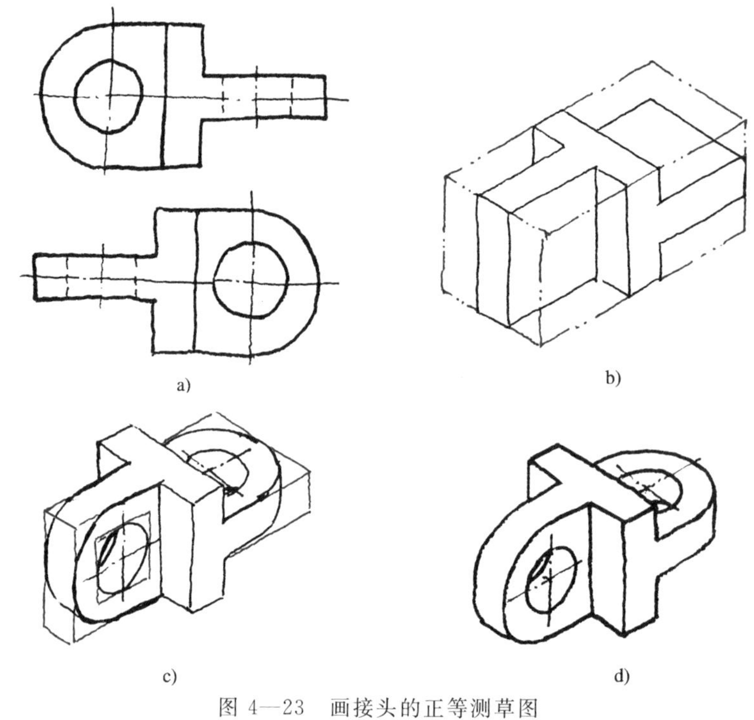

图 4—23　画接头的正等测草图

分析

接头由两个圆柱拱形体（带孔）中间通过一个长方体三部分组合而成；左端拱形面为正平面，右端拱形面为水平面，正平面和水平面中的圆或圆弧在正等测图中均为椭圆或椭圆弧。

作图

（1）根据接头形体特征，如图 4—23b 所示，画出大轮廓（长方体），再分割画出三个组成部分的轮廓。

（2）画出椭圆的外切菱形，再画出椭圆及椭圆弧，如图 4—23c 所示。

（3）描深可见轮廓线，擦去不必要的作图线，完成正等测草图，如图 4—23d 所示。

【例 4—6】 根据支承座的主、俯视图（图 4—24a）画出其轴测草图。

分析

支承座由底部带槽的长方体底板和中间有半圆柱槽、两侧切角的竖板构成。这两部分的原形体都是长方体，它的主要结构特征面都是正平面，而且是带有圆或圆弧的较复杂形状。其他两侧形状都是简单的矩形平面。由于正平面在斜二测图中可反映实形，因此该支承座更适合用斜二测图表达。

作图

（1）根据已知视图，画出支承座的基本轮廓，如图 4—24b 所示。注意：宽度 Y 方向按尺寸 1/2 量取。

（2）按主视图画出竖板、底板的正立面形状，再画出槽和切角，如图 4—24c 所示。

（3）描深轮廓线，擦掉多余的作图线，完成斜二测草图，如图 4—24d 所示。

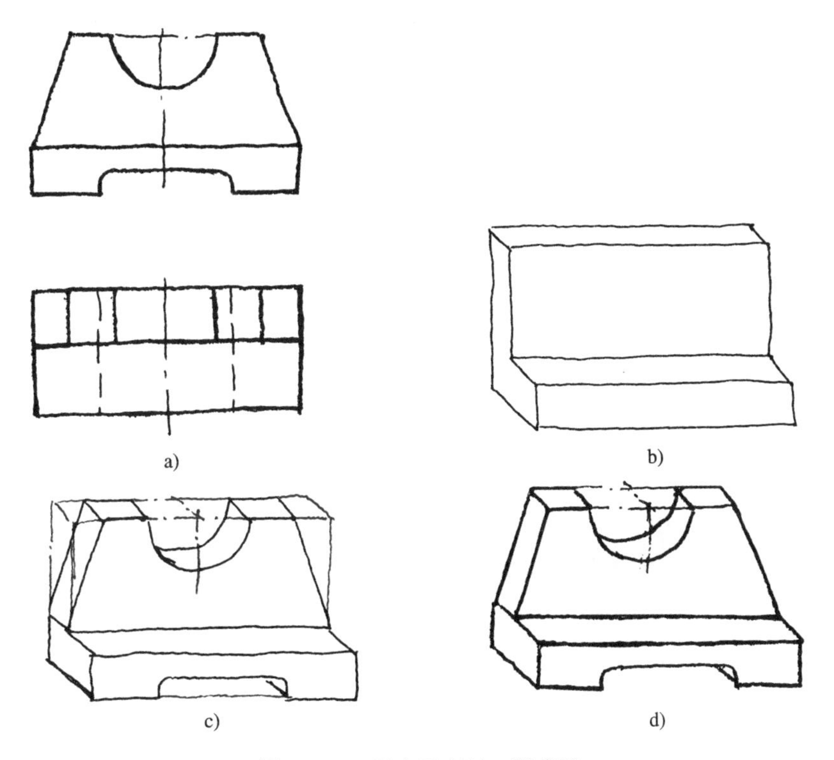

图 4—24 画支承座斜二测草图

第五章 组合体

任何机器零件从形体角度分析，都是由一些基本体经过叠加、切割或穿孔等方式组合而成的。这种两个或两个以上的基本形体组合构成的整体称为组合体。掌握组合体画图和读图的基本方法十分重要，将为进一步识读和绘制零件图打下基础。

§5—1 组合体的组合形式与表面连接关系

一、组合体的组合形式

组合体的组合形式有叠加型、切割型和综合型三种。叠加型组合体可看成由若干基本形体叠加而成，如图 5—1a 所示。切割型组合体可看成由一个完整的基本体经过切割或穿孔而成，如图 5—1b 所示。多数组合体则是既有叠加又有切割的综合型，如图 5—1c 所示。

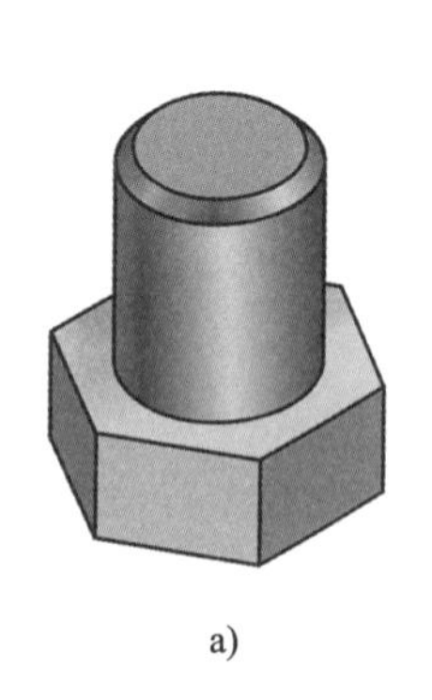

a)

b)

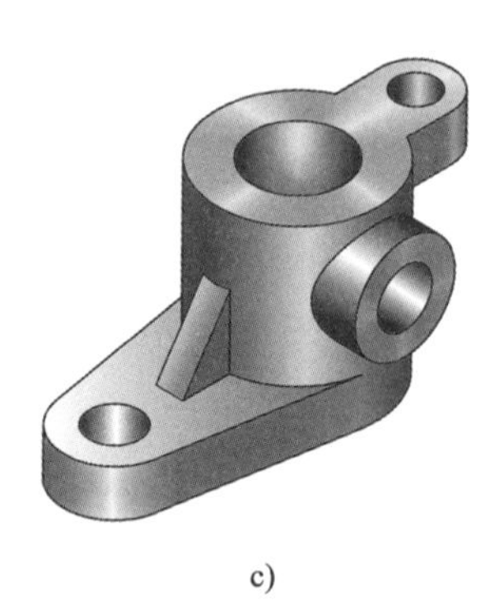

c)

图 5—1 组合体的组合形式

a）叠加型 b）切割型 c）综合型

二、组合体中相邻形体表面的连接关系

组合体中的基本形体经过叠加、切割或穿孔后，形体的相邻表面之间可能形成共面、相切或相交三种特殊关系，如图 5—2 所示。

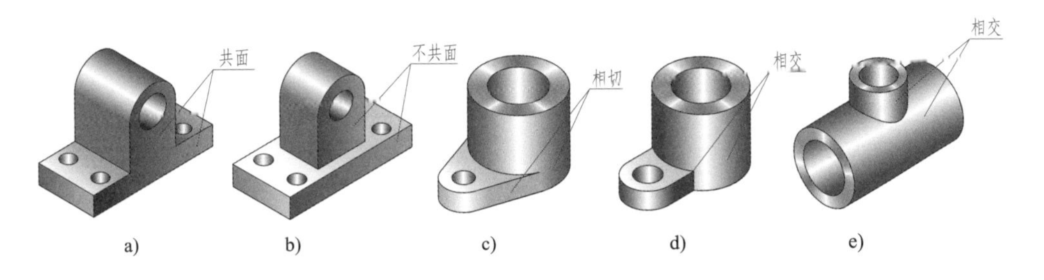

图 5—2　两表面的连接关系

1. 共面

当两形体相邻表面共面时，在共面处不应有相邻表面的分界线，如图 5—3a 所示。当两形体相邻表面不共面时，两形体的投影间应有线隔开，如图 5—3b 所示。

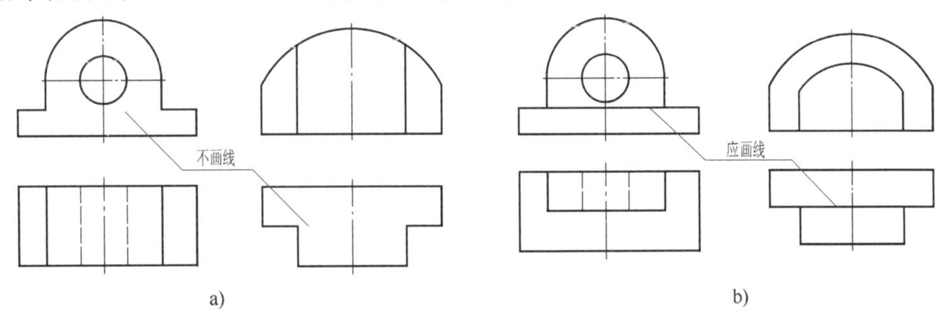

图 5—3　两表面共面或不共面的画法

a）共面　b）不共面

2. 相切

当两形体相邻表面相切时，由于相切是光滑过渡，所以切线的投影不必画出（图 5—4a）。相切处画线是错误的（图 5—4b）。

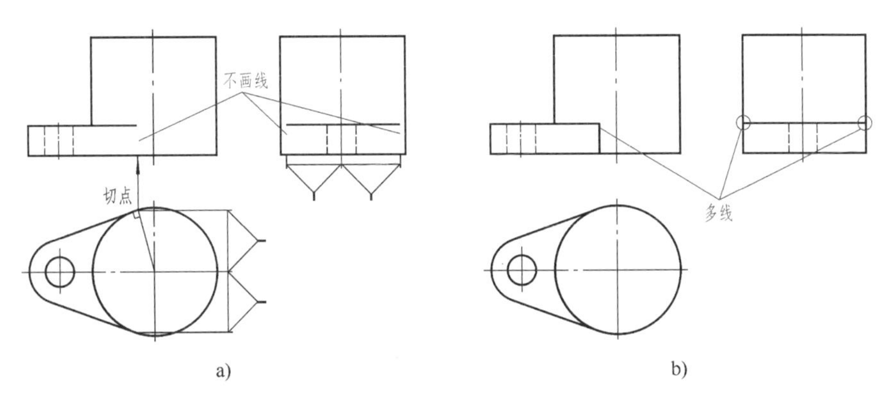

图 5—4　相切画法正误对比

a）正确　b）错误

图 5—5a 所示为圆柱面与半球面相切，其表面应是光滑过渡，切线的投影不必画出。但有一种特殊情况必须注意，如图 5—5b 所示，两个圆柱面相切，当圆柱面的公共切平面垂直于投影面时，应画出两个圆柱面的分界线（公切平面的投影）。

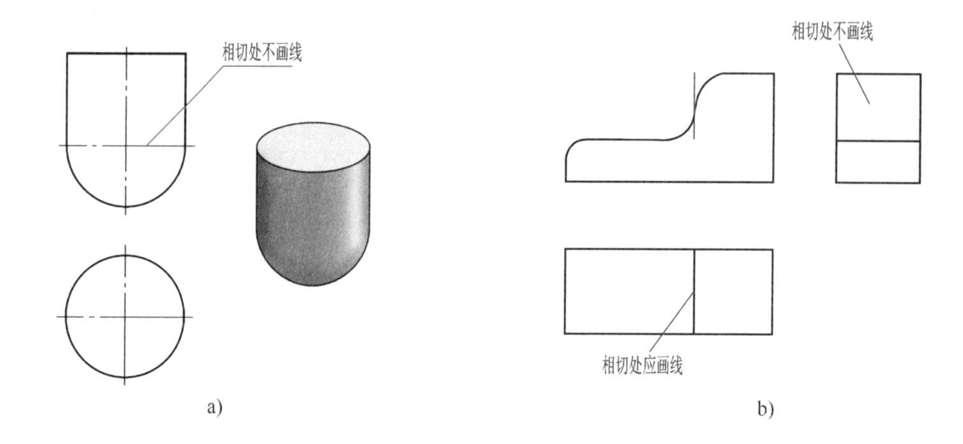

图 5—5　相切及其特殊情况

3. 相交

两形体相交时，其相邻表面必产生交线，在相交处应画出交线的投影，如图 5—6a 所示。

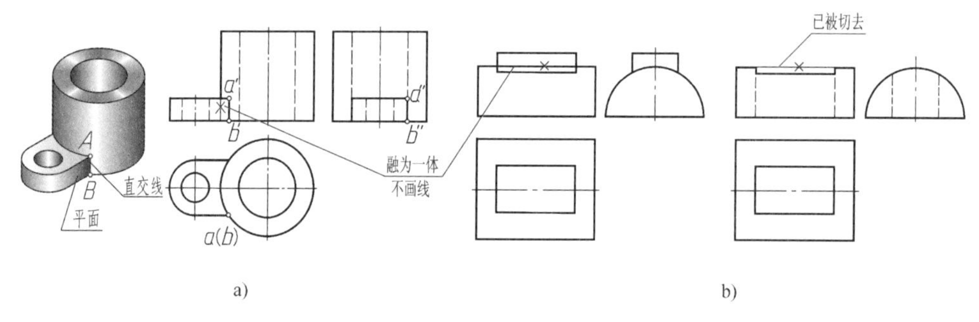

图 5—6　相交

如图 5—6b 所示，无论是实形体与实形体相邻表面相交，还是实形体与空形体相邻表面相交，只要形体的大小和相对位置一致，其交线完全相同。值得注意的是，当两实形体相交时已融为一体，圆柱面上原来的一段转向轮廓线已不存在；圆柱被穿方孔后的一段转向轮廓线已被切去。

§5—2　画组合体视图的方法与步骤

画组合体视图时，首先要运用形体分析法将组合体分解为若干基本形体，分析它们的组合形式和相对位置，判断形体间相邻表面是否存在共面、相切或相交的关系，然后逐个画出各基本形体的三视图。必要时还要对组合体中的投影面垂直面或一般位置平面及其相邻表面的关系进行面形分析。

一、叠加型组合体的视图画法

1. 形体分析

如图 5—7a 所示为支座，根据形体结构特点，可将其看成是由底板、竖板和肋板三部分叠加而成的，如图 5—7b 所示。竖板顶部的圆柱面与左、右两侧面相切；竖板与底板的后表面共面，两者前表面错开，不共面，竖板的两侧面与底板上表面相交；肋板与底板、竖板的相邻表面都相交；底板、竖板上有通孔且底板前面为圆角。

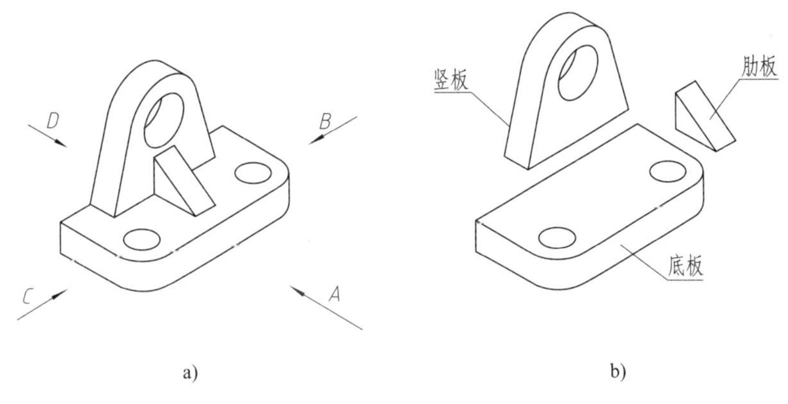

图 5—7　支座轴测图

2. 选择视图

如图 5—7a 所示，将支座按自然位置安放后，经过比较箭头 A、B、C、D 所指四个不同投射方向可以看出，选择 A 向作为主视图的投射方向要比其他方向好。因为组成支座的基本形体及其整体结构特征在 A 向表达得最清晰。

3. 画图步骤

选择适当的比例和图纸幅面，确定视图位置。先画出各视图的主要中心线和基准线，然后按形体分析法，从主要形体（如底板、竖板）着手，画有形状特征的视图，且先画主要部分再画次要部分，然后按各基本形体的相对位置和表面连接关系及其投影关系，逐个画出它们的三视图，具体作图步骤如图 5—8 所示。

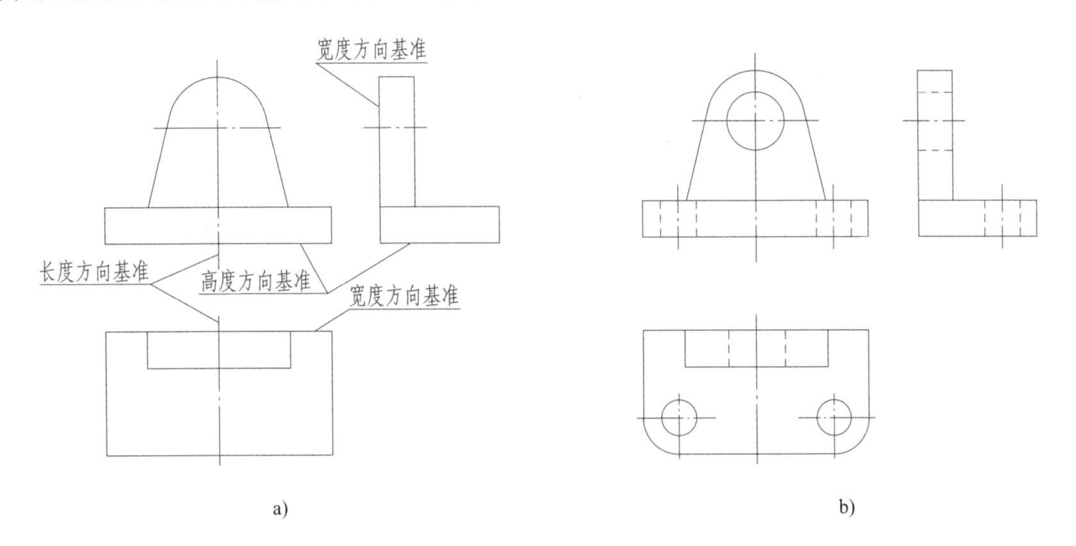

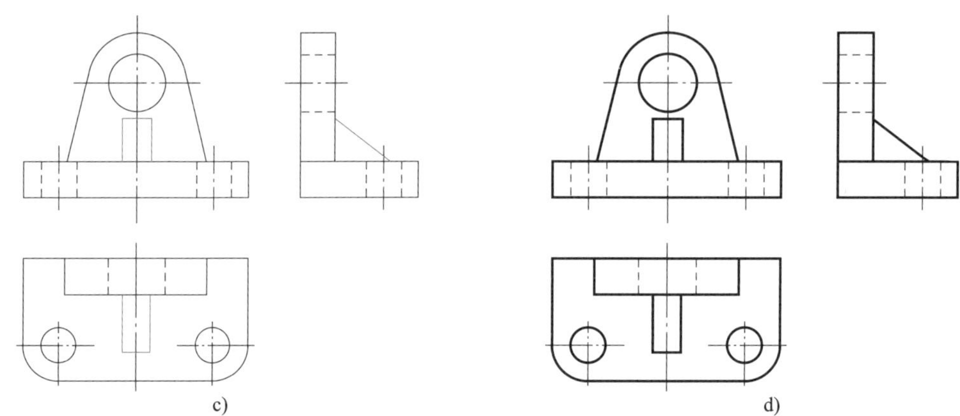

图 5—8　支座三视图的作图步骤

a）布置视图，画基准线、底板和竖板　b）画圆柱孔和圆角

c）画肋板　d）描深，完成三视图

讨论

分组并分别以箭头 B、C、D 所示方向作为主视图投射方向，徒手画出三视图，其结果如何？

二、切割型组合体的视图画法

图 5—9a 所示的组合体可看成由长方体切去基本形体 1、2、3 而形成。画切割型组合体的视图可在形体分析的基础上结合面形分析法进行。

所谓面形分析法，是根据表面的投影特性来分析组合体表面的性质、形状和相对位置，从而完成画图和读图的方法。

切割型组合体的作图步骤如图 5—9 所示。

画图时应注意以下几点：

（1）作每个切口投影时，应先从反映形体特征轮廓且具有积聚性投影的视图开始，再按投影关系画出其他视图。例如，第一次切割时（图 5—9b），先画切口的主视图，再画出俯、左视图中的图线；第二次切割时（图 5—9c），先画圆槽的俯视图，再画出主、左视图中的图线；第三次切割时（图 5—9d），先画梯形槽的左视图，再画出主、俯视图中的图线。

（2）注意切口截面投影的类似性。如图 5—9d 中的梯形槽与斜面 P 相交而形成的截面，其水平投影 p 与侧面投影 p'' 应为类似形。

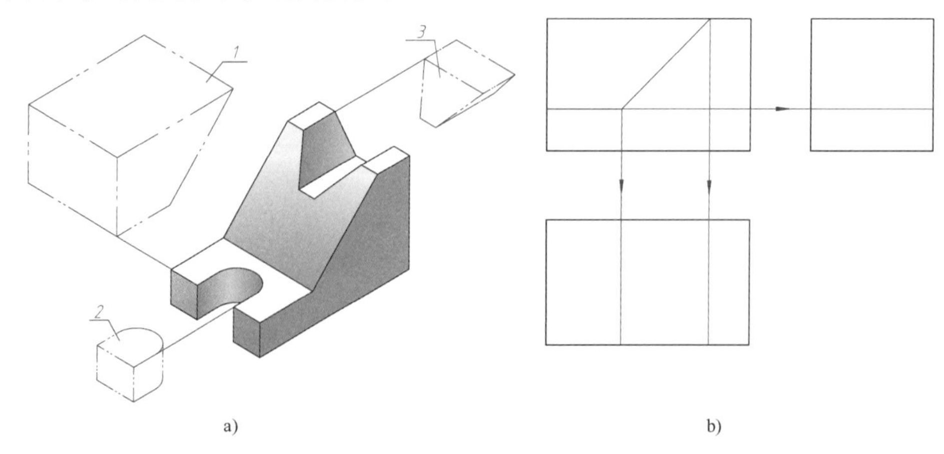

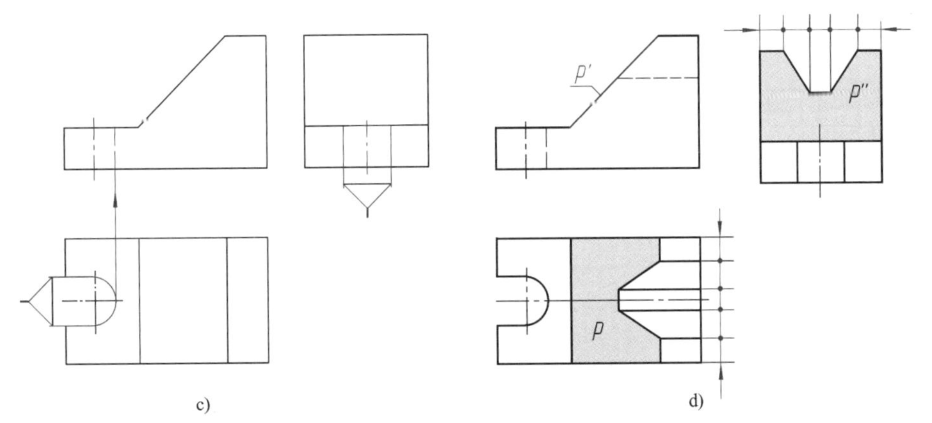

图 5—9　切割型组合体的作图步骤

a）切割型组合体　b）第一次切割　c）第二次切割　d）第三次切割

§5—3　组合体的尺寸标注

一、尺寸标注的基本要求

组合体尺寸标注的基本要求是正确、齐全和清晰。正确是指符合国家标准的规定；齐全是指标注尺寸既不遗漏，也不多余；清晰是指尺寸注写布局整齐、清楚，便于看图。本节着重讨论如何保证尺寸标注齐全和清晰。

为掌握组合体的尺寸标注方法，在掌握基本体尺寸标注的基础上，还应熟悉几种带切口形体和常见简单形体结构的尺寸标注。

1. 带切口形体的尺寸标注

对于带切口的形体，除了标注基本形体的尺寸外，还要注出确定截平面位置的尺寸。必须注意，由于形体与截平面的相对位置确定后，切口的交线已完全确定，因此不应在交线上标注尺寸。图 5—10 中画出“×”的为多余尺寸。

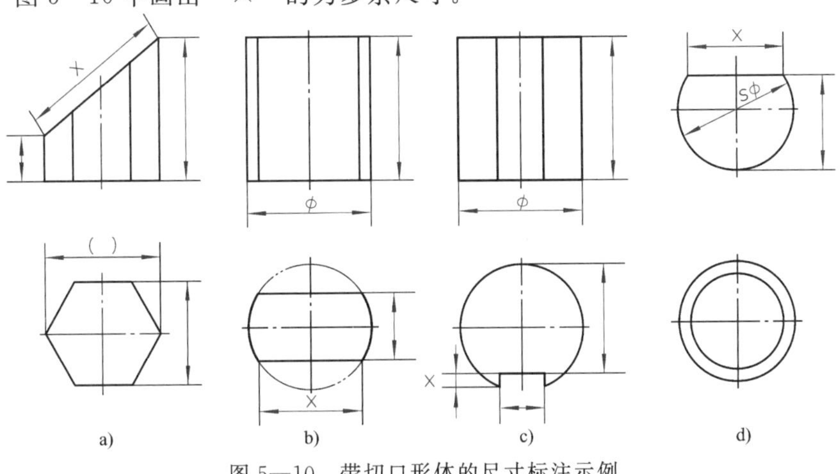

图 5—10　带切口形体的尺寸标注示例

2. 常见简单形体结构的尺寸标注（图 5—11）

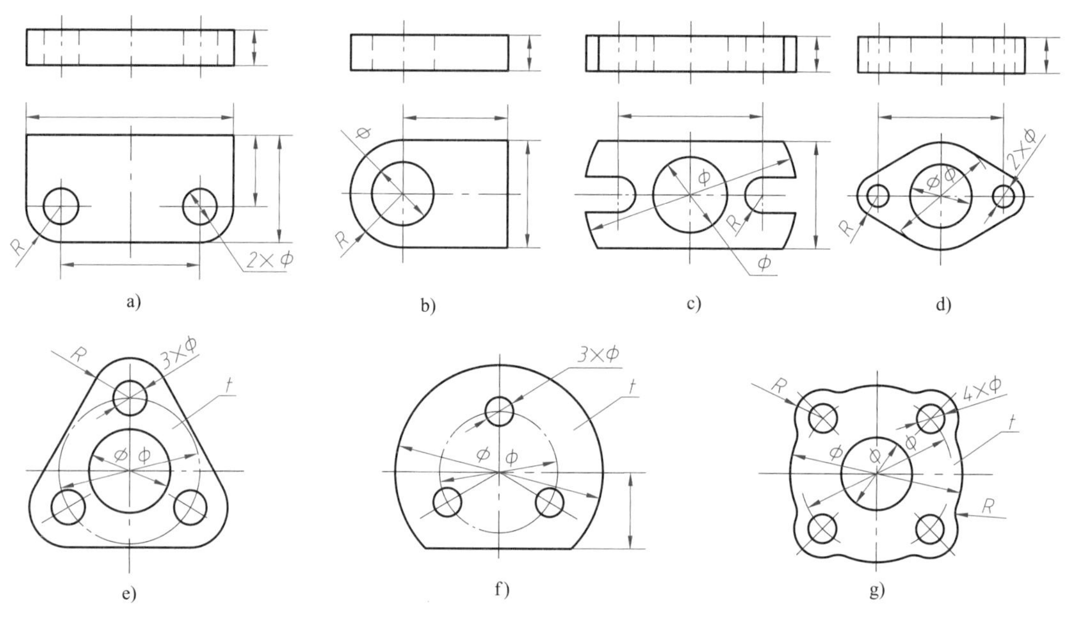

图 5—11　常见简单形体结构的尺寸标注

二、组合体的尺寸标注

下面以图 5—12 为例，说明标注组合体尺寸的基本方法。

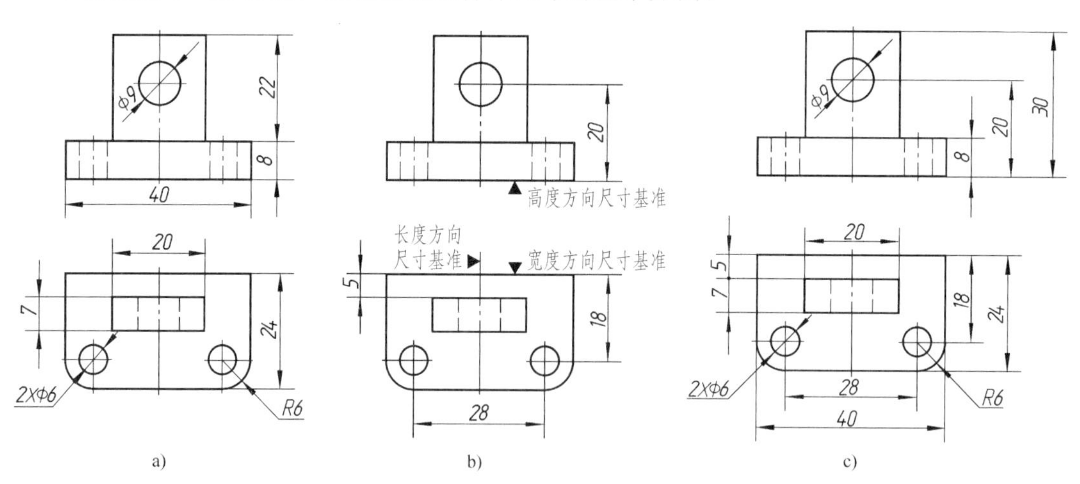

图 5—12　组合体的尺寸标注示例

a）定形尺寸　b）定位尺寸　c）全部尺寸

1. 尺寸齐全

要保证尺寸齐全，既不遗漏，也不重复，应先按形体分析法注出表示各基本形体大小的定形尺寸，再确定它们之间相对位置的定位尺寸，最后根据组合体的结构特点注出总体尺寸。

（1）定形尺寸　是指确定组合体中各基本形体大小的尺寸（图 5—12a）。

例如，底板的长、宽、高尺寸（40、24、8），底板上圆孔和圆角尺寸（2×ϕ6、R6）。必须注意，相同圆孔 ϕ6 要注写数量，如 2×ϕ6，但相同圆角 R6 不注数量，两者均不必重复标注。

（2）定位尺寸　是指确定组合体中各基本形体之间相对位置的尺寸（图 5—12b）。

标注定位尺寸时，须在长、宽、高三个方向分别选定尺寸基准，每个方向至少有一个尺寸基准，以便确定各基本形体在各方向上的相对位置。通常选择组合体底面、端面或对称平面以及回转轴线等作为尺寸基准。如图5—12b所示，组合体左右对称平面为长度方向尺寸基准；后端面为宽度方向尺寸基准；底面为高度方向尺寸基准（图中用符号“▼”表示基准位置）。

由长度方向尺寸基准注出底板上两圆孔的定位尺寸28；由宽度方向尺寸基准注出底板上圆孔与后端面的定位尺寸18，竖板与后端面的定位尺寸5；由高度方向尺寸基准注出竖板上圆孔与底面的定位尺寸20。

（3）总体尺寸　是指确定组合体在长、宽、高三个方向的总长、总宽和总高尺寸（图5—12c）。

组合体的总长和总宽尺寸即底板的长40和宽24，不再重复标注。总高尺寸30应从高度方向尺寸基准处注出。总高尺寸标注后，原来标注的竖板高度尺寸22取消。必须注意，当组合体一端为同心圆孔的回转体时，通常仅标注孔的定位尺寸和外端圆柱面的半径，不标注总体尺寸。图5—13所示为不注总高尺寸示例。

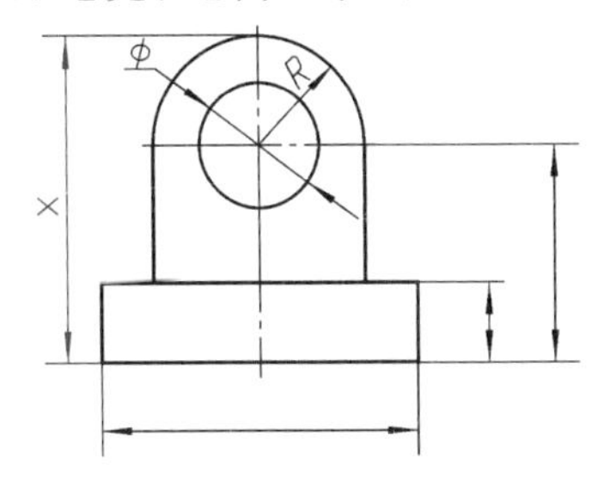

图5—13　不注总高尺寸示例

2. 尺寸清晰

为了便于读图和查找相关尺寸，尺寸的布置必须整齐、清晰，下面以尺寸已经标注齐全的组合体为例，说明尺寸布置应注意的几个方面（图5—12c）。

（1）突出特征　定形尺寸尽量标注在反映该部分形状特征的视图上，如底板的圆孔和圆角尺寸应标注在俯视图上。

（2）相对集中　形体某一部分的定形尺寸及有联系的定位尺寸尽可能集中标注，便于读图时查找。例如，在长度和宽度方向上，底板的定形尺寸及两小圆孔的定形和定位尺寸集中标注在俯视图上；而在长度和高度方向上，竖板的定形尺寸及圆孔的定形和定位尺寸集中标注在主视图上。

（3）布局整齐　尺寸尽可能布置在两视图之间，便于对照。同方向的平行尺寸，应使小尺寸在内，大尺寸在外，间隔均匀，避免尺寸线与尺寸界线相交（如俯视图上的尺寸18、24与主视图上的尺寸8、20）。主、俯视图上同方向的尺寸应排列在同一直线上（如俯视图上的尺寸7、5），这样既整齐又便于画图。

综合案例

【例5—1】　根据支座立体图画出其三视图并标注尺寸。

（1）形体分析　根据形体特点，可将图5—14a所示的支座分解为五个部分，如图5—14b所示。

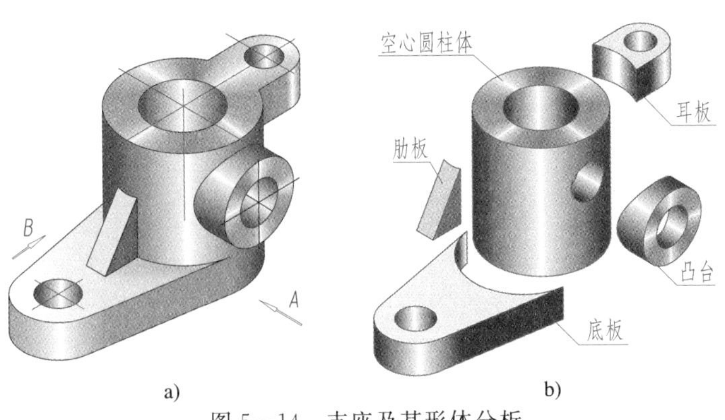

图5—14　支座及其形体分析

从图 5—14 可以看出，肋板底面与底板顶面叠合，底板两侧面与空心圆柱体相切，肋板和耳板侧面均与空心圆柱体相交，凸台轴线与圆柱体轴线垂直相交，且其上的通孔连通。

（2）选择视图　如图 5—14a 所示，将支座按自然位置安放后，比较箭头所示两个投射方向 A、B，选择 A 向能更多地反映支座的结构和形状特征。

（3）画图步骤　选好适当比例和图纸幅面，然后确定视图位置，画出各视图的主要中心线和基准线。按形体分析法，从主要形体（如空心圆柱体）着手，并按各基本形体的相对位置逐个画出它们的三视图，具体作图步骤如图 5—15 所示。

图 5—15　支座的作图步骤

a）画各视图的主要中心线和基准线　b）画主要形体——空心圆柱体　c）画凸台

d）画底板　e）画肋板和耳板　f）检查并擦去多余的作图线，按要求描深

（4）标注尺寸　标注组合体尺寸的顺序为逐个标出各基本形体的定形和定位尺寸，具体步骤如下：

1）逐个注出各基本形体的定形尺寸　将支座分解为五个基本形体（图 5—14b），分别注出其定形尺寸，如图 5—16 所示。这些尺寸标注在哪个视图上，要根据具体情况而定。如空心圆柱体的尺寸 80 和 ϕ40 分别注在主视图和俯视图上，ϕ72 在主视图上标注不清楚，所以标注在左视图上。底板的尺寸 ϕ22 和 R22 注在俯视图上最合适，而厚度尺寸 20 只能注在主视图上。其余各部分尺寸请读者自行分析。

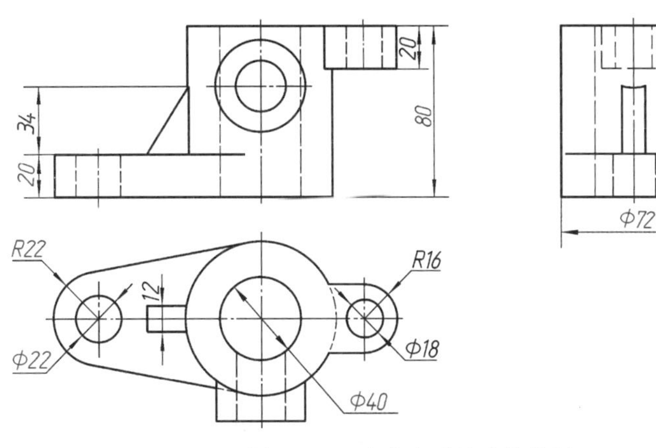

图 5—16　支座定形尺寸的分析

2）标注确定各基本形体相对位置的尺寸　先选定支座长、宽、高三个方向的尺寸基准，如图 5—17 所示。在长度方向上注出空心圆柱体与底板、肋板、耳板的相对位置尺寸（80、56、52）；在宽度和高度方向上注出凸台与空心圆柱体的相对位置尺寸（48、28）。

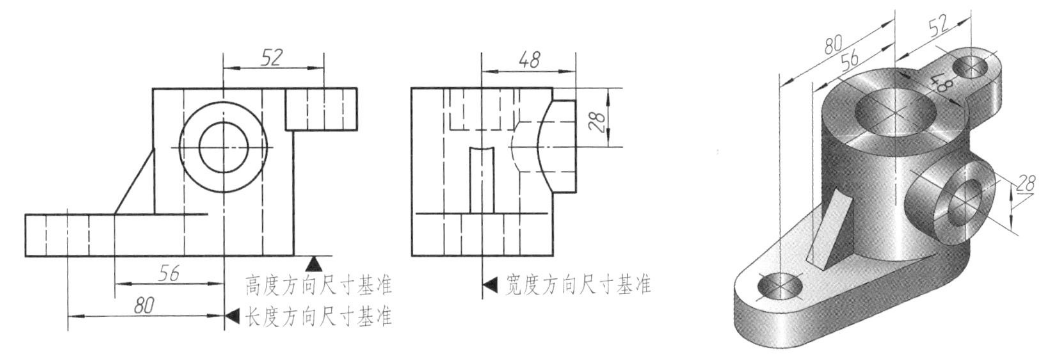

图 5—17　支座定位尺寸的分析

3）标注总体尺寸　为了表示组合体外形的总长、总宽和总高，应标注相应的总体尺寸。支座的总高尺寸为 80，而总长和总宽尺寸则由于标出了定位尺寸而不独立，这时一般不再标注。如图 5—18 所示，在长度方向上标注了定位尺寸 80、52，以及圆弧半径 R22 和 R16 后，就不再标注总长尺寸（80＋52＋22＋16＝170）。左视图在宽度方向上注出了定位尺寸 48 后，就不再标注总宽尺寸（48＋72/2＝84）。综合分析及调整后，支座完整的尺寸标注如图 5—18 所示。

课堂训练

完成图 5—8d 所示支座的尺寸标注（尺寸在图中量取，取整数）。

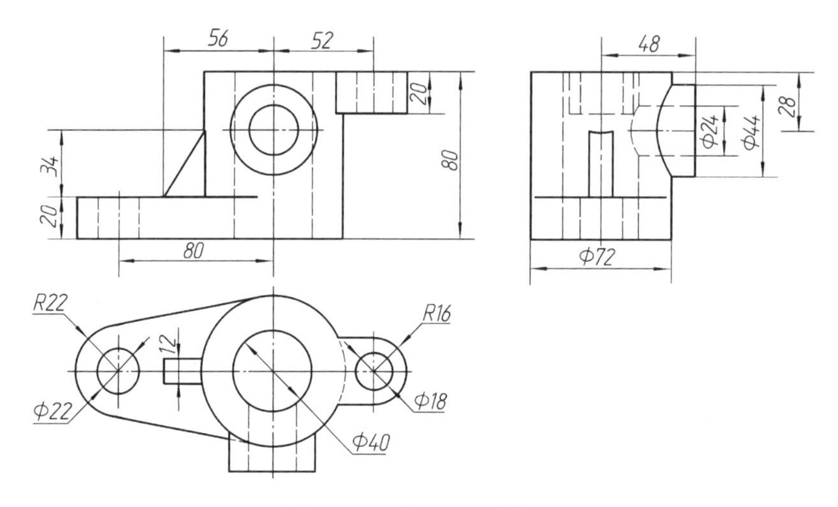

图 5—18 支座的尺寸标注

§5—4 读组合体视图的方法与步骤

画图是指把空间形体按正投影方法绘制在平面上。读图则是根据画好的二维视图进行形体分析，想象空间形体形状的过程。为了正确而迅速地读懂视图，必须掌握读图的基本要领和基本方法。

一、读图的基本要领

1. 几个视图联系起来读图

在机械图样中，机件形状一般是通过几个视图来表达的，每个视图只能反映机件一个方向的形状。因此，仅由一个或者两个视图往往不能唯一地表达机件的形状。如图 5—19 所示的四组图形，它们的俯视图均相同，但实际上是四种不同形状物体的俯视图。所以，只有把俯

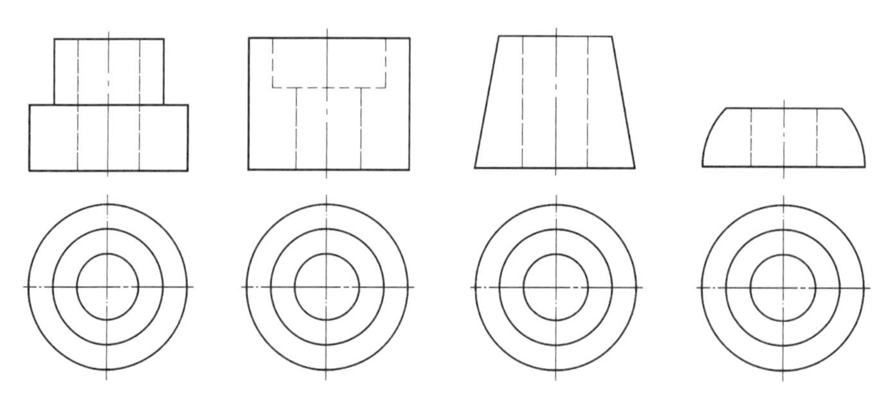
图 5—19 一个视图不能唯一确定物体形状的示例

视图与主视图联系起来识读，才能判断它们的形状。又如图 5—20 所示的四组图形，它们的主、俯视图均相同，但同样是四种不同形状的物体。

由此可见，读图时必须将给出的全部视图联系起来分析，才能想象出物体的形状。

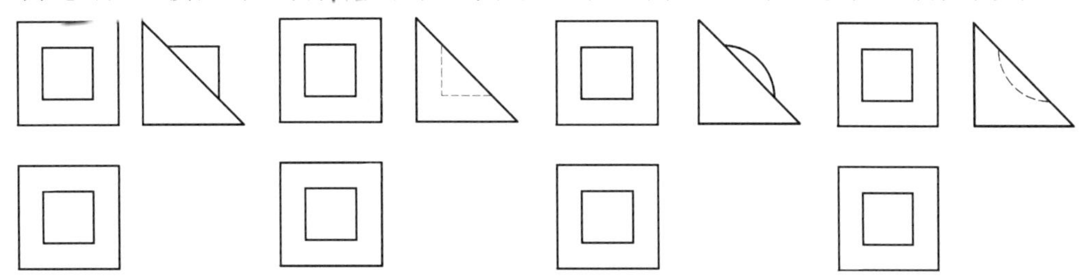

图 5—20　两个视图不能唯一确定物体形状的示例

2. 明确视图中线框和图线的含义

（1）视图上的每个封闭线框通常表示物体上一个表面（平面或曲面）的投影。如图 5—21a 所示的主视图中有四个封闭线框，对照俯视图可知，线框 a'、b'、c'分别是六棱柱前三个棱面的投影，线框 d'则是前圆柱面的投影。

（2）相邻两线框或大线框中有小线框，则表示物体不同位置的两个表面。可能是两表面相交，如图 5—21a 中的 B、A、C 面依次相交；也可能是平行关系（如上下、前后、左右），如图 5—21a 所示的俯视图中，六边形大线框中的小圆线框就是六棱柱顶面与圆柱顶面的投影。

（3）视图中的每条图线可能是立体表面具有积聚性的投影，如图 5—21b 所示主视图中的 $1'$是圆柱顶面Ⅰ的投影；或者是两平面交线的投影，如图 5—21b 所示主视图中的 $2'$是 A 面与 B 面交线Ⅱ的投影；也可能是曲面转向轮廓线的投影，如图 5—21b 所示主视图中的 $3'$是圆柱面前后转向轮廓线Ⅲ的投影。

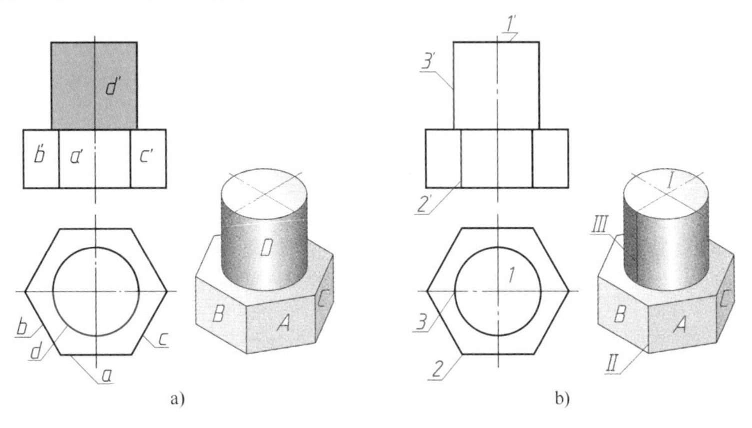

图 5—21　视图中线框和图线的含义

3. 善于构思物体的形状

下面以一个有趣的例子来说明构思物体形状的方法和步骤。

如图 5—22 所示，已知某一物体三个视图的外轮廓，要求通过构思想象出这个物体的形状。构思过程如图 5—23 所示。

（1）主视图为正方形的物体，可以想象出很多，如长方体、圆柱体等（图 5—23a）。

（2）主视图为正方形、俯视图为圆的物体，必定是圆柱体（图 5—23b）。

（3）左视图三角形只能由对称于圆柱体轴线的两相交侧垂面切出，而且侧垂面要沿圆柱顶面直径切下（保证主视图高度不变），并与圆柱底面交于一点（保证俯视图和左视图不变），结果如图 5—23c 所示。

（4）图 5—23d 所示为物体的实际形状。必须注意，主视图上应添加前、后两个半椭圆重合的投影，俯视图上应添加两个截面交线的投影。

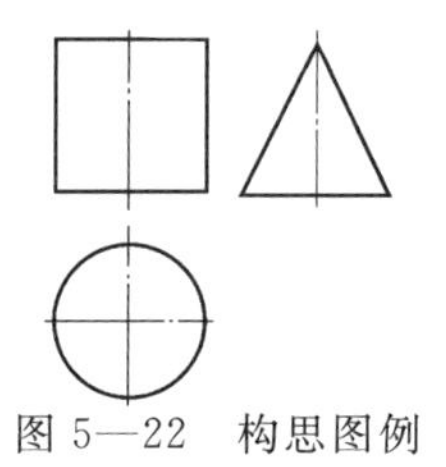

图 5—22　构思图例

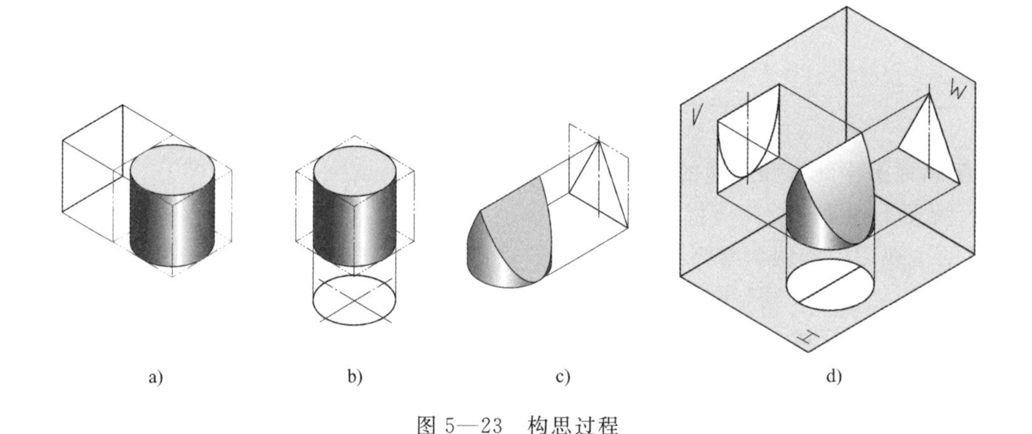

图 5—23　构思过程

二、读图的基本方法

1. 形体分析法

读图的基本方法与画图一样，主要是运用形体分析法，在反映形状特征比较明显的视图上按线框将组合体划分为几个部分，然后通过投影关系，找到各线框在其他视图中的投影，从而分析各部分的形状及它们之间的相对位置，最后综合起来，想象出组合体的整体形状。现以图 5—24a 所示组合体的主、俯视图为例，说明运用形体分析法识读组合体视图的方法与步骤。

步骤一：划线框，分形体。

从主视图入手，将该组合体按线框划分为四个部分（图 5—24a）。

步骤二：对投影，想形状。

从主视图开始，分别把每个线框所对应的其他投影找出来，确定每组投影所表示的形体形状（图 5—24b、c、d）。

步骤三：合起来，想整体。

在读懂每部分形状的基础上，根据物体的三视图，进一步研究它们的相对位置和连接关系，综合想象而形成一个整体（图 5—24e）。

【例 5—2】 已知支承座的主、左视图，补画俯视图（图 5—25）。

分析

对照左视图，把主视图中的图形划分为三个封闭线框，作为组成支承座的三个部分：1′是下部倒凹字形线框，2′是上部矩形线框，3′是圆形线框。可以想象出该支承座是由两侧带耳板的底板Ⅰ及两个轴线正交的圆柱体Ⅱ和Ⅲ叠加而成的，这三个部分均有圆柱孔。再分析它们的相对位置，就可对支承座的整体形状有初步认识。

a)　　b)　　c)

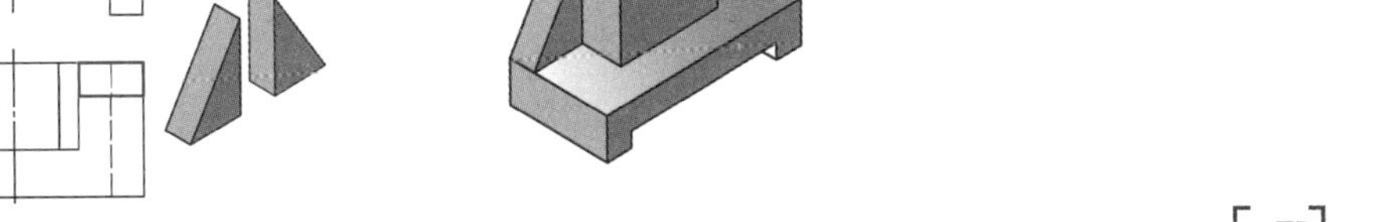

d)　　e)

图 5—24　用形体分析法读图

作图

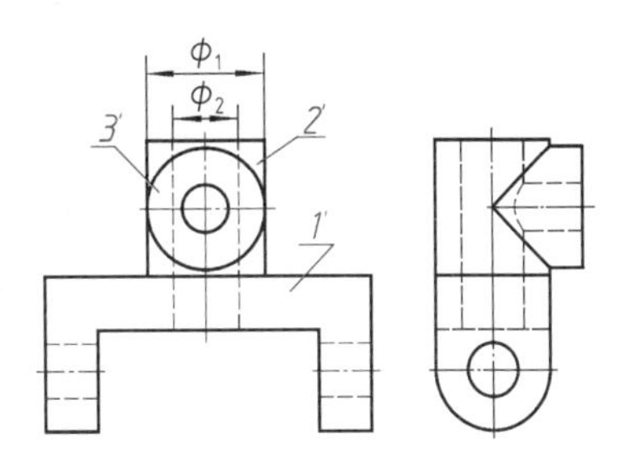

图 5—25　支承座的主、左视图

（1）在主视图上分离出底板的线框　由主、左视图可看出它是一块长方形平板，左、右两侧是下部为半圆柱体、上部为长方体的耳板，耳板上各有一个圆柱形通孔。画出底板的俯视图（图 5—26a）。

（2）在主视图上分离出上部的矩形线框　因为在图 5—25 中注有直径 ϕ_1，对照左视图可知，它是垂直于水平面的圆柱体，中间有穿通底板的圆柱孔，圆柱与底板的前、后端面相切。画出圆柱的俯视图（图 5—26b）。

（3）在主视图上分离出上部的圆形线框（框中还有一个小圆）　对照左视图可知，它也是一个中间有圆柱孔的垂直于正面的圆柱体，其直径与圆柱体Ⅱ的直径相等，而孔的直径比圆柱体Ⅱ的孔小。两圆柱体的轴线垂直相交，且均平行于侧面。画出圆柱体Ⅲ的俯视图（图 5—26c）。

（4）根据底板和两个圆柱体的形状，以及它们的相对位置，可以想象出支承座的整体形状（图 5—26d），然后校核、补画俯视图并描深。

2. 面形分析法

面形分析法就是从“面”出发，运用面的投影特性，通过分析物体上某一线框“面”的三面投影，推断出该面的形状和位置，从而确定物体的整体形状。该方法主要应用于识读比较复杂的切割型组合体。

（1）分析面的形状　当基本体或不完整的基本体被投影面垂直面切割时，与截平面倾斜的投影面上的两个投影成类似形。如图 5—27a、b、c 中分别有一个 L 形的铅垂面、工字形的正垂面和凹字形的侧垂面。在它们的三视图中，与截平面垂直的投影面上的投影积聚成一直线，与截平面倾斜的另两个投影面上的投影均为类似形。

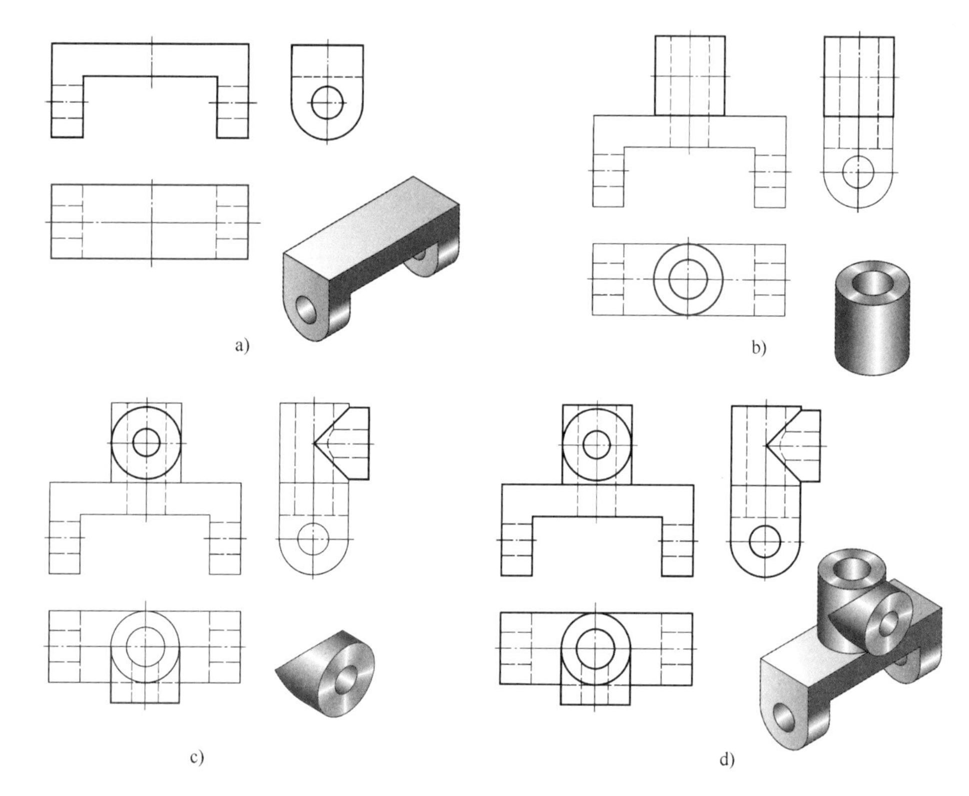

图 5—26　补画支承座的俯视图

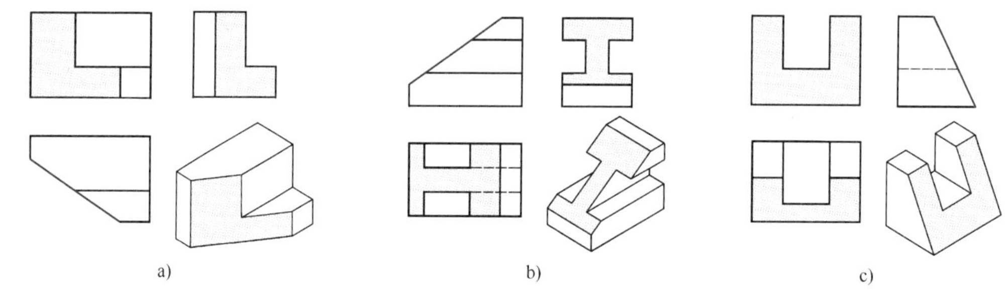

图 5—27　倾斜于投影面的截面的投影为类似形

【例 5—3】 已知压板的主、俯视图，补画左视图（图 5—28a）。

分析

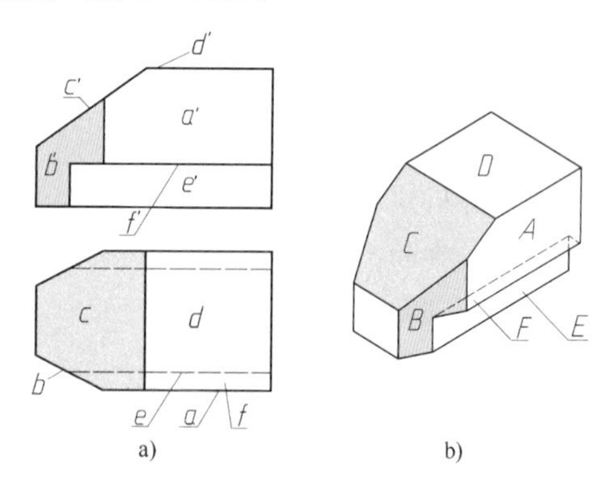

图 5—28　压板主、俯视图

主视图中三个封闭线框 a'、b'、e'，对应俯视图中压板前半部的三个平面 A、B、E 积聚成直线的投影 a、b、e。其中，A 和 E 是正平面，B 是铅垂面。俯视图中两个封闭线框 c 和 d，对应主视图中两个平面 C 和 D 积聚成直线的投影 c' 和 d'。其中，C 是正垂面，D 是水平面。俯视图中压板前半部由虚线与实线组成的封闭线框 f，对应主视图中平面 F 积聚成直线的投影 f'。显然，F 是水平面。由此可想象压板是一个长方体，其左端被三个平面切割，底部被前后对称的两组水平面和正平面切割，如图 5—28b 所示。

作图

（1）长方体被正垂面 C 切去左上角，由主视图补画左视图（图 5—29a）。

（2）长方体被两个铅垂面切去前后对称的两个角，按长对正、高平齐、宽相等且前后对应的投影关系补画左视图，如图 5—29b 所示。必须注意，正垂面 C 的水平投影 c 应与其侧面投影 c''类似；铅垂面 B 的正面投影 b'（与后半部铅垂面重合）应与其侧面投影 b''类似。

（3）下部分别被前后对称的两组水平面 F 和正平面 E 切去前后对称的两块，F 和 E 在左视图上均具有积聚性，按高平齐、宽相等的投影关系作出它们的左视图，如图 5—29c 所示。

综上所述，对压板主、俯视图作面形分析，就可想象出压板的整体形状，并补画出压板的左视图。

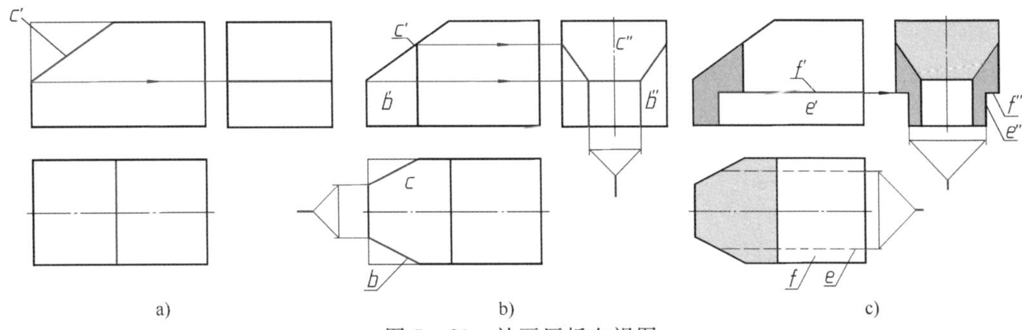

图 5—29　补画压板左视图

（2）分析面的相对位置　如前所述，视图中每个线框都表示组合体上的一个表面，相邻两线框（或大线框里有小线框）通常是物体上不同的两个表面。如图 5—30 所示，主视图中线框 a'、b'、c'、d'所表示的四个面在俯视图中积聚成水平线 a、b、c、d。因此，它们都是正平面，B 面和 C 面在前，D 面在后，A 面在中间。主视图中线框 d'里的小圆线框 e'表示物体上两个不同层次的表面，小圆线框表示的面可能凸出，也可能凹入，或者是圆柱孔的积聚投影。对照俯视图上相应的两条虚线，可判断是圆柱孔。

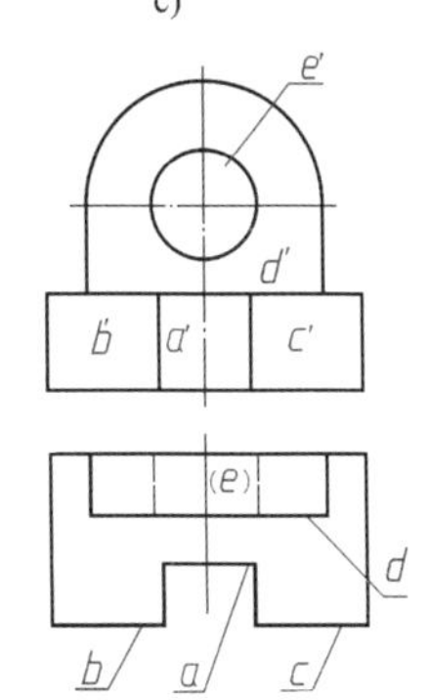

图 5—30　分析面的相对位置

综合案例

【例 5—4】　已知架体的主、俯视图，补画左视图（图 5—31）。

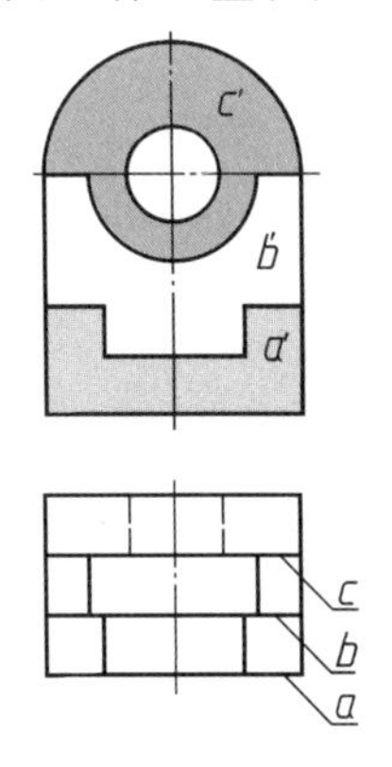

图 5—31　架体的主、俯视图

分析

在主视图上有三个线框，经主、俯视图对照可知，三个线框分别表示架体上三个不同位置的表面：*A* 线框是一个凹形块，处于架体的前面；*C* 线框是半圆头竖板，其中还有一个小圆线框，与俯视图上的两条虚线对应，可知是半圆头竖板上穿了一个圆孔，由俯视图可知，它处于 *A* 面之后；*B* 线框的主视图上部有个半圆槽，在俯视图上可找到对应的两条线，可知其处于架体的中部。

提示

补画左视图时，可同时徒手画轴测草图，逐个记录想象和构思的过程。因为架体的正面投影有较多的圆和圆弧，所以采用斜二测画法绘制轴测草图比较方便。

作图

(1) 画出左视图的轮廓，并由主、俯视图分出架体上三个面的前后、高低层次（图 5—32a）。

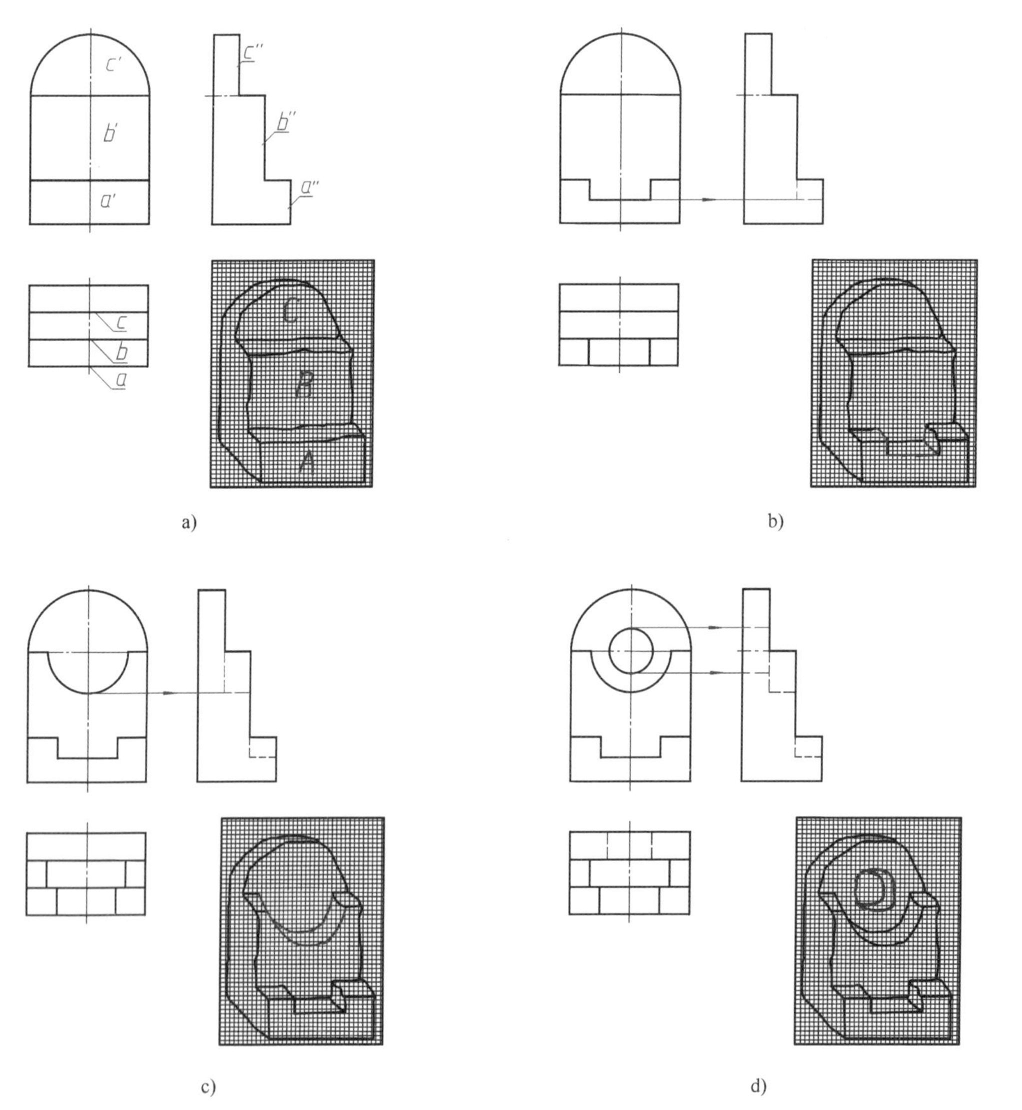

图 5—32　补画架体左视图

（2）由前层切出凹形槽，补画左视图上相应的图线（图 5—32b）。

（3）由中层切出半圆槽，补画左视图上相应的图线（图 5—32c）。

（4）由后层挖去圆柱孔，补画左视图上相应的图线（图 5—32d）。按画出的轴测草图对照补画的左视图，检查无误后描深轮廓线。

【例 5—5】 补画三视图中的漏线（图 5—33）。

分析

如图 5—33a 所示，从已知三个视图的分析可知，该组合体由长方体被几个不同位置的平面切割而成。可采用边切割边补线的方法逐一补画三个视图中的漏线。在补线过程中，要应用“长对正、高平齐、宽相等”的投影规律，特别是要注意俯、左视图宽相等及前后对应的投影关系。

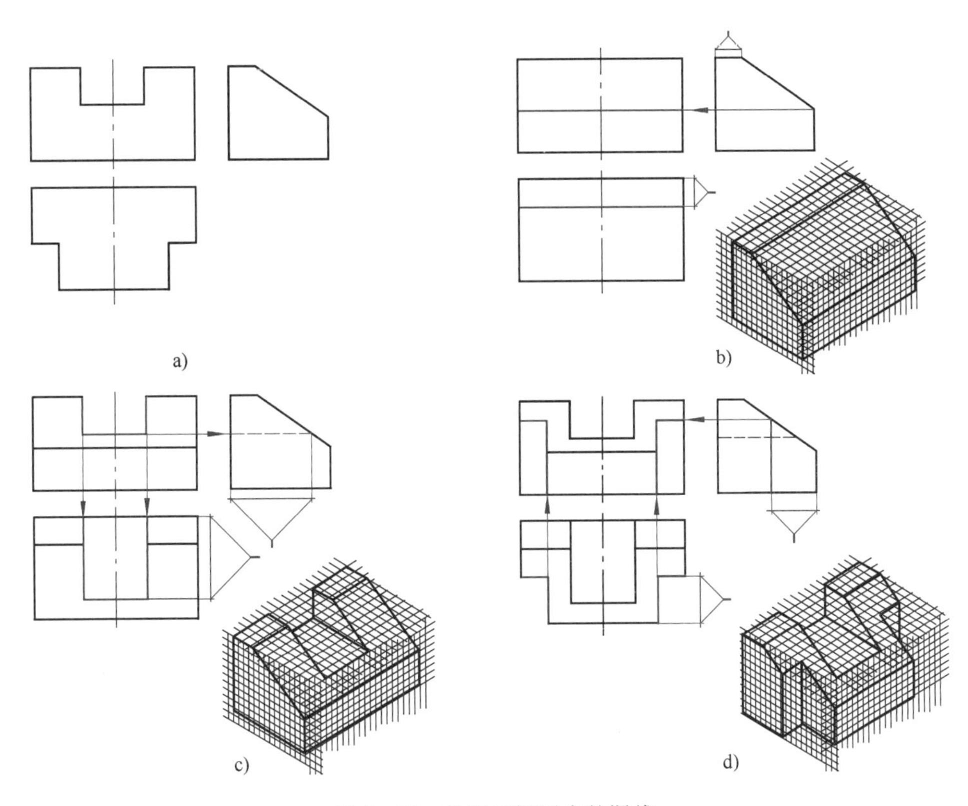

图 5—33 补画三视图中的漏线

三个视图中均没有圆或圆弧，可采用正等测画法徒手绘制轴测草图。

作图

（1）由左视图上的斜线可知，长方体被侧垂面切去一角。补画主、俯视图中相应的漏线（图 5—33b）。

（2）由主视图上的凹槽可知，长方体上部被一个水平面和两个侧平面开了一个槽。补画俯、左视图中相应的漏线（图 5—33c）。

（3）由俯视图可知，长方体前面被两组正平面和侧平面左右对称地各切去一角。补画主、左视图中相应的漏线（图 5—33d）。按徒手画出的轴测草图检查三视图。

课堂讨论

根据已知视图，补画第三视图。

1.

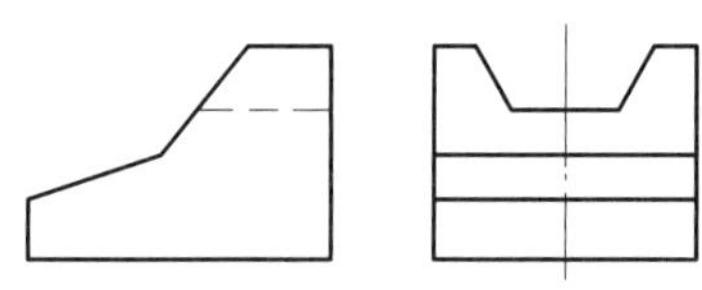

2.

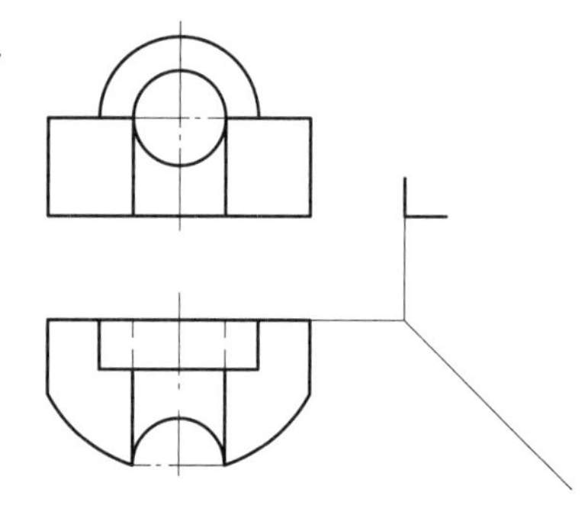

第六章 机械图样的基本表示法

工程实际中机件形状是多种多样的，有些机件的内、外形状都比较复杂，如果只用三视图可见部分画粗实线、不可见部分画细虚线的方法往往不能完整、清楚地表达。为此，国家标准规定了视图、剖视图和断面图等基本表示法。学习本章要掌握各种表示法的特点和画法，以便灵活地运用。

§6—1 视　图

根据有关标准规定，绘制出物体的多面正投影图形称为视图。视图主要用于表达机件的外部结构和形状，对机件中不可见的结构和形状在必要时才用细虚线画出。

视图分为基本视图、向视图、局部视图和斜视图四种。

一、基本视图

将机件向基本投影面投射所得的视图称为基本视图。

表示一个机件可以有六个基本投射方向，如图 6—1a 所示，相应地有六个与基本投射方向垂直的基本投影面。基本视图是物体向六个基本投影面投射所得的视图。空间的六个基本投影面可设想围成一个正六面体，为使其上的六个基本视图位于同一平面内，可将六个基本投影面按图 6—1b 所示的方法展开。

六个基本投射方向及视图名称见表 6—1。

在机械图样中，六个基本视图的名称和配置关系如图 6—2 所示。符合图 6—2 的配置规定时，图样中一律不注视图名称。

六个基本视图仍保持“长对正、高平齐、宽相等”的三等关系，即仰视图与俯视图同样反映物体长、宽方向的尺寸；右视图与左视图同样反映物体高、宽方向的尺寸；后视图与主视图同样反映物体长、高方向的尺寸。

六个基本视图的方位对应关系如图 6—2 所示，除后视图外，在围绕主视图的俯、仰、左、右四个视图中，远离主视图的一侧表示机件的前方，靠近主视图的一侧表示机件的后方。

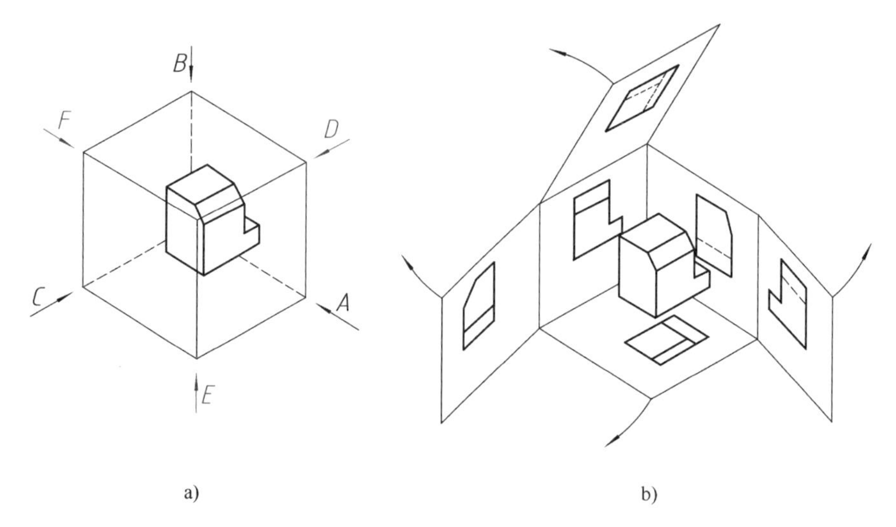

图 6—1　六个基本视图的形成

表 6—1　　**六个基本投射方向及视图名称**

方向代号	*A*	*B*	*C*	*D*	*E*	*F*
投射方向	由前向后	由上向下	由左向右	由右向左	由下向上	由后向前
视图名称	主视图	俯视图	左视图	右视图	仰视图	后视图

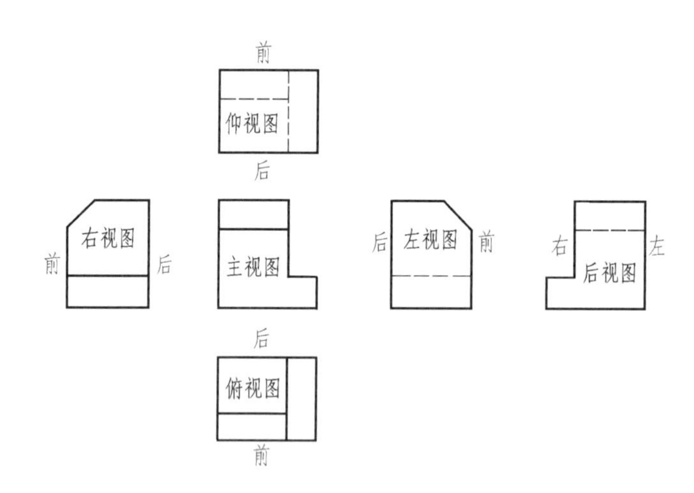

图 6—2　六个基本视图的名称和配置关系

实际画图时，无须将六个基本视图全部画出，应根据机件的复杂程度和表达需要，选用其中必要的几个基本视图。若无特殊情况，优先选用主、俯、左视图。

二、向视图

向视图是可以移位配置的基本视图。当某视图不能按投影关系配置时，可按向视图绘制，如图 6—3 中的向视图 *D*、向视图 *E* 和向视图 *F*。

向视图必须在图形上方中间位置处注出视图名称“×”（“×”为大写拉丁字母，下同），并在相应的视图附近用箭头指明投射方向，注写相同的字母。

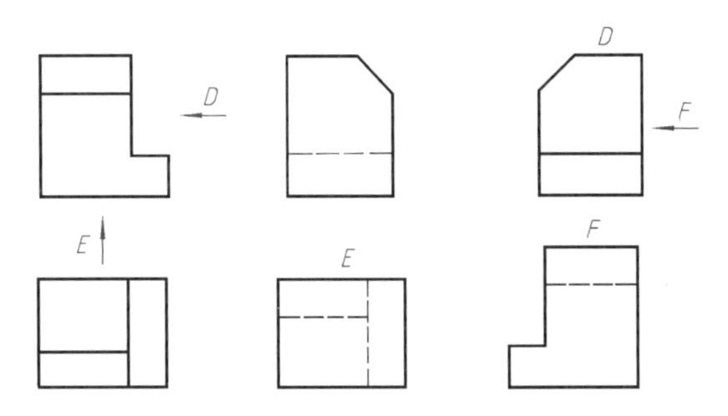

图 6—3　向视图及其标注

三、局部视图

局部视图是将机件的某一部分向基本投影面投射所得的视图。如图 6—4 所示的机件，用主、俯两个基本视图表达了主体形状，但左、右两边凸缘的形状若用左视图和右视图表达，则显得烦琐和重复。采用 A 和 B 两个局部视图来表达这两个凸缘的形状，既简练又突出重点。

局部视图的配置、标注及画法如下：

（1）局部视图按基本视图位置配置，中间若没有其他图形隔开时，则不必标注，如图 6—4 中的局部视图 A，图中的字母 A 和相应的箭头均不必注出。

（2）局部视图也可按向视图的配置形式配置在适当位置，如图 6—4 中的局部视图 B。

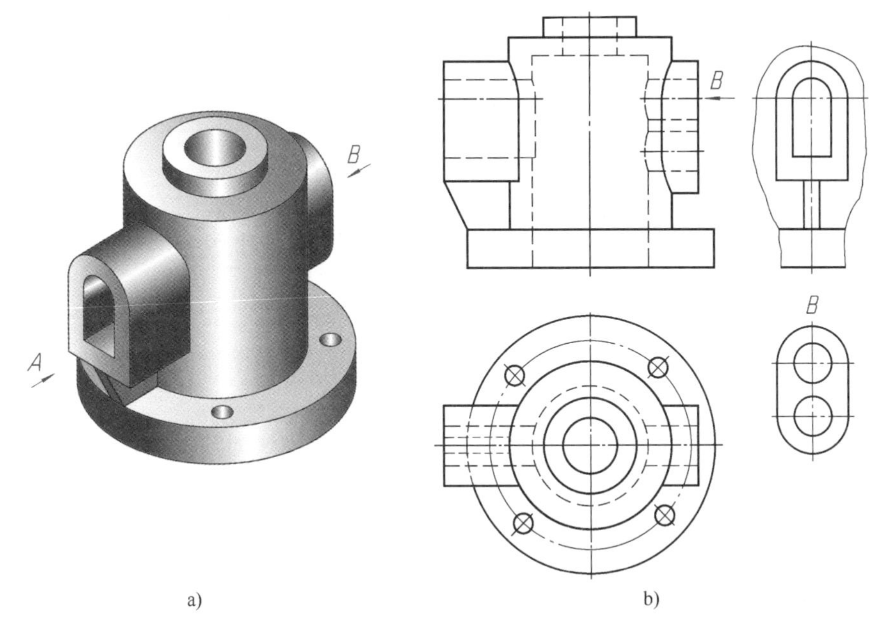

图 6—4　局部视图

（3）局部视图的断裂边界通常用波浪线或双折线表示，如图 6—4 中的 A 向局部视图。但当所表示的局部结构是完整的，其图形的外轮廓线呈封闭状时，波浪线或双折线可省略不画，如图 6—4 中的局部视图 B。

（4）若局部视图按第三角画法（详见本章第五节）配置在视图上需要表示的局部结构附

近，并用细点画线连接两图形时，无须另行标注，如图 6—5 所示。

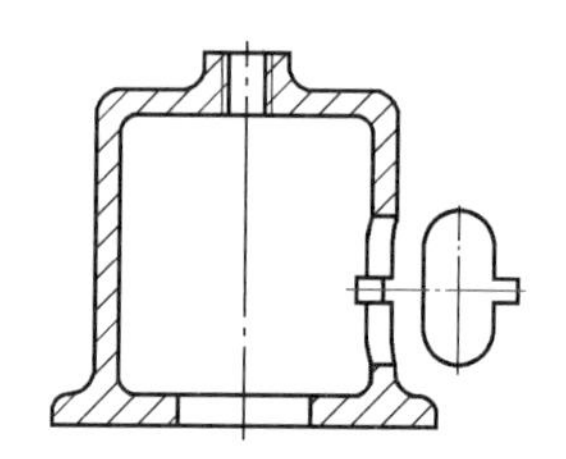

图 6—5　局部视图按第三角画法配置

四、斜视图

将机件向不平行于基本投影面的平面投射所得的视图称为斜视图。

如图 6—6a 所示，当机件上某局部结构不平行于任何基本投影面，在基本投影面上不能反映该部分的实形时，可增加一个新的辅助投影面，使其与机件上倾斜结构的主要平面平行，并垂直于一个基本投影面，然后将倾斜结构向辅助投影面投射，就可得到反映倾斜结构实形的视图，即斜视图。

画斜视图时应注意以下几点：

(1) 斜视图常用于表达机件上的倾斜结构。画出倾斜结构的实形后，机件的其余部分不必画出，此时可在适当位置用波浪线或双折线断开即可，如图 6—6b 所示。

(2) 斜视图的配置和标注一般遵照向视图相应的规定，必要时允许将斜视图旋转配置。此时仍按向视图标注，且加注旋转符号，如图 6—6c 所示。旋转符号为半径等于字体高度的半圆弧，表示斜视图名称的大写拉丁字母应靠近旋转符号的箭头端，也允许将旋转角度标注在字母之后。

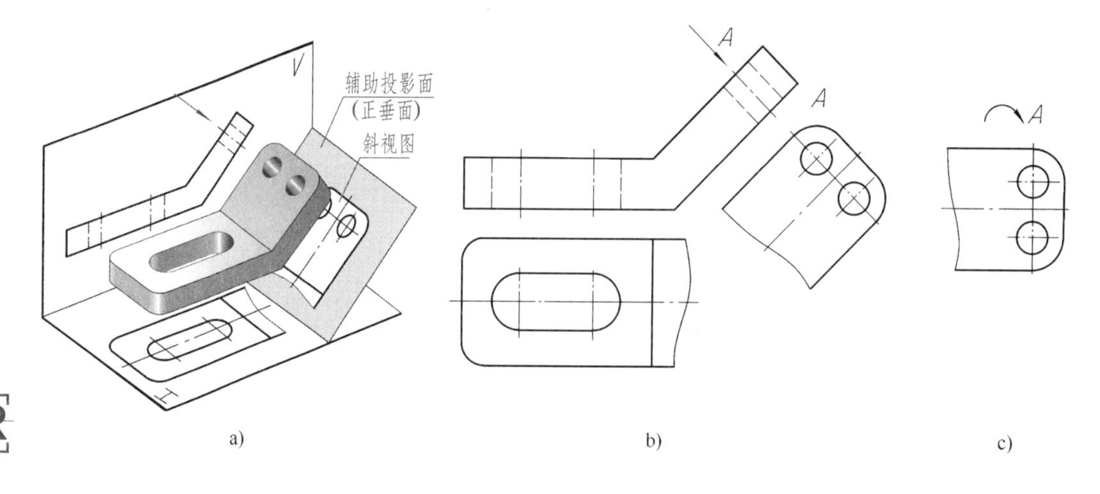

图 6—6　倾斜结构斜视图的形成

五、综合案例

以上介绍了基本视图、向视图、局部视图和斜视图，在实际画图时，并不是每个机件的表达方案中都有这四种视图，而是根据需要灵活选用。下面以图 6—7 所示的压紧杆为例，选择合适的表达方案。

图 6—7a 所示为压紧杆的三视图，由于压紧杆左端耳板是倾斜的，因此俯视图和左视图均不反映实形，画图比较困难，表达不清楚，这种表达方案不可取。为了表达倾斜结构，可按图 6—7b 所示在平行于耳板的正垂面上作出耳板的斜视图，以反映耳板的实形。因为斜视图只表达压紧杆倾斜结构的局部形状，所以画出耳板的实形后，用波浪线断开，其余部分的轮廓线不必画出。

图 6—8a 所示为压紧杆的一种表达方案，采用一个基本视图（主视图）、一个斜视图（A），再加上两个局部视图（其中位于右视图位置上的不必标注）。

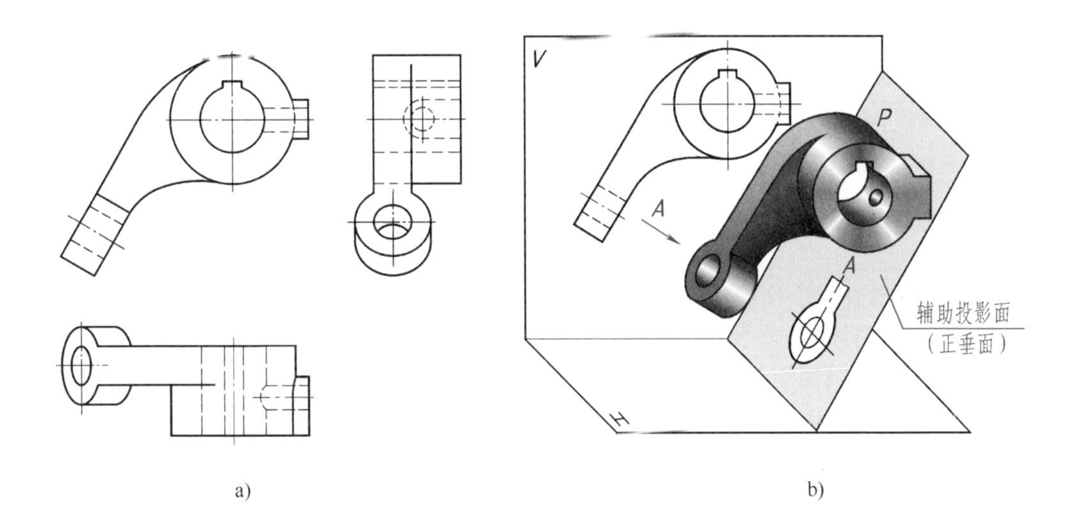

图 6—7　压紧杆

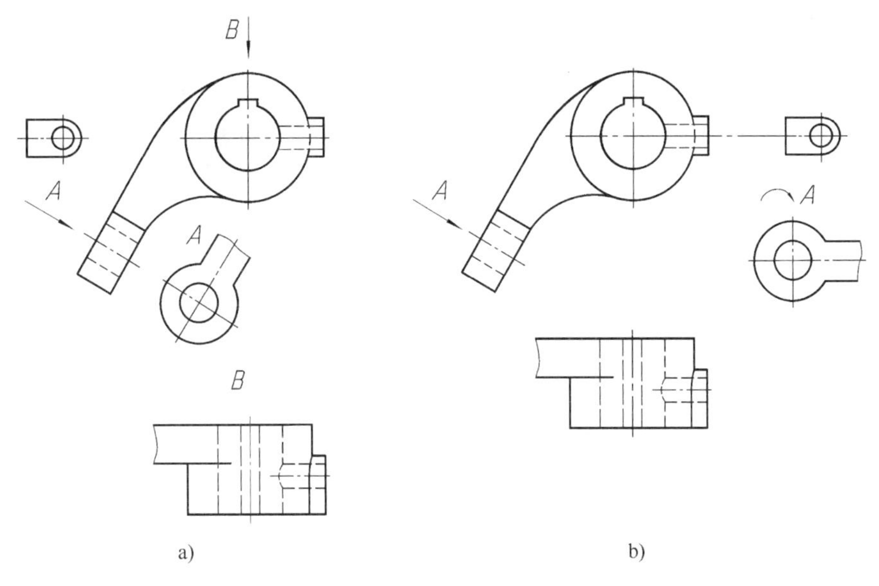

图 6—8　压紧杆的表达方案
a）方案（一）　b）方案（二）

图 6—8b 所示为压紧杆的另一种表达方案，采用一个基本视图（主视图）、一个配置在俯视图位置上的局部视图（不必标注）、一个旋转配置的斜视图 A，以及画在右端凸台附近的、按第三角画法配置的局部视图（用细点画线连接，不必标注）。

比较压紧杆的两种表达方案，显然第二种方案不仅形状和结构表达清楚，作图简单，而且视图布置更加紧凑。因此，第二种方案是最佳表达方案。

§6—2 剖视图

视图主要用来表达机件的外部形状。图 6—9a 所示支座的内部结构比较复杂，视图上会出现较多虚线而使图形不清晰，不便于看图和标注尺寸。为了清晰地表达其内部结构，常采用剖视图画法。剖视图画法要遵循国家标准《技术制图　图样画法　剖视图和断面图》（GB/T 17452—1998)、《机械制图　图样画法　剖视图和断面图》(GB/T 4458.6—2002）的规定。

一、剖视图的形成、画法及标注

1. 剖视图的形成

假想用剖切面剖开机件，将处在观察者与剖切面之间的部分移去，将其余部分向投影面投射所得的图形称为剖视图，简称剖视。剖视图的形成过程如图 6—9b、c 所示，图 6—9d 中的主视图即为机件的剖视图。

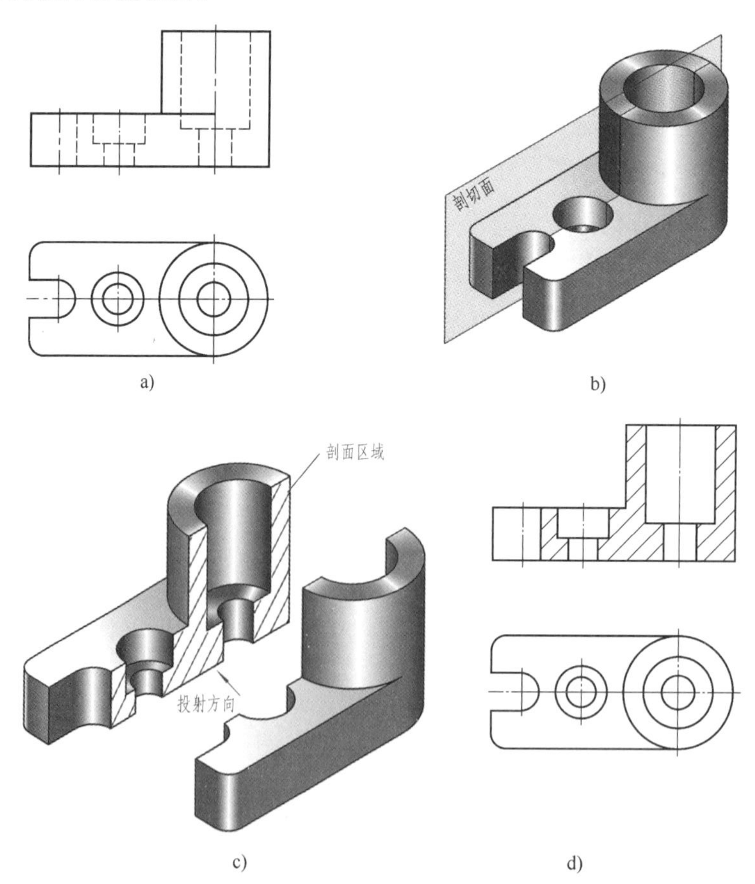

图 6—9　剖视图的形成

2. 剖面符号

机件被假想剖切后，在剖视图中，剖切面与机件接触部分称为剖面区域。为使具有材料实体的切断面（即剖面区域）与其余部分（含剖切面后面的可见轮廓线及原中空部分）明显地区别开来，应在剖面区域内画出剖面符号，如图 6—9d 主视图所示。国家标准规定了各种材料类别的剖面符号，见表 6—2。

表 6—2　　　　剖面符号（摘自 GB/T 4457. 5—2013）

材料名称	剖面符号	材料名称	剖面符号
金属材料 （已有规定剖面符号者除外）		木质胶合板 （不分层数）	
线圈绕组元件		基础周围的泥土	
转子、电枢、变压器和 电抗器等的叠钢片		混凝土	
非金属材料 （已有规定剖面符号者除外）		钢筋混凝土	
型砂、填砂、粉末冶金、砂轮、 陶瓷刀片、硬质合金刀片等		砖	
玻璃及供观察用的 其他透明材料		格网 （筛网、过滤网等）	
木材　纵断面		液体	
木材　横断面			

注：1. 剖面符号仅表示材料的类型，材料的名称和代号另行注明。

2. 叠钢片的剖面线方向应与束装中叠钢片的方向一致。

3. 液面用细实线绘制。

在机械设计中金属材料使用最多，为此，国家标准规定用简明易画的平行细实线作为剖面符号，且特称为剖面线。绘制剖面线时，同一机械图样中同一零件的剖面线应方向相同、间隔相等。剖面线的间隔应按剖面区域的大小确定。剖面线的方向一般与主要轮廓或剖面区域的对称线成 45°角，如图 6—10 所示。

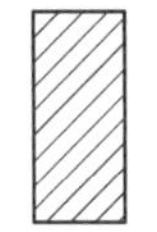
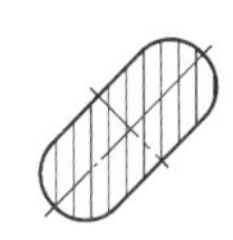

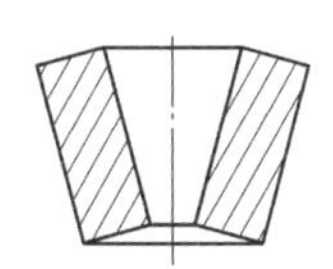
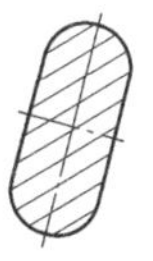

图 6—10　剖面线的方向

3. 剖视图画法的注意事项

（1）剖切机件的剖切面必须垂直于所剖切的投影面。

（2）机件的一个视图画成剖视后，其他视图的完整性不应受其影响，如图 6—9d 中的主视图画成剖视图后，俯视图一般仍应完整画出。

（3）剖切面后面的可见结构一般应全部画出（图 6—11）。

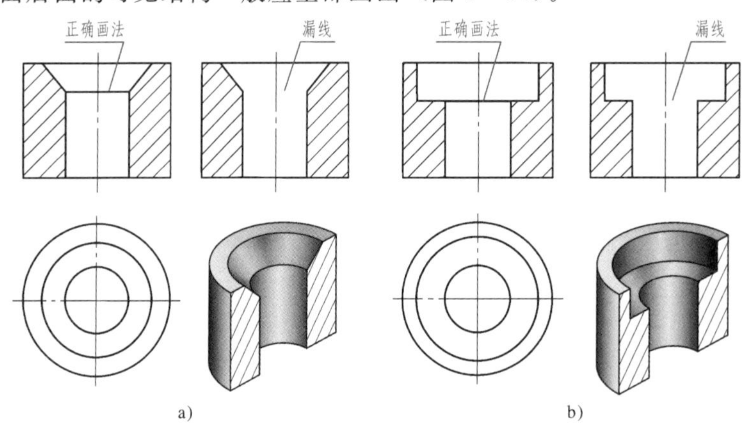

图 6—11　剖视图画法的常见错误

（4）一般情况下，尽量避免用细虚线表示机件上的不可见结构。

4. 剖视图的标注

（1）剖视图的标注要素　为便于读图，剖视图应进行标注，以标明剖切位置及指示视图间的投影关系。剖视图的标注有以下三个要素：

1）剖切位置　用粗实线的短线段表示剖切面起讫和转折位置。

2）投射方向　将箭头画在剖切位置线外侧指明投射方向。

3）对应关系　将大写拉丁字母注写在剖切面起讫和转折位置旁边，并在所对应的剖视图上方注写相同的字母名称。

（2）剖视图的标注方法　剖视图的标注方法可分为三种情况，即全标、不标和省标。

1）全标　指上述三要素全部标出，这是基本规定，如图 6—12 中的 *A*—*A*。

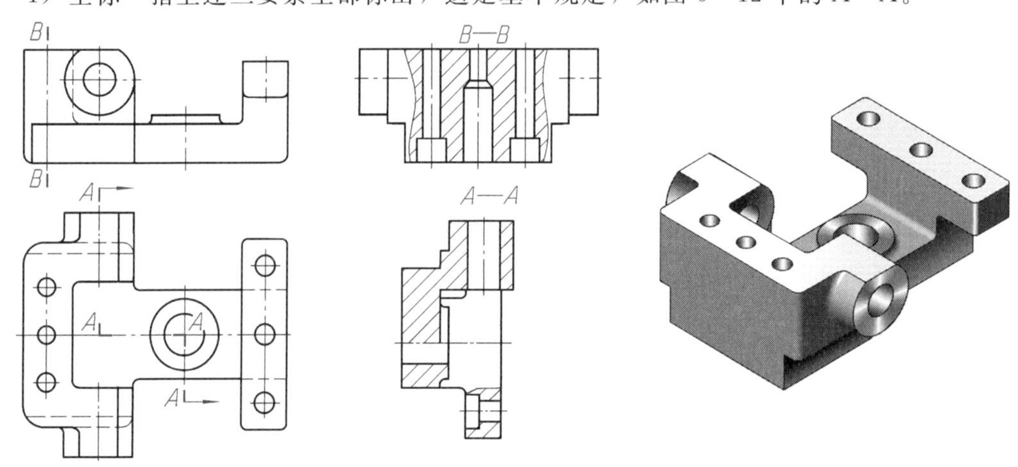

图 6—12　剖视图的配置和标注

2）不标　指上述三要素均不必标注。但是，必须同时满足三个条件方可不标，即单一剖切平面通过机件的对称平面或基本对称平面剖切；剖视图按投影关系配置；剖视图与相应视图间没有其他图形隔开。图 6—9d 同时满足了这三个不标条件，故未加任何标注。

3）省标　指仅满足不标条件中的后两个条件，则可省略表示投射方向的箭头，如图6—12中的$B—B$。

5. 剖视图的配置

剖视图应首先考虑配置在基本视图的方位，如图6—12中的$B—B$；当难以按基本视图的方位配置时，也可按投影关系配置在相应位置上，如图6—12中的$A—A$；必要时才考虑配置在其他适当位置。

二、剖视图的种类

根据剖切范围的大小，剖视图可分为全剖视图、半剖视图和局部剖视图。

1. 全剖视图

用剖切面完全地剖开机件所得的剖视图称为全剖视图。全剖视图一般适用于外形比较简单、内部结构较复杂的机件，如图6—13所示。

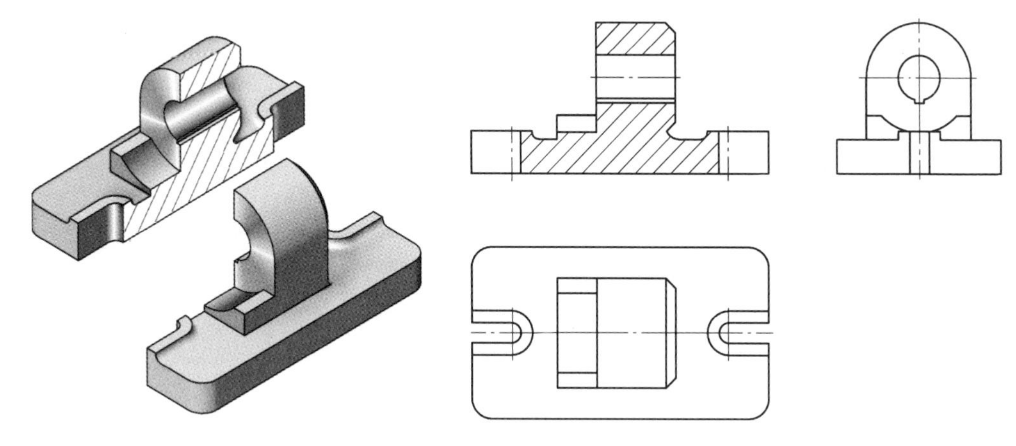

图6—13　全剖视图

2. 半剖视图

当机件具有对称平面时，以对称平面为界，用剖切面剖开机件的一半所得的剖视图称为半剖视图。图6—14所示的机件左右对称，前后也对称，所以主视图和俯视图均采用剖切右半部分的方法来表达。

半剖视图既表达了机件的内部形状，又保留了外部形状，所以常用于表达内、外形状都比较复杂的对称机件。

当机件的形状接近对称且不对称部分已另有图形表达清楚时，也可以画成半剖视图，如图6—15所示。

画半剖视图时应注意以下几点：

（1）半个视图与半个剖视图的分界线用细点画线表示，而不能画成粗实线。

（2）机件的内部形状已在半剖视图中表达清楚，在另一半表达外形的视图中一般不再画出细虚线。

3. 局部剖视图

用剖切面局部地剖开机件所得的剖视图称为局部剖视图。如图6—16所示，虽然该机件上下、前后都对称，但由于主视图中的方孔轮廓线与对称中心线重合，所以不宜采用半剖视，这时应采用局部剖视。这样，既可表达中间方孔内部的轮廓线，又保留了机件的部分外形。

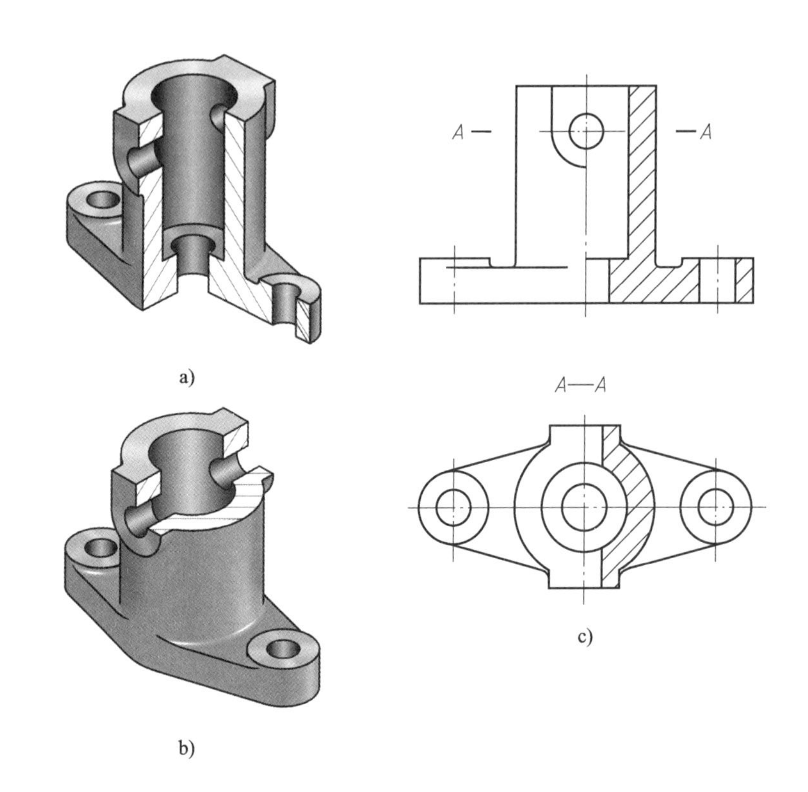

图 6—14　半剖视图（一）

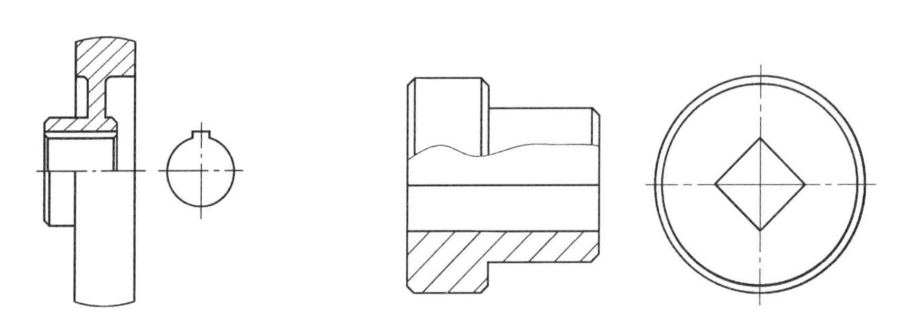

图 6—15　半剖视图（二）　　图 6—16　局部剖视图（一）

画局部剖视图时应注意以下几点：

（1）局部剖视图可用波浪线分界，波浪线应画在机件的实体上，不能超出实体轮廓线，也不能画在机件的中空处，如图 6—17 所示。

局部剖视图也可用双折线分界，如图 6—18 所示。

（2）一个视图中，局部剖视图的数量不宜过多，在不影响外形表达的情况下，可在较大范围内画成局部剖视，以减少局部剖视图的数量。如图 6—19 所示的机件，其主视图采用两个局部剖视图，俯视图采用一个局部剖视图来表达其内部结构。

（3）波浪线不应画在轮廓线的延长线上，也不能用轮廓线代替，或与图样上的其他图线重合。

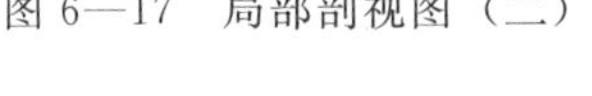

图 6—17 局部剖视图（二）

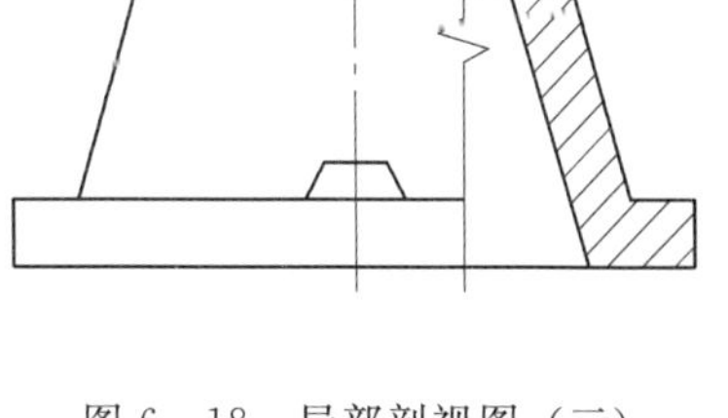

图 6—18 局部剖视图（三）

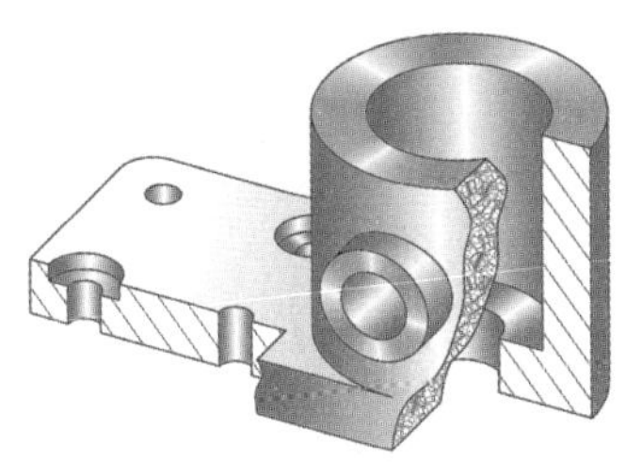

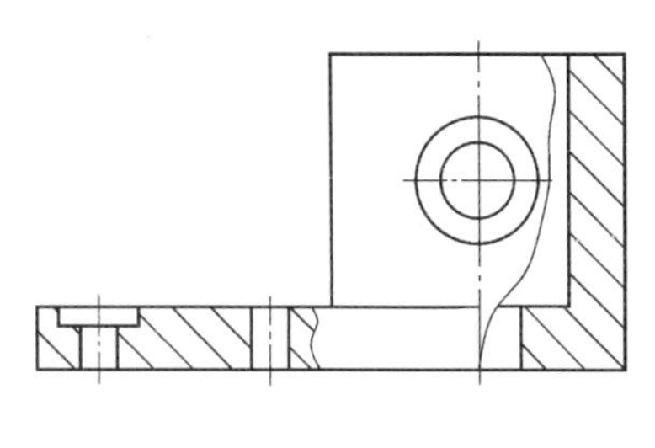

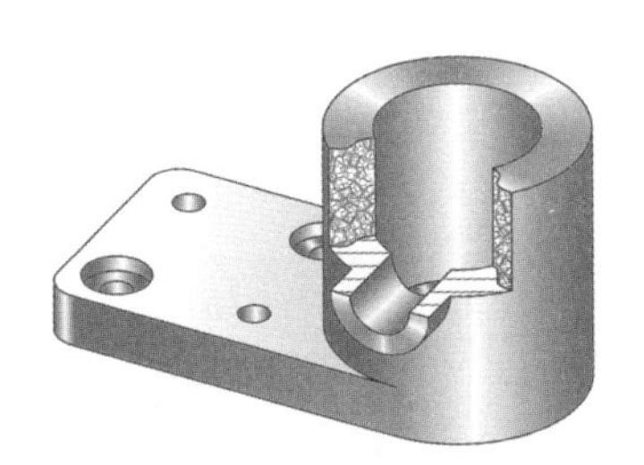

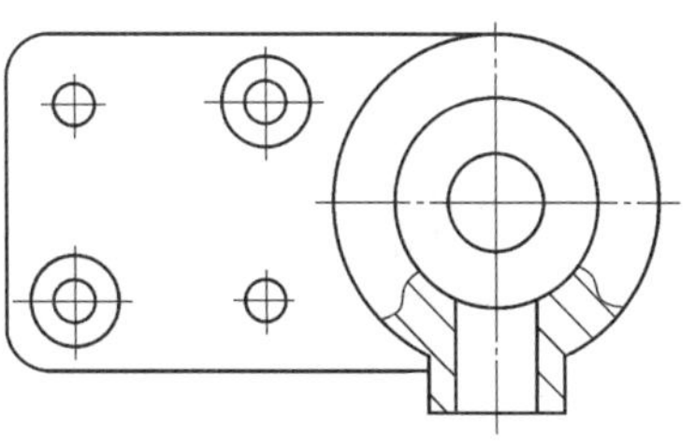

图 6—19 局部剖视图（四）

三、剖切面的种类

剖视图是假想将机件剖开后投射而得到的视图。前面叙述的全剖视图、半剖视图和局部剖视图都是用平行于基本投影面的单一剖切平面剖切机件而得到的。由于机件内部结构、形状的多样性和复杂性，常需选用不同数量和位置的剖切面来剖开机件，才能把机件的内部形状表达清楚。国家标准规定，根据机件的结构特点，可选择以下剖切面：单一剖切面、几个平行的剖切面、几个相交的剖切面（交线垂直于某一投影面）。

1. 单一剖切面

单一剖切面可以是平行于基本投影面的剖切平面，如前所述的全剖视图、半剖视图和局部剖视图所举图例大多是用这种剖切面剖开机件而得到的剖视图。单一剖切面也可以是不平行于基本投影面的斜剖切平面，如图 6—20 中的 *B*—*B*。这种剖视图一般应与倾斜部分保持投影关系，但也可配置在其他位置。为了画图和读图方便，可把视图转正，但必须按规定标注，如图 6—20 所示。

2. 几个平行的剖切面

利用这种剖切面剖切，可以表达位于几个平行平面上的机件内部结构。如图 6—21a 所示的轴承挂架左右对称，如果用单一剖切面在机件的对称平面处剖开，则上部两个小圆孔不能剖到；若采用两个平行的剖切面将机件剖开，可同时将机件上、下部分的内部结构表达清楚，如图 6—21b 中的 *A*—*A*。

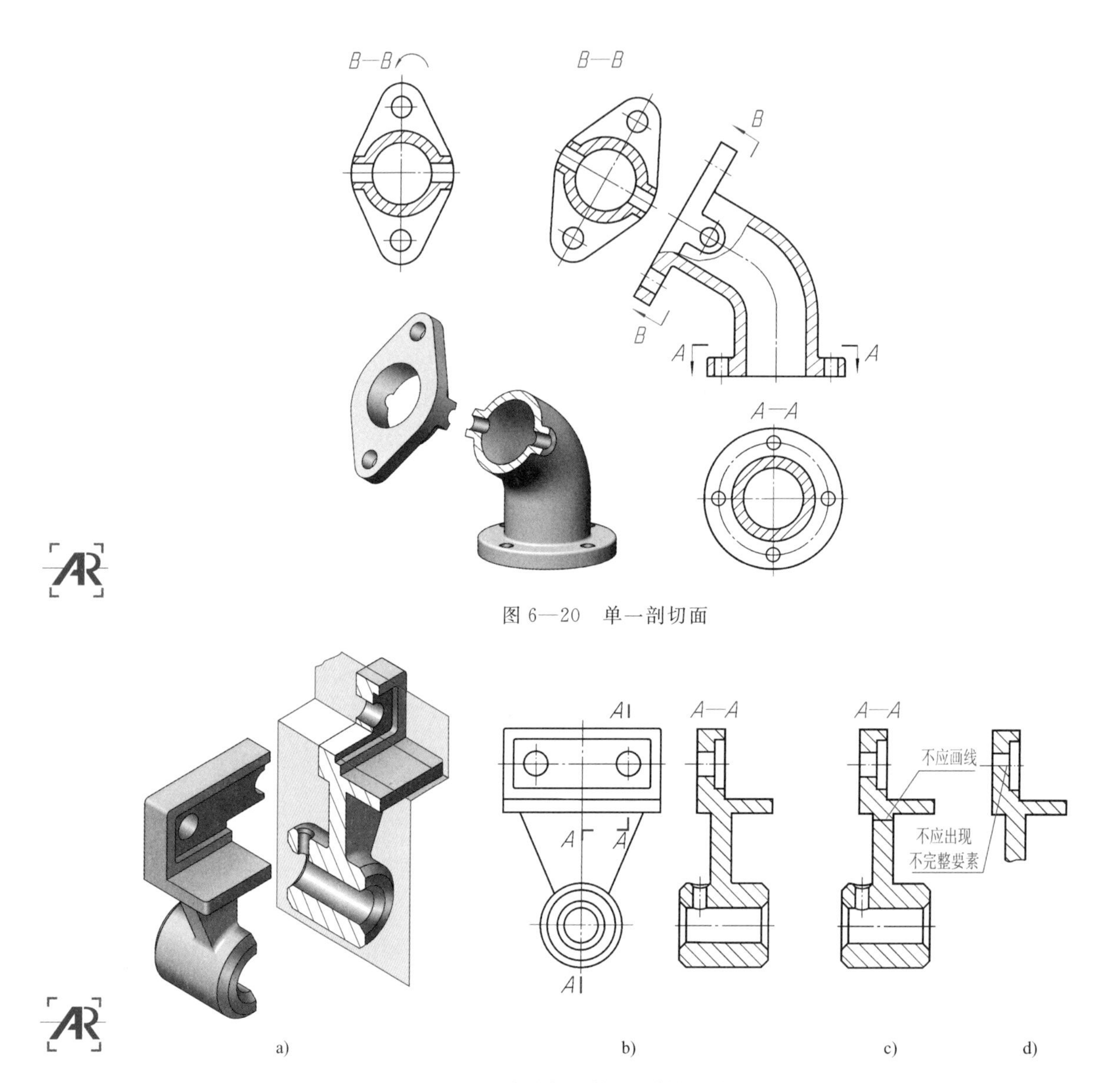

图 6—20　单一剖切面

图 6—21　用两个平行的剖切面剖切时剖视图的画法

用这类剖切面画剖视图时应注意以下几点：

（1）因为剖切面是假想的，所以不应画出剖切面转折处的投影，如图 6—21c 所示。

（2）剖视图中不应出现不完整结构要素，如图 6—21d 所示。但当两个要素在图形上具有公共对称中心线或轴线时，可各画一半，此时应以对称中心线或轴线为界，如图 6—22 所示。

（3）必须在相应视图上用剖切符号表示剖切位置，在剖切面的起讫和转折处注写相同的字母。

3. 几个相交的剖切面

图 6—23 所示为一圆盘状机件，若采用单一剖切面只能表达肋板的形状，不能反映 45°方向小孔的形状。为了在主视图上同时表达机件的这些结构，必须用两个相交的剖切面剖开机件。图 6—24 所示机件为用三个相交的剖切面剖开机件来表达内部结构的实例。

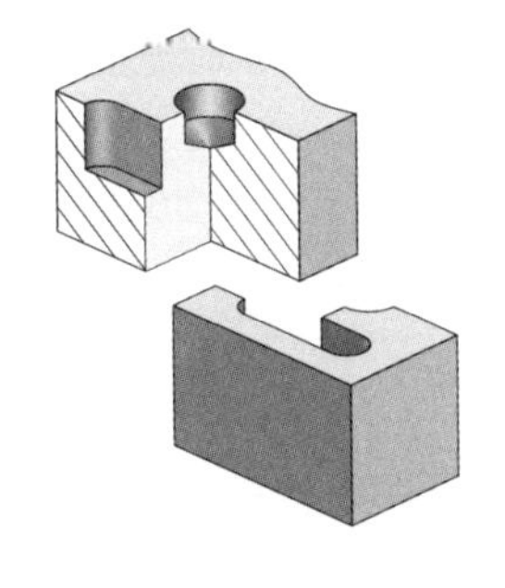

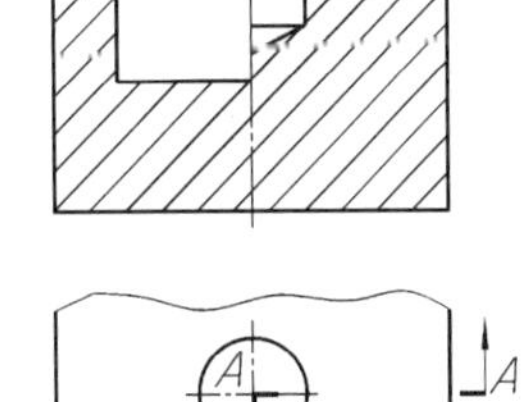

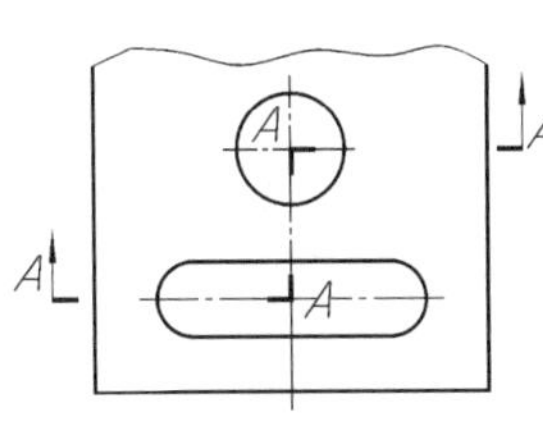

图 6—22　具有公共对称中心线要素的剖视图

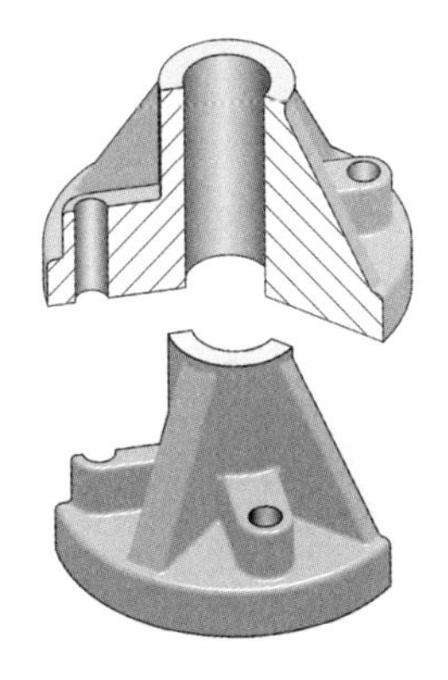

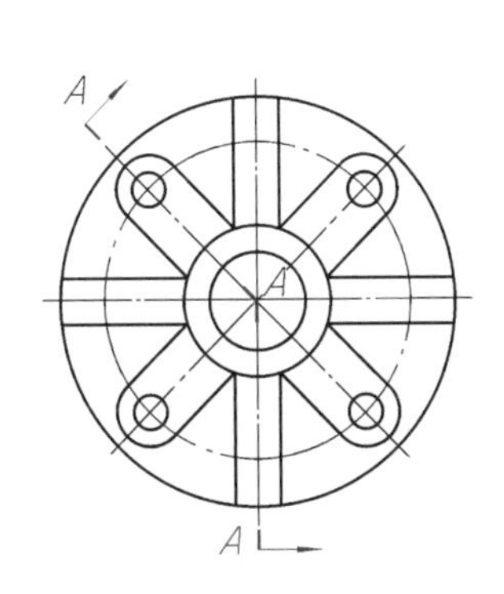

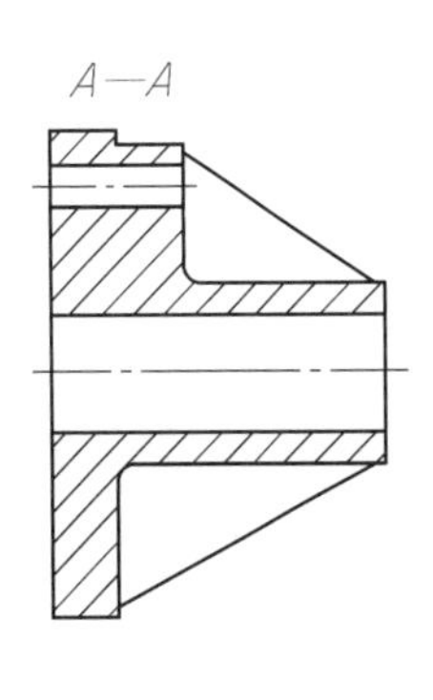

图 6—23　用两个相交的剖切面获得的剖视图

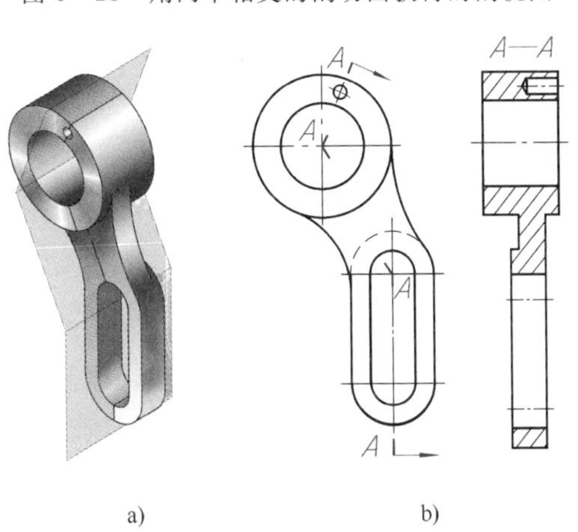

图 6—24　用三个相交的剖切面获得的剖视图

采用这种剖切面画剖视图时应注意以下几点：

(1) 相邻两剖切平面的交线应垂直于某一投影面。

(2) 用几个相交的剖切面剖开机件绘图时，应先剖切后旋转，使剖开的结构及其有关部分旋转至与某一选定的投影面平行后再投射。此时旋转部分的某些结构与原图形不再保持投影关系，如图 6—25 所示机件中倾斜部分的剖视图。在剖切面后面的其他结构一般仍应按原位置投射，如图 6—25 中剖切面后面的小圆孔。

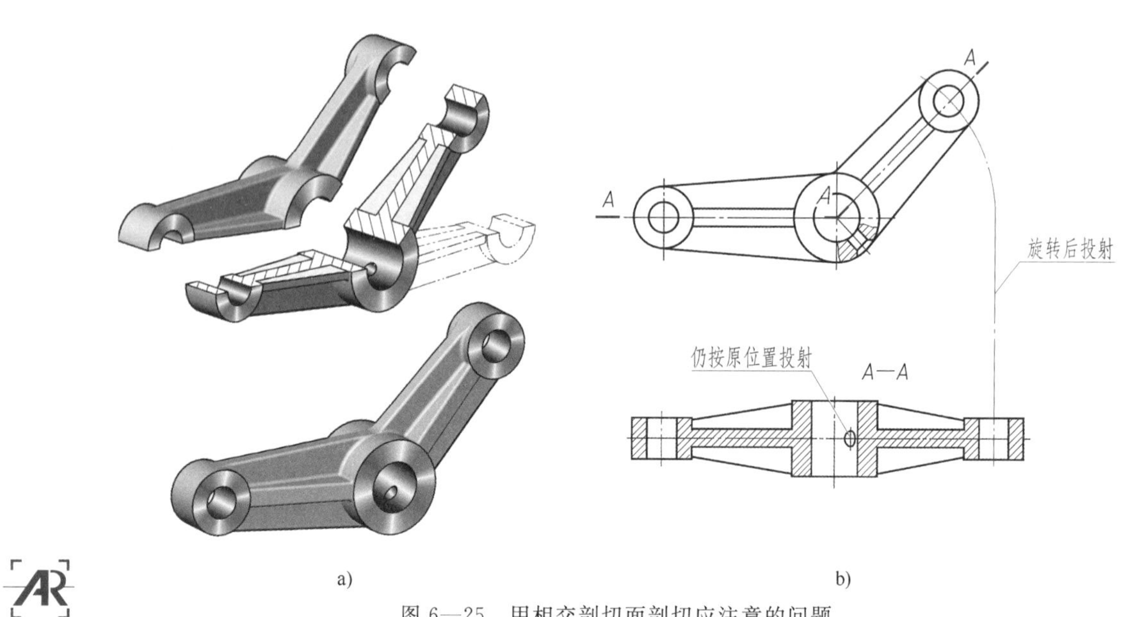

图 6—25　用相交剖切面剖切应注意的问题

（3）采用相交剖切面剖切后，应对剖视图加以标注。剖切符号的起讫及转折处用相同字母标出，但当转折处空间狭小又不致引起误解时，转折处允许省略字母。

应该指出，上述三种剖切面可以根据机件内部形状特征的表达需要在三种剖视图中选用。

§6—3　断　面　图

一、断面图的概念

假想用剖切面将机件的某处切断，仅画出其断面的图形，称为断面图，简称断面。

如图 6—26a 所示的轴，为了表示键槽的深度和宽度，假想在键槽处用垂直于轴线的剖切平面将轴切断，只画出断面的形状，并在断面上画出剖面线，如图 6—26b 所示。

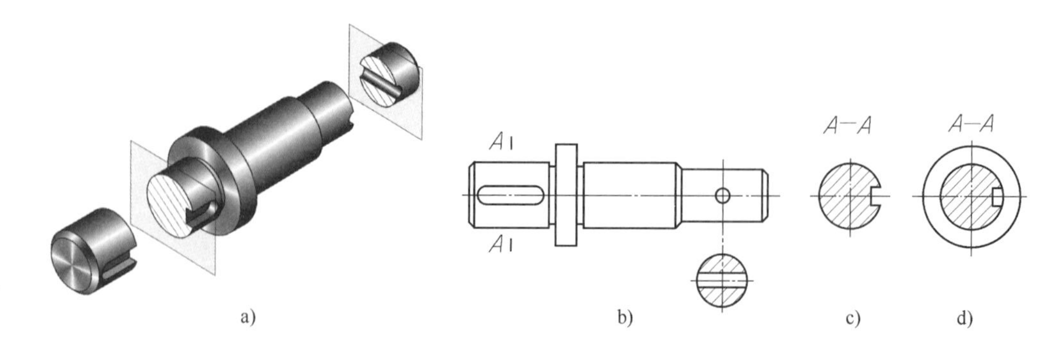

图 6—26　断面图与剖视图的比较

断面图与剖视图是两种不同的表示法，两者虽然都是先假想剖开机件后再投射，但是，剖视图不仅要画出被剖切面切到的部分，一般还应画出剖切面后面的可见部分，如图 6—26d 所示；而断面图则仅画出被剖切面切断的断面形状，如图 6—26c 所示。按断面图的位置不同，可分为移出断面图和重合断面图。

二、移出断面图

画在视图之外的断面图称为移出断面图。移出断面图的轮廓线用粗实线绘制。由两个或多个相交的剖切面获得的移出断面图，中间一般应断开，如图 6—27 所示。

图 6—27　由两个相交剖切面获得的移出断面图

当剖切面通过回转面形成的孔或凹坑的轴线（图 6—28a），或通过非圆孔会导致出现完全分离的断面时（图 6—28b），则这些结构按剖视图要求绘制。

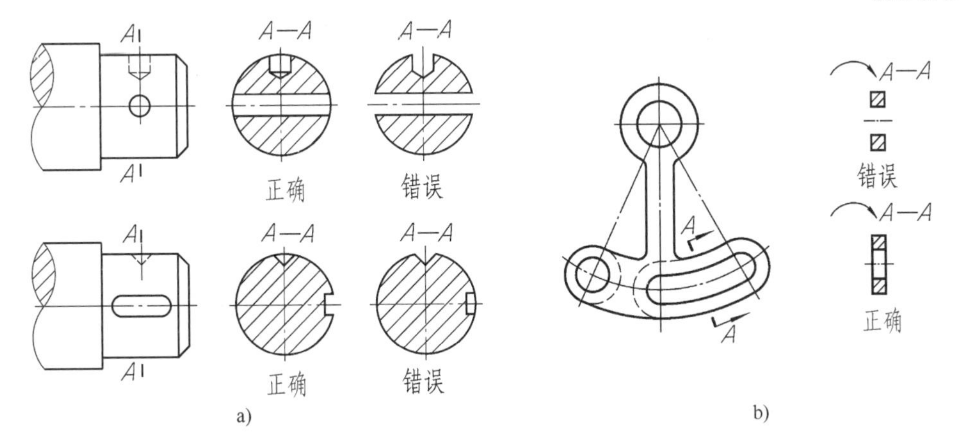

图 6—28　断面图的特殊画法

画出移出断面图后应按国家标准的规定进行标注。剖视图标注的三要素同样适用于移出断面图。移出断面图的配置及标注方法见表 6—3。

表 6—3　　**移出断面图的配置及标注方法**

配置	对称的移出断面图	不对称的移出断面图
配置在剖切线或剖切符号延长线上	剖切线（细点画线）	
	不必标注字母和剖切符号	不必标注字母
按投影关系配置	A　A—A　A	A　A—A　A
	不必标注箭头	不必标注箭头

续表

配置	对称的移出断面图	不对称的移出断面图
配置在其他位置	A A A—A	A A A—A
	不必标注箭头	应标注剖切符号（含箭头）和字母

三、重合断面图

将断面图形画在视图之内的断面图称为重合断面图，如图 6—29a 所示。重合断面图的轮廓线用细实线绘制。当视图中的轮廓线与重合断面图重叠时，视图中的轮廓线仍应连续画出，不可间断，如图 6—29b 所示。

重合断面图的标注规定不同于移出断面图。对称的重合断面图不必标注，如图 6—29a 所示；不对称的重合断面图，在不致引起误解时可省略标注，如图 6—29b 所示。

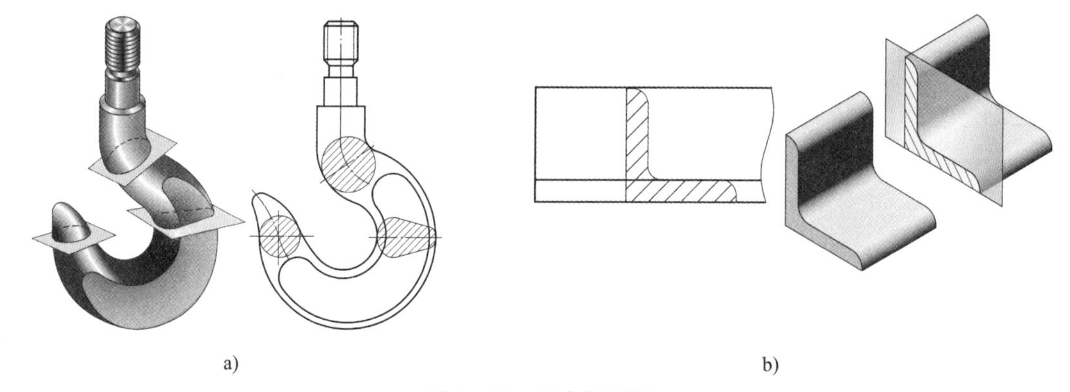

a)　　　　b)

图 6—29　重合断面图

§6—4　局部放大图和简化表示法

一、局部放大图（GB/T 4458.1—2002）

当按一定比例画出机件的视图时，其上的细小结构常常会表达不清，且难以标注尺寸，此时可局部地另行画出这些结构的放大图，如图 6—30 所示。这种将机件的部分结构用大于原图形的比例画出的图形称为局部放大图。局部放大图可画成视图，也可画成剖视图或断面图，与被放大部分的表示法无关。

局部放大图应尽量配置在被放大部位的附近。绘制局部放大图时，除螺纹牙型、齿轮和链轮的齿形外，应用细实线圈出被放大部位，如图 6—30 所示。当同一机件上有几处被放大时，应用罗马数字编号，并在局部放大图上方标注出相应的罗马数字和所采用的比例。

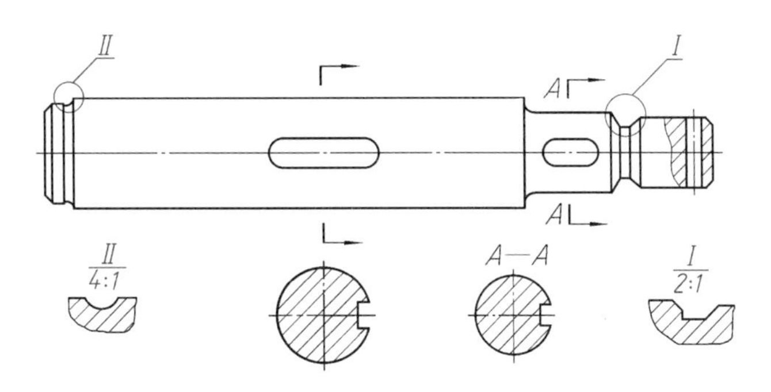

图 6—30　局部放大图

二、简化画法（GB/T 16675.1—1996）

1. 对称机件的视图可只画一半或 1/4，并在对称中心线的两端画两条与其垂直的平行细实线，如图 6—31 所示。这种简化画法（用细点画线代替波浪线作为断裂边界线）是局部视图的一种特殊画法。

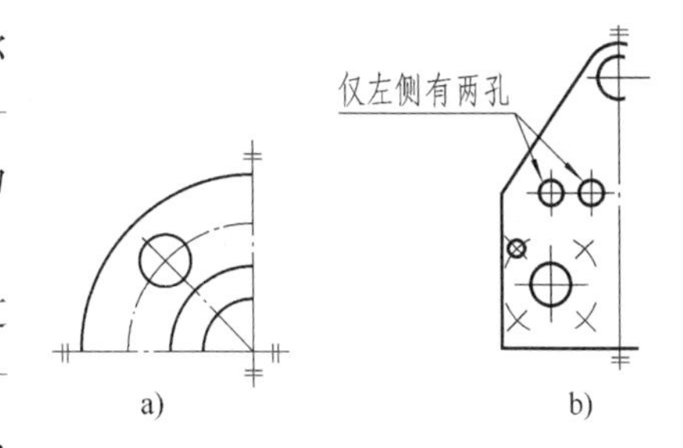

图 6—31　对称机件的局部视图

2. 在不致引起误解时，图形中用细实线绘制的过渡线（图 6—32a）和用粗实线绘制的相贯线（图 6—32b），可以用圆弧或直线代替非圆曲线（图 6—32c），也可以用模糊画法表示相贯线（图 6—32d）。

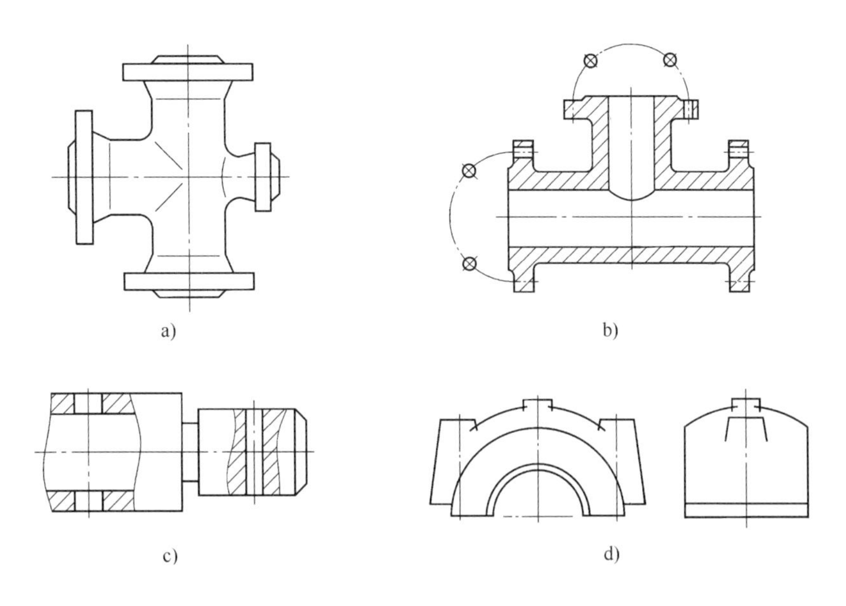

图 6—32　过渡线和相贯线的简化画法

圆柱形法兰和类似零件上均匀分布的孔，可按图 6—32b 所示的方法表示（由机件外向该法兰端面方向投射）。

3. 当机件上有较小结构及斜度等已在一个图形中表达清楚时，在其他图形中可简化表示或省略，如图 6—33 所示。图 6—33a 中的主视图省略了平面斜切圆柱面后截交线的投影，图 6—33b 中的俯视图简化了锥孔的投影。

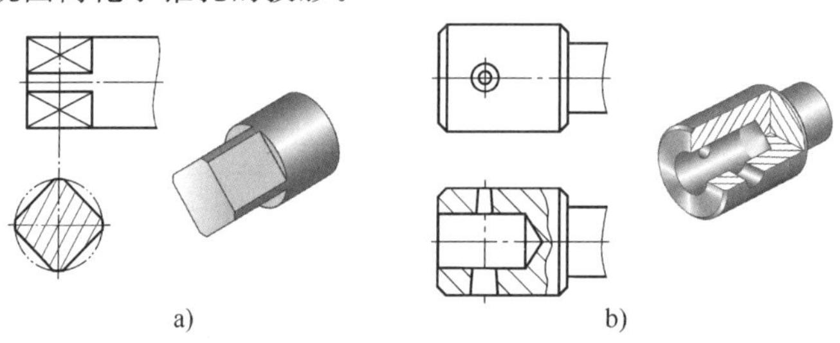

图 6—33　机件上较小结构的简化表示

4. 机件中与投影面倾斜角度不大于 30°的圆或圆弧的投影可用圆或圆弧画出，如图 6—34 所示。

5. 当不能充分表达回转体零件表面上的平面时，可用平面符号（相交的两条细实线）表示，如图 6—35 所示。

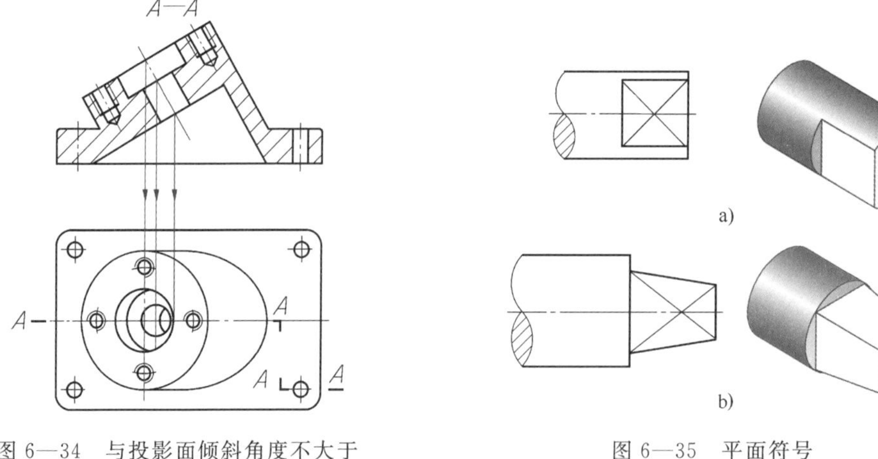

图 6—34　与投影面倾斜角度不大于 30°的圆、圆弧的画法

图 6—35　平面符号

6. 对于机件的肋、轮辐及薄壁等，如按纵向剖切，这些结构都不画剖面符号，而用粗实线将它们与其邻接部分分开（图 6—36a）。当零件回转体上均匀分布的肋、轮辐、孔等结构不处于剖切平面上时，可将这些结构旋转到剖切平面上画出（图 6—36b）。

7. 当机件具有若干直径相同且按规律分布的孔（圆孔、螺孔、沉孔等）时，可以仅画出一个或几个，其余只需表示出其中心位置即可（图 6—37）。

8. 当机件具有相同结构（齿、槽等）并按一定规律分布时，应尽可能减少相同结构的重复绘制，只需画出几个完整的结构，其余可用细实线连接（图 6—38）。

9. 较长机件（轴、型材、连杆等）沿长度方向的形状一致或按一定规律变化时，可断开后缩短绘制，但仍按机件的设计要求标注尺寸（图 6—39）。

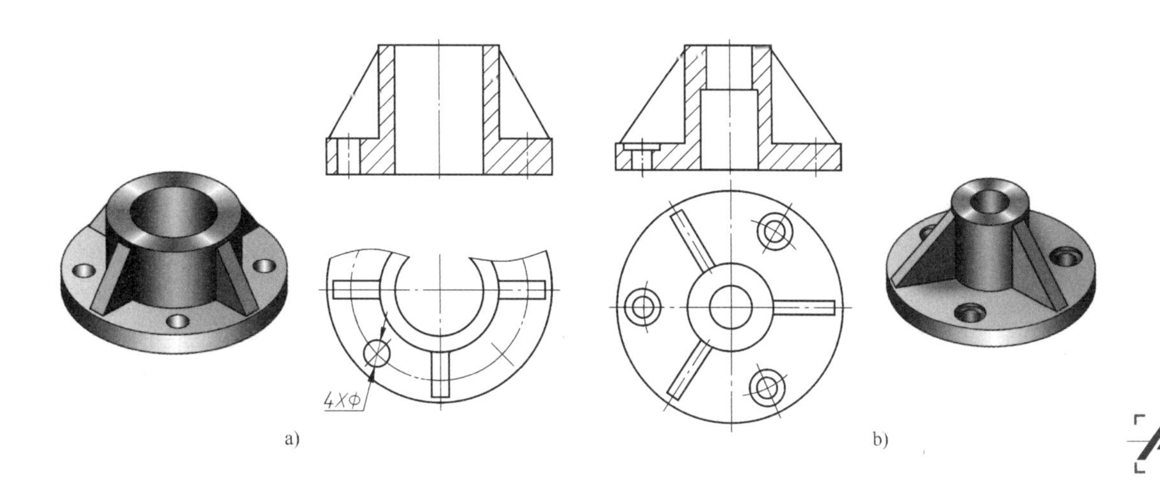

图 6—36　机件的肋、轮辐、孔等结构画法

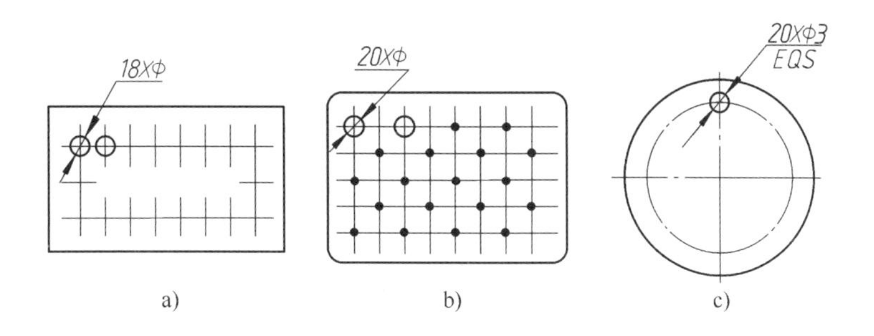

图 6—37　按规律分布的等直径孔

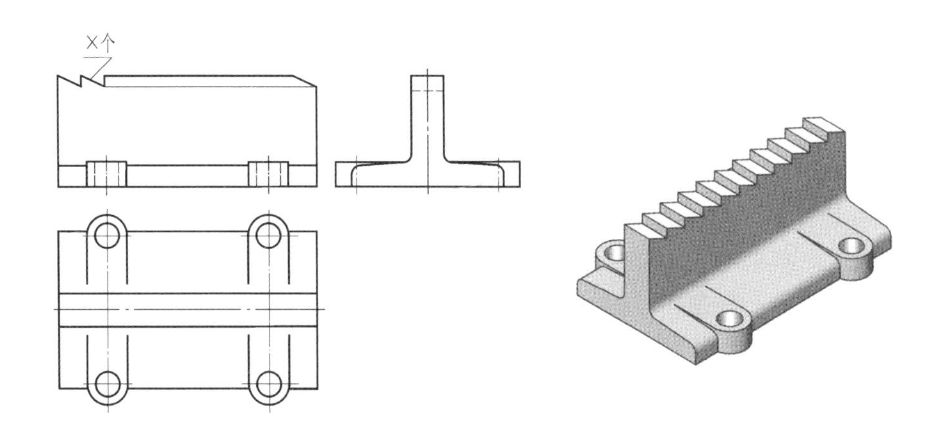

图 6—38　相同结构的简化画法

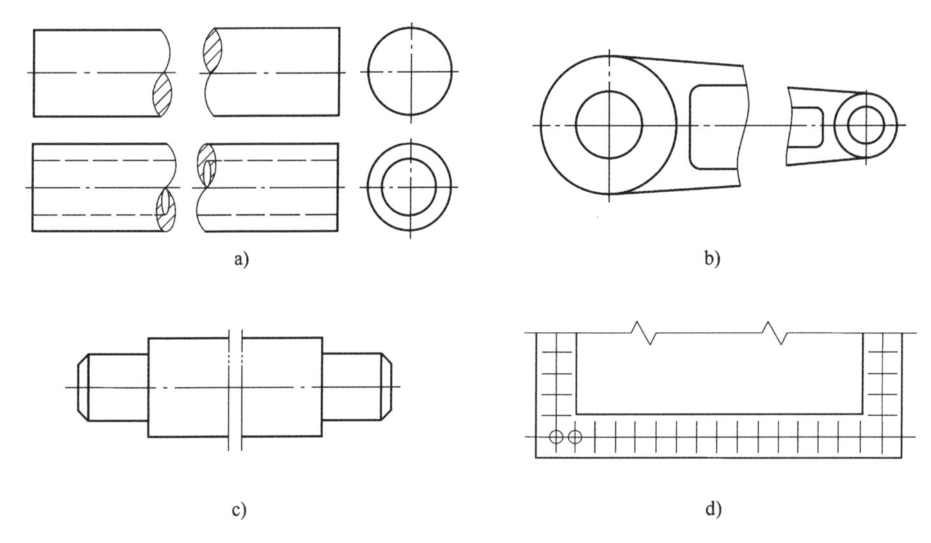

图 6—39　较长机件的简化画法

§6—5　第三角画法

《技术制图　图样画法　视图》(GB/T 17451—1998) 规定：“技术图样应采用正投影法绘制，并优先采用第一角画法。”世界上大多数国家，如中国、法国、英国、德国等都采用第一角画法。但是，美国、加拿大、日本、澳大利亚等则采用第三角画法。为了便于国际的技术交流与合作，我国在《技术制图　投影法》(GB/T 14692—2008) 中规定：“必要时(如按合同规定等)，允许使用第三角画法。”

一、第三角画法与第一角画法的区别

图 6—40 所示为三个互相垂直相交的投影面将空间分为八个部分，每一部分为一个分角，依次为Ⅰ～Ⅷ分角。

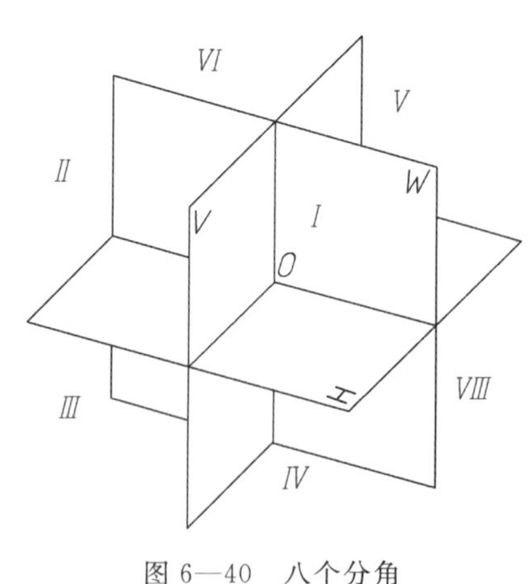

图 6—40　八个分角

1. 将机件放在第一分角内（*H* 面之上，*V* 面之前，*W* 面之左）得到的多面正投影称为第一角画法；将机件放在第三分角内（*H* 面之下，*V* 面之后，*W* 面之左）得到的多面正投影称为第三角画法。如图 6—41 所示，第一角画法是将机件置于观察者与投影面之间进行投射。第三角画法是将投影面置于观察者与机件之间进行投射（把投影面看作透明的）。

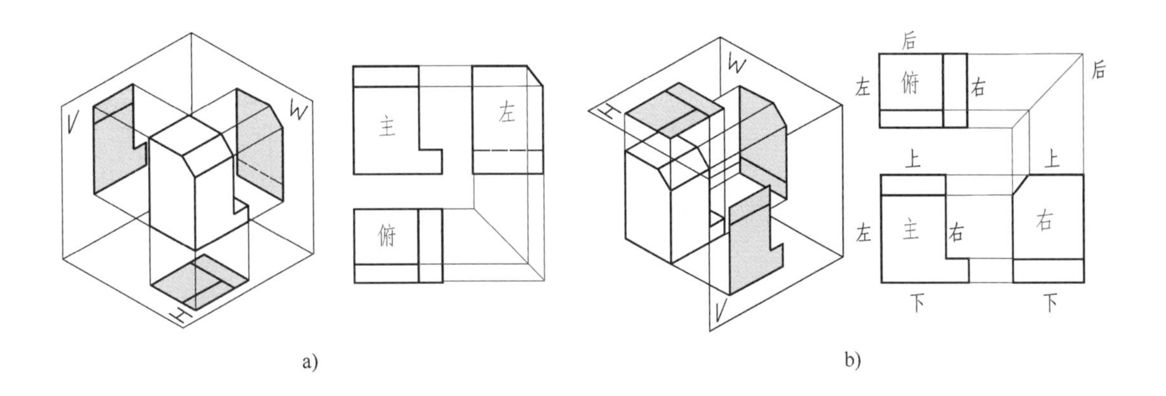

图 6—41 第一角画法与第三角画法的对比
a）第一角画法 b）第三角画法

2. 在第三角画法中，在 V 面上形成自前方投射所得的主视图，在 H 面上形成自上方投射所得的俯视图，在 W 面上形成自右方投射所得的右视图，如图 6—41b 所示。令 V 面保持正立位置不动，将 H 面、W 面分别绕它们与 V 面的交线向上、向右旋转 90°，与 V 面展成同一个平面，得到机件的三视图。与第一角画法类似，采用第三角画法的三视图也有下述特性（即多面正投影的投影规律）：主、俯视图长对正，主、右视图高平齐，俯、右视图宽相等。

3. 与第一角画法一样，第三角画法也有六个基本视图。将机件向正六面体的六个平面（基本投影面）进行投射，然后按图 6—42 所示的方法展开，即得六个基本视图，它们相应的配置如图 6—43a 所示。

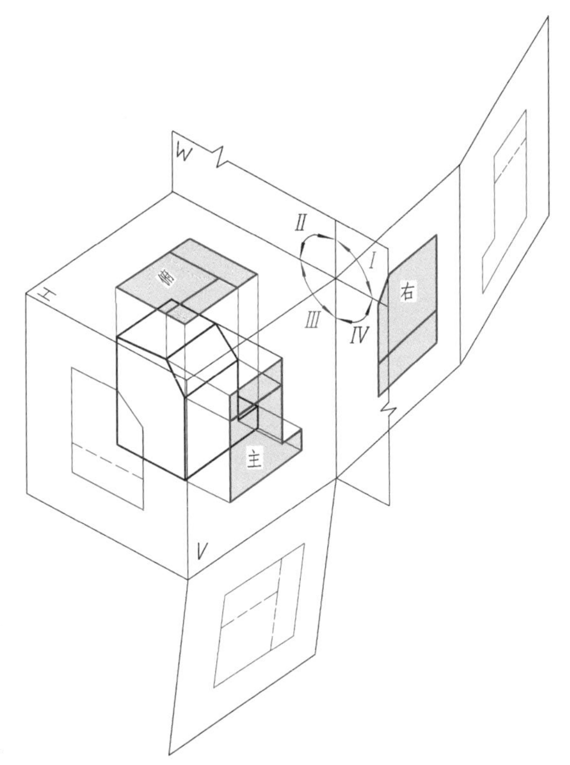

图 6—42 第三角画法的六个基本视图及其展开

4. 第三角画法与第一角画法在各自的投影面体系中，观察者、机件、投影面三者之间的相对位置不同，决定了它们六个基本视图配置关系的不同。从图 6—43 所示两种画法的对比中，可以清楚地看到：

第三角画法的俯视图和仰视图与第一角画法的俯视图和仰视图的位置对换；第三角画法的左视图和右视图与第一角画法的左视图和右视图的位置对换；第三角画法的主视图和后视图与第一角画法的主视图和后视图一致。

二、第三角画法与第一角画法的投影符号

为了便于识别不同视角的画法，《技术制图 图纸幅画和格式》（GB/T 14689—2008）规

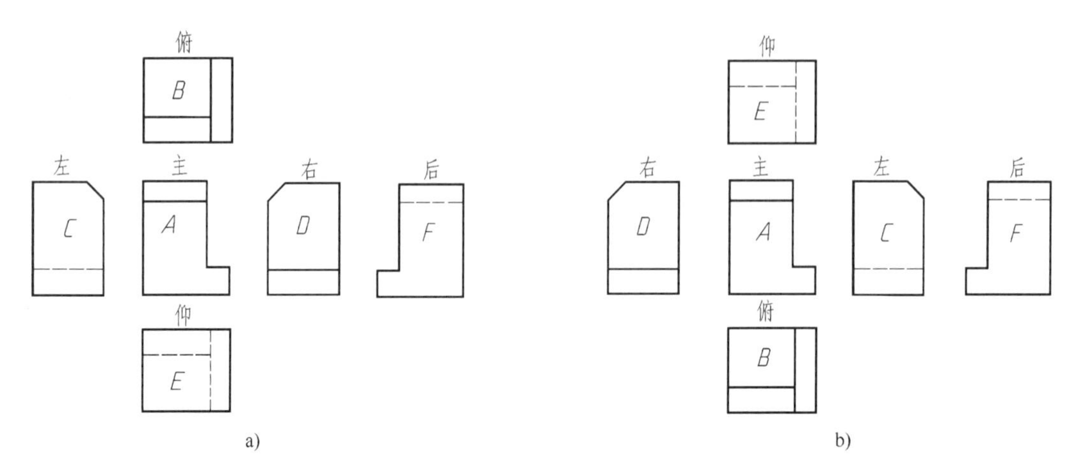

图 6—43　第三角画法与第一角画法六个基本视图的对比

a）第三角画法　b）第一角画法

定采用投影符号（图 6—44）。第三角画法的投影符号如图 6—44a 所示；第一角画法的投影符号如图 6—44b 所示。该符号一般放在标题栏中名称及代号区的下方。

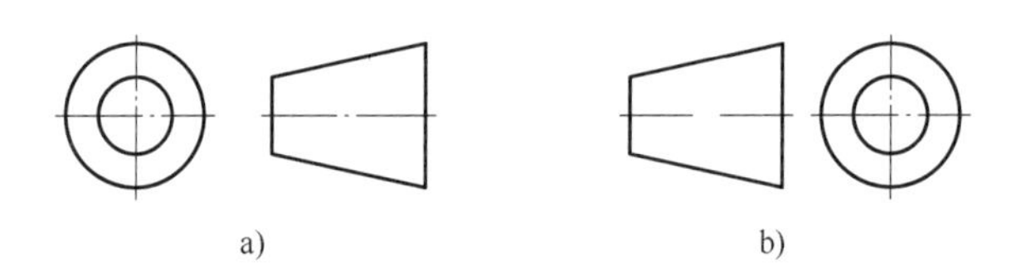

图 6—44　第三角画法与第一角画法的投影符号

a）第三角画法　b）第一角画法

采用第三角画法时，必须在图样中画出投影符号；采用第一角画法时，在图样中一般不必画出投影符号。投影符号采用粗实线和细点画线绘制，其中粗实线的线宽不小于 0.5 mm。

典型案例

【例 6—1】 根据弯板轴测图（图 6—45a），按第三角画法画出物体的三视图。

分析

弯板由长方体底板和圆柱拱形竖板组合而成，其中底板缺左前角，竖板中间有通孔。为便于把握视图的方位关系，通常利用 45°线法作图。

作图

（1）画三个视图的基准线，画各组成部分的基本体轮廓，如图 6—45b 所示，先画有形状特征的视图，再按投影关系画出其他视图。

（2）画局部结构，如切角、通孔等，如图 6—45c 所示。

（3）描深并擦掉多余的作图线，完成三视图，如图 6—45d 所示。

【例 6—2】 读懂两视图，补画第三视图（图 6—46a）。

分析

已知物体主视图和右视图，需补画俯视图。由已知视图可知，该物体由侧垂面切掉长方体前角，并沿前后正方向切割梯形通槽而形成。

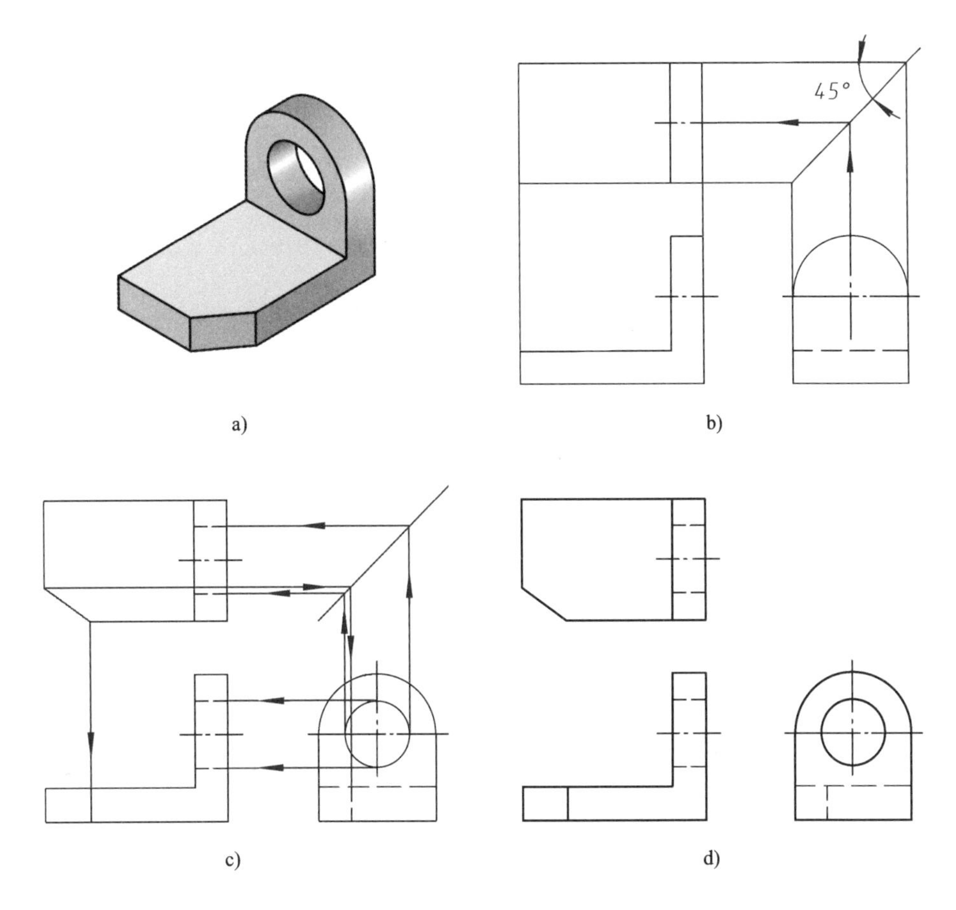

图 6—45　按第三角画法画三视图的步骤

a）轴测图　b）画整体　c）画局部　d）描深

作图

先画长方体的俯视图，再按投影关系完成各切割部分的俯视图，如图 6—46b 所示。

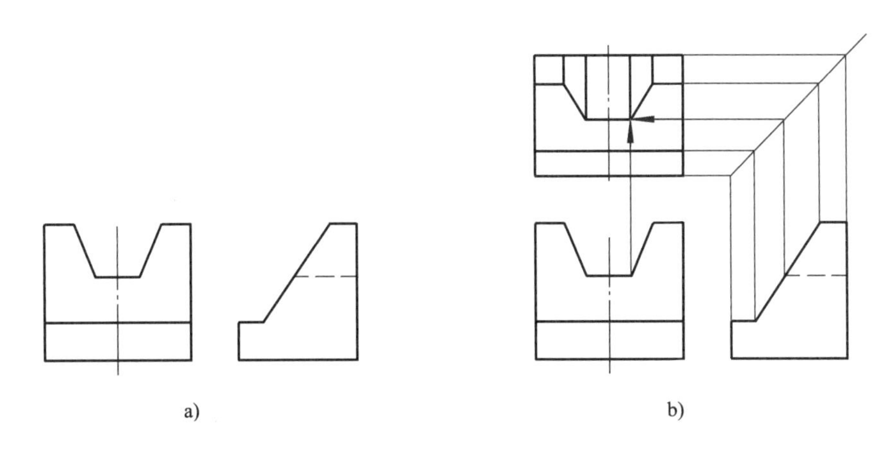

图 6—46　已知主、右视图，补画俯视图

§6—6 表示法综合应用案例

表达机件时常要运用视图、剖视图、断面图、简化画法等各种表示法，将机件内外的结构、形状及形体间的相对位置完整、清晰地展示出来。选择机件的表达方案时，应根据机件的结构特点，首先考虑看图方便，在完整、清晰地表达机件结构和形状的前提下，力求作图简便，一般可同时拟定几种方案，经过分析、比较，最后选择一个最佳方案。

【例 6—3】 图 6—47b 用四个图形表达了图 6—47a 所示的支架。主视图采用了局部剖视，它既表达了肋、圆柱和斜板的外部结构与形状，又表达了上部圆柱的通孔以及下部斜板上四个小通孔的内部形状。为了表达清楚上部圆柱与十字肋的相对位置关系，采用了一个局部视图；为了表达十字肋的截断面形状，采用了移出断面图；为了表达斜板实形及其与十字肋的相对位置，采用了一个斜视图“A ↗⌒”。

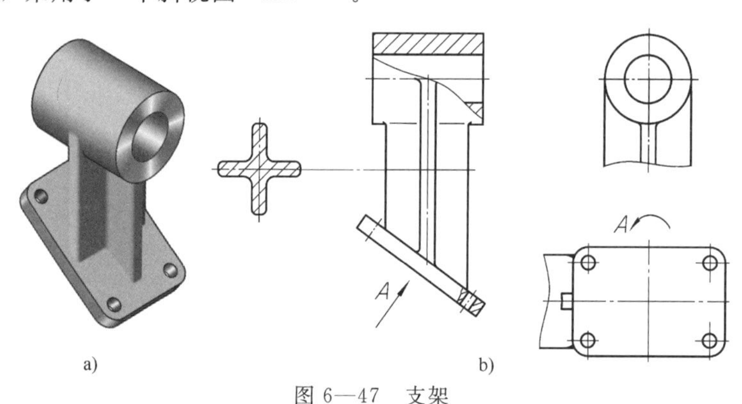

图 6—47　支架

【例 6—4】 根据图 6—48 所示机件的三视图，重新选择合适的表达方案。

由图可知，该机件由正方形顶板、圆形底板、中间圆筒及前部菱形凸缘四部分组成。在顶板和底板上均有四个连接用的小孔，圆筒与菱形凸缘间也有孔相通。

由于图 6—48 中主视图图形是左右对称的，所以可将其画成半剖视图，既反映内形，又保留了菱形凸缘的外形。为清楚地反映圆筒与菱形凸缘孔相通的情况、底板形状及底板上四孔的分布情况，其俯视图可采用沿凸缘孔轴线剖切的全剖视图。剩下的顶板形状及顶板上四孔的分布情况可用局部视图表达，而原左视图省略不画，完整的表达方案如图 6—49 所示。

【例 6—5】 读懂已知物体第三角画法的三视图（图 6—50a），转换成第一角画法，并选择合适的表达方案。

分析

由机件第三角画法的主、右、俯三视图可知，机件由底板和竖板组成，其中底板的基本形体是长方体，下面带矩形槽（根部有圆角），左、右前端带台阶孔，周边为圆角；竖板的基本形体也是长方体，中上部有半圆槽，前端带有半圆凸台，其根部及两侧均有圆角。

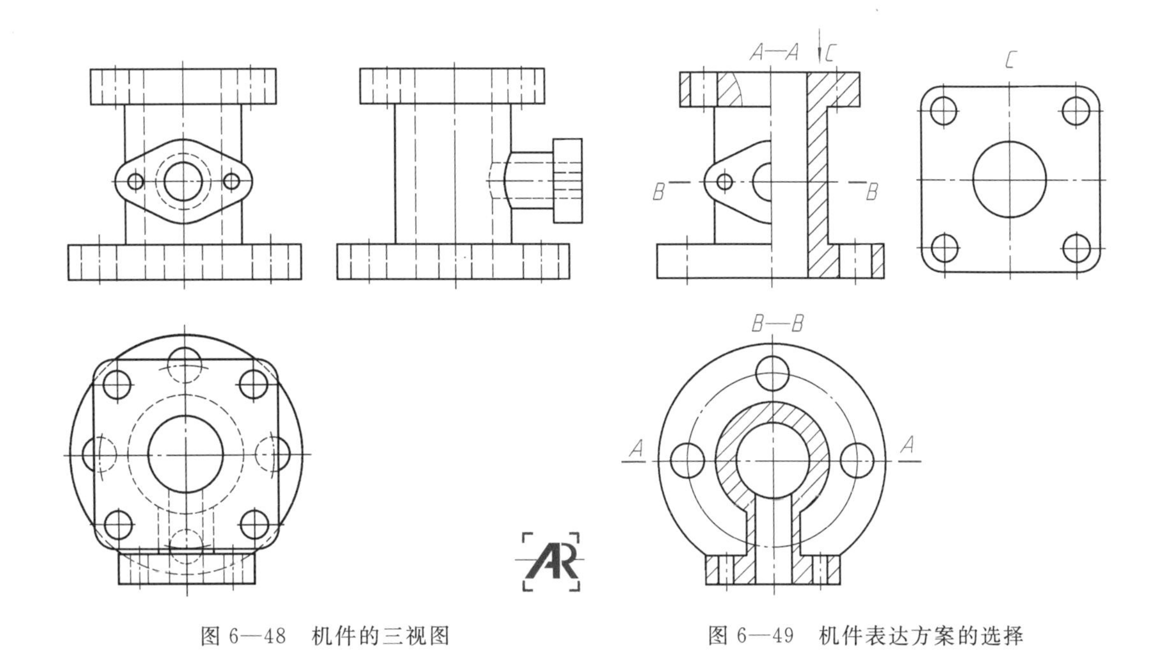

图 6—48　机件的三视图　　　　图 6—49　机件表达方案的选择

表达方案

以第三角画法的主视图作为第一角画法的主视图，并作一局部剖视，以表达台阶孔内部的结构；俯视图主要表达底板形状和孔的位置；左视图作全剖视，以表达底板和竖板的连接关系以及槽、孔的贯通状况。为突出表达可见结构和形状，不可见轮廓线省略不画，如图 6—50b 所示。

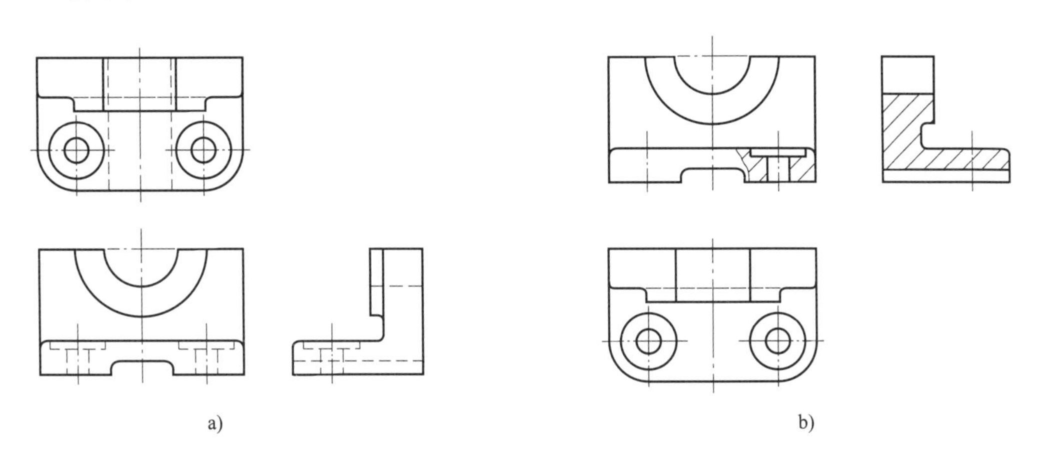

图 6—50　第三角视图与第一角视图转换

知识拓展

在对外交流中，常遇到国外第三角画法的图样，如图 6—51 所示。由标题栏中的投影符号可以看出，该图样采用了第三角画法，并用到多个剖视图，其剖切位置用粗双点画线表示（与我国国家标准不同）。

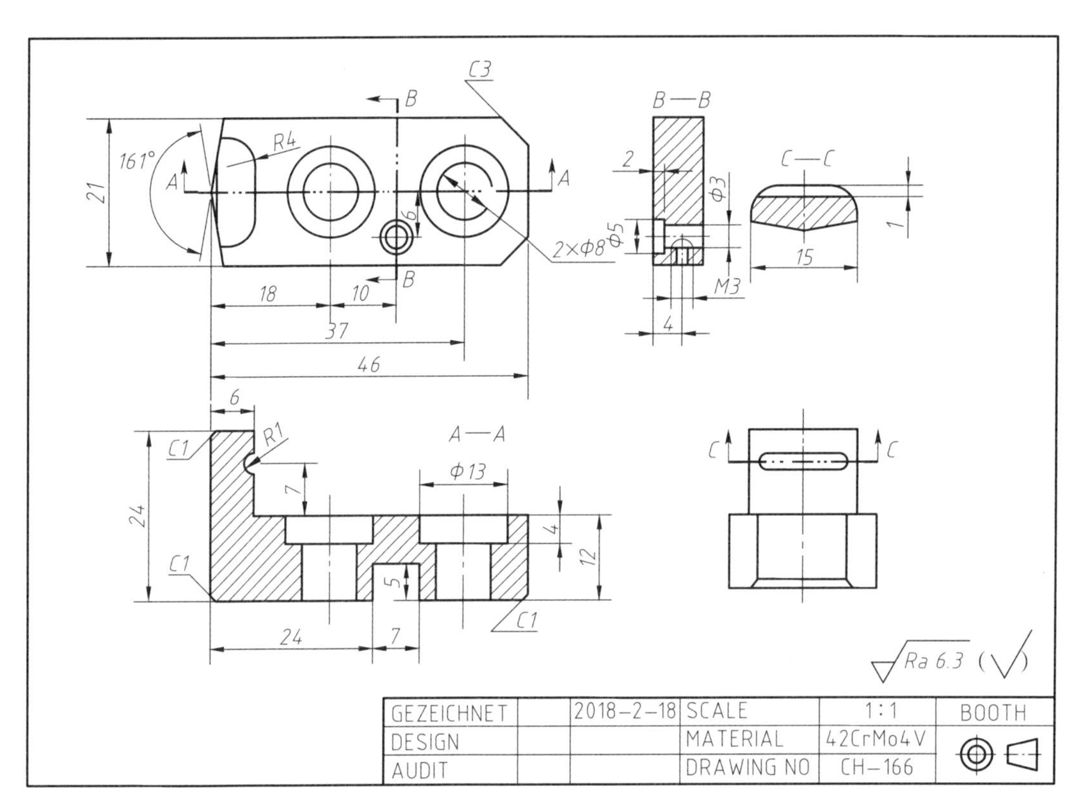

图 6—51　国外图样示例

课堂讨论

看懂图 6—51，分析图样用了几个图形，明确主视图，说明其他视图名称及各视图之间投影关系如何；分析零件结构和形状；按第一角画法表达。

第七章 机械图样的特殊表示法

在机械设备和仪器仪表的装配及安装过程中，广泛使用螺栓、螺钉、螺母、键、销、滚动轴承等零件，由于这些零件应用广、用量大，国家标准对这些零件的结构、规格尺寸和技术要求做了统一规定，实现了标准化，所以统称为标准件。此外，对齿轮等常用机件的部分结构要素实行了标准化。为了减少设计和绘图工作量，国家标准对上述常用机件以及某些多次重复出现的结构要素（如紧固件上的螺纹或齿轮上的轮齿）规定了简化的特殊表示法。

§7—1 螺纹及螺纹紧固件表示法

一、螺纹的基本知识

1. 螺纹的形成

螺纹是在圆柱或圆锥表面上，具有相同牙型、沿螺旋线连续凸起的牙体。在圆柱或圆锥外表面上形成的螺纹称为外螺纹（图 7—1a），在圆柱或圆锥内表面上形成的螺纹称为内螺纹（图 7—1b）。

螺纹的加工方法有很多，图 7—1a 所示为在车床上车削外螺纹。内螺纹也可以在车床上加工，如图 7—1b 所示。若加工直径较小的螺孔，可如图 7—1c 所示，先用钻头钻孔（由于钻头顶角约为 120°，所以钻孔的底部应画成 120°），再用丝锥攻制内螺纹。

2. 螺纹的结构要素

内、外螺纹总是成对使用的，只有当内、外螺纹的牙型、公称直径、线数、螺距和导程、旋向五个要素完全一致时，才能正常地旋合。

（1）牙型　在螺纹轴线平面内的螺纹轮廓形状称为螺纹牙型。常见的螺纹牙型有三角形、梯形、锯齿形和矩形。其中，矩形螺纹尚未标准化，其余牙型的螺纹均为标准螺纹。

（2）公称直径　代表螺纹尺寸的直径称为公称直径。螺纹的直径有大径、小径和中径（图 7—2）。

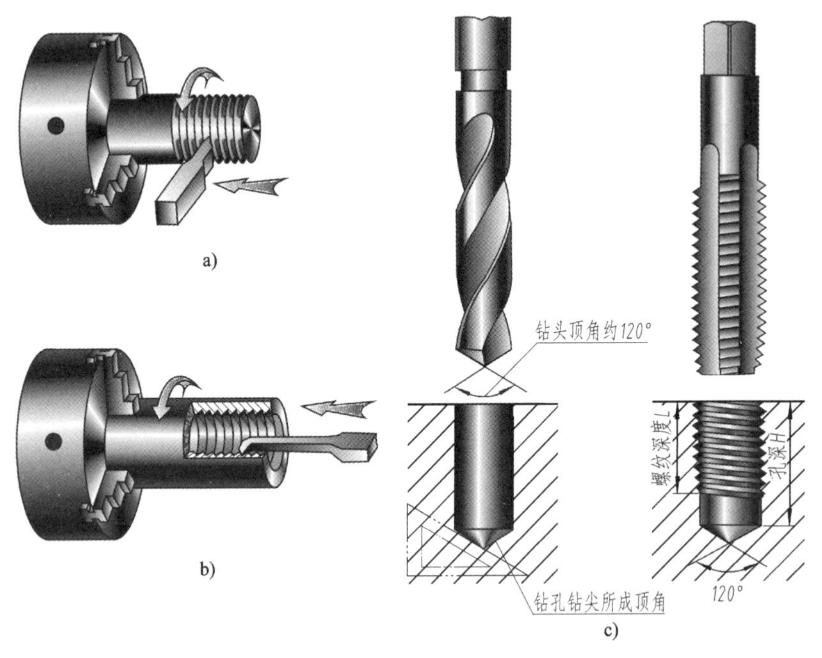

图 7—1　螺纹的加工方法

a）加工外螺纹　b）加工内螺纹　c）加工直径较小的螺孔

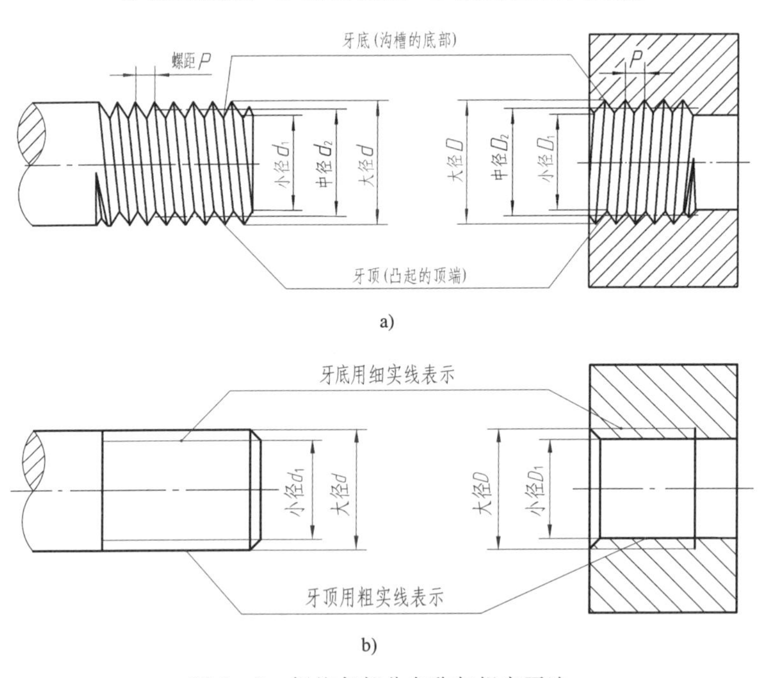

图 7—2　螺纹各部分名称与规定画法

a）螺纹各部分名称　b）螺纹的规定画法

大径是指与外螺纹牙顶或内螺纹牙底相切的假想圆柱或圆锥的直径（即螺纹的最大直径），内、外螺纹的大径分别用 D 和 d 表示，除管螺纹外，公称直径是指螺纹的大径。

小径是指与外螺纹牙底或内螺纹牙顶相切的假想圆柱或圆锥的直径。内、外螺纹的小径

分别用 D_1 和 d_1 表示。

中径是假想圆柱或圆锥的直径，该圆柱或圆锥的母线通过螺纹牙型上沟槽和牙厚宽度相等的地方。内、外螺纹的中径分别用 D_2 和 d_2 表示。

（3）线数　螺纹有单线和多线之分。只有一个起始点的螺纹称为单线螺纹；具有两个或两个以上起始点的螺纹称为双线或多线螺纹，如图 7—3 所示。

（4）螺距和导程　螺纹上相邻两牙体对应牙侧与中径线相交两点间的轴向距离称为螺距（P）；最邻近的两同名牙侧与中径线相交两点间的轴向距离称为导程（P_h），如图 7—3 所示。对于单线螺纹，导程等于螺距；对于线数为 n 的多线螺纹，导程等于螺距的 n 倍。

（5）旋向　螺纹有左旋和右旋两种，其判别方法如图 7—4 所示。工程上常用右旋螺纹。

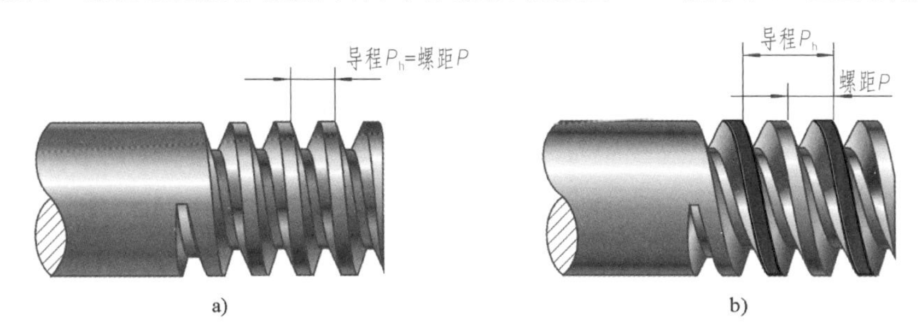

图 7—3　螺纹的线数、导程和螺距

a）单线　b）双线

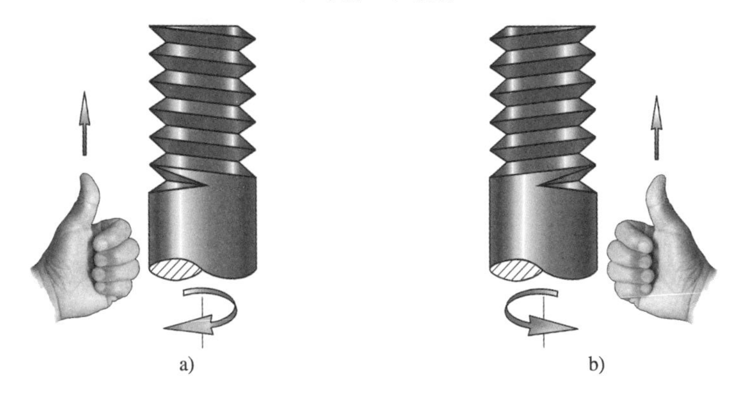

图 7—4　螺纹的旋向

a）左旋——左边高　b）右旋——右边高

3. 螺纹分类

螺纹按用途可分为以下四类：

（1）紧固螺纹　是指用来连接零件的螺纹，如应用最广泛的普通螺纹。

（2）传动螺纹　是指用来传递动力和运动的螺纹，如梯形螺纹、锯齿形螺纹和矩形螺纹等。

（3）管螺纹　如 55°非密封管螺纹、55°密封管螺纹、60°密封管螺纹等。

（4）专用螺纹　如自攻螺钉用螺纹、木螺钉螺纹、气瓶专用螺纹等。

二、螺纹的画法规定

螺纹属于标准结构要素，如按其真实投影（图 7—2a）绘制非常烦琐，为此，国家标准

《机械制图　螺纹及螺纹紧固件表示法》（GB/T 4459.1—1995）中规定了螺纹的画法，如图7—2b 所示为简化规定画法，螺纹的画法规定见表 7—1。

表 7—1　　螺纹的画法规定

表示对象	画法规定	说明
外螺纹	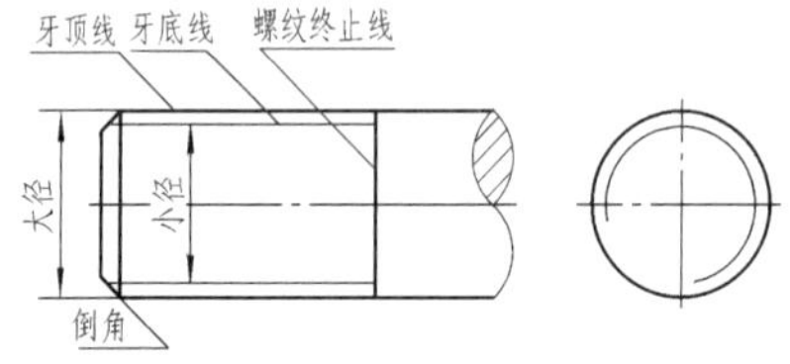 a) 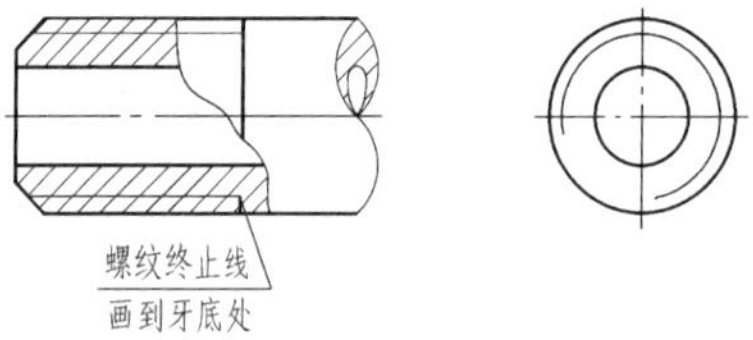 b)	1. 牙顶线（大径）用粗实线表示 2. 牙底线（小径）用细实线表示，螺杆的倒角或倒圆部分也应画出 3. 在投影为圆的视图中，表示牙底圆的细实线只画约 3/4 圈，此时轴上的倒角省略不画 4. 螺纹终止线用粗实线表示 5. 画图时，小径应按 0.85 倍大径画出
内螺纹	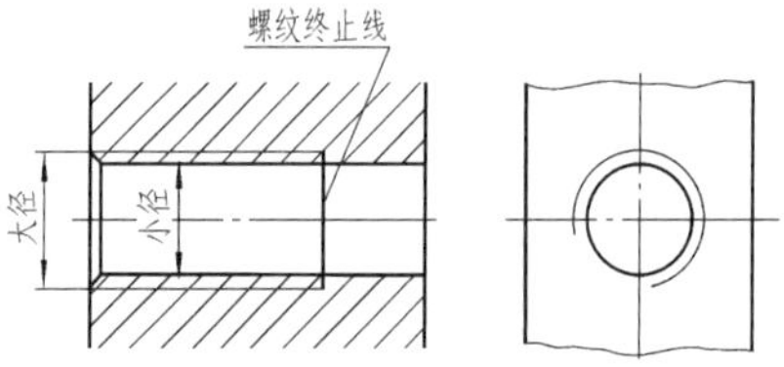 a) 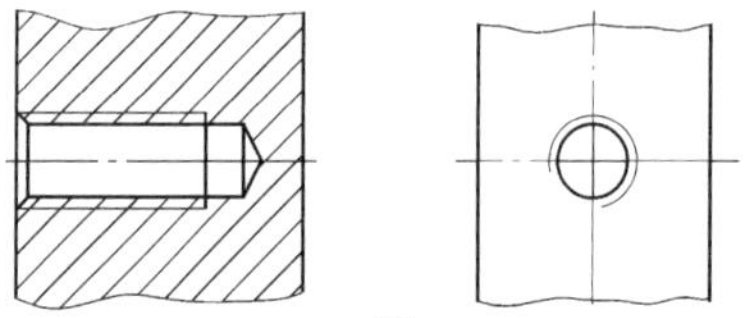 b)	1. 在剖视图中，螺纹牙顶线（小径）用粗实线表示，牙底线（大径）用细实线表示；剖面线画到牙顶粗实线处 2. 在投影为圆的视图中，牙顶线（小径）用粗实线表示，表示牙底圆（大径）的细实线只画约 3/4 圈；孔口的倒角省略不画
螺纹牙型	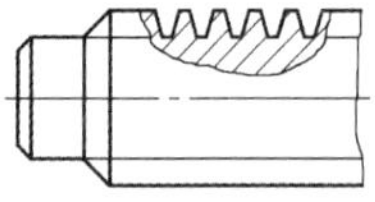	当需要表示螺纹牙型时，可采用剖视或局部放大图画出几个牙型
螺纹旋合	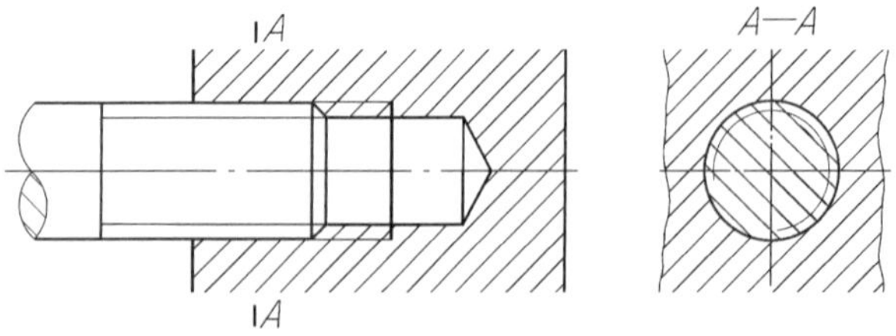	1. 在剖视图中，内、外螺纹的旋合部分按外螺纹的画法绘制 2. 未旋合部分按各自规定的画法绘制，表示大、小径的粗实线与细实线应分别对齐

三、螺纹的图样标注

无论是三角形螺纹还是梯形螺纹，按上述画法规定画出后，在图上均不能反映它的牙型、螺距、线数和旋向等结构要素，因此，还必须按规定的标记在图样中进行标注。

1. 螺纹的标记规定

常用标准螺纹的标记规定见表 7—2，标准规定的各螺纹标记方法不尽相同。

表 7—2　　　　　　　　　　　　常用标准螺纹的标记规定

螺纹类别		标准编号	特征代号	标记示例	螺纹副标记示例	说明
紧固螺纹	普通螺纹	GB/T 197—2003	M	M8×1—LH M8 M16×Ph6P2—5g6g—L	M20—6H/5g6g	粗牙不注螺距，左旋时末尾加“—LH” 中等公差精度（如 6H、6g）不注公差带代号；中等旋合长度不注 N（下同） 多线时注出 Ph（导程）、P（螺距）
	小螺纹	GB/T 15054.4—1994	S	S0.8—4H5 S1.2LH—5h3	S0.9—4H5/5h3	适用范围为 0.3～1.4 mm；标记中末位的 5 和 3 为顶径公差等级。顶径公差带位置仅有一种，故只注等级，不注位置
传动螺纹	梯形螺纹	GB/T 5796.4—2005	Tr	Tr40×7—7H Tr40×14(P7)LH—7c	Tr36×6—7H/7c	公称直径一律用外螺纹的大径表示；仅需给出中径公差带代号；无短旋合长度
	锯齿形螺纹	GB/T 13576.4—2008	B	B40×7—7a B40×14(P7)LH—8c—L	B40×7—7A/7c	标记格式同梯形螺纹
管螺纹	55°非密封管螺纹	GB/T 7307—2001	G	G1½A G1/2—LH	G1½A	外螺纹需注出公差等级 A 或 B；内螺纹公差等级只有一种，故不注；表示螺纹副时，仅需标注外螺纹的标记
	55°密封管螺纹 圆锥外螺纹	GB/T 7306.1—2000	R_1	$R_1$3	Rp/$R_1$3	内、外螺纹均只有一种公差带，故不注；表示螺纹副时，尺寸代号只注写一次
	55°密封管螺纹 圆柱内螺纹		Rp	Rp1/2		
	55°密封管螺纹 圆锥外螺纹	GB/T 7306.2—2000	R_2	$R_2$3/4	Rc/$R_2$3/4	
	55°密封管螺纹 圆锥内螺纹		Rc	Rc1½—LH		

（1）普通螺纹标记的表达式

特征代号 公称直径 × Ph 导程×P 螺距 — 公差带代号①— 旋合长度代号 — 旋向代号

普通多线螺纹标记示例：

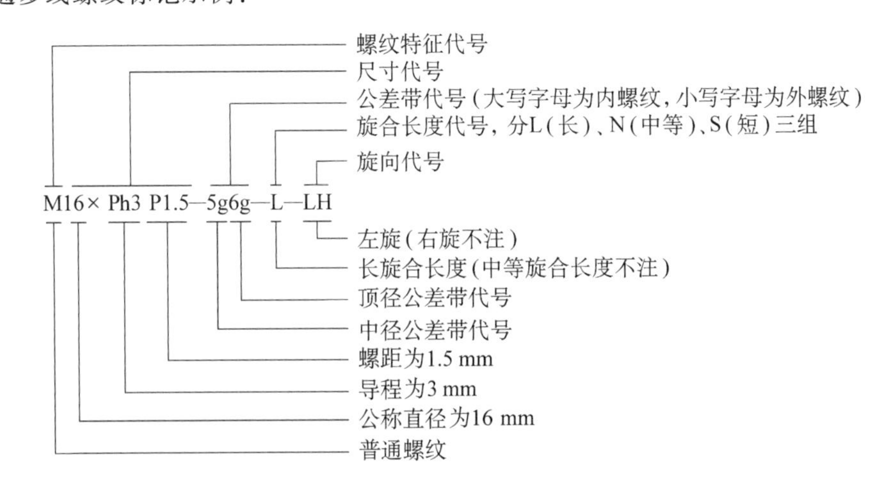

① 有关公差带的概念将在第八章中叙述。

普通单线螺纹标记示例：

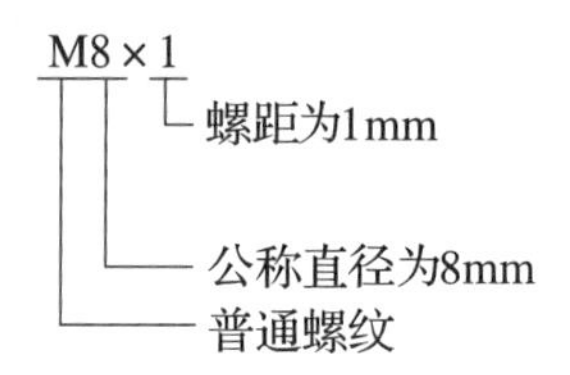

（2）梯形螺纹标记的表达式

特征代号 公称直径×导程×（P 螺距）旋向代号—公差带代号—旋合长度代号

梯形螺纹标记示例：

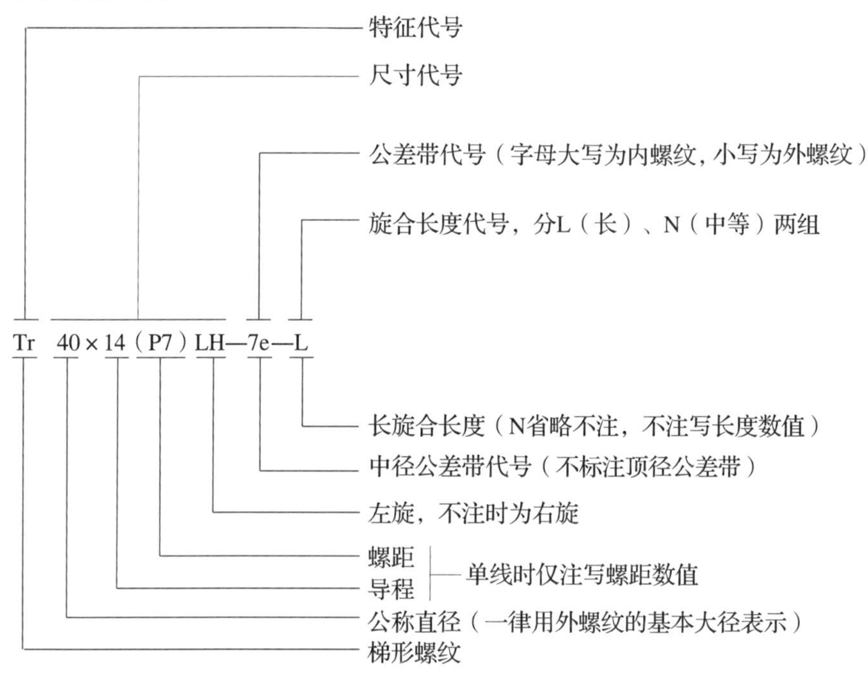

（3）管螺纹标记的表达式

特征代号 尺寸代号 公差带代号 旋向代号

管螺纹标记示例：

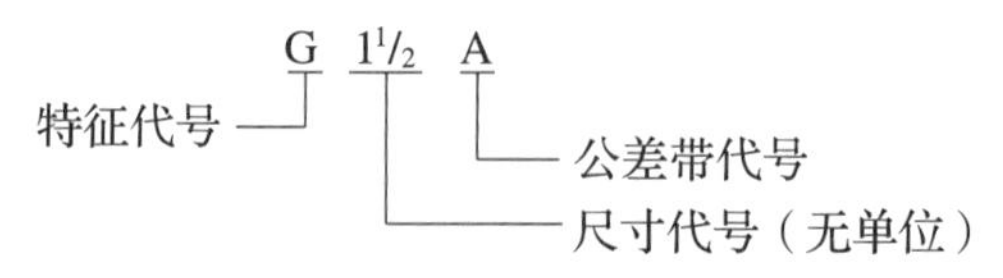

（4）螺纹标记的几点提示

1）普通螺纹为单线时，不标字母 Ph 和 P。粗牙螺纹省略螺距项，细牙螺纹应注出螺距数值（如 M8×1）；梯形螺纹标记中导程不标字母 Ph。

2）无论何种螺纹，左旋螺纹要注写“LH”，右旋螺纹不注，但螺纹类别不同，注写位置不同，普通螺纹标记中“LH”注在最后一项，梯形螺纹则注写在螺距之后。

3）普通螺纹中径与顶径公差带代号相同时，只注写一个公差带代号（如 M8—6g）；而梯形螺纹标记中专指中径公差带代号（如 Tr40LH—7e）。

4）普通螺纹标记中不标注中等公差精度（公称直径≤1.4 mm 时的 5H、6h 和公称直径

≥1.6 mm 时的 6H、6g）的公差带代号；梯形螺纹标记中则务必标出公差带代号。

5）螺纹标记中的尺寸代号对普通螺纹与梯形螺纹是指其公称直径和螺距等，单位为 mm；而对管螺纹标记中的数值，只是尺寸代号，无单位，不得称为“公称直径”。

2. 螺纹标记的图样标注

螺纹标记在图样上应直接标注在大径的尺寸线或其引出线上。常见螺纹的标注示例见表 7—3。

表 7—3　　常见螺纹的标注示例

种类	牙型放大图	特征代号		标记示例	说明
普通螺纹	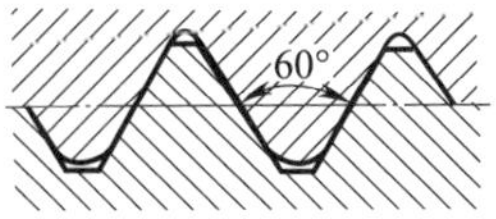 60°	M	粗牙	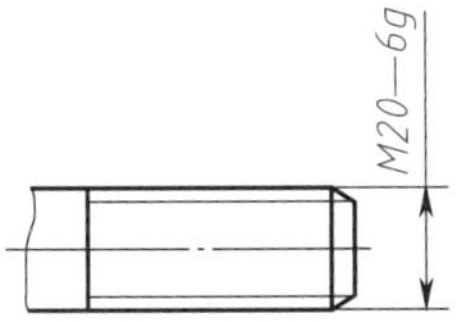 M20—6g	粗牙普通螺纹，公称直径为 20 mm，右旋。螺纹公差带：中径、大径均为 6g。旋合长度属中等（不标注 N）的一组（按规定 6g 不注）
			细牙	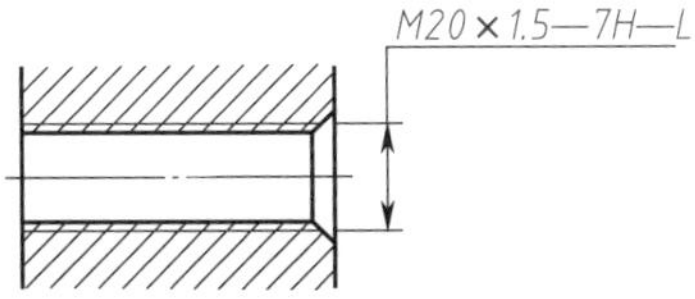 M20×1.5—7H—L	细牙普通螺纹，公称直径为 20 mm，螺距为 1.5 mm，右旋。螺纹公差带：中径、小径均为 7H。旋合长度属长的一组
梯形螺纹	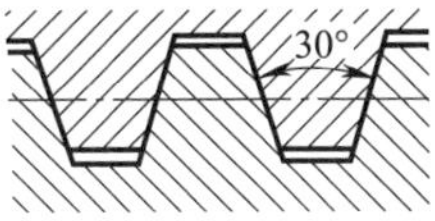 30°	Tr		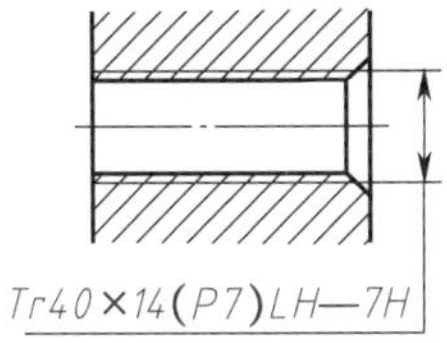 Tr40×14(P7)LH—7H	梯形螺纹，公称直径为40 mm，双线螺纹，导程为 14 mm，螺距为 7 mm，左旋（代号为 LH）。螺纹公差带：中径为 7H。旋合长度属中等的一组
锯齿形螺纹	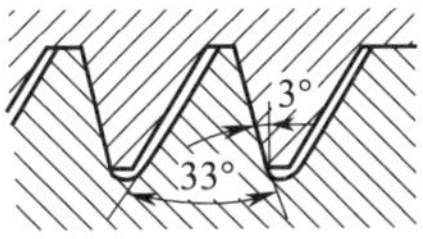 3° 33°	B		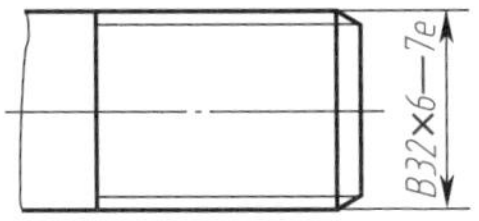 B32×6—7e	锯齿形螺纹，公称直径为 32 mm，单线螺纹，螺距为6 mm，右旋。螺纹公差带：中径为 7e。旋合长度属中等的一组
管螺纹	 55°	G	55°非密封管螺纹	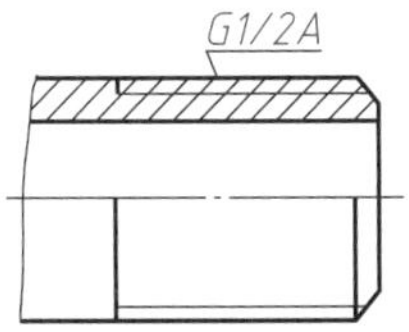 G1/2A	55°非密封圆柱管螺纹，外螺纹，尺寸代号为 1/2，公差等级为 A 级，右旋。用引出标注
		Rp R_1 Rc R_2	55°密封管螺纹	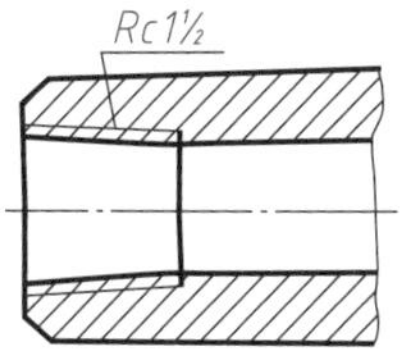 Rc1½	55°密封的与圆锥外螺纹旋合的圆锥内螺纹，尺寸代号为 1½，右旋。用引出标注 圆锥内螺纹与圆锥外螺纹旋合时，前者和后者的特征代号分别为 Rc 和 R_2 圆柱内螺纹与圆锥外螺纹旋合时，前者和后者的特征代号分别为 Rp 和 R_1

普通螺纹和梯形螺纹直径与螺距、基本尺寸见附表 1 和附表 2，管螺纹尺寸代号及基本尺寸见附表 3。

四、常用螺纹紧固件的种类和标记

常用螺纹紧固件有螺栓、螺柱、螺母和垫圈等，如图 7—5 所示。由于螺纹紧固件的结构和尺寸均已标准化，使用时按规定标记直接外购即可。表 7—4 所列为常用螺纹紧固件及其标记示例。

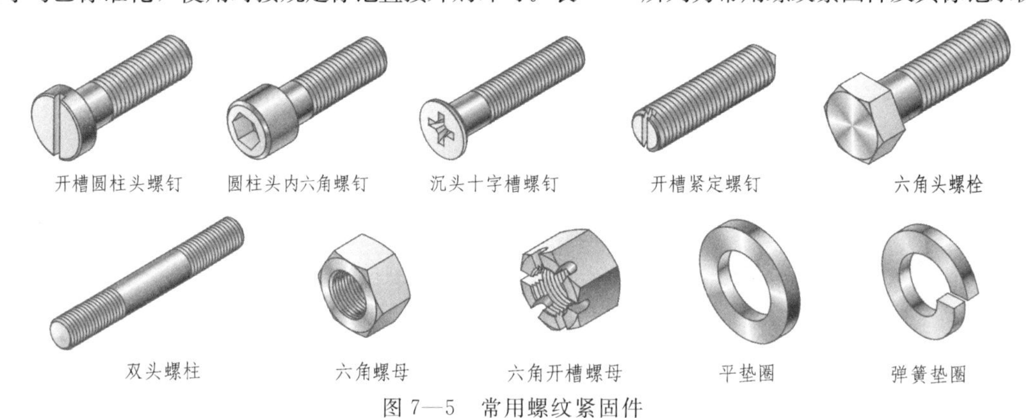

图 7—5　常用螺纹紧固件

表 7—4　常用螺纹紧固件及其标记示例

名称及标准号	图例及规格尺寸	标记示例及说明
六角头螺栓——A 级和 B 级 GB/T 5782—2016	d　l	螺栓　GB/T 5782　M8×40 螺纹规格 d＝M8、公称长度 l＝40 mm、性能等级为 8.8 级、表面氧化、A 级的六角头螺栓
双头螺柱——A 型和 B 型 GB/T 897—1988 GB/T 898—1988 GB/T 899—1988 GB/T 900—1988	A型 倒角端　倒角端 d_s　d　X　X　b　b_m　l B型 辗制末端　辗制末端 d_s　d　X　X　b　b_m　l d_s≈螺纹中径(仅适用于B型)	螺柱　GB/T 897　M8×35 两端均为粗牙普通螺纹、螺纹规格 d＝M8、公称长度 l＝35 mm、性能等级为 4.8 级、不经表面处理、B 型、b_m＝1d 的双头螺柱
1 型六角螺母——A 级和 B 级 GB/T 6170—2015	D	螺母　GB/T 6170　M8 螺纹规格 D＝M8、性能等级为 10 级、不经表面处理、A 级的 1 型六角螺母

续表

名称及标准号	图例及规格尺寸	标记示例及说明
平垫圈——A级 GB/T 97.1—2002	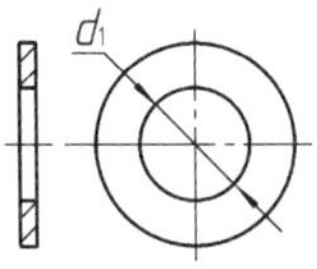 d_1	垫圈　GB/T 97.1　8　200HV 标准系列、公称规格 d=8 mm、硬度等级为200HV级、不经表面处理的平垫圈
标准型弹簧垫圈 GB/T 93—1987		垫圈　GB/T 93　8 规格为8 mm、材料为65Mn、表面氧化的标准型弹簧垫圈
开槽沉头螺钉 GB/T 68—2016	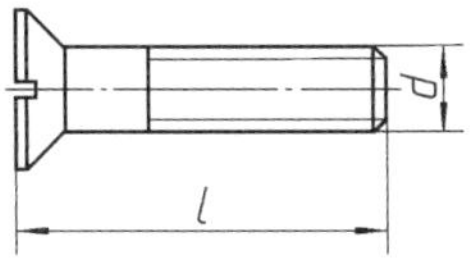 d　l	螺钉　GB/T 68　M8×30 螺纹规格 d=M8、公称长度 l=30 mm、性能等级为4.8级、不经表面处理的开槽沉头螺钉

五、螺纹紧固件的连接画法

针对螺纹紧固件的连接画法先做以下规定（关于装配图的规定画法将在第九章中叙述）：

当剖切平面通过螺杆的轴线时，螺栓、螺柱、螺钉以及螺母、垫圈等均按未剖切绘制；在剖视图上，两零件接触表面画一条线，不接触表面画两条线；相接触两零件的剖面线方向相反。

在装配图中，常用螺纹紧固件可按表7—5中的简化画法绘制。

在装配体中，零件与零件或部件与部件间常用螺纹紧固件进行连接，最常用的连接形式有螺栓连接（图7—6a）、螺柱连接（图7—6b）和螺钉连接（图7—6c）。由于装配图主要用于表达零部件之间的装配关系，因此，装配图中的螺纹紧固件不仅可按上述画法的基本规定简化地表示，而且图形中各部分的尺寸也可简便地按比例画法绘制。

表7—5　　装配图中螺纹紧固件的简化画法

形式	简化画法	形式	简化画法
六角头 （螺栓）	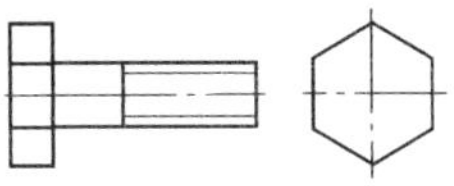	方头 （螺栓）	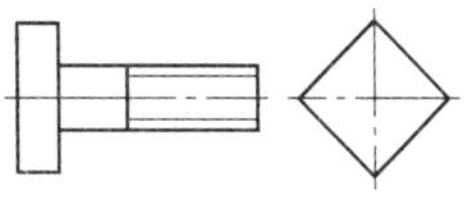
圆柱头内六角 （螺钉）	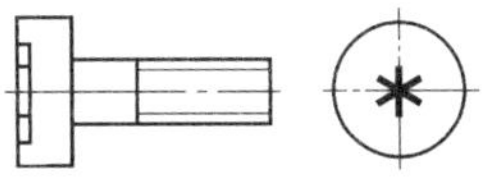	无头内六角 （螺钉）	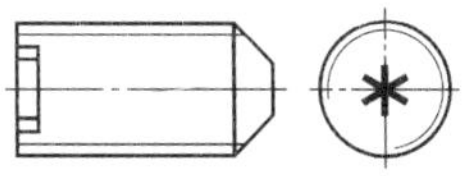
无头开槽 （螺钉）	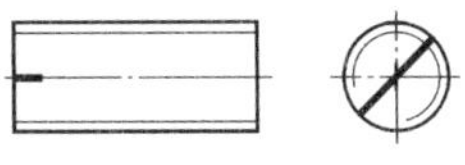	沉头开槽 （螺钉）	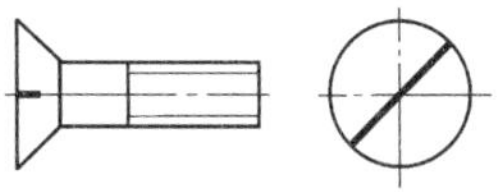
半沉头开槽 （螺钉）	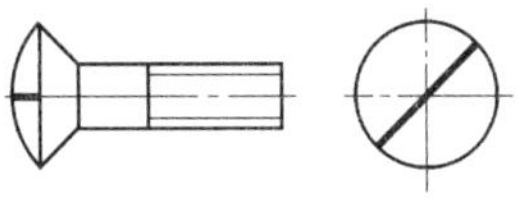	圆柱头开槽 （螺钉）	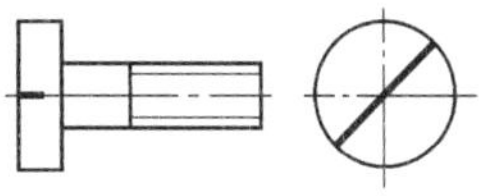
盘头开槽 （螺钉）	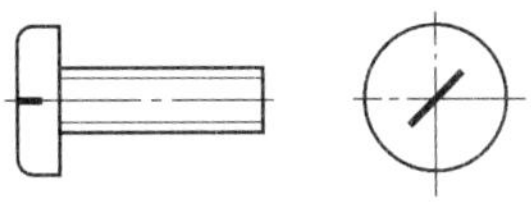	沉头开槽 （自攻螺钉）	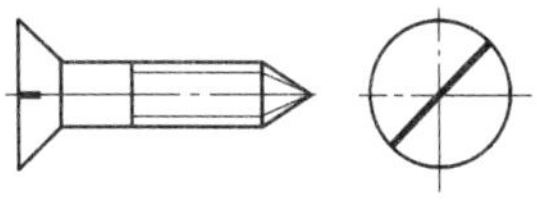

续表

形式	简化画法	形式	简化画法
六角 （螺母）		方头 （螺母）	
六角开槽 （螺母）		六角法兰面 （螺母）	
蝶形 （螺母）		沉头十字槽 （螺钉）	
半沉头十字槽 （螺钉）			

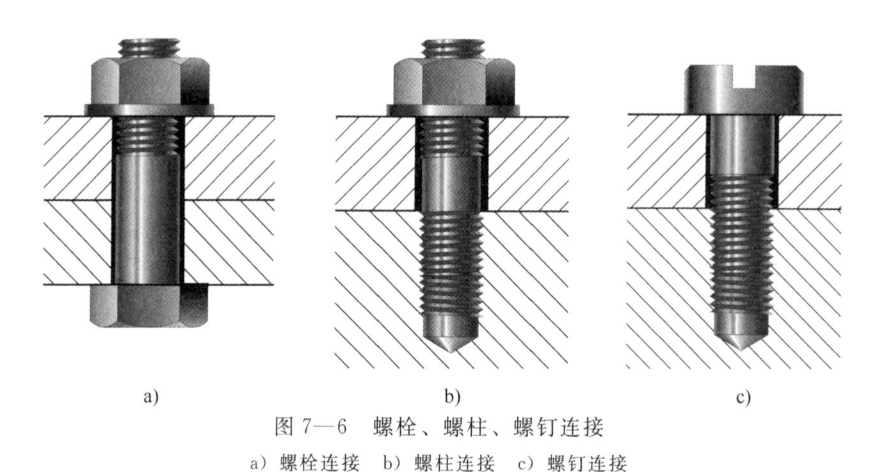

图 7—6　螺栓、螺柱、螺钉连接

a）螺栓连接　b）螺柱连接　c）螺钉连接

1. 螺栓连接（图 7—7）

螺栓适用于连接两个不太厚的并能钻成通孔的零件。连接时将螺栓穿过被连接两零件的光孔（孔径比螺栓大径略大，一般可按 1.1d 画出），套上垫圈，然后用螺母紧固。

螺栓的公称长度 $l \geqslant \delta_1+\delta_2+h+m+a$（查表计算后取最短的标准长度）。

根据螺纹公称直径 d 按下列比例作图：

$b=2d$　$h=0.15d$　$m=0.8d$　$a=0.3d$　$k=0.7d$　$e=2d$　$d_2=2.2d$

2. 螺柱连接（图 7—8）

当被连接零件之一较厚，不允许被钻成通孔时，可采用螺柱连接。螺柱的两端均制有螺纹。连接前，先在较厚的零件上制出螺孔，再在另一零件上加工出通孔，如图 7—8a 所示；

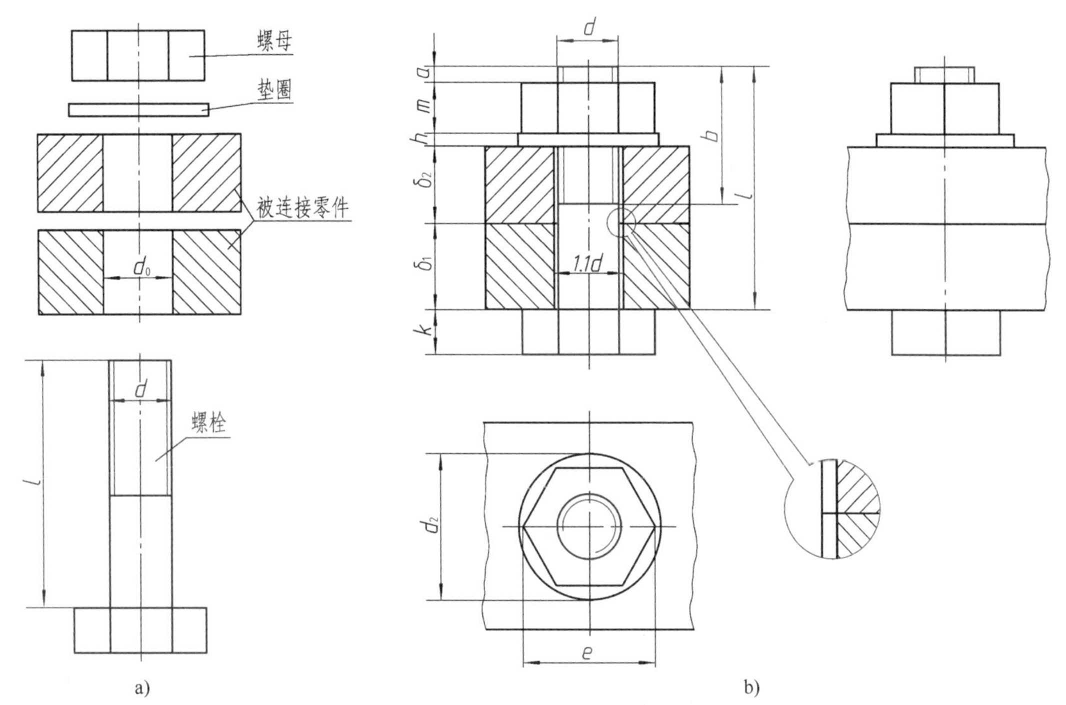

a)　　　　b)

图 7—7　螺栓连接的简化画法

a) 连接前　b) 连接后

将螺柱的一端（称旋入端）全部旋入螺孔内，再在另一端（称紧固端）套上制出通孔的零件，加上垫圈，拧紧螺母，即完成螺柱连接，其连接图如图 7—8b 所示。

为保证连接强度，螺柱旋入端的长度 b_m 随被旋入零件（机体）材料的不同而有以下四种规格：

$b_m=1d$（GB/T 897—1988）用于钢或青铜、硬铝

$b_m=1.25d$（GB/T 898—1988）
$b_m=1.5d$（GB/T 899—1988）　} 用于铸铁

$b_m=2d$（GB/T 900—1988）用于铝或其他较软材料

螺柱的公称长度 l 可按下式计算：

$l \geqslant \delta + s + m + a$（查表计算后取最短的标准长度）

图 7—8 中的垫圈为弹簧垫圈，可用来防止螺母松动。弹簧垫圈开槽的方向为阻止螺母松动的方向，画成与水平线成 60°角且向左上倾斜的两条平行粗线或一条加粗线（线宽为粗实线线宽的 2 倍）。按比例作图时，取 $s=0.2d$，$D=1.5d$。

3. 螺钉连接

螺钉按用途通常可分为连接螺钉和紧定螺钉两种，前者用于连接零件，后者用于固定零件。

(1) 连接螺钉　用于受力不大和不经常拆卸的场合。如图 7—9 所示，装配时将螺钉直接穿过被连接零件上的通孔，再拧入另一被连接零件上的螺孔中，靠螺钉头部压紧被连接零件。

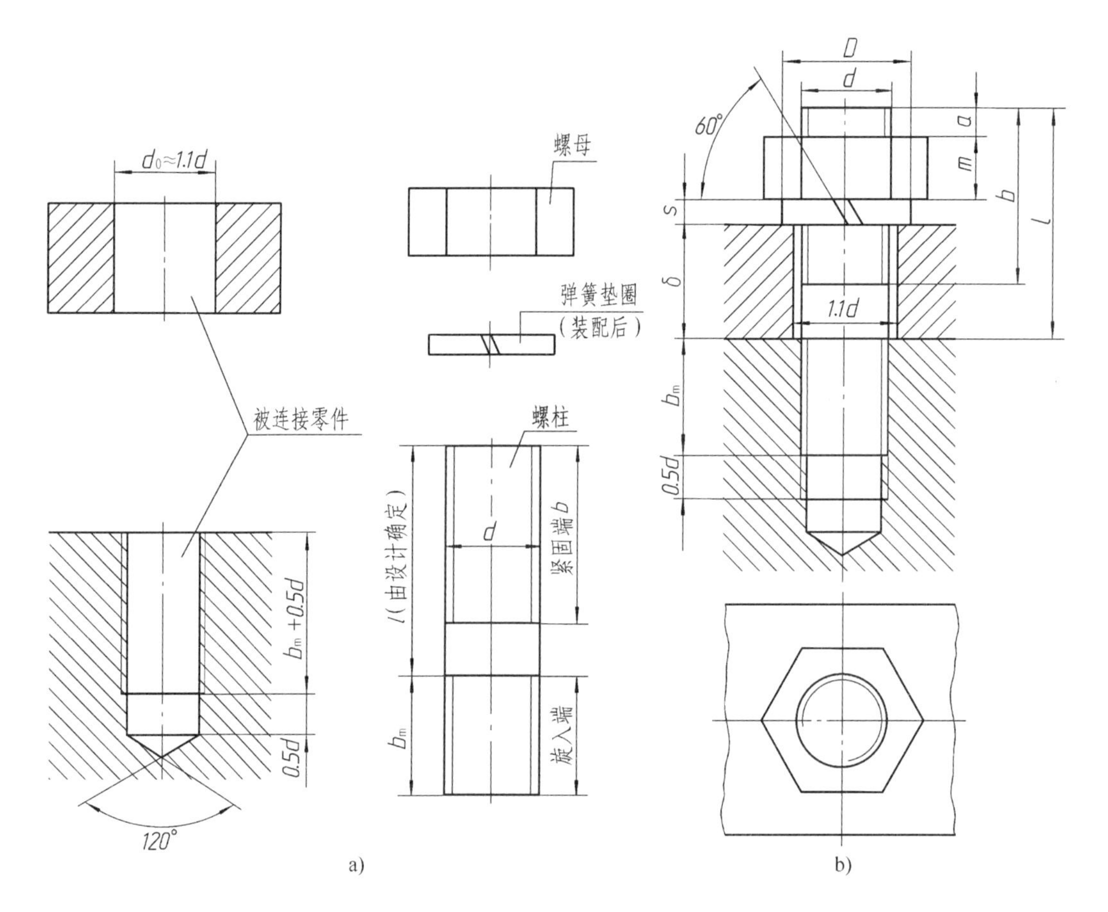

图 7—8 螺柱连接的简化画法

a）连接前 b）连接后

螺钉连接装配图画法可采用图 7—9 所示的比例画法。

螺钉的公称长度为：

$$l=b_m+\delta$$

式中，b_m 的取值方式与螺柱连接相同。按公称长度的计算值 l 查表确定标准长度。

画螺钉连接装配图时应注意：在螺钉连接中螺纹终止线应高于两个被连接零件的接合面（图 7—9a），表示螺钉有拧紧的余地，保证连接紧固；或者在螺杆的全长上都有螺纹（图 7—9b）。螺钉头部一字槽（或十字槽）的投影可以涂黑表示，在投影为圆的视图上，这些槽应画成 45°倾斜线，线宽为粗实线线宽的 2 倍，如图 7—9c 所示。

（2）紧定螺钉　紧定螺钉用来固定两个零件的相对位置，使它们不产生相对运动。如图 7—10 中的轴和齿轮（图中齿轮仅画出轮毂部分），用一个开槽锥端紧定螺钉旋入轮毂的螺孔，使螺钉端部的 90°锥顶压紧轴上的 90°锥坑，从而固定了轴和齿轮的相对位置。

螺纹紧固件各部分的尺寸可由附表 4～附表 9 查得。

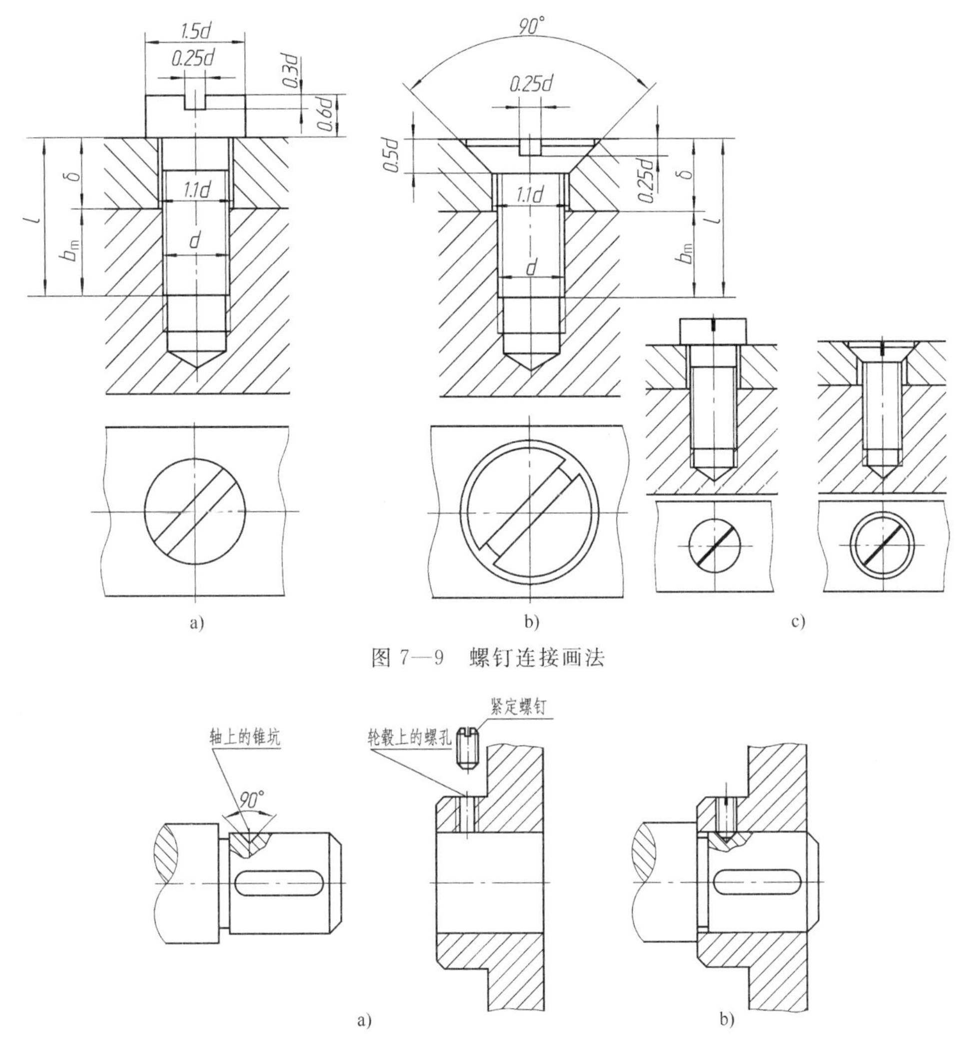

图 7—9　螺钉连接画法

图 7—10　紧定螺钉连接画法

a）连接前　b）连接后

§7—2 齿　轮

齿轮是广泛用于机器或部件中的传动零件，除用来传递动力外，还可改变机件的回转方向和转动速度。如本书第九章图 9—19 所示的齿轮油泵就是依靠一对齿轮的啮合传动来加压输油的。

图 7—11 表示三种常见的齿轮传动形式：圆柱齿轮通常用于平行两轴之间的传动（图 7—11a），锥齿轮用于相交两轴之间的传动（图 7—11b），蜗杆与蜗轮则用于交错两轴之间的传动（图 7—11c）。

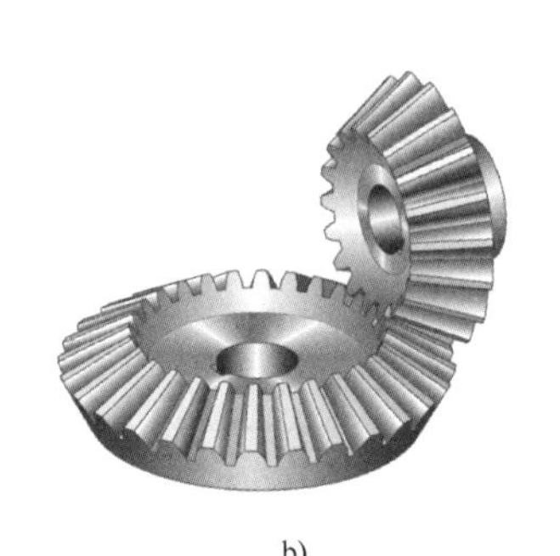

a)　　b)　　c)

图 7—11　常见的齿轮传动

a）圆柱齿轮　b）锥齿轮　c）蜗杆与蜗轮

本节主要介绍直齿圆柱齿轮（圆柱齿轮的轮齿有直齿、斜齿、人字齿等）的基本参数及画法规定。

一、直齿圆柱齿轮各几何要素及尺寸关系（图 7—12）

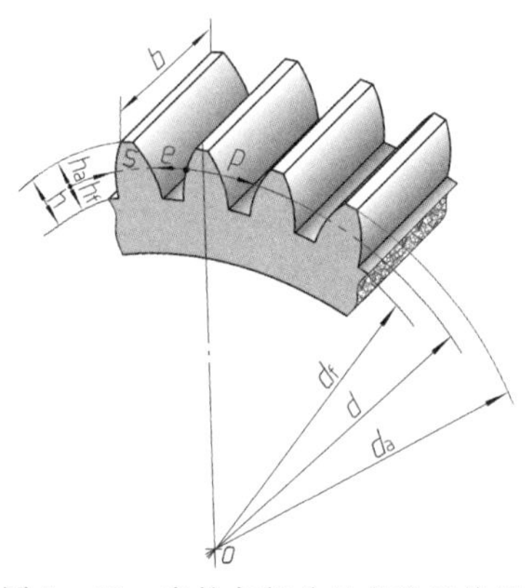

图 7—12　齿轮各部分的名称及代号

1. 齿顶圆直径（d_a）

通过轮齿顶部的圆的直径。

2. 齿根圆直径（d_f）

通过轮齿根部的圆的直径。

3. 分度圆直径（d）

分度圆是一个约定的假想圆，齿轮的轮齿尺寸均以此圆直径为基准确定，该圆上的齿厚 s 与槽宽 e 相等。

4. 齿顶高（h_a）

齿顶圆与分度圆之间的径向距离。

5. 齿根高（h_f）

齿根圆与分度圆之间的径向距离。

6. 齿高（h）

齿顶圆与齿根圆之间的径向距离。

7. 齿厚（s）

一个齿两侧齿廓之间的分度圆弧长。

8. 槽宽（e）

一个齿槽两侧齿廓之间的分度圆弧长。

9. 齿距（p）

相邻两齿同侧齿廓之间的分度圆弧长。

10. 齿宽（b）

齿轮轮齿的轴向宽度。

二、直齿圆柱齿轮的基本参数

1. 齿数（z）

一个齿轮的轮齿总数。

2. 模数（m）

齿轮的齿数 z、齿距 p 和分度圆直径 d 之间有以下关系：

$$\pi d = zp \quad 即 \quad d = zp/\pi$$

令 $p/\pi = m$，则 $d = mz$。

m 称为齿轮的模数。

模数 m 是设计、制造齿轮的重要参数。模数大，齿距 p 也大，齿厚 s、齿高 h 也随之增大，因而齿轮的承载能力增大。

为了便于齿轮的设计和制造，模数已经标准化，我国规定的标准模数值见表 7—6。

表 7—6　　齿轮模数系列（GB/T 1357—2008）　　mm

第一系列	1、1.25、1.5、2、2.5、3、4、5、6、8、10、12、16、20、25、32、40、50
第二系列	1.125、1.375、1.75、2.25、2.75、3.5、4.5、5.5、(6.5)、7、9、(11)、14、18、22、28、36、45

注：选用模数时，应优先选用第一系列，括号内的模数尽可能不用。

3. 齿形角（α）

齿廓曲线和分度圆交点处的径向直线与齿廓在该点处的切线所夹锐角称为齿形角，如图 7—13 所示。根据 GB/T 1356—2001 的规定，标准齿形角 α 为 20°。两标准直齿圆柱齿轮正确啮合传动的条件是模数 m 和齿形角 α 均相等。

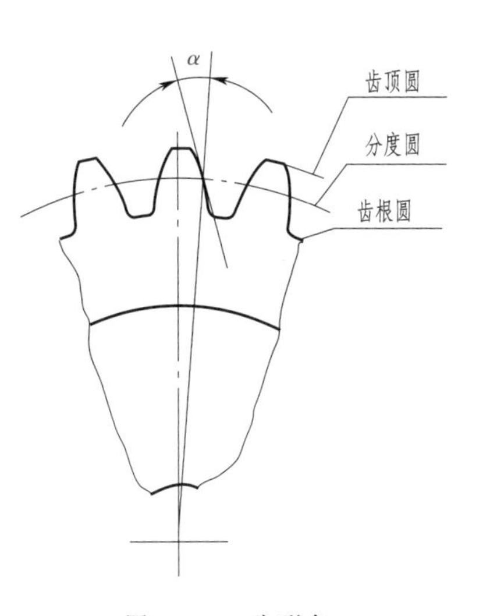

图 7—13　齿形角 α

4. 传动比（i）

传动比为主动齿轮的转速 n_1（r/min）与从动齿轮的转速 n_2（r/min）之比，即 n_1/n_2。由 $n_1 z_1 = n_2 z_2$ 可得：$i = n_1/n_2 = z_2/z_1$。

5. 中心距（a）

两圆柱齿轮轴线之间的最短距离称为中心距，即：

$$a = (d_1 + d_2)/2 = m(z_1 + z_2)/2$$

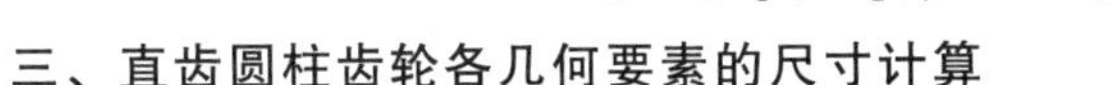

三、直齿圆柱齿轮各几何要素的尺寸计算

标准直齿圆柱齿轮各几何要素尺寸的计算公式见表 7—7。

从表中可知，已知齿轮的模数 m 和齿数 z，按表中所列公式可以计算出各几何要素的尺寸，并画出齿轮的图形。

表 7—7　　直齿圆柱齿轮各几何要素尺寸的计算公式

名称	代号	计算公式
齿顶高	h_a	$h_a = m$
齿根高	h_f	$h_f = 1.25m$
齿高	h	$h = 2.25m$
分度圆直径	d	$d = mz$
齿顶圆直径	d_a	$d_a = m(z+2)$
齿根圆直径	d_f	$d_f = m(z-2.5)$
中心距	a	$a = \frac{1}{2}(d_1 + d_2) = \frac{1}{2}m(z_1 + z_2)$

四、圆柱齿轮的画法规定

1. 单个圆柱齿轮

齿轮上轮齿的结构复杂且数量多，为简化作图，GB/T 4459.2—2003 对齿轮画法做出规定：齿顶圆和齿顶线用粗实线绘制，分度圆和分度线用细点画线绘制，齿根圆和齿根线用细实线绘制（也可省略不画），如图 7—14a 所示；在剖视图中，当剖切平面通过齿轮轴线时，轮齿一律按不剖处理，齿根线画成粗实线（图 7—14b）；当需要表示斜齿或人字齿的齿线形状时，可用三条与齿线方向一致的细实线表示（图 7—14c）。

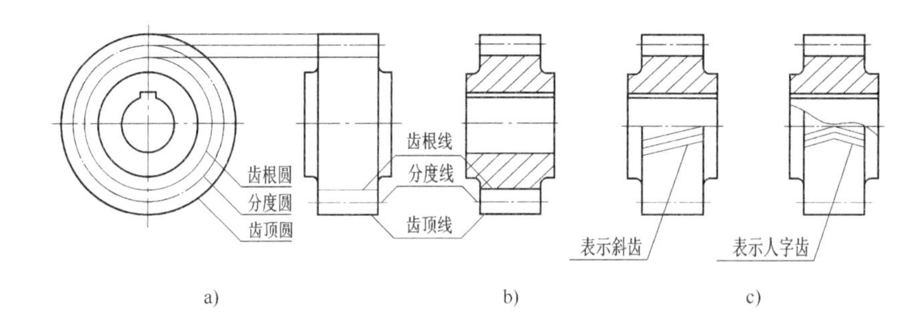

图 7—14　圆柱齿轮的画法

2. 啮合圆柱齿轮

在垂直于圆柱齿轮轴线的投影面的视图中，啮合区内齿顶圆均用粗实线绘制（图 7—15a 所示的左视图），或按省略画法绘制（图 7—15b）。在剖视图中，当剖切平面通过两啮合齿轮轴线时，在啮合区内，将一个齿轮的轮齿用粗实线绘制，另一个齿轮的轮齿被遮挡部分用细虚线绘制（图 7—15a 所示的主视图），被遮挡部分也可以省略不画。在平行于圆柱齿轮轴线的投影面的外形视图中，啮合区不画齿顶线，只用粗实线画出节线（当一对圆柱齿轮保持标准中心距啮合时，节线是指两分度圆柱面的切线），如图 7—15c 所示。

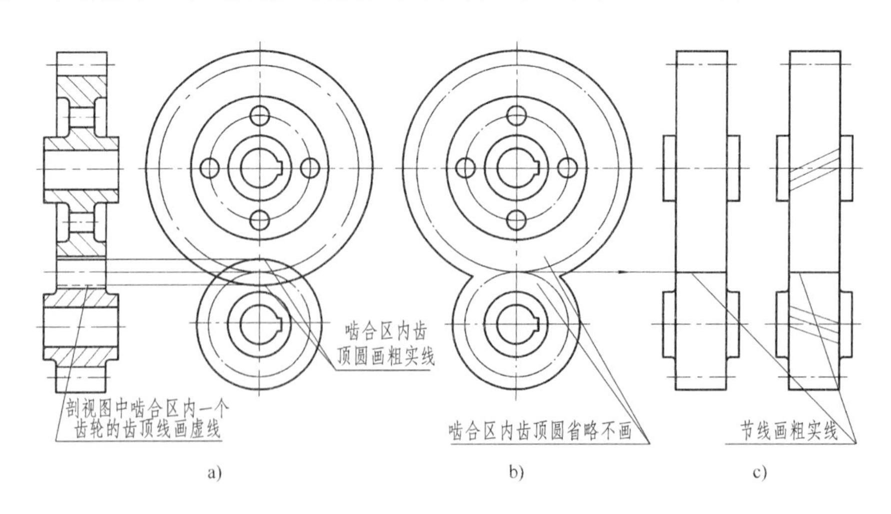

图 7—15　啮合圆柱齿轮的画法

如图 7—16 所示，在齿轮啮合的剖视图中，由于齿根高与齿顶高相差 $0.25m$，因此，一个齿轮的齿顶线和另一个齿轮的齿根线之间应有 $0.25m$ 的顶隙。

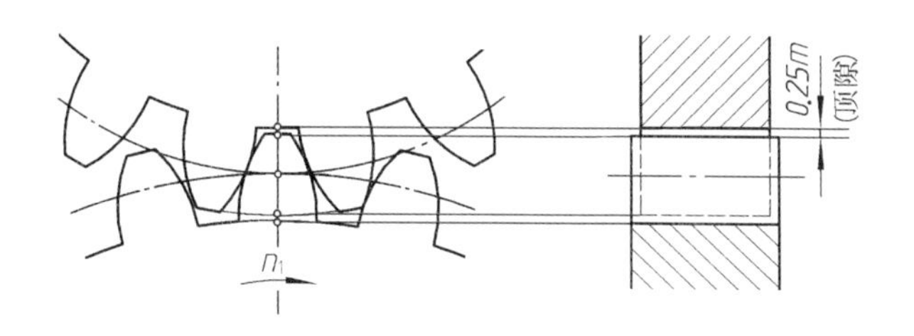

图 7—16　啮合齿轮间的顶隙

* 五、锥齿轮、蜗杆与蜗轮的画法

1. 锥齿轮画法和锥齿轮啮合画法

如图 7—17 所示，单个直齿锥齿轮主视图常采用全剖视，在投影为圆的视图中规定用粗实线画出大端和小端的齿顶圆，用细点画线画出大端分度圆。齿根圆及小端分度圆均不必画出。

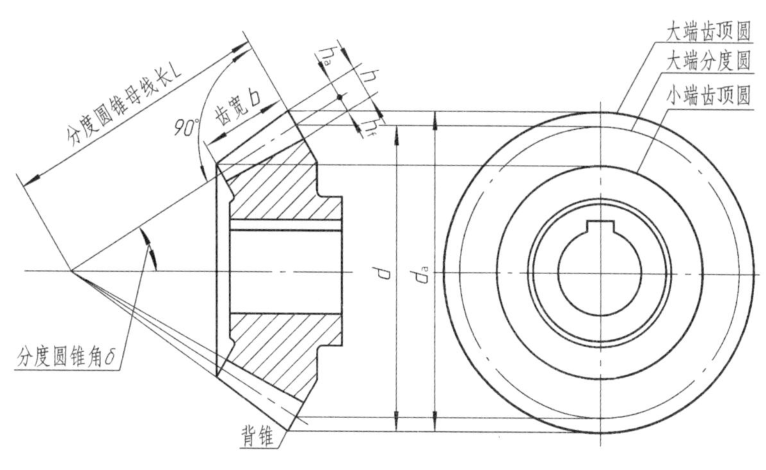

图 7—17　锥齿轮画法

如图 7—18 所示，锥齿轮啮合时主视图画成全剖视图，两锥齿轮的节圆锥面相切处用细点画线画出；在啮合区内，应将其中一个齿轮的齿顶线画成粗实线，而将另一个齿轮的齿顶线画成细虚线或省略不画。

2. 单个蜗杆、蜗轮画法及蜗杆与蜗轮啮合画法

单个蜗杆、蜗轮画法与圆柱齿轮画法基本相同。

蜗杆的主视图上可用局部剖视或局部放大图表示齿形。齿顶圆（齿顶线）用粗实线画出，分度圆（分度线）用细点画线画出，齿根圆（齿根线）用细实线画出或省略不画，如图 7—19a 所示。

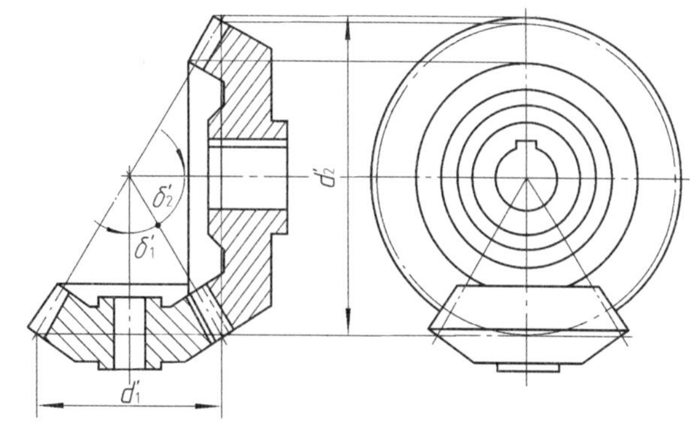

图 7—18　锥齿轮啮合画法

蜗轮通常用剖视图表达，在投影为圆的视图中，只画分度圆（d_2）和蜗轮外圆（d_{e2}），如图 7—19b 所示。

图 7—20 所示为蜗杆与蜗轮啮合画法，其中图 7—20a 所示为啮合时的外形视图，画图时要保证蜗杆的分度线与蜗轮的分度圆相切。在蜗轮投影不为圆的外形视图中，蜗轮被蜗杆遮住部分不画；在蜗轮投影为圆的外形视图中，蜗杆、蜗轮啮合区的齿顶圆都用粗实线画出。图 7—20b 所示为啮合时的剖视画法，注意啮合区域剖开处蜗杆分度线与蜗轮分度圆的相切画法。

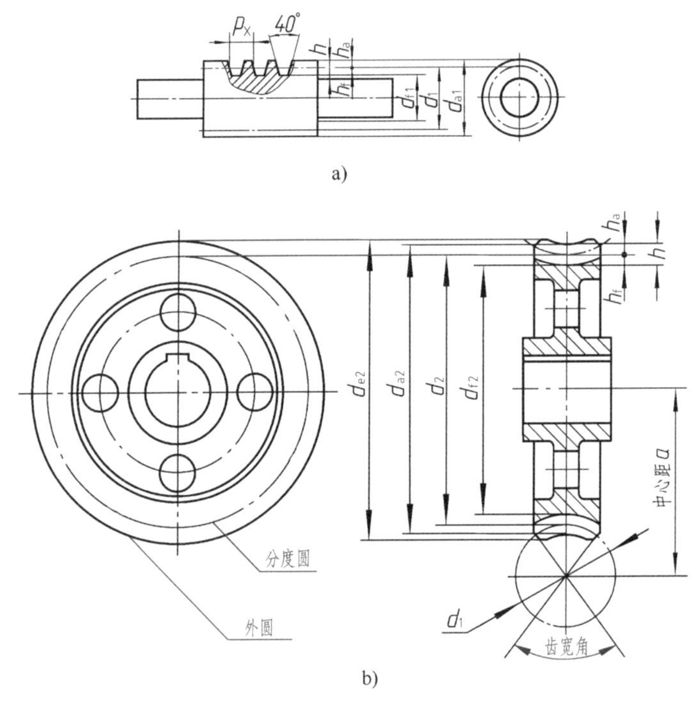

图 7—19　蜗杆与蜗轮画法

a）蜗杆主视图　b）蜗轮的画法

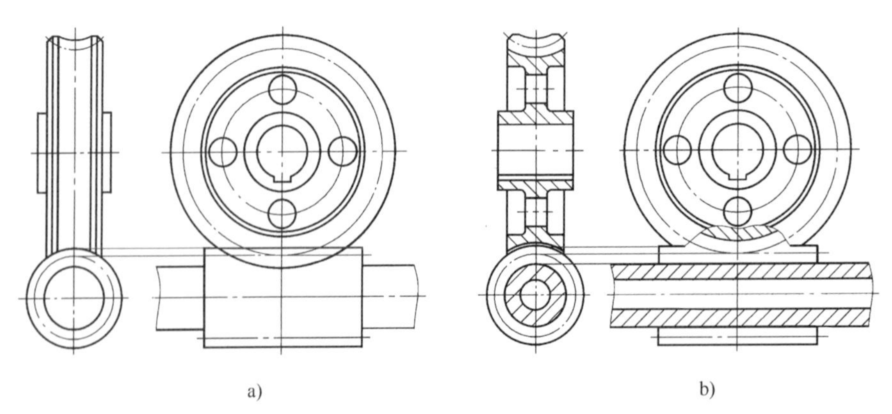

图 7—20　蜗杆与蜗轮啮合画法

a）外形视图　b）剖视画法

§7—3 键连接和销连接

一、键连接

键连接是一种可拆连接。键用于连接轴和轴上的传动件（如齿轮、带轮等），使轴和传动件不产生相对转动，保证两者同步旋转，传递扭矩和旋转运动。

键是标准件，常用的键有普通平键、半圆键和楔键，本节仅介绍普通平键。普通平键有三种结构类型，即A型（圆头）、B型（平头）、C型（单圆头）。

图7—21所示为普通平键连接的情况，在轴和轮毂上分别加工出键槽，装配时先将键嵌入轴的键槽内，再将轮毂上的键槽对准轴上的键，把轮子装在轴上。传动时，轴和轮子便一起转动。

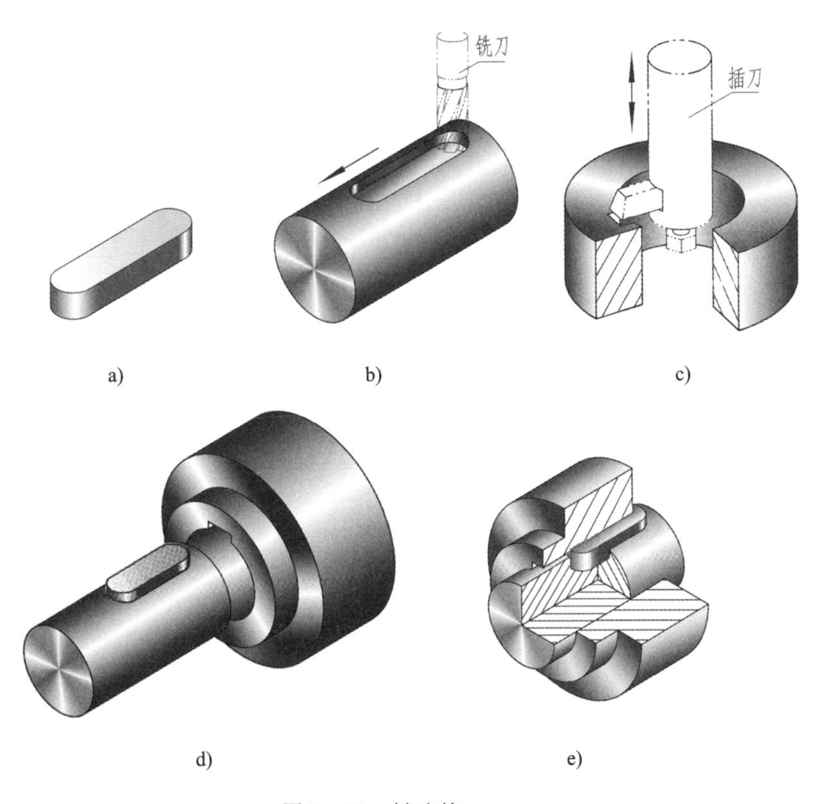

图7—21　键连接

a）键　b）在轴上加工键槽　c）在轮毂上加工键槽　d）将键嵌入键槽内　e）键与轴同时装入轮毂

1. 键槽画法及尺寸标注

因为键是标准件，所以一般不必画出零件图，但要画出零件上与键相配合的键槽，如图

7—22 所示。键槽的宽度 b 可根据轴的直径 d 查表确定，轴上的槽深 t_1 和轮毂上的槽深 t_2 可从键的标准中查得，键的长度 L 应小于或等于轮毂的长度。键槽画法及尺寸标注如图 7—22 所示。

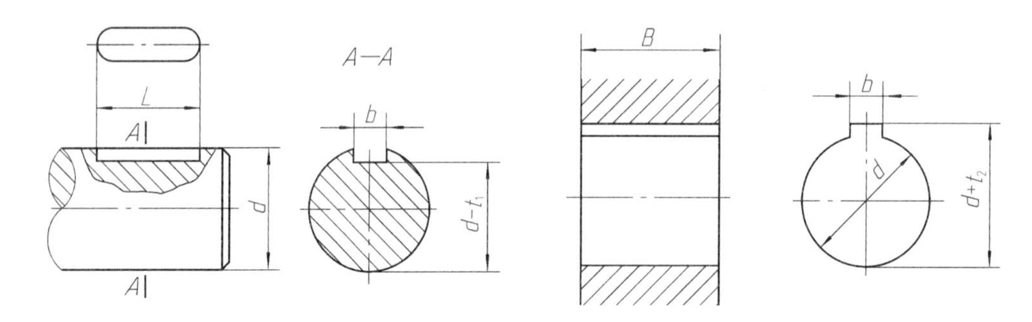

图 7—22　键槽画法及尺寸标注

普通平键的尺寸和键槽的断面尺寸可按轴的直径在表 7—8 中查得。

表 7—8　普通平键的尺寸和键槽的断面尺寸（GB/T 1095—2003、GB/T 1096—2003）

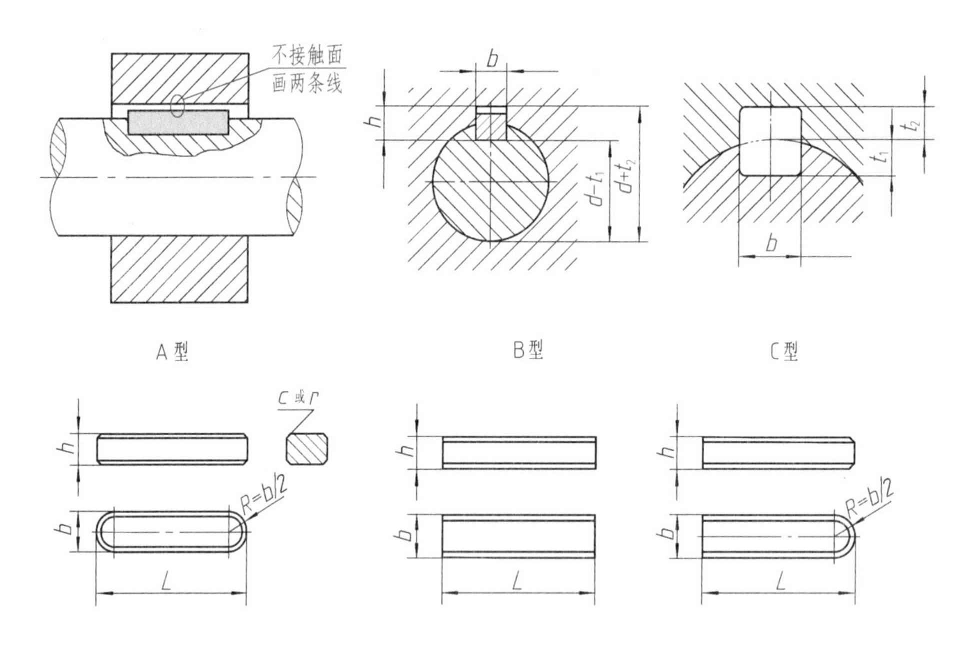

标记示例：

键　GB/T 1096　16×10×100（普通 A 型平键，b=16 mm，h=10 mm，L=100 mm）

键　GB/T 1096　B16×10×100（普通 B 型平键，b=16 mm，h=10 mm，L=100 mm）

键　GB/T 1096　C16×10×100（普通 C 型平键，b=16 mm，h=10 mm，L=100 mm）

注：普通 A 型平键的型号“A”可省略不注，B 型和 C 型要标注“B”或“C”。

续表

轴	键		键槽											
			宽度 b						深度				半径 r	
				偏差					轴 t_1		毂 t_2			
基本直径 d	基本尺寸 $b \times h$	长度 L	基本尺寸 b	松连接		正常连接		紧密连接						
				轴 H9	毂 D10	轴 N9	毂 JS9	轴和毂 P9	基本尺寸	极限偏差	基本尺寸	极限偏差	最小	最大
>10～12	4×4	8～45	4	+0.030 0	+0.078 +0.030	0 −0.030	±0.015	−0.012 −0.042	2.5	+0.1 0	1.8	+0.1 0	0.08	0.16
>12～17	5×5	10～56	5						3.0		2.3		0.16	0.25
>17～22	6×6	14～70	6						3.5		2.8			
>22～30	8×7	18～90	8	+0.036 0	+0.098 +0.040	0 −0.036	±0.018	−0.015 −0.051	4.0	+0.2 0	3.3	+0.2 0		
>30～38	10×8	22～110	10						5.0		3.3		0.25	0.40
>38～44	12×8	28～140	12	+0.043 0	+0.120 +0.050	0 −0.043	±0.0215	−0.018 −0.061	5.0		3.3			
>44～50	14×9	36～160	14						5.5		3.8			
>50～58	16×10	45～180	16						6.0		4.3			
>58～65	18×11	50～200	18						7.0		4.4			
>65～75	20×12	56～220	20	+0.052 0	+0.149 +0.065	0 −0.052	±0.026	−0.022 −0.074	7.5		4.9		0.40	0.60
>75～85	22×14	63～250	22						9.0		5.4			
>85～95	25×14	70～280	25						9.0		5.4			
>95～110	28×16	80～320	28						10.0		6.4			

注：1. ($d-t_1$) 和 ($d+t_2$) 两组组合尺寸的极限偏差按相应的 t_1 和 t_2 的极限偏差选取，但 ($d-t_1$) 极限偏差的值应取负号（−）。

2. L 系列：6～22（二进位）、25、28、32、36、40、45、50、56、63、70、80、90、100、110、125、140、160、180、200、220、250、280、320、360、400、450、500。

3. 轴的直径与键的尺寸的对应关系未列入标准，此表给出仅供参考。

4. 表中数据单位为 mm。

2. 键连接画法

表 7—8 所列为普通平键连接的装配图画法。主视图中键被剖切面纵向剖切，键按不剖处理。为了表示键在轴上的装配情况，采用了局部剖视。左视图中键被横向剖切，键要画剖面线（与轮子的剖面线方向相反，或一致但间隔不等）。由于平键的两个侧面是其工作表面，分别与轴的键槽和轮毂键槽的两个侧面配合，键的底面与轴的键槽底面接触，故均画一条线，而键的顶面不与轮毂的键槽底面接触，因此画两条线。

二、销连接

销是标准件，通常用于零件的连接或定位。常用的有圆柱销、圆锥销和开口销。圆柱销和圆锥销的连接画法如图 7—23 所示。

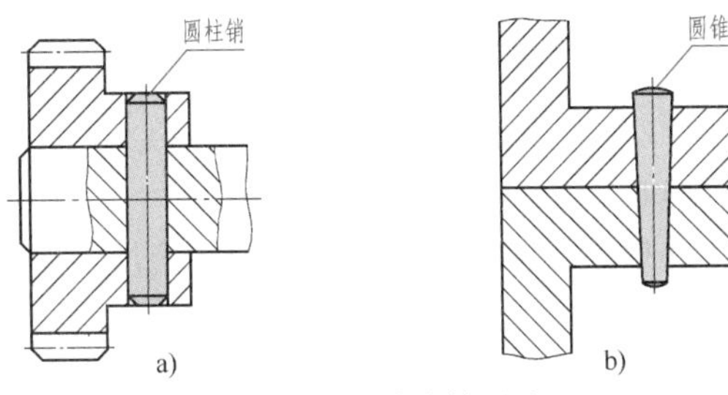

图 7—23　销连接画法

开口销常与六角开槽螺母配合使用，它穿过螺母上的槽和螺杆上的孔，并将销的尾部叉开，以防止螺母松动或限定其他零件在装配体中的位置（参见图 9—12d）。

圆柱销和圆锥销各部分尺寸及其标记示例见附表 10 和附表 11。

§7—4 弹　簧

弹簧是用途很广泛的常用零件。它主要用于减振、夹紧、储存能量和测力等方面。弹簧的特点是在弹性变形范围内，去掉外力后能立即恢复原状。常用的弹簧如图 7—24 所示。本节仅介绍普通圆柱螺旋压缩弹簧的画法和尺寸计算。

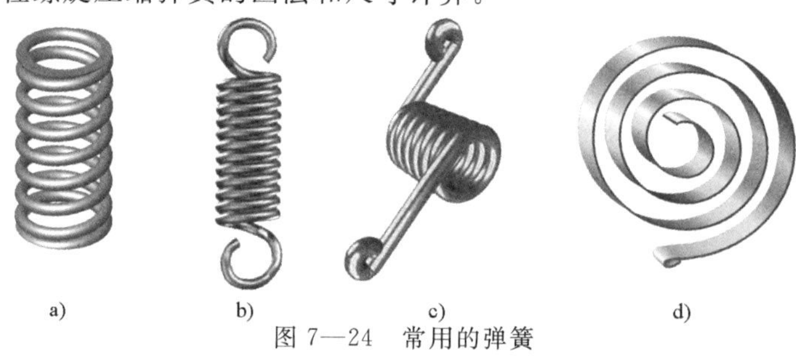

图 7—24　常用的弹簧

a）压缩弹簧　b）拉伸弹簧　c）扭转弹簧　d）平面蜗卷弹簧

一、圆柱螺旋压缩弹簧各部分名称及尺寸计算（图 7—28）

1. 线径（*d*）

弹簧钢丝直径。

2. 弹簧外径（D_2）

弹簧的最大直径。

3. 弹簧内径（D_1）

弹簧的最小直径。

4. 弹簧中径（*D*）

弹簧的平均直径。

$$D_1 = D_2 - 2d$$

$$D = (D_2 + D_1)/2 = D_1 + d = D_2 - d$$

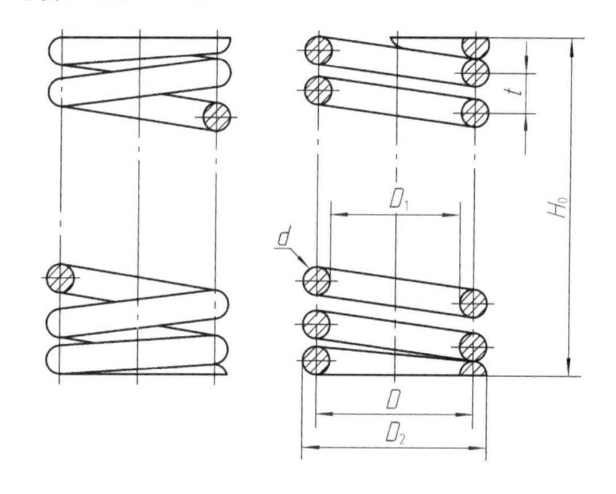

图 7—25　圆柱螺旋压缩弹簧

5. 节距（*t*）

除支承圈外，相邻两有效圈上对应点之间的轴向距离。

6. 有效圈数（*n*）、支承圈数（n_z）和总圈数（n_1）

为了使螺旋压缩弹簧工作时受力均匀，增加弹簧的平稳性，将弹簧两端并紧、磨平。并紧、磨平的圈数主要起支承作用，称为支承圈。如图 7—25 所示的弹簧，两端各有 $1\frac{1}{4}$ 圈为支承圈，即 $n_z = 2.5$。保持相等节距的圈数称为有效圈数。有效圈数与支承圈数之和称为总圈数，即 $n_1 = n + n_z$。

7. 自由高度（H_0）

弹簧在不受外力作用时的高度（或长度），$H_0 = nt + (n_z - 0.5)d$。

8. 展开长度（L）

制造弹簧时坯料的长度。由螺旋线的展开可知 $L \approx n_1\sqrt{(\pi D)^2 + t^2}$。

二、圆柱螺旋压缩弹簧的画法（GB/T 4459.4—2003）

1. 弹簧在平行于轴线投影面的视图中，各圈的轮廓不必按螺旋线的真实投影画出，而用直线来代替螺旋线的投影（图 7—25）。

2. 螺旋弹簧均可画成右旋，对必须保证的旋向要求应在“技术要求”中注明。

3. 有效圈数在 4 圈以上的螺旋弹簧，中间各圈可以省略，只画出其两端的 1～2 圈（不包括支承圈），中间用通过弹簧钢丝断面中心的细点画线连起来。省略后，允许适当缩短图形的长度，但应注明弹簧设计要求的自由高度（图 7—25）。

4. 在装配图中，螺旋弹簧被剖切后，不论中间各圈是否省略，被弹簧挡住的结构一般不画，其可见部分应从弹簧的外轮廓线或弹簧钢丝剖面的中心线画起（图 7—26a）。

5. 在装配图中，当弹簧钢丝直径在图上表示小于等于 2 mm 时，螺旋弹簧允许用图 7—26c 所示的示意画法表示。当弹簧被剖切时，也可涂黑表示（图 7—26b）。

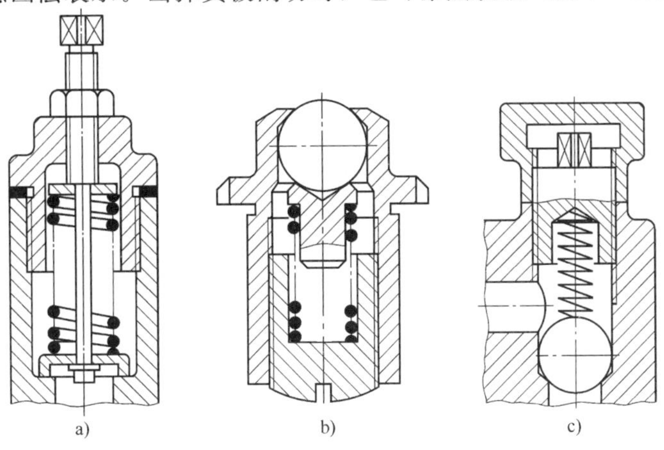

图 7—26　装配图中弹簧的画法

三、圆柱螺旋压缩弹簧画法举例

对于两端并紧、磨平的压缩弹簧，其作图步骤如图 7—27 所示。国家标准规定，不论弹簧的支承圈是多少，均可按支承圈为 2.5 圈时的画法绘制。左旋弹簧和右旋弹簧均可画成右旋，但左旋要注明“LH”。

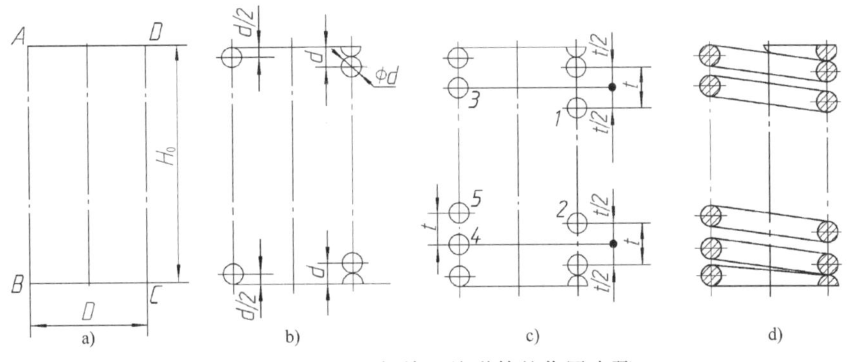

图 7—27　圆柱螺旋压缩弹簧的作图步骤

a）以自由高度 H_0 和弹簧中径 D 作出矩形 $ABCD$　b）画出支承圈部分，d 为线径

c）画出部分有效圈，t 为节距　d）按右旋方向作相应圆的公切线，画成剖视图

§7—5 滚动轴承

在机器中，滚动轴承是用来支承轴的标准部件。由于它可以大大减小轴与孔相对旋转时产生的摩擦力，具有机械效率高、结构紧凑等优点，因此应用极为广泛。

一、滚动轴承的结构类型与分类

滚动轴承种类繁多，但其结构大体相同，一般由外圈、内圈、滚动体和保持架组成，如图 7—28 所示。滚动轴承按其承受的载荷方向分为：

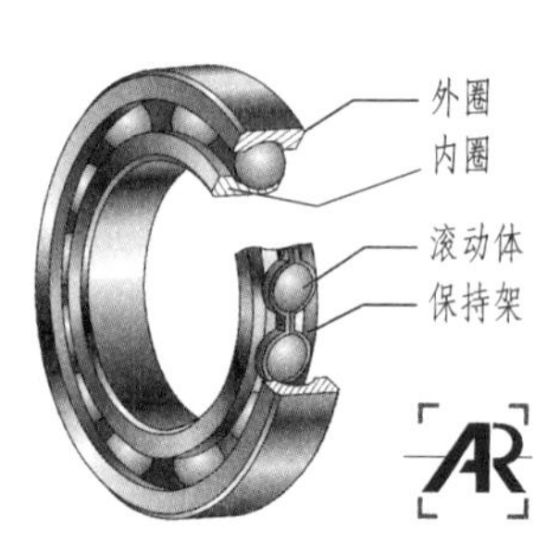

图 7—28　滚动轴承的基本结构

向心轴承——主要用于承受径向载荷的轴承，如图 7—28 所示的深沟球轴承。

推力轴承——主要用于承受轴向载荷的轴承，常用的是推力球轴承。

按其滚动体的种类不同，又分为：

球轴承——滚动体为球的轴承，常用的有深沟球轴承、推力球轴承和调心球轴承。

滚子轴承——滚动体为滚子的轴承。常用的有圆柱滚子轴承、圆锥滚子轴承等。

二、滚动轴承的表示法

滚动轴承是标准组件，为使绘图简便，国家标准规定了简化表示法。滚动轴承的表示法包括三种画法，即通用画法、特征画法和规定画法，各种画法示例见表 7—9。

表 7—9　　常用滚动轴承的画法示例

轴承类型	结构形式	通用画法	特征画法	规定画法	承载特征
		均指滚动轴承在所属装配图剖视图中的画法			
深沟球轴承 (GB/T 276—2013) 6000 型		B, A, 2A/3, 2B/3, d, D	2B/3, A, B/6, d, D, B	B, B/2, A, A/2, A/2, 60°, d, D	主要承受径向载荷

续表

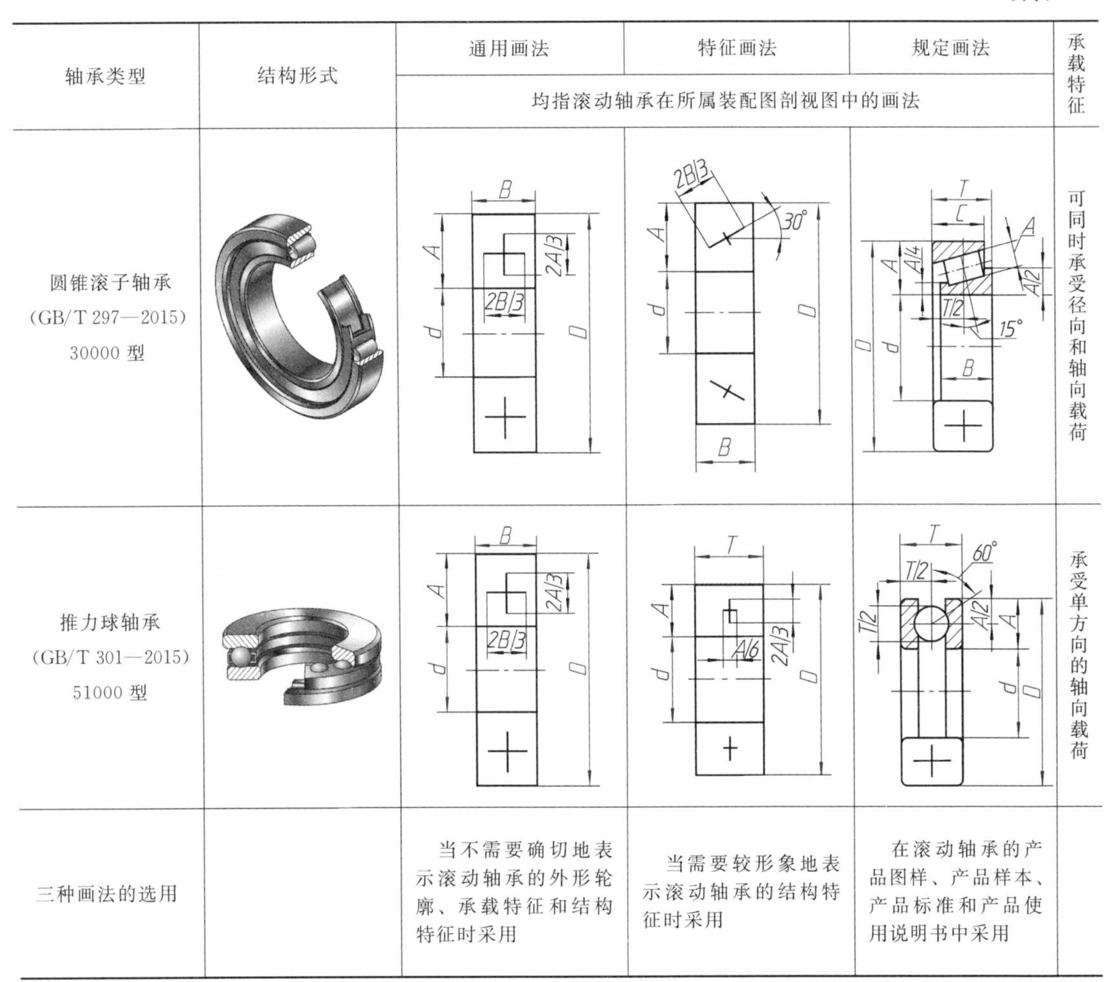

轴承类型	结构形式	通用画法	特征画法	规定画法	承载特征
		均指滚动轴承在所属装配图剖视图中的画法			
圆锥滚子轴承 (GB/T 297—2015) 30000 型					可同时承受径向和轴向载荷
推力球轴承 (GB/T 301—2015) 51000 型					承受单方向的轴向载荷
三种画法的选用		当不需要确切地表示滚动轴承的外形轮廓、承载特征和结构特征时采用	当需要较形象地表示滚动轴承的结构特征时采用	在滚动轴承的产品图样、产品样本、产品标准和产品使用说明书中采用	

三种画法中的各种符号、矩形线框和轮廓线均用粗实线绘制。

在装配图上，只需根据轴承的外径 D、内径 d 和宽度 B 画出外轮廓，有关尺寸的数值可由标准查得，见附表 12。

应注意：采用通用画法或特征画法绘制滚动轴承时，在同一图样中一般只采用其中一种画法。

三、滚动轴承的标记

滚动轴承的标记由名称、代号、标准编号三部分组成。如滚动轴承标记：

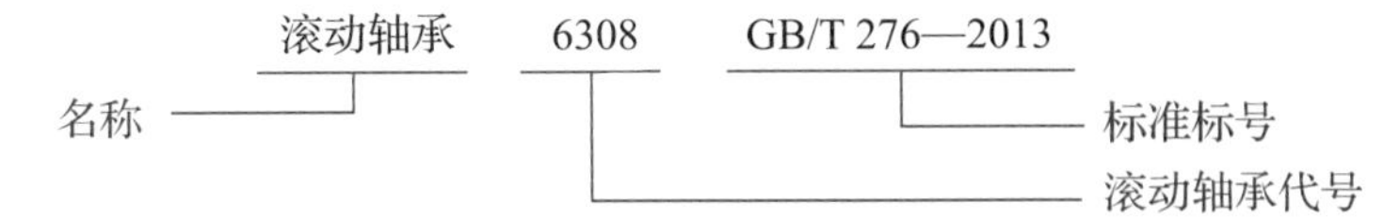

其中滚动轴承代号由基本代号、前置代号和后置代号构成。

1. 基本代号

基本代号表示轴承的基本类型、结构和尺寸，是轴承代号的基础。基本代号（滚针轴承除外）由轴承类型代号、尺寸系列代号、内径代号三部分组成，例如：

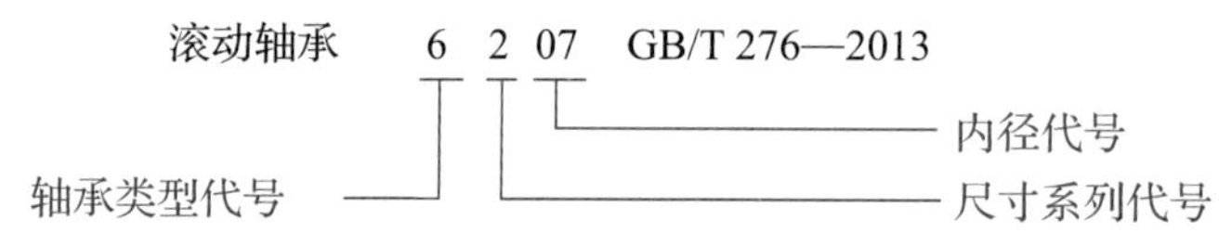

（1）轴承类型代号　轴承类型代号用数字或字母表示，见表 7—10。如“6”表示深沟球轴承；“0”表示双列角接触球轴承，在轴承代号中可省略“0”。

表 7—10　　滚动轴承类型代号（摘自 GB/T 272—2017）

代号	轴承类型	代号	轴承类型
0	双列角接触球轴承	6	深沟球轴承
1	调心球轴承	7	角接触球轴承
2	调心滚子轴承和推力调心滚子轴承	8	推力圆柱滚子轴承
3	圆锥滚子轴承	N	圆柱滚子轴承（双列或多列用字母 NN 表示）
4	双列深沟球轴承	U	外球面球轴承
5	推力球轴承	QJ	四点接触球轴承

注：在表中代号后或前加字母或数字表示该类轴承中的不同结构。

（2）尺寸系列代号　尺寸系列代号用数字表示。尺寸系列代号由轴承的宽（高）度系列代号和直径系列代号组合而成。向心轴承和推力轴承尺寸系列代号符合表 7—11 的规定。

表 7—11　　向心轴承和推力轴承尺寸系列代号

直径系列代号	向心轴承								推力轴承			
	宽度系列代号								高度系列代号			
	8	0	1	2	3	4	5	6	7	9	1	2
	尺寸系列代号											
7	—	—	17	—	37	—	—	—	—	—	—	—
8	—	08	18	28	38	48	58	68	—	—	—	—
9	—	09	19	29	39	49	59	69	—	—	—	—
0	—	00	10	20	30	40	50	60	70	90	10	—
1	—	01	11	21	31	41	51	61	71	91	11	—
2	82	02	12	22	32	42	52	62	72	92	12	22
3	83	03	13	23	33	—	—	—	73	93	13	23
4	—	04	—	24	—	—	—	—	74	94	14	24
5	—	—	—	—	—	—	—	—	—	95	—	—

（3）内径代号　轴承的内径代号用数字表示，并符合表 7—12 的规定。

表 7—12　　内径代号

轴承公称内径（mm）		内径代号	示例
0.6～10（非整数）		用公称内径毫米数直接表示，在其与尺寸系列代号之间用“/”分开	深沟球轴承　617/0.6　d=0.6 mm 深沟球轴承　618/2.5　d=2.5 mm
1～9（整数）		用公称内径毫米数直接表示，对深沟及角接触球轴承直径系列 7、8、9，内径与尺寸系列代号之间用“/”分开	深沟球轴承　625　d=5 mm 深沟球轴承　618/5　d=5 mm 角接触球轴承　707　d=7 mm 角接触球轴承　719/7　d=7 mm
10～17	10	00	深沟球轴承　6200　d=10 mm
	12	01	调心球轴承　1201　d=12 mm
	15	02	圆柱滚子轴承　NU 202　d=15 mm
	17	03	推力球轴承　51103　d=17 mm
20～480（22、28、32 除外）		用公称内径毫米数除以 5 的商数，商数为个位数，需在商数左边加“0”，如 08	调心滚子轴承　22308　d=40 mm 圆柱滚子轴承　NU 1096　d=480 mm
≥500 以及 22、28、32		用公称内径毫米数直接表示，但在其与尺寸系列代号之间用“/”分开	调心滚子轴承　230/500　d=500 mm 深沟球轴承　62/22　d=22 mm

2. 前置代号和后置代号

前置代号和后置代号是轴承在形状、结构、尺寸、公差、技术要求等方面有改变时，在基本符号的左右添加的补充代号。其相关规定可查阅国家标准 GB/T 272—2017。

3. 滚动轴承标记示例

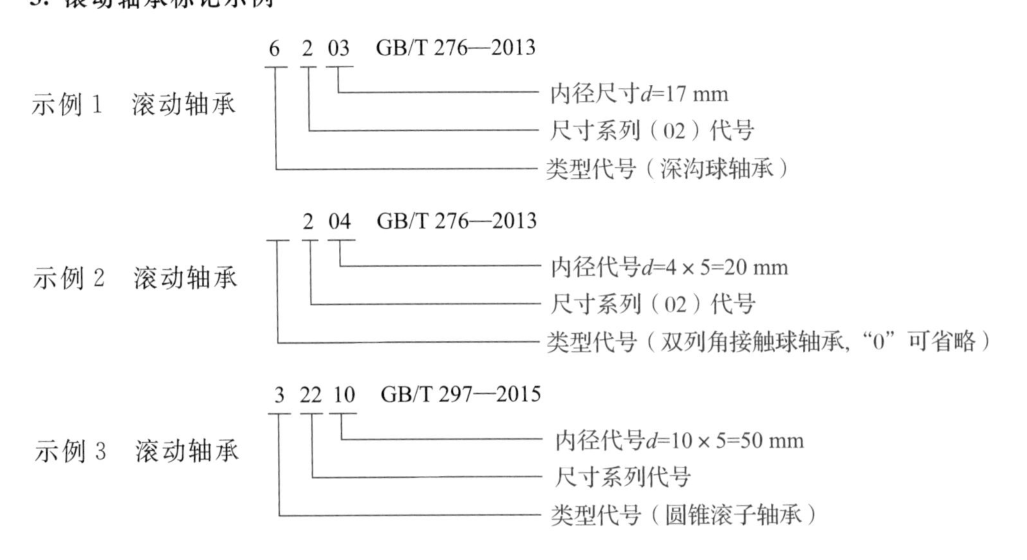

§7—6 中 心 孔

一、中心孔的形式

中心孔是轴类零件常见的结构要素。在多数情况下，中心孔只作为工艺结构要素。当某零件必须以中心孔作为测量或维修中的工艺基准时，则该中心孔既是工艺结构要素，又是完工零件上必须具备的结构要素。

中心孔通常为标准结构要素。国家标准规定了 R 型、A 型、B 型和 C 型四种中心孔形式，其一般表示法见表 7—13，用局部剖视图表示结构和形状，并注出各部分尺寸。这种表示法比较烦琐，为此，国家标准规定了简化表示法。

表 7—13　　　　中心孔的形式及尺寸（摘自 GB/T 145—2001）

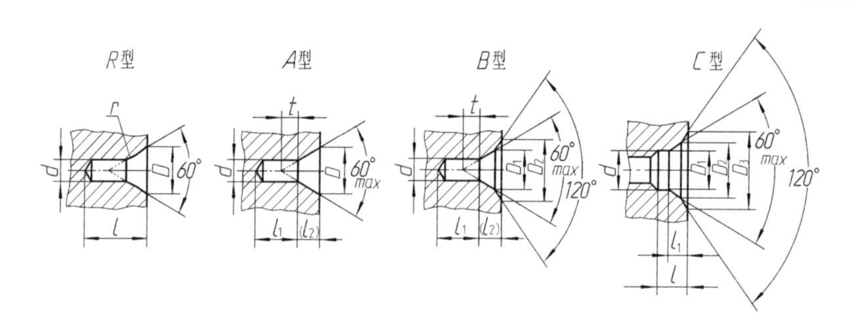

mm

d	形式							选择中心孔的参考数据（非标准内容）		
	R	A		B		C		D_{min}	D_{max}	G
	D	D☆	l_2☆	D_2★	l_2★	d	D_3			
1.6	3.35	3.35	1.52	5.0	1.99	—	—	6	>8～10	0.1
2.0	4.25	4.25	1.95	6.3	2.54	—	—	8	>10～18	0.12
2.5	5.3	5.3	2.42	8.0	3.20	—	—	10	>18～30	0.2
3.15	6.7	6.7	3.07	10.0	4.03	M3	5.8	12	>30～50	0.5
4.0	8.5	8.5	3.90	12.5	5.05	M4	7.4	15	>50～80	0.8
(5.0)	10.6	10.6	4.85	16.0	6.41	M5	8.8	20	>80～120	1.0

注：1. 括号内的尺寸尽量不采用。

2. D_{min}为原料端部最小直径。

3. D_{max}为轴状材料最大直径。

4. G 为工件最大质量（t）。

5. D 和 l_2（加☆）任选其一，D_2 和 l_2（加★）任选其一。

二、中心孔的符号

为了体现在完工零件上是否保留中心孔的要求，可采用表 7—14 中规定的符号。符号画成张开 60°的两条线段，符号的图线宽度等于相应图样上所注尺寸数字字高的 1/10。

表 7—14　　中心孔的符号

要求	符号	表示法示例	说明
在完工零件上要求保留中心孔		GB/T 4459.5—B2.5/8	采用 B 型中心孔 $d=2.5$ mm　$D_2=8$ mm 在完工零件上要求保留
在完工零件上可以保留中心孔		GB/T 4459.5—A4/8.5	采用 A 型中心孔 $d=4$ mm　$D=8.5$ mm 在完工零件上是否保留都可以
在完工零件上不允许保留中心孔		GB/T 4459.5—A1.6/3.35	采用 A 型中心孔 $d=1.6$ mm　$D=3.35$ mm 在完工零件上不允许保留

三、中心孔的标记

R 型（弧形）、A 型（不带护锥）、B 型（带护锥）中心孔的标记由以下要素构成：标准编号、形式、导向孔直径（d）和锥形孔端面直径（D、D_2 或 D_3）。

示例：B 型中心孔，导向孔直径 $d=2.5$ mm，锥形孔端面直径 $D_2=8$ mm，则标记为 GB/T 4459.5—B2.5/8。

C 型（带螺纹）中心孔的标记由以下要素构成：标准编号、形式、螺纹代号（用普通螺纹特征代号 M 和公称直径表示）、螺纹长度（L＋长度值）和锥形孔端面直径（D_3）。

示例：C 型中心孔，螺纹代号为 M10，螺纹长度 $L=30$ mm，锥形孔端面直径 $D_3=16.3$ mm，则标记为 GB/T 4459.5—CM10L30/16.3。

以上标记规定中的字母代号含义见表 7—13。

四、中心孔表示法

中心孔表示法可分为规定表示法和简化表示法。

1. 规定表示法

在图样中，中心孔可不绘制详细结构，用符号和标记在轴端给出对中心孔的要求，例如，表 7—14 中的表示法示例即为规定表示法。

标记中的标准编号也可按图 7—29 所示的形式标注。

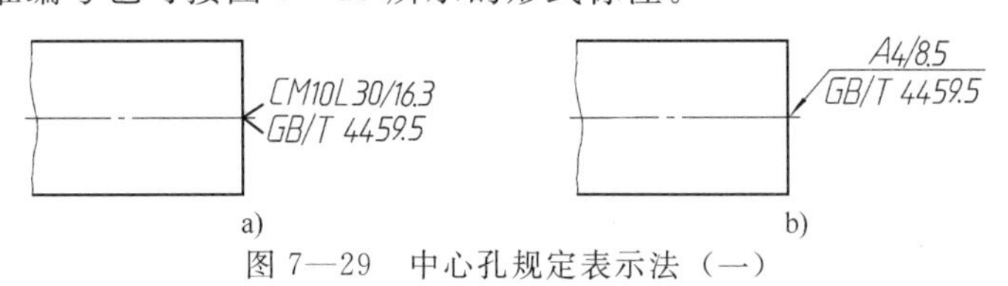

图 7—29　中心孔规定表示法（一）

对中心孔的表面结构要求和以中心孔轴线为基准时的标注方法如图 7—30 所示。

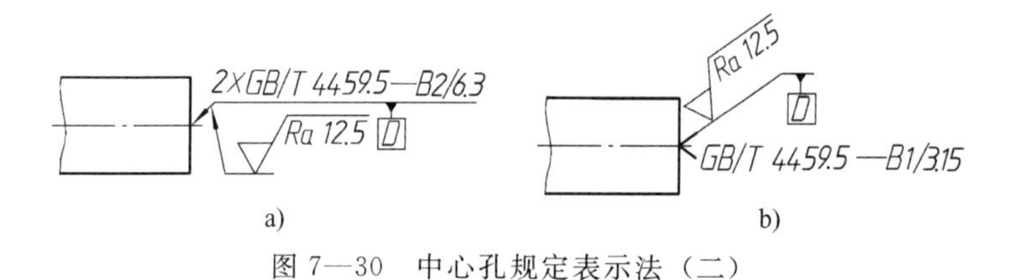

图 7—30　中心孔规定表示法（二）

2. 简化表示法

在不致引起误解时，可省略中心孔标记中的标准编号，如图 7—31 所示。

同一轴两端的中心孔相同时，可只在其中一端标出，但应注出其数量，如图 7—30a 和图 7—31 所示。

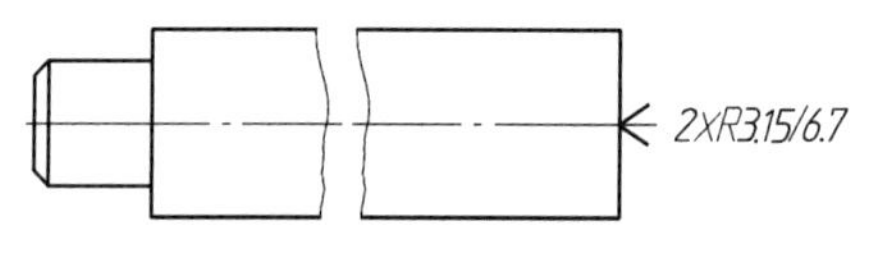

图 7—31　中心孔简化表示法

第八章 零件图

任何一台机器或一个部件都是由若干零件装配而成的，制造机器首先要依据零件图加工零件。零件图是制造和检验零件的主要依据。本章主要讨论识读和绘制零件图的基本方法，并简要介绍零件图上标注尺寸的合理性、零件工艺结构以及技术要求等内容。

§8—1 零件图概述

一、零件图与装配图的作用和关系

装配图表示机器或部件的工作原理、零件间的装配关系和技术要求。零件图则表示零件的结构、形状、大小和有关技术要求，并根据它制造和检验零件。在设计或测绘机器时，首先要绘制装配图，再拆画零件图，零件完工后再按装配图将零件装配成机器或部件。因此，零件与部件、零件图与装配图之间的关系十分密切。

学习本章内容时应注意：在识读或绘制零件图时，要考虑零件在部件中的位置、作用，以及与其他零件间的装配关系，从而理解各零件的结构、形状和加工方法；在识读或绘制装配图时（将在第九章中讲述），也必须了解部件中主要零件的结构、形状和作用，以及各零件间的装配关系。

图 8—1 所示为滑动轴承轴测分解图。滑动轴承是机器设备中支承轴传动的部件，它由一些标准件（如螺栓、螺母等）和专用件[①]（如轴承座、轴承盖等）装配而成。轴承座是滑动轴承的主要零件，它与轴承盖通过两组螺栓和螺母紧固，并压紧上、下轴衬；轴承盖上部的油杯给轴衬加润滑油；轴承座下部的底板在安装滑动轴承时起支承和固定作用。由此可见，零件的结构、形状和大小是由该零件在机器或部件中的功能以及与其他零件的装配连接关系确定的。

二、零件图的内容

图 8—2 所示为轴承座零件图。一张作为加工和检验依据的零件图应包括以下基本内容：

① 根据零件在装配体中的功用和装配关系而专门设计的零件称为专用件。

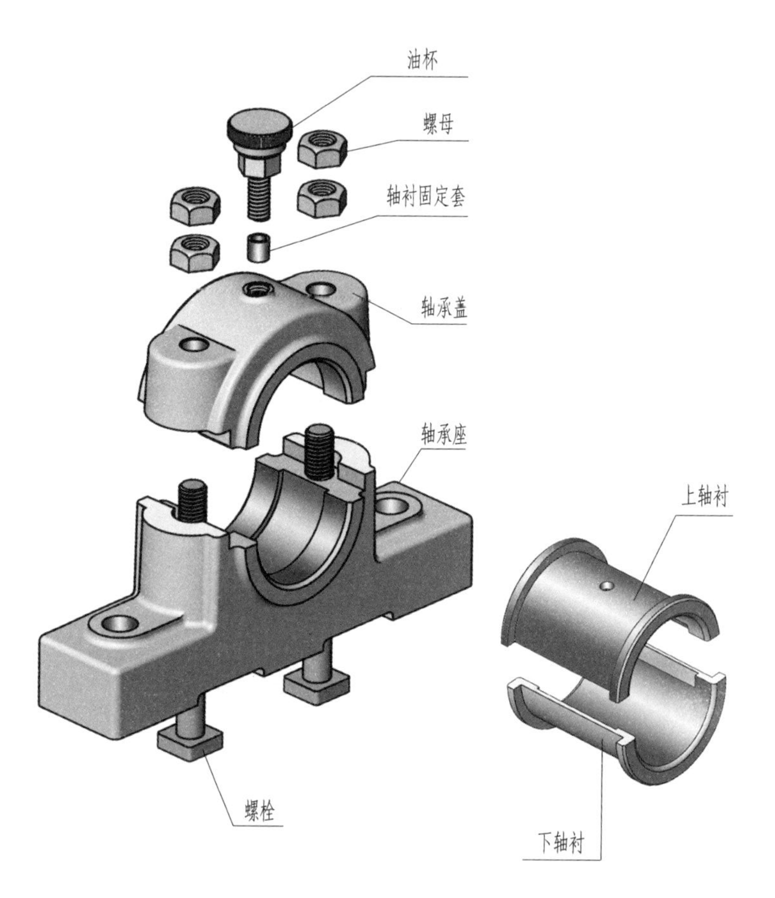

图 8—1　滑动轴承轴测分解图

1. 图形

选用一组适当的视图、剖视图、断面图等图形，正确、完整、清晰地表达零件的内外结构和形状。

2. 尺寸

正确、齐全、清晰、合理地标注零件在制造和检验时所需要的全部尺寸。

3. 技术要求

用规定的符号、代号、标记和文字说明等简明地给出零件在制造和检验时所应达到的各项技术指标和要求，如尺寸公差、几何公差、表面结构、热处理等。

4. 标题栏

填写零件名称、材料、比例、图号以及设计、审核人员的责任签字等。

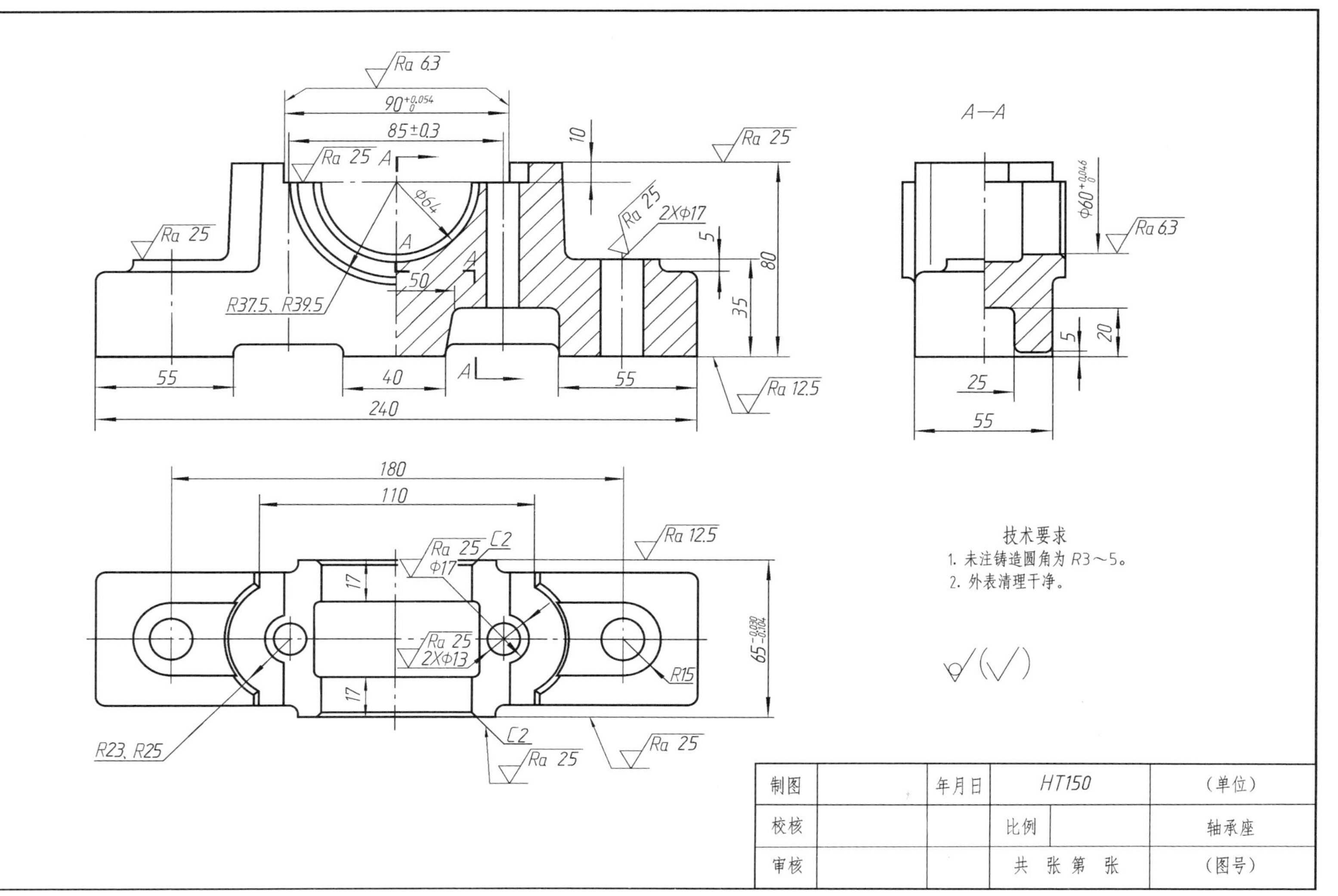
Ra 6.3
$90^{+0.054}_{0}$
85±0.3
Ra 25
A
Φ64
R37.5、R39.5
50
10
Ra 25
2XΦ17
5
80
35
55
40
240
Ra 12.5
A—A
$Φ60^{+0.046}_{0}$
Ra 6.3
20
25
180
110
Φ17
C2
2XΦ13
17
R15
$65^{-0.030}_{-0.104}$
R23、R25
技术要求
1. 未注铸造圆角为R3～5。
2. 外表清理干净。
制图
年月日
HT150
（单位）
校核
比例
轴承座
审核
共 张 第 张
（图号）

图 8—2　轴承座零件图

§8—2 零件结构和形状的表达

零件图应把零件的结构和形状正确、完整、清晰地表达出来。要满足这些要求，首先要对零件的结构和形状特点进行分析，并了解零件在机器或部件中的位置、作用及加工方法，然后灵活地选择基本视图、剖视图、断面图及其他各种表示法，合理地选择主视图和其他视图，确定一种较为合理的表达方案是表示零件结构和形状的关键。

一、选择主视图

主视图是一组图形的核心，看图和画图都是从主视图开始的。所以，主视图选择合理与否，直接影响看图和画图是否方便。选择主视图时，一般应综合考虑以下两个方面：

1. 确定主视图中零件的安放位置

（1）零件的加工位置　零件在机械加工时必须固定并夹紧在一定的位置上，选择主视图时应尽量与零件的加工位置一致，以使加工时看图方便，例如，轴、套、盘等回转体类零件一般是按加工位置画主视图。

（2）零件的工作位置　零件在机器或部件中都有一定的工作位置，选择主视图时应尽量与零件的工作位置一致，以便与装配图直接对照。支座、箱体等非回转体类零件通常是按工作位置画主视图。图 8—2 所示轴承座的主视图符合其工作位置。

2. 确定零件主视图的投射方向

主视图的投射方向应该能够反映零件的主要形状特征，即表达零件的结构、形状以及各组成部分之间的相对位置关系。如图 8—3 所示的轴承座，由箭头所指的 *A*、*B*、*C*、*D* 四个投射方向所得到的视图如图 8—4 所示。如果采用 *D* 向作为主视图，则虚线较多，显然没有 *B* 向清楚。*C* 向与 *A* 向视图虽然虚线、实线的使用情况相同，但如果采用 *C* 向作为主视图，则左视图（即 *D* 向）上会出现较多虚线，没有 *A* 向好。再比较 *A* 向和 *B* 向视图，各有其特点，*A* 向视图能直接显示轴承座的结构，而 *B* 向视图则更能明显地反映轴承座各部分的轮廓特征，所以确定以 *B* 向作为主视图的投射方向。

二、选择其他视图

主视图确定之后，要分析该零件还有哪些结构和形状未表达完整，以及如何将主视图未表达清楚的部位用其他视图进行表达，并使每个视图都有表达的重点。在选择视图时，应优先选用基本视图及在基本视图上作剖视图。在完整、清晰地表达零件结构和形状的前提下，尽量减少视图数量，力求制图简便。

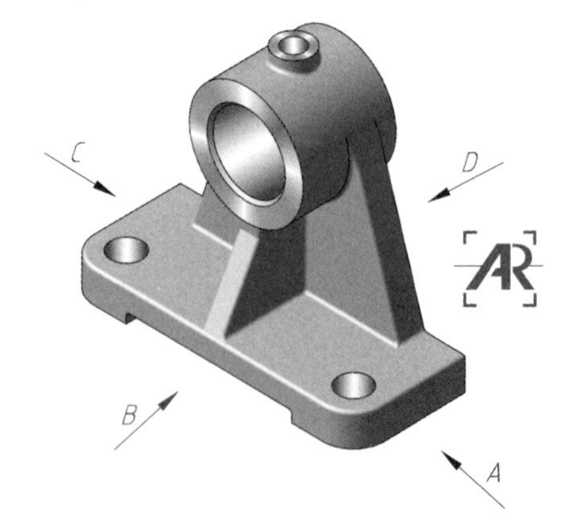

图 8—3　轴承座主视图投射方向的选择

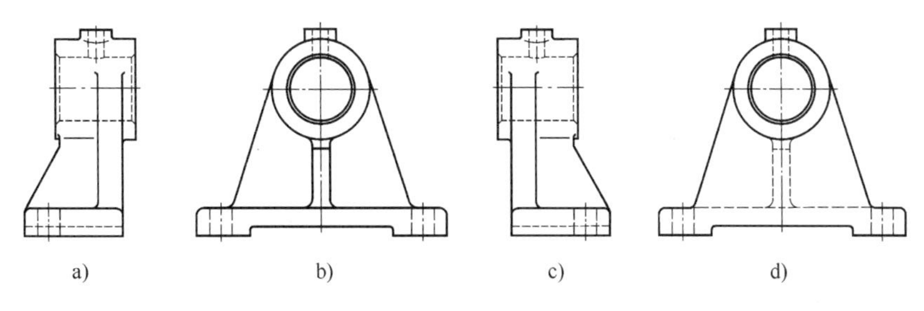

图 8—4　分析主视图投射方向

a）*A* 向　b）*B* 向　c）*C* 向　d）*D* 向

如图 8—5a 所示为柱塞泵泵体，在主视图确定以后，泵体三个组成部分（空腔圆柱体泵身、凸台、底板）高度方向和长度方向的相对位置已表示清楚，泵身和凸台的内外形状通过主视图的半剖视就能反映出来。但它们宽度（前后）方向的相对位置与连接关系及底板的厚度还未表示清楚。因此，需要画出俯视图或左视图来补充表达。

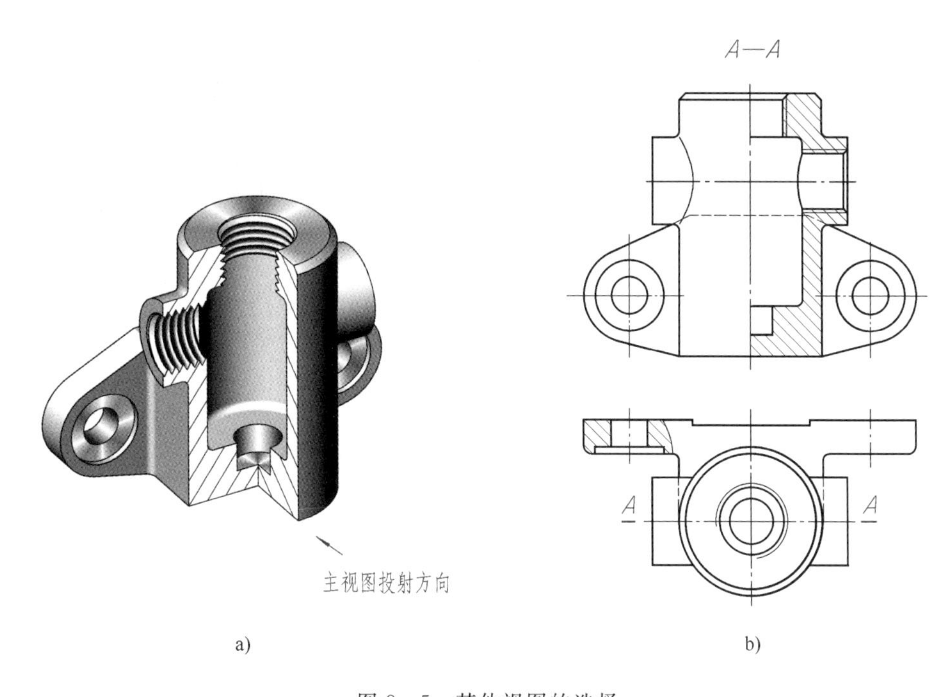

图 8—5　其他视图的选择

从底板与泵身的连接关系分析，底板本身的厚度（包括后面的凹槽）以及底板上的两个沉孔在俯视图上表示比在左视图上表示更完整，各部分的相对位置在俯视图中也比较清楚，所以选用俯视图。对于底板后面的形状，可采用后视图或向视图表达，但考虑到它的形状比较简单，可在主视图上画出表示底板形状的虚线，这样既不影响图面清晰，又节省了一个视图。

三、零件表达方案选择典型案例

【例 8—1】　分析比较图 8—6 所示轴承架的三种表达方案。

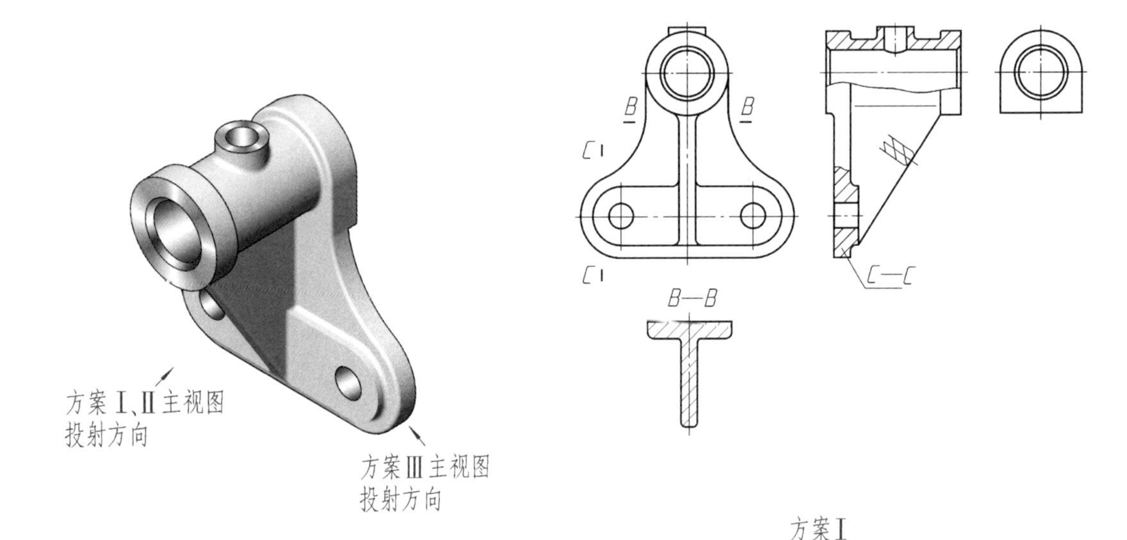

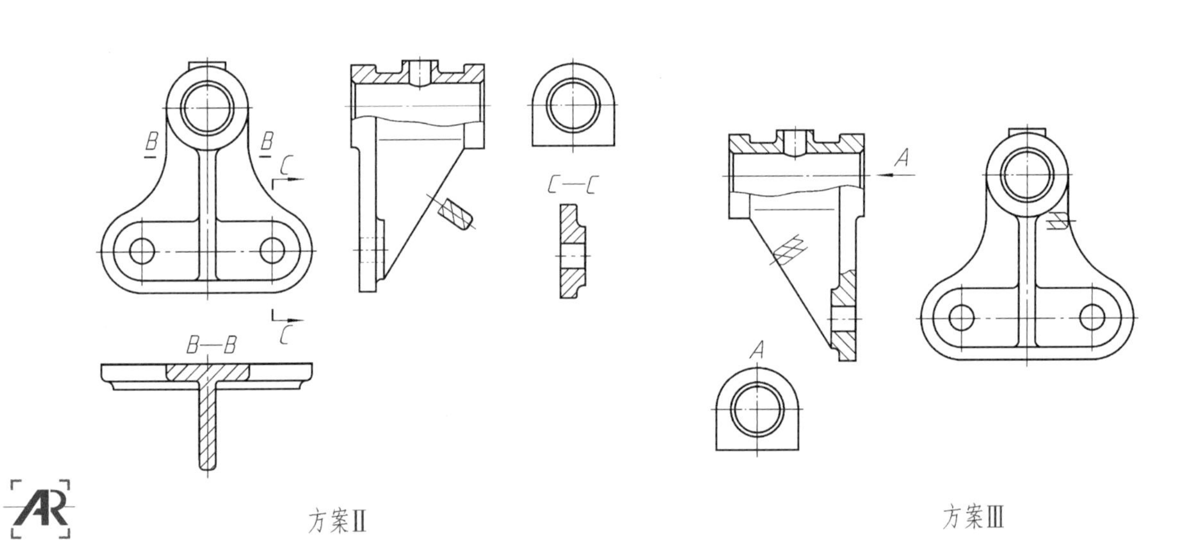

图 8—6　轴承架的表达方案

结构分析

轴承架由三部分构成，上部是圆筒，孔内安装回转轴，其顶部有凸台，凸台中间有通孔。圆筒一端与安装底板连接，底板上有两个对称的通孔。圆筒的下面用三角形肋板与底板连接，起提高零件结构强度的作用。

表达方案

方案Ⅰ用了四个图形（主视图、左视图、圆筒局部视图和 B—B 断面图），方案Ⅱ用了五个图形，方案Ⅲ仅用了三个图形。

以上三种表达方案均已将轴承架的结构和形状表达完整，但三种方案在选择主视图和视图数量以及每个图形所采用的表示方法上有所不同。下面从两个方面分析比较三种表达方案。

（1）主视图的比较　三种方案都符合零件的主要加工位置或工作位置。方案Ⅰ、Ⅱ的主视图投射方向相同，主要反映底板的形状特征及其与圆筒、肋板的关系；方案Ⅲ的主视图突出表达圆筒和凸台以及孔的结构和形状。对于轴承架来说，轴承孔是它的主要结构，在主视图上直接显示轴承孔的结构比反映底板的形状更为重要，所以方案Ⅲ的主视图选择比较合理。

（2）其他视图的比较　三个方案均采用局部视图（*A* 向）表达圆筒一端的凸台外形，也均采用了两个基本视图——主视图和左视图。为了表达底板和肋板的断面形状，方案Ⅰ补充了一个 *B*—*B* 断面图；方案Ⅱ添加了一个 *B*—*B* 全剖视图，又增加了一个 *C*—*C* 断面图。比较这两个方案，方案Ⅱ采用 *B*—*B* 剖视图表达底板和肋板的断面形状，显然不如方案Ⅰ采用 *B*—*B* 断面图简单、清楚；对于底板上的圆孔，方案Ⅰ在左视图上采用局部剖视表达，而方案Ⅱ则多画了一个 *C*—*C* 断面图，显然太烦琐，所以方案Ⅰ比方案Ⅱ显得简洁、明了。相对方案Ⅱ，方案Ⅲ对于底板和肋板断面形状的表达更为简洁，只用重合断面表示它们的轮廓形状和厚度，因而省去了一个图形。

综上所述，方案Ⅲ用较少的视图正确、完整、清晰地表达了轴承架的结构和形状，是三种方案中最佳的表达方案。

【例 8—2】 选择图 8—7 所示箱体零件的表达方案。

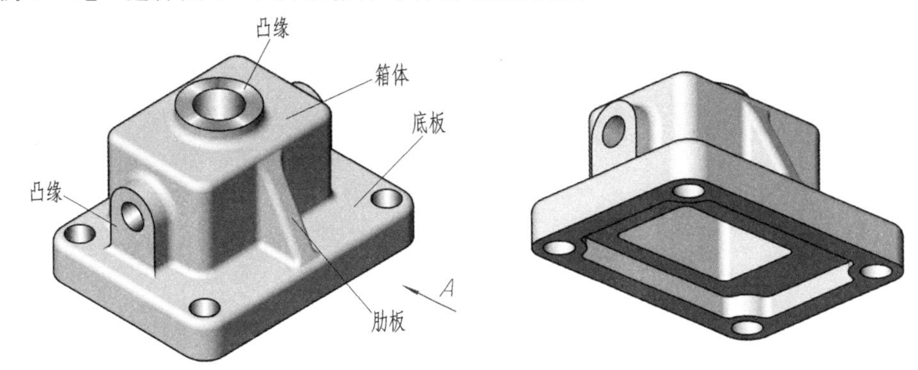

图 8—7　箱体零件结构分析

结构分析

该零件由箱体、底板和肋板三部分组成。箱体内部是与底板相通的空腔，箱体上部以及左右两侧都有凸缘，并都有小孔与空腔相通。底板四角有小孔，底部有矩形凹槽。

表达方案

方案Ⅰ（图 8—8a）

根据零件的外形轮廓特征选择 A 向为主视图的投射方向。

该零件左右对称，前后、上下不对称，所以其外形结构除了主视图外，还要画出俯视图、左视图和仰视图三个基本视图才能表达清楚（因为左右对称且后视方向的形状简单，所以不必画出右视图与后视图）。

箱体内部形状可通过主视图采用半剖视（左右对称）表达，为了表示底板上的通孔，作了一个局部剖视。俯、左、仰视图表示零件外部的结构和形状。为了表示肋板的断面形状，在左视图上作了一个移出断面图。

方案Ⅱ（图 8—8b）

与方案Ⅰ比较，它们的不同之处是将方案Ⅰ中的仰视图改为 A 向局部视图，并将仰视图中孔的结构在俯视图中采用 $B—B$ 局部剖视来表示小孔与矩形孔的位置，在 A 向局部视图中就不必再画出矩形孔的位置了。

比较两种表达方案，方案Ⅱ的表达更加清楚，图面布局也比方案Ⅰ紧凑、简洁。

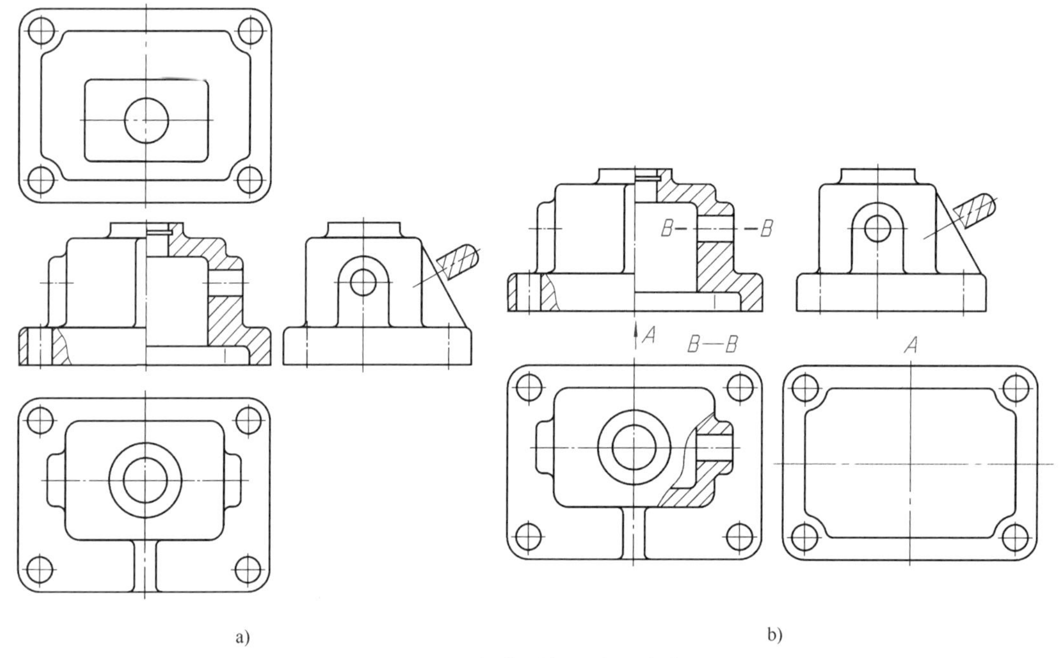

图 8—8　箱体零件的表达方案

a）方案Ⅰ　b）方案Ⅱ

§8—3　零件上常见的工艺结构

零件的结构和形状除了应满足使用功能的要求外，还应满足制造工艺的要求，即应具有合理的工艺结构。下面列举一些常见的工艺结构供画图时参考。

一、铸造工艺结构

1. 起模斜度

如图 8—9a 所示，在铸造零件毛坯时，为便于将木模从砂型中取出，在铸件的内、外壁沿起模方向应有一定的斜度（1∶20～1∶10）。起模斜度在制作模型时应予以考虑，视图上可以不注出。

2. 铸造圆角

如图 8—9b 所示，为防止起模或浇注时砂型在尖角处脱落，避免铸件冷却收缩时在尖角处产生裂纹，铸件各表面相交处应做成圆角。

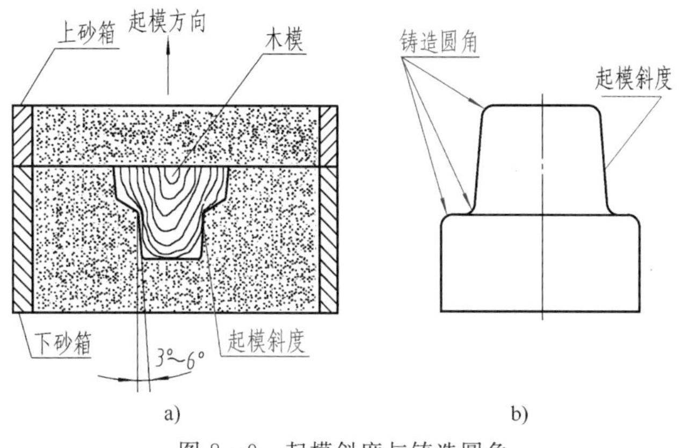

图 8—9 起模斜度与铸造圆角

a）起模斜度 b）铸造圆角

由于铸造圆角的存在，零件上的表面交线就显得不明显。为了区分不同形体的表面，在零件图上仍画出两表面的交线，称为过渡线（可见过渡线用细实线表示）。过渡线的画法与相贯线的画法基本相同，只是在其端点处不与其他轮廓线相接触，如图 8—10 所示。

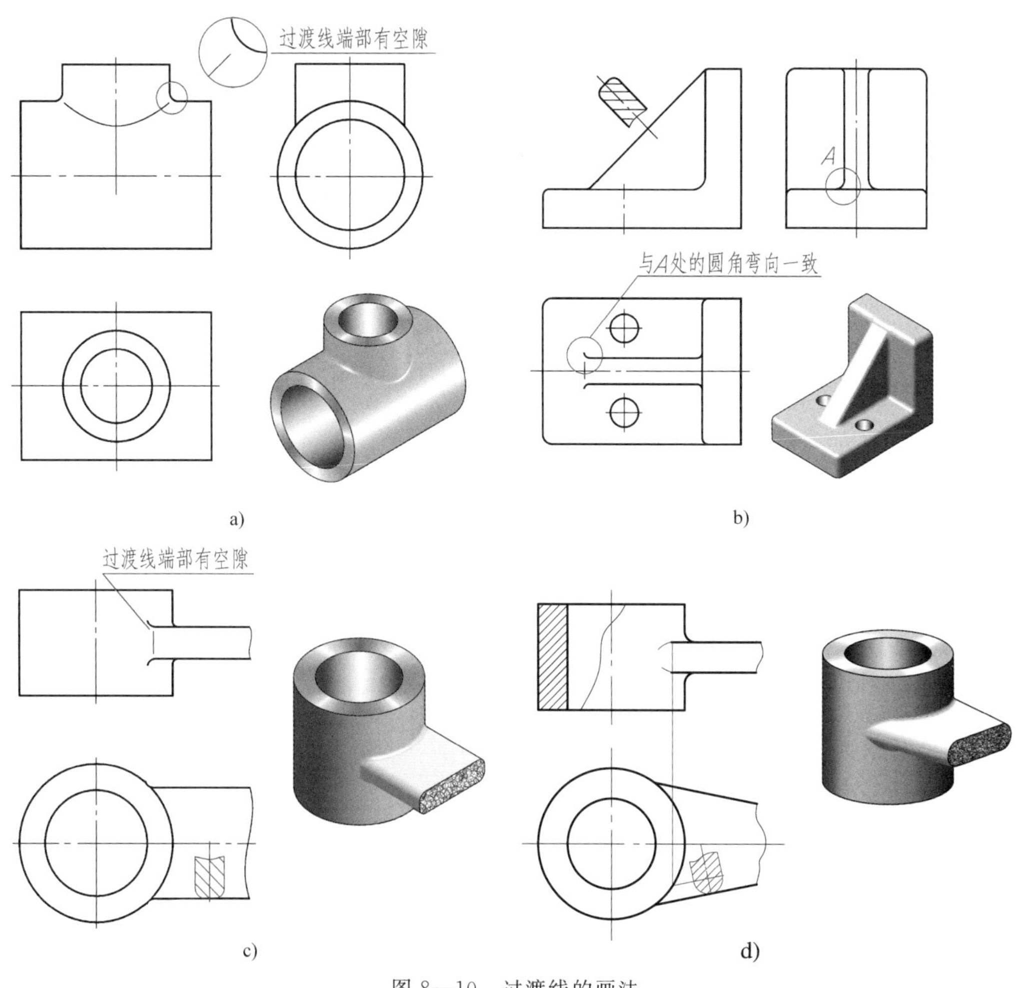

图 8—10 过渡线的画法

3. 铸件壁厚

为了避免浇注后由于铸件壁厚不均匀而产生缩孔、裂纹等缺陷（图 8—11a），应尽可能使铸件壁厚均匀或逐渐过渡（图 8—11b、c）。

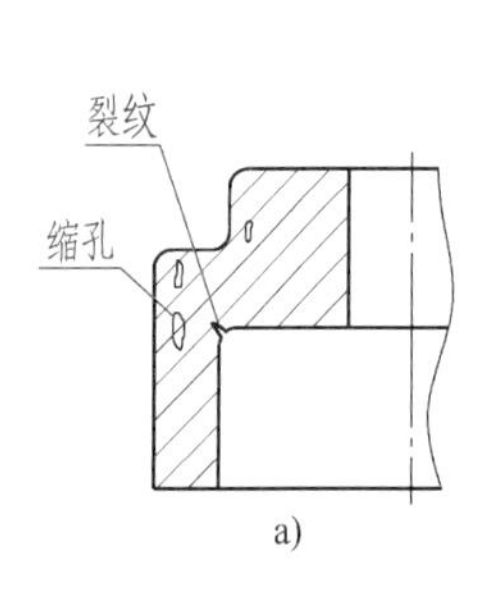

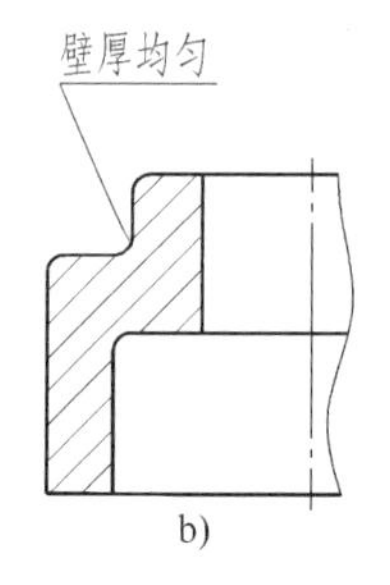

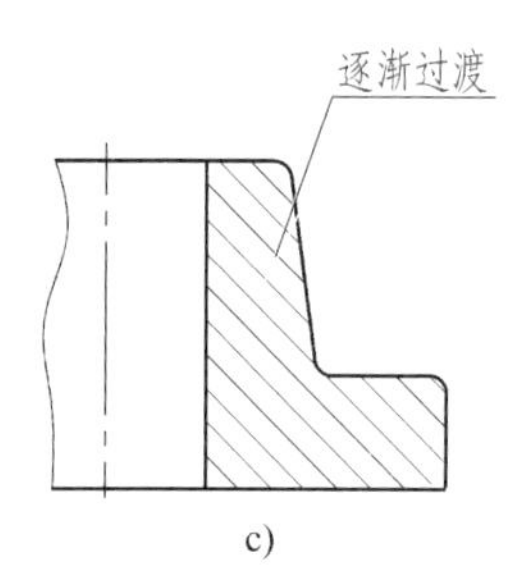

图 8—11 铸件壁厚

a）铸件缺陷 b）壁厚均匀 c）逐渐过渡

二、机械加工工艺结构

1. 倒角和倒圆

如图 8—12 所示，为了便于装配和安全操作，轴或孔的端部应加工成圆台面，称为倒角；为了避免因应力集中而产生裂纹，轴肩处应为圆角过渡，称为倒圆。45°倒角和倒圆的尺寸注法如图 8—12 所示（图中 C 表示 45°倒角）。

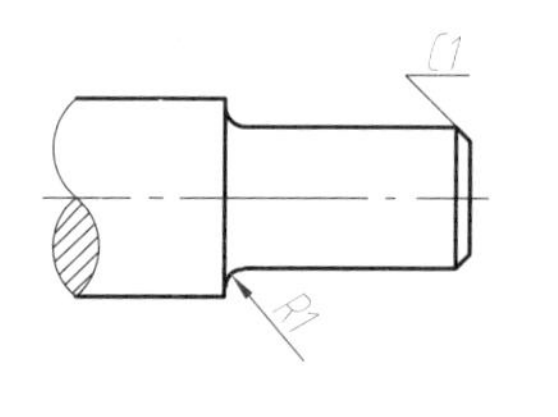

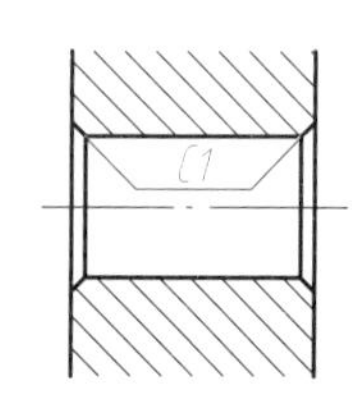

图 8—12 倒角和倒圆

2. 退刀槽和砂轮越程槽

切削加工（主要是车螺纹和磨削）时，为了便于退出刀具或砂轮，以及在装配时保证与相邻零件靠紧，常在待加工面的轴肩处先车出退刀槽或砂轮越程槽，如图 8—13 所示。退刀槽和砂轮越程槽的结构尺寸可查阅附表 13 和附表 14。

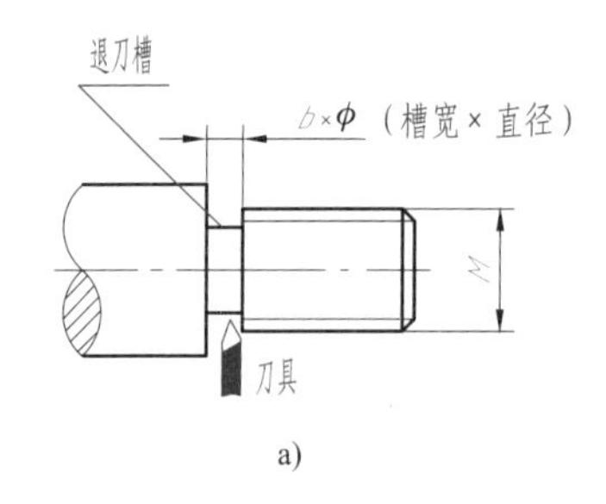

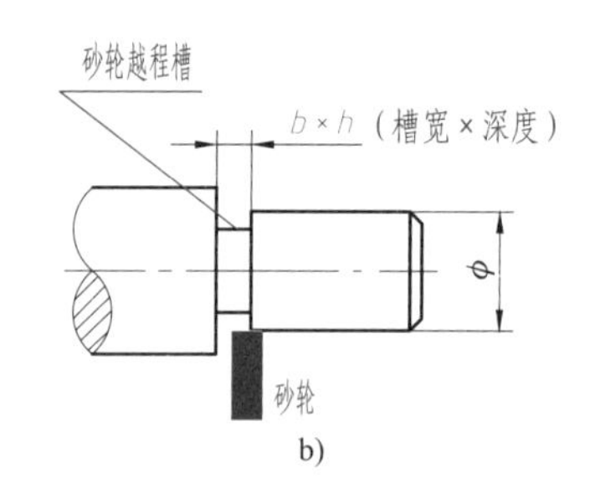

图 8—13 退刀槽和砂轮越程槽

a）退刀槽 b）砂轮越程槽

3. 凸台和凹坑

为了使零件间表面接触良好和减小加工面积，常将两零件的接触表面做成凸台和凹坑（图 8—14）或凹槽和凹腔（图 8—15）等结构。

4. 钻孔结构

钻孔时，应尽可能使钻头轴线与被钻孔表面垂直，以保证孔的精度及避免钻头弯曲或折断。图 8—16 所示为三种处理斜面上钻孔的正确结构。

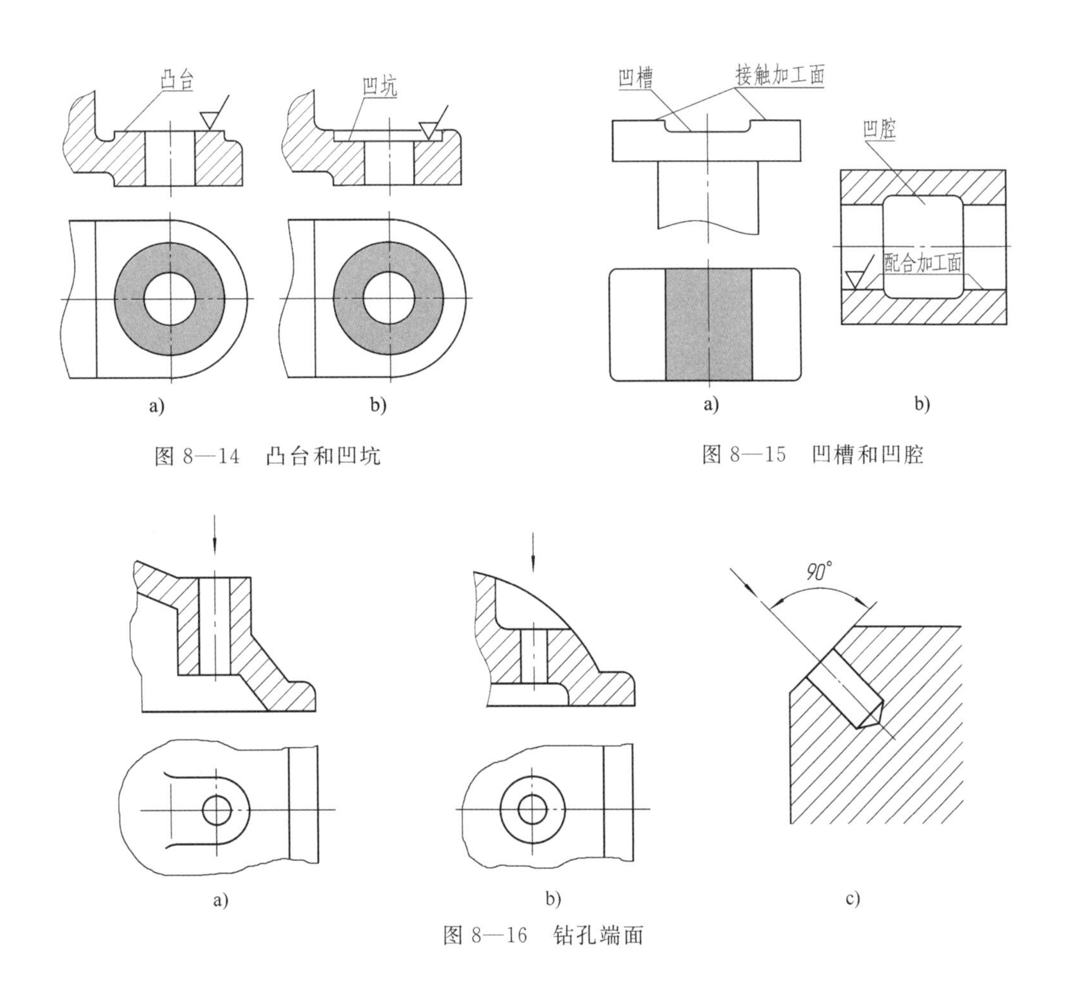

图 8—14　凸台和凹坑

图 8—15　凹槽和凹腔

图 8—16　钻孔端面

§8—4　零件尺寸的合理标注

零件尺寸的标注除前几章所述的正确、齐全、清晰的基本要求外，还应考虑尺寸标注合理。合理标注尺寸是指所注尺寸既符合设计要求，保证机器的使用性能；又满足工艺要求，便于加工、测量和检验。本节着重介绍合理标注尺寸应考虑的几个基本问题和一般原则。

一、正确选择尺寸基准

在第五章中已简述了有关基准的概念，这里结合零件的设计和工艺知识做进一步讨论。

尺寸基准是指零件在机器中或在加工和测量时用以确定其位置的面或线。一般情况下，零件在长、宽、高三个方向上都应有一个主要基准，如图 8—17 所示。为便于加工和制造，还可以有若干辅助基准。

根据基准的作用不同，可分为设计基准和工艺基准。

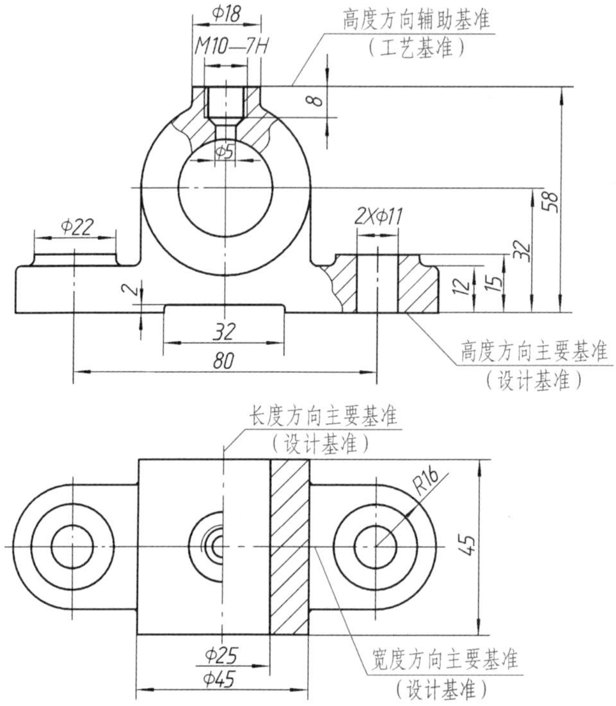

图 8—17　基准的选择

1. 设计基准

设计基准是指确定零件在部件中工作位置的基准面或线。如图 8—17 所示，标注轴承孔的中心高 32 时，应以底面为高度方向基准。因为一根轴要用两个轴承座支承，为了保证轴线的水平位置，两个轴孔的中心应等高。标注底板两螺孔的定位尺寸 80 时，其长度方向和宽度方向分别以左右对称面和前后对称面为基准，以保证两螺孔与轴孔的对称关系。因此，底面（安装面）和对称面是设计基准。

2. 工艺基准

工艺基准是指零件在加工、测量时的基准面或线。如图 8—17 中凸台的顶面是工艺基准，以此为基准测量螺孔的深度尺寸 8 比较方便。

设计基准和工艺基准最好能重合，这样既可满足设计要求，又能便于加工、检测。

二、合理标注尺寸的原则

1. 重要尺寸直接注出

重要尺寸是指有配合功能要求的尺寸、重要的相对位置尺寸、影响零件使用性能的尺寸，这些尺寸都要在零件图上直接注出。

图 8—18a 所示轴孔中心高 h_1 是重要尺寸，若按图 8—18b 标注，则尺寸 h_2 和 h_3 将产生较大的累积误差，使孔的中心高不能满足设计要求。另外，为安装方便，图 8—18a 中底板上两孔的中心距 l_1 也应直接注出，若按图 8—18b 所示标注尺寸 l_3，间接确定 l_1 则不能满足装配要求。

2. 避免出现封闭尺寸链

如图 8—19b 所示，尺寸 l_1、l_2、l_3、l 构成一个封闭尺寸链。由于 $l=l_1+l_2+l_3$，在加

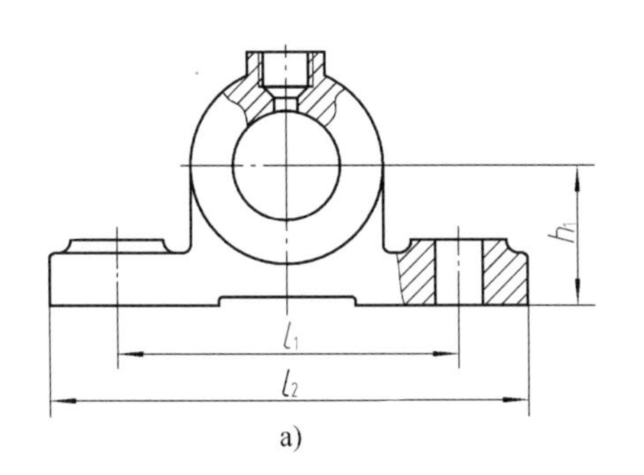

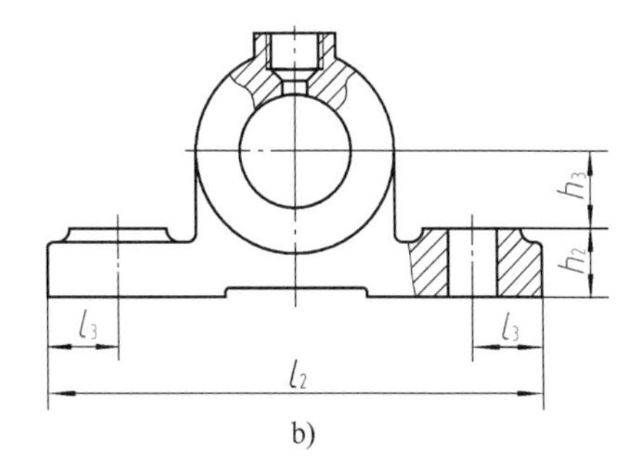

a)　　　　b)

图 8—18　重要尺寸直接注出

a）正确　b）错误

工时，尺寸 l_1、l_2、l_3 都可能产生误差，每一段的误差都会累积到尺寸 l 上，使总长 l 不能保证设计的精度要求。若要保证尺寸 l 的精度要求，就要提高每一段的精度要求，造成加工困难且成本较高。为此，选择其中一个不重要的尺寸空出不注，称为开口环，使所有的尺寸误差都累积在这一段上，如图 8—19a 所示。

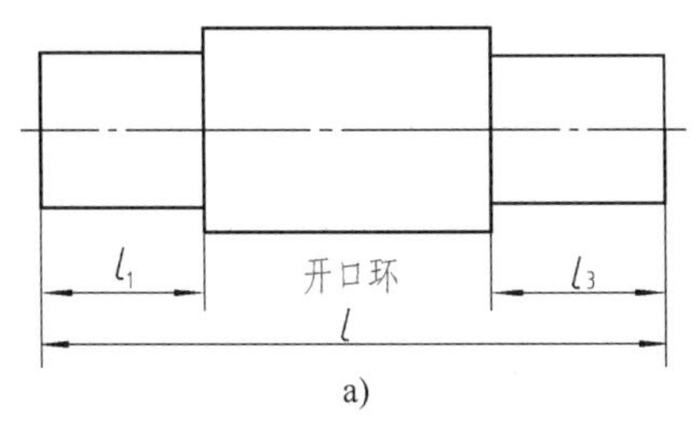

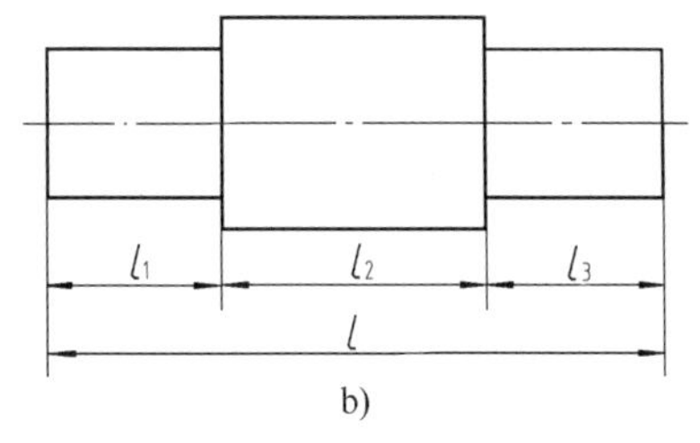

a)　　　　b)

图 8—19　不要注成封闭尺寸链

a）正确　b）错误

3. 标注尺寸要便于加工和测量

（1）退刀槽和砂轮越程槽的尺寸标注　轴套类零件上常制有退刀槽或砂轮越程槽等工艺结构，标注尺寸时应将这类结构要素的尺寸单独注出，且包括在相应的某一段长度内。如图 8—20a 所示，图中将退刀槽这一工艺结构包括在长度 13 内，因为加工时一般先粗车外圆到长度 13，再用车槽刀车槽，所以这种标注形式符合工艺要求，便于加工和测量。而图 8—20b 所示的标注则不合理。

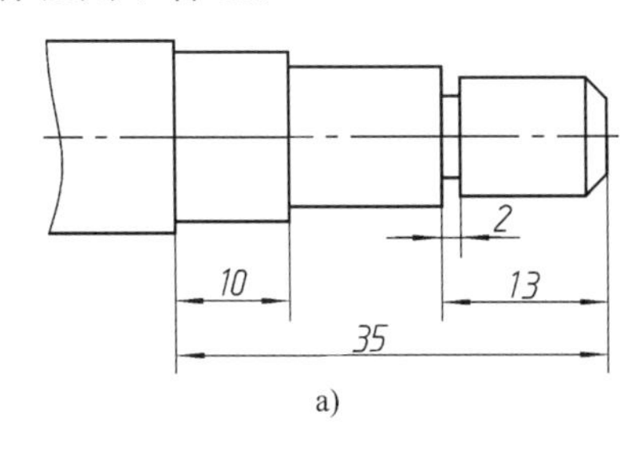

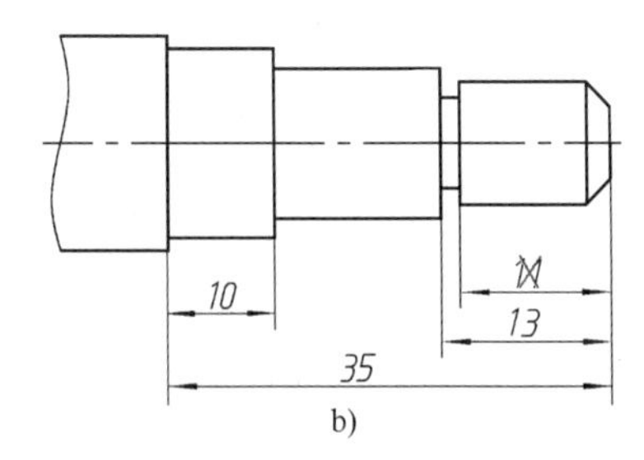

a)　　　　b)

图 8—20　标注尺寸要便于加工和测量（一）

a）正确　b）错误

零件上常见结构要素的尺寸标注已经格式化，如倒角、退刀槽可按图 8—21a、b 所示的形式标注。图 8—21c 所示为轴套类零件中砂轮越程槽的尺寸注法。

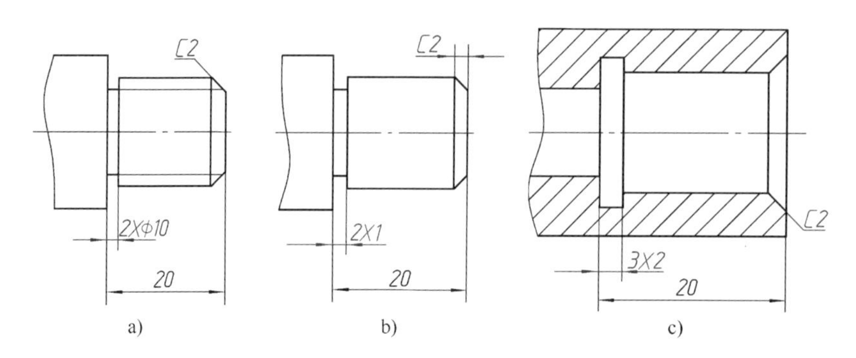

图 8—21　退刀槽和砂轮越程槽的尺寸标注

（2）键槽深度的尺寸标注　图 8—22a 表示轴或轮毂上键槽的深度尺寸以圆柱面素线为基准进行标注，以便于测量。

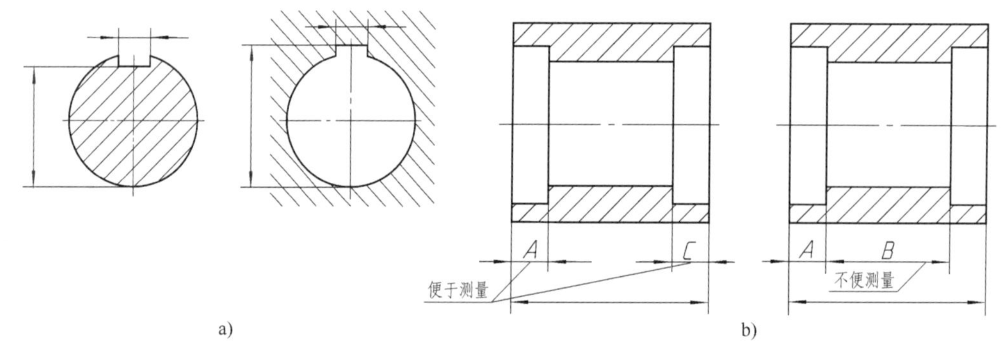

图 8—22　标注尺寸要便于加工和测量（二）

a）键槽深度　b）台阶孔

（3）台阶孔的尺寸标注　零件上台阶孔的加工顺序一般是先加工成小孔，再加工大孔，因此，轴向尺寸的标注应从端面注出大孔的深度，以便于测量，如图 8—22b 所示。

（4）毛面尺寸的标注　毛坯的毛面是指始终不进行加工的表面。标注尺寸时，在同一方向上应分为两个尺寸系统，即毛面与毛面之间为一尺寸系统，加工面与加工面之间为另一尺寸系统。两个系统之间必须由一个尺寸进行联系。如图 8—23a 所示，该零件只有一个尺寸 B 为毛面与加工面之间的联系尺寸，图 8—23b 中尺寸 D 增加了加工面和毛面联系尺寸的个数，是不合理的。

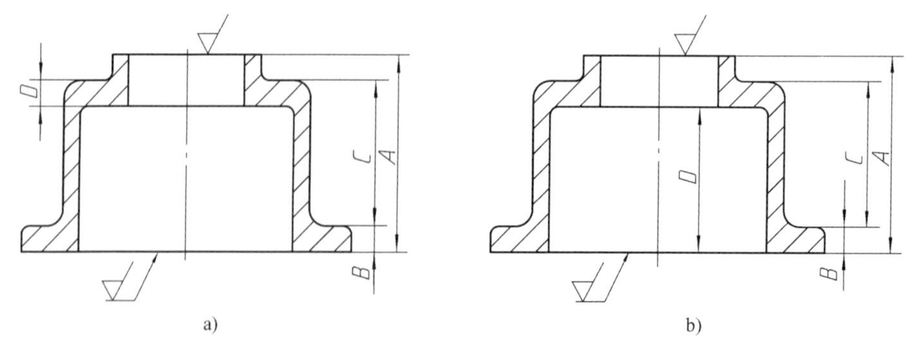

图 8—23　毛坯毛面尺寸的标注

a）合理　b）不合理

4. 各种孔的简化注法

零件上各种孔（光孔、沉孔、螺孔）的简化注法见表 8—1。标注尺寸时应尽可能使用符号和缩写词，见表 8—2。

表 8—1 各种孔的简化注法

零件结构类型		简化注法	一般注法	说明
光孔	一般孔	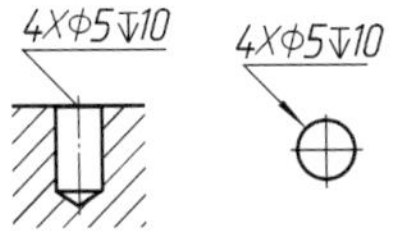 4×φ5↧10；4×φ5↧10	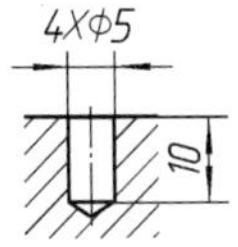 4×φ5；10	4×φ5 表示直径为 5 mm 的四个光孔，孔深可与孔径连注
	精加工孔	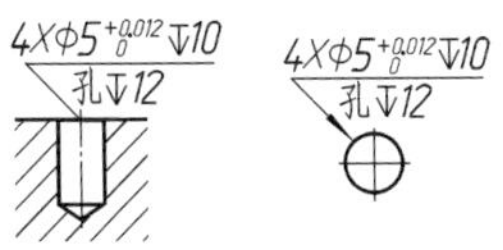 $4\times\phi5^{+0.012}_{0}$↧10 孔↧12；$4\times\phi5^{+0.012}_{0}$↧10 孔↧12	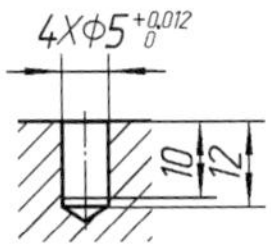 $4\times\phi5^{+0.012}_{0}$；10；12	4 个光孔深为 12 mm，钻孔后需精加工至 $\phi5^{+0.012}_{0}$ mm，深度为 10 mm
	锥孔	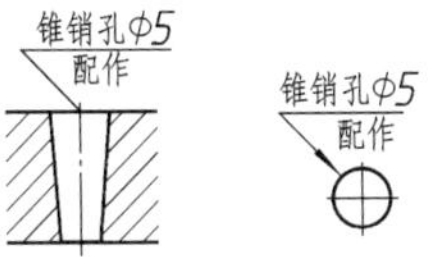 锥销孔φ5 配作；锥销孔φ5 配作	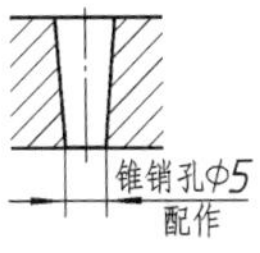 锥销孔φ5 配作	φ5 mm 为与锥销孔相配的圆锥销小头直径（公称直径）。锥销孔通常是两零件装配在一起后加工的，故应注明“配作”
沉孔	锥形沉孔	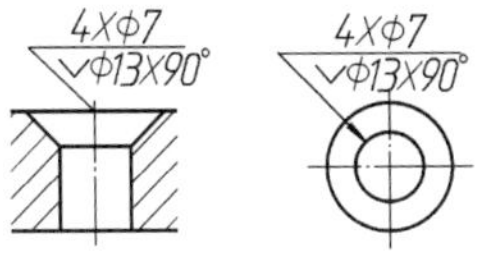 4×φ7 ⌵φ13×90°；4×φ7 ⌵φ13×90°	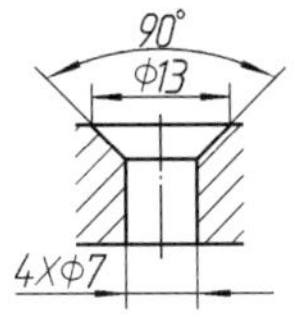 90°；φ13；4×φ7	4×φ7 表示直径为 7 mm 的四个孔，90°锥形沉孔的最大直径为 13 mm
	柱形沉孔	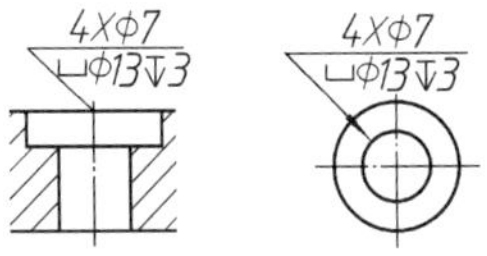 4×φ7 ⌴φ13↧3；4×φ7 ⌴φ13↧3	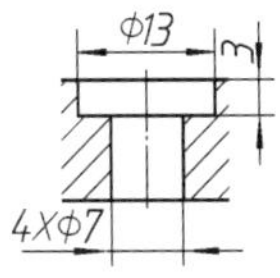 φ13；3；4×φ7	四个柱形沉孔的直径为 13 mm，深度为 3 mm
	锪平沉孔	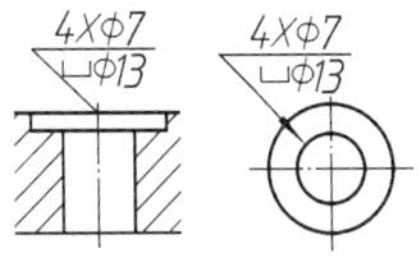 4×φ7 ⌴φ13；4×φ7 ⌴φ13	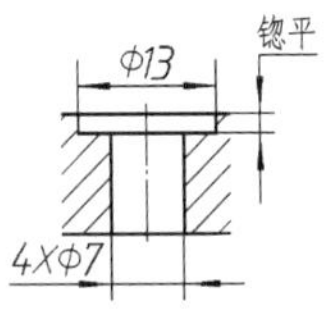 φ13；锪平；4×φ7	锪平沉孔 φ13 mm 的深度不必标注，一般锪平到不出现毛面为止
螺孔	通孔	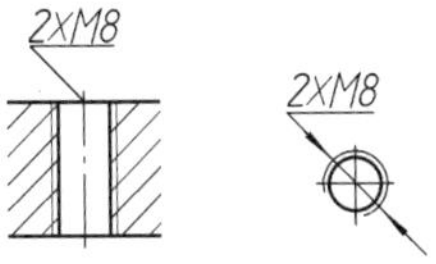 2×M8；2×M8	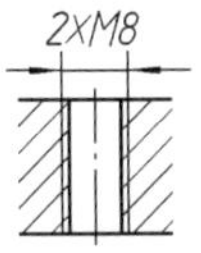 2×M8	2×M8 表示公称直径为 8 mm 的两螺孔，中径和顶径公差带代号为 6H
	不通孔	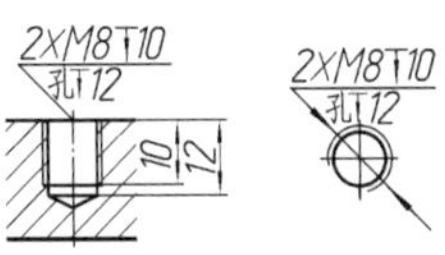 2×M8↧10 孔↧12；10；12；2×M8↧10 孔↧12	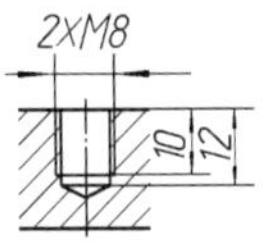 2×M8；10；12	两个 M8 螺孔的螺纹长度为 10 mm，钻孔深度为 12 mm，中径和顶径公差带代号为 6H

表 8—2　　　　　　　　　　　**尺寸标注常用符号和缩写词**

含义	符号或缩写词	含义	符号或缩写词
直径	ϕ	深度	↧
半径	R	沉孔或锪平	⌴
球直径	$S\phi$	埋头孔	∨
球半径	SR	弧长	⌒
厚度	t	斜度	∠
均布	EQS	锥度	◁
45°倒角	C	展开长	○→
正方形	□	型材截面形状	按 GB/T 4656—2008 的规定

三、合理标注零件尺寸的方法和步骤

标注零件尺寸之前，先要对零件进行结构分析，了解零件的工作性能及加工和测量方法，选好尺寸基准。

【例 8—3】 标注齿轮轴的尺寸（图 8—24）。

轴是回转体，其径向尺寸基准（高度和宽度方向）为回转体的轴线，由此注出各轴段直径尺寸 ϕ16、ϕ34、ϕ16、ϕ14 和分度圆直径尺寸 ϕ30、M12×1.5 等。齿轮左端面是长度方向主要基准（设计基准），且 25 是设计的主要尺寸，应直接注出。长度方向第一辅助基准为轴的左端面，由此注出轴的总长尺寸 105，主要基准与辅助基准之间注出联系尺寸 12。长度方向第二辅助基准是轴的右端面，通过长度尺寸 30 得出长度方向第三辅助基准 ϕ16 轴段的右端面，由此注出键槽长度方向的定位尺寸 1 以及键槽长度 10。键槽的深度和宽度在断面图中注出。其他尺寸可用形体分析法补齐。

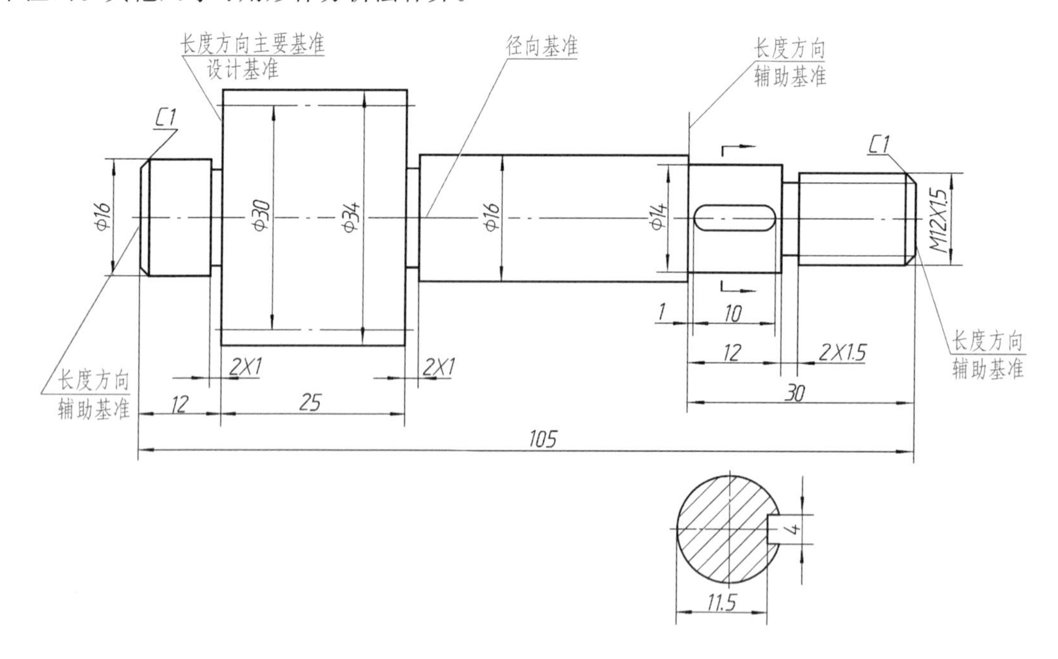

图 8—24　标注零件尺寸案例（一）

【**例 8—4**】 标注踏脚座的尺寸（图 8—25）。

对于非回转体类零件，标注尺寸时通常选用较大的加工面、重要的安装面、与其他零件的接合面或主要结构的对称面作为尺寸基准。如图 8—25 所示的踏脚座，选取安装板左端面作为长度方向主要基准；选取安装板水平对称面作为高度方向主要基准；选取踏脚座前后方向的对称面作为宽度方向主要基准。标注尺寸的顺序如下：

（1）由长度方向主要基准——安装板左端面注出尺寸 74，由高度方向主要基准——安装板水平对称面注出尺寸 95，从而确定上部轴承的轴线位置。

（2）由已确定的轴承轴线作为径向辅助基准，注出轴承的径向尺寸 $\phi20$、$\phi38$。由轴承轴线出发，按高度方向分别注出尺寸 22、11，按长度方向注出尺寸 5，确定轴承顶面和踏脚座连接板 $R100$ 的圆心位置。

（3）由宽度方向主要基准——踏脚座前后方向的对称面，在俯视图中注出尺寸 30、40、60，以及在 A 向局部视图中注出尺寸 60、90。

其他尺寸请读者自行分析。

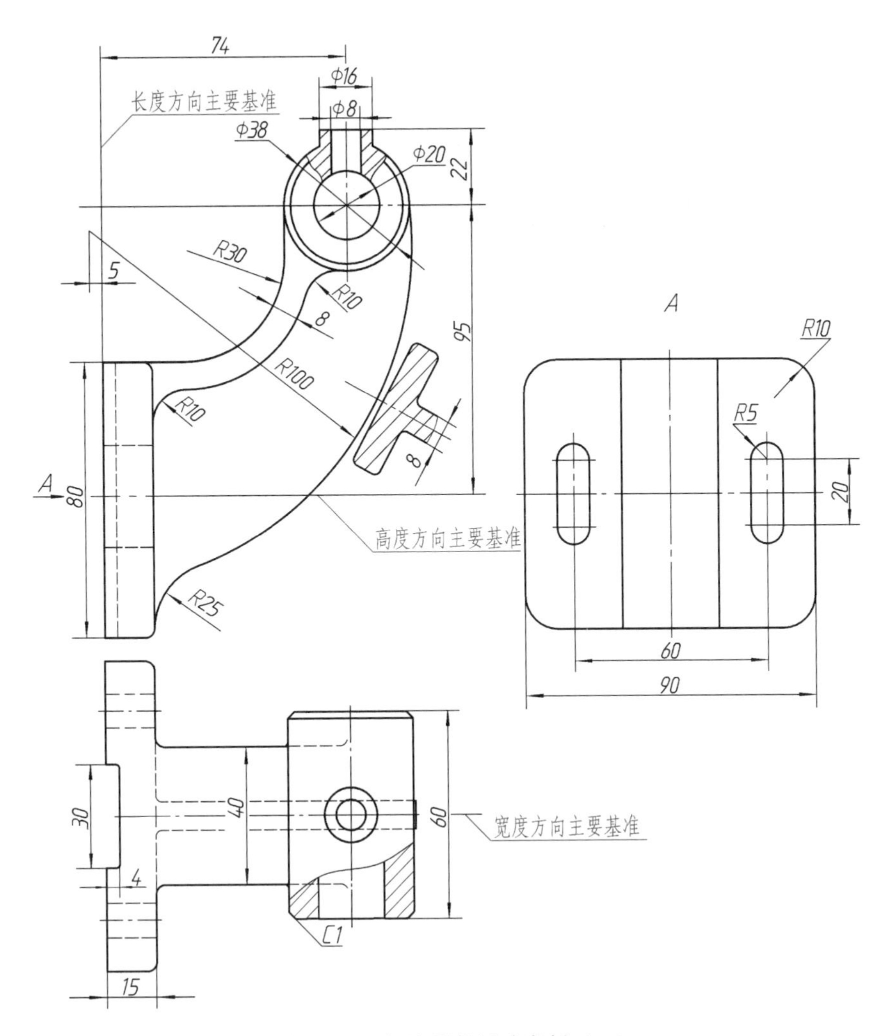

图 8—25 标注零件尺寸案例（二）

§8—5 零件图上的技术要求

零件图中除了图形和尺寸外，还有制造该零件时应满足的一些加工要求，通常称为“技术要求”，如表面粗糙度、尺寸公差、几何公差以及材料热处理等。技术要求一般用符号、代号或标记标注在图形上，或者用文字注写在图样的适当位置。

一、表面结构的图样表示法

表面结构是表面粗糙度、表面波纹度、表面缺陷、表面纹理和表面几何形状的总称。表面结构的各项要求在图样上的表示法在 GB/T 131—2006 中均有具体规定。本节主要介绍常用的表面粗糙度表示法。

1. 表面粗糙度及其评定参数

经过机械加工后的零件表面，如在放大镜或显微镜下观察，会发现许多高低不平的凸峰和凹谷，如图 8—26 所示。零件加工表面上具有较小间距和峰谷所组成的微观几何形状特性称为表面粗糙度。表面粗糙度与加工方法、切削刃形状和切削用量等各种因素有密切关系。

表面粗糙度是评定零件表面质量的一项重要技术指标，对于零件的配合、耐磨性、耐腐蚀性以及密封性等都有显著影响，是零件图中必不可少的一项技术要求。

轮廓参数是我国机械图样中目前最常用的评定参数，评定粗糙度轮廓（*R* 轮廓）有 Ra 和 Rz 两个高度参数。

（1）算术平均偏差 Ra　指在一个取样长度内，纵坐标 $z(x)$ 绝对值的算术平均值（图 8—26）。

（2）轮廓的最大高度 Rz　指在同一取样长度内，最大轮廓峰高与最大轮廓谷深之和的高度（图 8—26）。

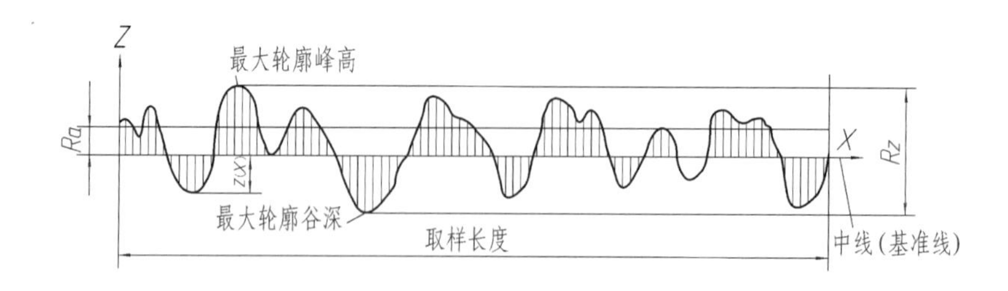

图 8—26　算术平均偏差 Ra 和轮廓的最大高度 Rz

表面粗糙度的选用应该既满足零件表面的功能要求，又要考虑经济合理。一般情况下，凡是零件上有配合要求或有相对运动的表面，粗糙度参数值要小。参数值越小，表面质量越高，但加工成本也越高。因此，在满足使用要求的前提下，应尽量选用较大的粗糙度参数值，以降低成本。

2. 表面结构的图形符号

标注表面结构要求时的图形符号见表 8—3。

表 8—3　　标注表面结构要求时的图形符号

符号名称	符号	含义
基本图形符号	$d'=0.35mm$（d'—符号线宽） $H_1=5mm$ $H_2=10.5mm$ 60°　60°	未指定工艺方法的表面，当通过一个注释解释时可单独使用
扩展图形符号		用去除材料方法获得的表面，仅当其含义是“被加工表面”时可单独使用
		不去除材料的表面，也可用于保持上道工序形成的表面，不管这种状况是通过去除或不去除材料形成的
完整图形符号		在以上各种符号的长边上加一横线，以便注写对表面结构的各种要求

注：表中 d'、H_1 和 H_2 的大小是当图样中尺寸数字高度 h 选取 3.5 mm 时按 GB/T 131—2006 的相应规定给定的。表中 H_2 是最小值，必要时允许加大。

当图样中某个视图上构成封闭轮廓的各表面有相同的表面结构要求时，在完整图形符号上加一圆圈，标注在封闭轮廓线上，如图 8—27 所示。

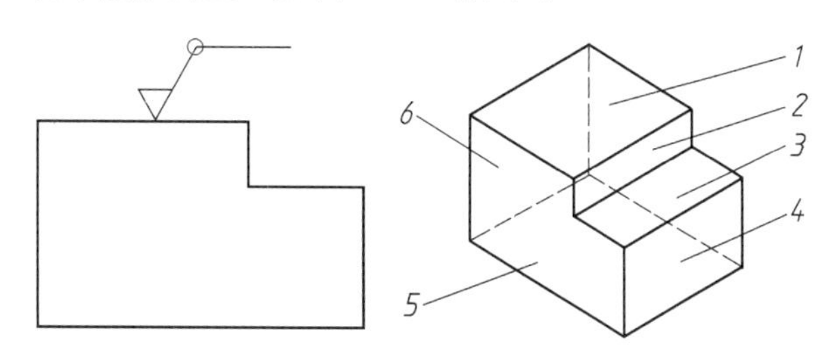

图 8—27　对周边各面有相同表面结构要求的注法

注：图示的表面结构符号是指对图形中封闭轮廓的六个面的共同要求（不包括前面和后面）。

3. 表面结构要求在图形符号中的注写位置

为了明确表面结构要求，除了标注表面结构参数和数值外，必要时应标注补充要求，包括取样长度、加工工艺、表面纹理及方向、加工余量等。这些要求在图形符号中的注写位置如图 8—28 所示。

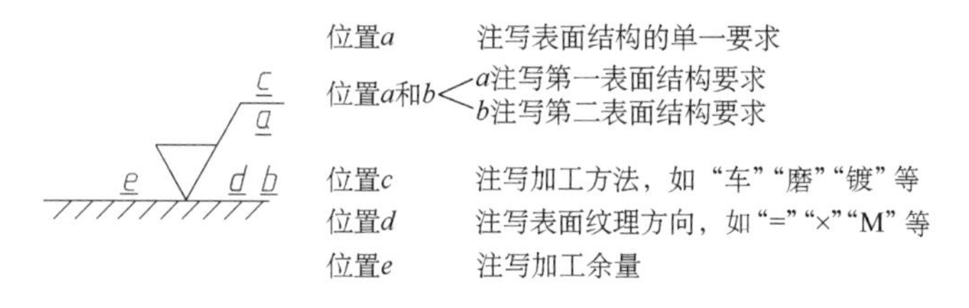

图 8—28　补充要求的注写位置（a～e）

4. 表面结构代号及其注法

表面结构符号中注写了具体参数代号及数值等要求后即称为表面结构代号。表面结构代号在图样中的注法如下：

（1）表面结构要求对每一表面一般只注一次，并尽可能注在相应的尺寸及其公差的同一视图上。除非另有说明，否则所标注的表面结构要求是对完工零件表面的要求。

（2）表面结构要求的注写和读取方向与尺寸的注写和读取方向一致。表面结构要求可标注在轮廓线上，其符号应从材料外指向并接触表面（图 8—29）。必要时，表面结构要求也可用带箭头或黑点的指引线引出标注（图 8—30）。

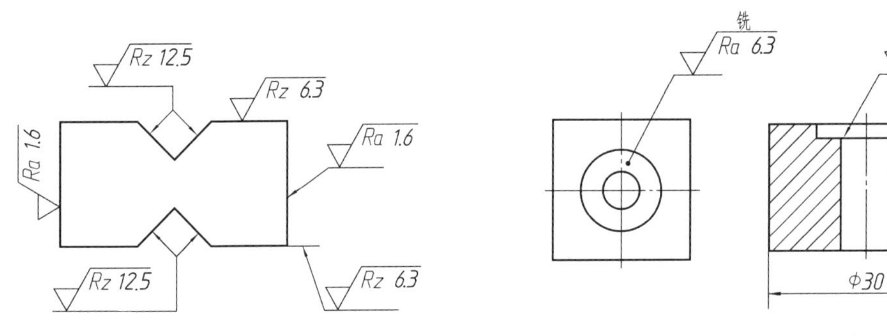

图 8—29　表面结构要求标注在轮廓线上　　　　图 8—30　用指引线引出标注表面结构要求

（3）在不致引起误解时，表面结构要求可以标注在给定的尺寸线上（图 8—31）。

（4）表面结构要求可标注在几何公差框格的上方（图 8—32）。

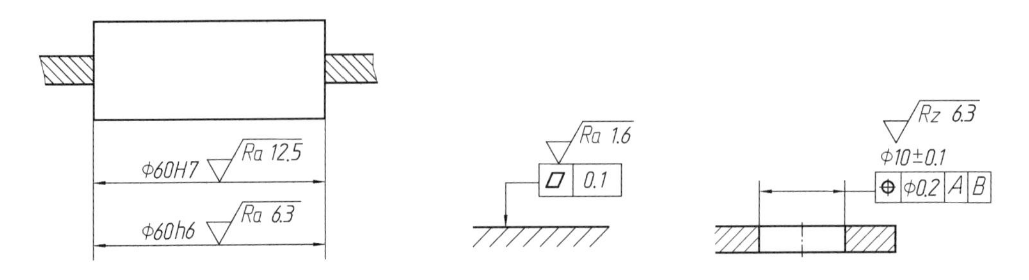

图 8—31　表面结构要求标注在尺寸线上　　　图 8—32　表面结构要求标注在几何公差框格的上方

（5）圆柱和棱柱的表面结构要求只标注一次（图 8—33）。如果每个棱柱表面有不同的表面结构要求，则应分别单独标注（图 8—34）。

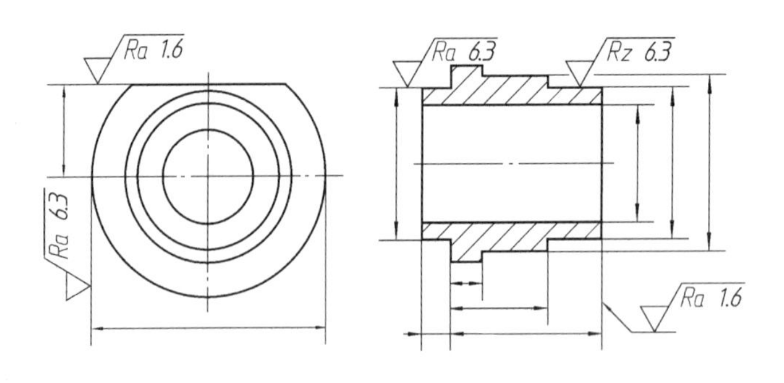

图 8—33　表面结构要求标注在圆柱特征的延长线上

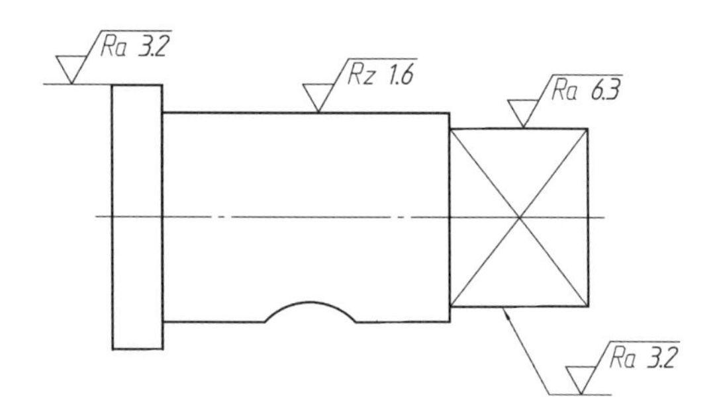

图 8—34 圆柱和棱柱表面结构要求的注法

5. 表面结构要求在图样中的简化注法

（1）有相同表面结构要求的简化注法 如果工件的多数（包括全部）表面有相同的表面结构要求，则其表面结构要求可统一标注在图样的标题栏附近（不同的表面结构要求应直接标注在图形中）。此时，表面结构要求的符号后面应有：

1）在圆括号内给出无任何其他标注的基本符号（图 8—35a）。

2）在圆括号内给出不同的表面结构要求（图 8—35b）。

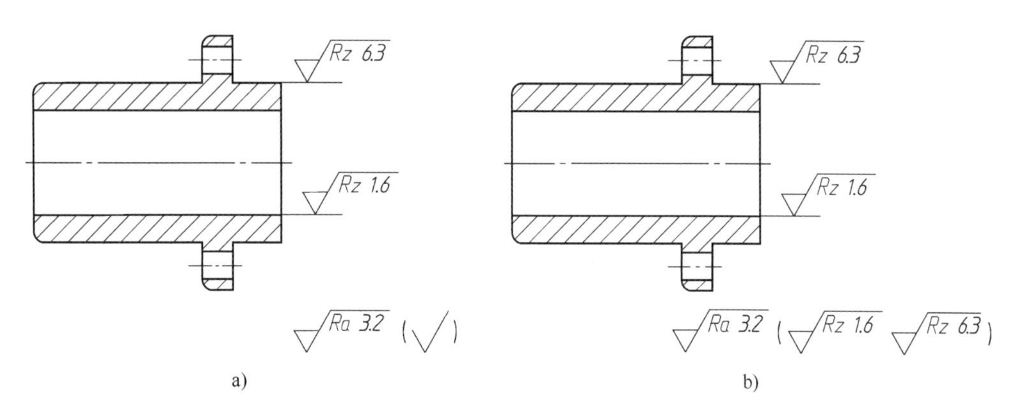

图 8—35 大多数表面有相同表面结构要求的简化注法

（2）多个表面有共同表面结构要求的注法

1）用带字母的完整符号的简化注法 如图 8—36 所示，用带字母的完整符号以等式的形式，在图形或标题栏附近对有相同表面结构要求的表面进行简化标注。

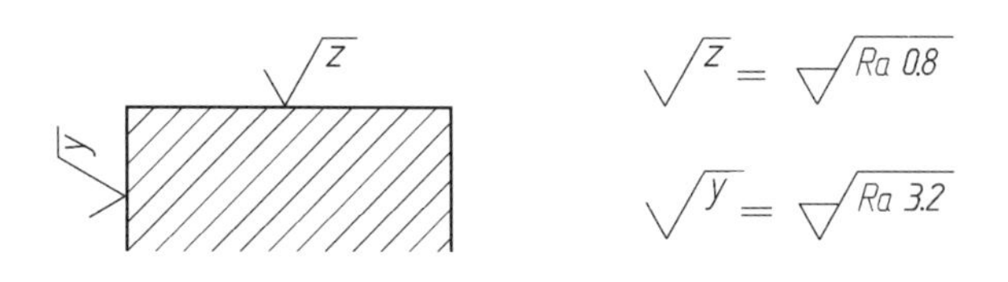

图 8—36 在图纸空间有限时的简化注法

2）只用表面结构符号的简化注法 如图 8—37 所示，用表面结构符号以等式的形式给出多个表面共同的表面结构要求。

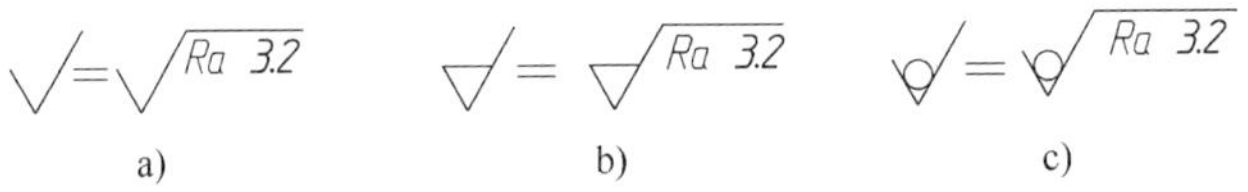

a) b) c)

图 8—37 多个表面结构要求的简化注法

a）未指定工艺方法 b）要求去除材料 c）不允许去除材料

二、极限与配合

大规模生产要求零件具有互换性，即从一批规格相同的零件中任取一件，不经修配就能立即装到机器或部件上，并能保证使用要求。零件的这种性质称为互换性。零件具有互换性，不仅给机器的装配、维修带来方便，而且能满足生产部门广泛的协作要求，为大批量和专门化生产创造条件，缩短生产周期，提高劳动效率和经济效益。为满足零件的互换性，就必须制定和执行统一的标准。下面介绍国家标准《极限与配合》（GB/T 1800.1～2—2009）的基本内容。

1. 尺寸公差

零件在制造过程中，由于加工或测量等因素的影响，完工后的实际尺寸总是存在一定的误差。为保证零件的互换性，必须将零件的实际尺寸控制在允许变动的范围内，这个允许尺寸的变动量称为尺寸公差，简称公差。关于尺寸公差的一些名词，以图 8—38a 所示圆柱孔尺寸 $\phi35^{+0.014}_{-0.011}$ 为例，简要说明如下：

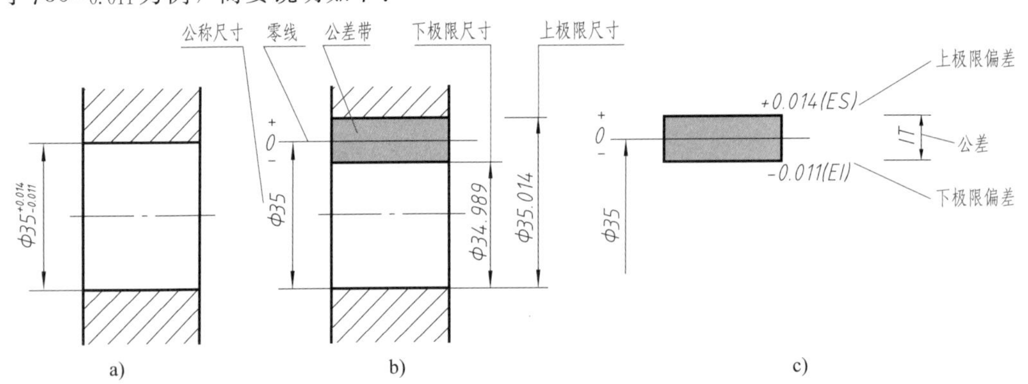

图 8—38 尺寸公差名词解释与公差带图

a）孔的公差 b）尺寸公差 c）公差带图

（1）公称尺寸 由图样规范确定的理想形状要素的尺寸，即设计给定的尺寸：$\phi35$。

（2）极限尺寸 允许尺寸变动的两个极限值，即上极限尺寸和下极限尺寸。

上极限尺寸：35＋0.014＝35.014

下极限尺寸：35＋(－0.011)＝34.989

零件经过测量所得的尺寸称为实际尺寸，若实际尺寸在上极限尺寸和下极限尺寸之间，即为合格。

（3）极限偏差 上极限尺寸减其公称尺寸所得的代数差称为上极限偏差；下极限尺寸减其公称尺寸所得的代数差称为下极限偏差，两者统称为极限偏差。孔的上、下极限偏差分别用大写字母 ES 和 EI 表示；轴的上、下极限偏差分别用小写字母 es 和 ei 表示。

上极限偏差：ES＝35.014－35＝＋0.014

下极限偏差：EI＝34.989－35＝－0.011

（4）尺寸公差（简称公差） 是指上极限尺寸减下极限尺寸之差，或上极限偏差减下极限偏差之差。它是允许尺寸的变动量。

公差＝35.014－34.989＝0.025 或 公差＝0.014－(－0.011)＝0.025

（5）公差带和零线 公差带是指由代表上极限偏差和下极限偏差或上极限尺寸和下极限尺寸的两条直线所限定的一个区域。为简化起见，一般只画出上、下极限偏差所围成的方框简图，称为公差带图，如图 8—38c 所示。在公差带图中，零线是表示公称尺寸的一条直线。零线上方的极限偏差为正值，零线下方的极限偏差为负值。公差带由公差大小及其相对于零线的位置来确定。

2. 配合

公称尺寸相同并且相互结合的孔和轴公差带之间的关系称为配合。由于孔和轴的实际尺寸不同，配合后会产生间隙或过盈。孔的尺寸减去相配合轴的尺寸之差为正时是间隙，为负时是过盈。

根据实际需要，配合分为间隙配合、过渡配合、过盈配合三类。

（1）间隙配合 孔的实际尺寸总比轴的实际尺寸大，装配在一起后，一般来说，轴在孔中能自由转动或移动。如图 8—39a 所示，孔的公差带（白色框）在轴的公差带（红色框）之上。间隙配合还包括最小间隙为零的配合。

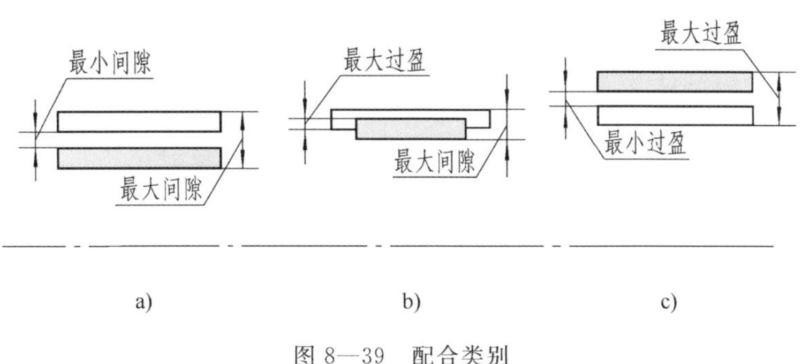

图 8—39 配合类别

a）间隙配合 b）过渡配合 c）过盈配合

（2）过渡配合 轴的实际尺寸比孔的实际尺寸有时小，有时大。孔与轴装配后，轴比孔小时能活动，但比间隙配合稍紧；轴比孔大时不能活动，但比过盈配合稍松。这种介于间隙和过盈之间的配合即为过渡配合。此时，孔的公差带与轴的公差带相互重叠，如图 8—39b 所示。

（3）过盈配合 孔的实际尺寸总比轴的实际尺寸小，装配时需要一定的外力或将带孔零件加热膨胀后才能把轴装入孔中。所以，轴与孔装配后不能做相对运动。如图 8—39c 所示，孔的公差带在轴的公差带之下。

3. 标准公差与基本偏差

为了满足不同的配合要求，国家标准规定，孔、轴公差带由标准公差和基本偏差两个要素组成。标准公差确定公差带大小，基本偏差确定公差带位置，如图 8—40 所示。

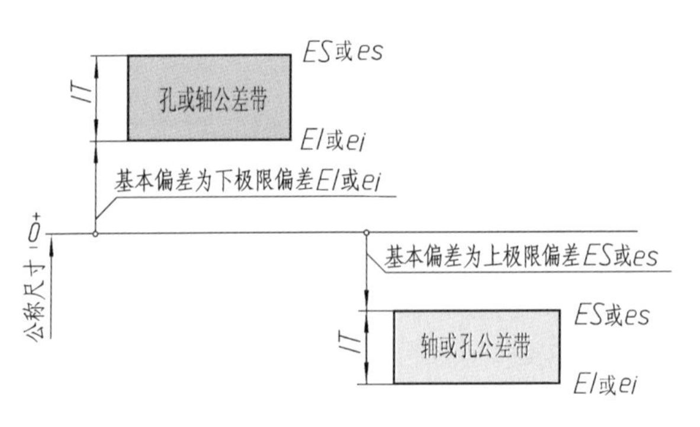

图 8—40　公差带大小及位置

（1）标准公差（IT）　是指由标准规定的任一公差。标准公差的数值由公称尺寸和公差等级来确定，其中公差等级确定尺寸的精确程度。标准公差等级代号由 IT 和数字组成，如 IT7。标准公差顺次分为 20 个等级，即 IT01、IT0、IT1、…、IT18。IT 表示公差，数字表示公差等级。IT01 公差值最小，精度最高；IT18 公差值最大，精度最低。在 20 个标准公差等级中，IT01～IT11 用于配合尺寸，IT12～IT18 用于非配合尺寸。公称尺寸在 3 150 mm 内的各级标准公差数值可查阅表 8—4。

表 8—4　　标准公差数值（摘自 GB/T 1800.1—2009）

公称尺寸（mm）		公差等级																	
		IT1	IT2	IT3	IT4	IT5	IT6	IT7	IT8	IT9	IT10	IT11	IT12	IT13	IT14	IT15	IT16	IT17	IT18
大于	至	μm											mm						
—	3	0.8	1.2	2	3	4	6	10	14	25	40	60	0.1	0.14	0.25	0.4	0.6	1	1.4
3	6	1	1.5	2.5	4	5	8	12	18	30	48	75	0.12	0.18	0.3	0.48	0.75	1.2	1.8
6	10	1	1.5	2.5	4	6	9	15	22	36	58	90	0.15	0.22	0.36	0.58	0.9	1.5	2.2
10	18	1.2	2	3	5	8	11	18	27	43	70	110	0.18	0.27	0.43	0.7	1.1	1.8	2.7
18	30	1.5	2.5	4	6	9	13	21	33	52	84	130	0.21	0.33	0.52	0.84	1.3	2.1	3.3
30	50	1.5	2.5	4	7	11	16	25	39	62	100	160	0.25	0.39	0.62	1	1.6	2.5	3.9
50	80	2	3	5	8	13	19	30	46	74	120	190	0.3	0.46	0.74	1.2	1.9	3	4.6
80	120	2.5	4	6	10	15	22	35	54	87	140	220	0.35	0.54	0.87	1.4	2.2	3.5	5.4
120	180	3.5	5	8	12	18	25	40	63	100	160	250	0.4	0.63	1	1.6	2.5	4	6.3
180	250	4.5	7	10	14	20	29	46	72	115	185	290	0.46	0.72	1.15	1.85	2.9	4.6	7.2
250	315	6	8	12	16	23	32	52	81	130	210	320	0.52	0.81	1.3	2.1	3.2	5.2	8.1
315	400	7	9	13	18	25	36	57	89	140	230	360	0.57	0.89	1.4	2.3	3.6	5.7	8.9
400	500	8	10	15	20	27	40	63	97	155	250	400	0.63	0.97	1.55	2.5	4	6.3	9.7
500	630	9	11	16	22	32	44	70	110	175	280	440	0.7	1.1	1.75	2.8	4.4	7	11
630	800	10	13	18	25	36	50	80	125	200	320	500	0.8	1.25	2	3.2	5	8	12.5
800	1 000	11	15	21	28	40	56	90	140	230	360	560	0.9	1.4	2.3	3.6	5.6	9	14
1 000	1 250	13	18	24	33	47	66	105	165	260	420	660	1.05	1.65	2.6	4.2	6.6	10.5	16.5

续表

公称尺寸 (mm)		公差等级																	
		IT1	IT2	IT3	IT4	IT5	IT6	IT7	IT8	IT9	IT10	IT11	IT12	IT13	IT14	IT15	IT16	IT17	IT18
大于	至	μm											mm						
1 250	1 600	15	21	29	39	55	78	125	195	310	500	780	1.25	1.95	3.1	5	7.8	12.5	19.5
1 600	2 000	18	25	35	46	65	92	150	230	370	600	920	1.5	2.3	3.7	6	9.2	15	23
2 000	2 500	22	30	41	55	78	110	175	280	440	700	1 100	1.75	2.8	4.4	7	11	17.5	28
2 500	3 150	26	36	50	68	96	135	210	330	540	860	1 350	2.1	3.3	5.4	8.6	13.5	21	33

注：1. 公称尺寸大于 500 mm 的 IT1～IT5 的标准公差数值为试行。

2. 公称尺寸小于或等于 1 mm 时，无 IT14～IT18。

3. 标准公差等级 IT01 和 IT0 在工业中很少用到，所以本表中没有给出这两个公差等级的标准公差数值。

(2) 基本偏差　用来确定公差带相对于零线位置的上极限偏差或下极限偏差，一般是指孔和轴的公差带中靠近零线的那个偏差。当公差带在零线上方时，基本偏差为下极限偏差；反之则为上极限偏差，如图 8—40 所示。基本偏差的代号用字母表示，孔用大写字母 A、…、ZC 表示，轴用小写字母 a、…、zc 表示。

GB/T 1800.1—2009 对孔和轴各规定了 28 个基本偏差，如图 8—41 所示。其中 A～H

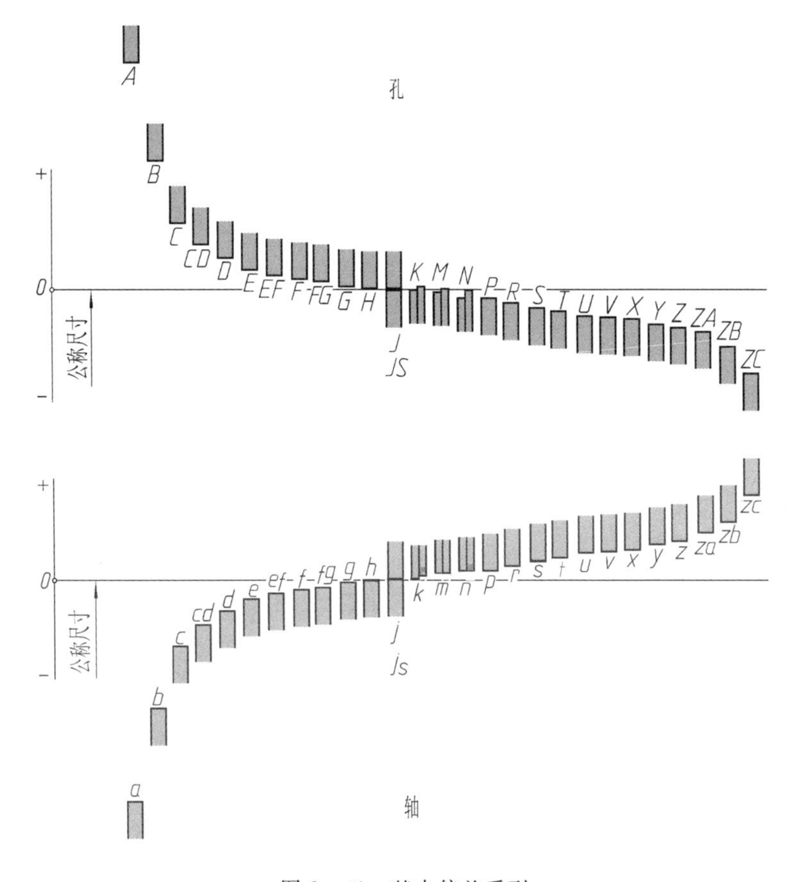

图 8—41　基本偏差系列

(a～h) 用于间隙配合，J～ZC (j～zc) 用于过渡配合和过盈配合。从基本偏差系列图中可以看到，孔的基本偏差 A～H 为下极限偏差，J～ZC 为上极限偏差；轴的基本偏差 a～h 为上极限偏差，j～zc 为下极限偏差；JS 和 js 没有基本偏差，其上、下极限偏差与零线对称，孔和轴的上、下极限偏差分别为 $+\frac{IT}{2}$、$-\frac{IT}{2}$。基本偏差系列图只表示公差带的位置，不表示公差带的大小，因此，公差带的一端是开口的，开口的另一端由标准公差限定。

基本偏差和标准公差等级确定后，孔和轴的公差带大小和位置就可确定，这时它们的配合性质也确定了。

根据尺寸公差的定义，基本偏差和标准公差有以下计算式：

$$ES = EI + IT \quad 或 \quad EI = ES - IT$$

$$es = ei + IT \quad 或 \quad ei = es - IT$$

轴和孔的公差带代号由基本偏差代号和公差等级代号组成，例如：

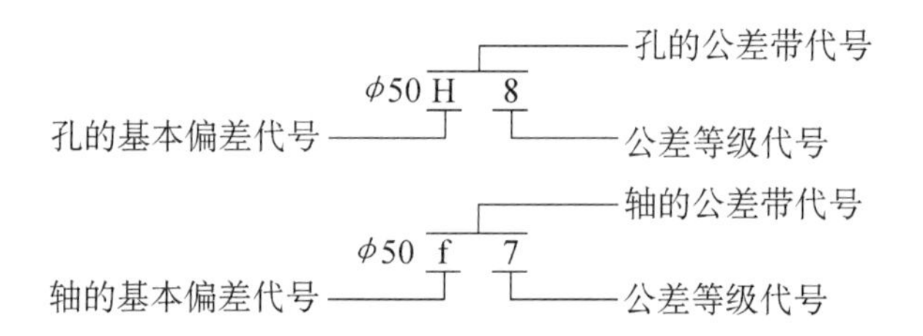

4. 配合制

在制造互相配合的零件时，使其中一种零件作为基准件，它的基本偏差固定，通过改变另一种非基准件的基本偏差来获得各种不同性质的配合制度称为配合制。根据生产实际需要，国家标准规定了以下两种配合制。

(1) 基孔制配合　是指基本偏差为一定的孔的公差带，与不同基本偏差的轴的公差带形成各种配合的一种制度。基孔制配合的孔称为基准孔，其基本偏差代号为 H，下极限偏差为零，即它的下极限尺寸等于公称尺寸。图 8—42 所示为采用基孔制配合所得到的各种不同程度的配合。

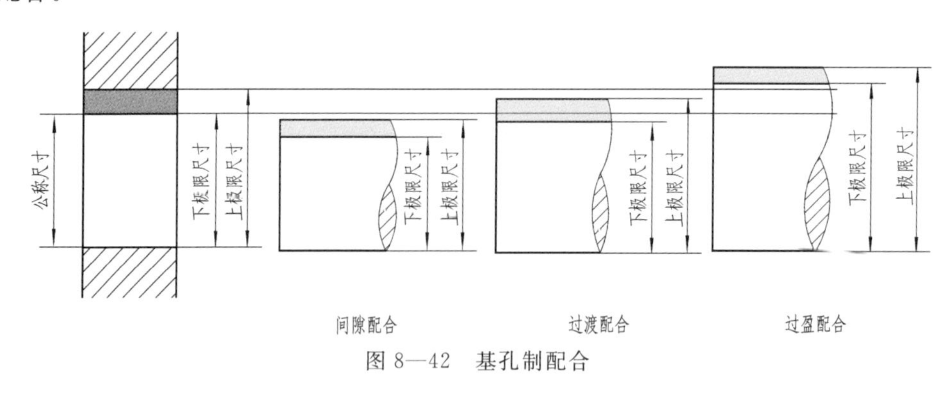

图 8—42　基孔制配合

(2) 基轴制配合　是指基本偏差为一定的轴的公差带，与不同基本偏差的孔的公差带形成各种配合的一种制度。基轴制配合的轴称为基准轴，其基本偏差代号为 h，上极限偏差为零，即它的上极限尺寸等于公称尺寸。图 8—43 所示为采用基轴制配合所得到的各种不同程度的配合。

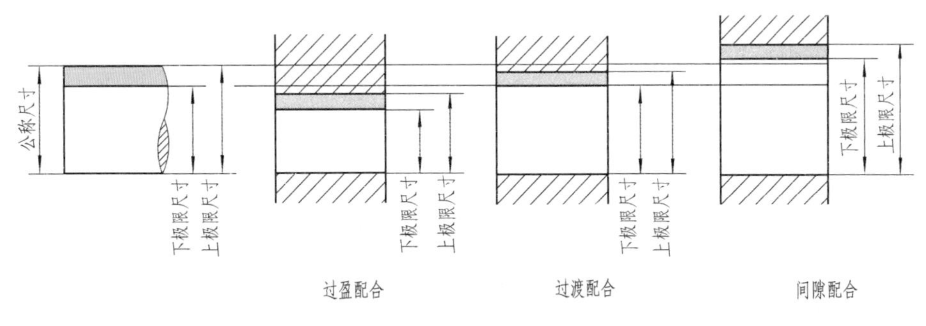

图 8—43　基轴制配合

5. 优先、常用配合

从经济性角度出发，为避免刀具和量具的品种、规格过于繁杂，GB/T 1800.1—2009 虽只提供了常用的公差带，但种类仍然很广。为此，GB/T 1801—2009 对公差带和配合的选择做了进一步的限制，规定了公称尺寸在 3 150 mm 内的孔、轴公差带分为优先、常用（含优先）和一般用途（含优先、常用）三类，并相应地规定了基孔制常用配合共 59 种，其中优先配合 13 种（表 8—5）；基轴制常用配合共 47 种，其中优先配合 13 种（表 8—6）。

6. 极限与配合的标注及查表方法

（1）在装配图上的标注形式　在装配图上标注配合代号，采用组合式注法，如图 8—44a 所示，在公称尺寸 $\phi18$ 和 $\phi14$ 后面分别用一分式表示：分子为孔的公差带代号，分母为轴的公差带代号。通常分子中含 H 的为基孔制配合，分母中含 h 的为基轴制配合。

表 8—5　　**基孔制优先、常用配合**

基准孔	轴																			
	a	b	c	d	e	f	g	h	js	k	m	n	p	r	s	t	u	v	x	y	z
	间隙配合								过渡配合			过盈配合									
H6						H6/f5	H6/g5	H6/h5	H6/js5	H6/k5	H6/m5	H6/n5	H6/p5	H6/r5	H6/s5	H6/t5					
H7						H7/f6	◤H7/g6	◤H7/h6	H7/js6	◤H7/k6	H7/m6	◤H7/n6	◤H7/p6	H7/r6	◤H7/s6	H7/t6	◤H7/u6	H7/v6	H7/x6	H7/y6	H7/z6
H8					H8/e7	◤H8/f7	H8/g7	◤H8/h7	H8/js7	H8/k7	H8/m7	H8/n7	H8/p7	H8/r7	H8/s7	H8/t7	H8/u7				
				H8/d8	H8/e8	H8/f8		H8/h8													
H9			H9/c9	◤H9/d9	H9/e9	H9/f9		◤H9/h9													
H10			H10/c10	H10/d10				H10/h10													
H11	H11/a11	H11/b11	◤H11/c11	H11/d11				◤H11/h11													
H12		H12/b12						H12/h12	1. 常用配合共 59 种，其中优先配合 13 种。标注◤的配合为优先配合 2. H6/n5、H7/p6 在基本尺寸小于等于 3 mm 和 H8/r7 在公称尺寸小于等于 100 mm 时为过渡配合												

表 8—6　　　　　　　　　　　　基轴制优先、常用配合

基准轴	孔																				
	A	B	C	D	E	F	G	H	JS	K	M	N	P	R	S	T	U	V	X	Y	Z
	间隙配合								过渡配合			过盈配合									
h5						$\frac{F6}{h5}$	$\frac{G6}{h5}$	$\frac{H6}{h5}$	$\frac{JS6}{h5}$	$\frac{K6}{h5}$	$\frac{M6}{h5}$	$\frac{N6}{h5}$	$\frac{P6}{h5}$	$\frac{R6}{h5}$	$\frac{S6}{h5}$	$\frac{T6}{h5}$					
h6						$\frac{F7}{h6}$	◤$\frac{G7}{h6}$	◤$\frac{H7}{h6}$	$\frac{JS7}{h6}$	◤$\frac{K7}{h6}$	$\frac{M7}{h6}$	◤$\frac{N7}{h6}$	◤$\frac{P7}{h6}$	$\frac{R7}{h6}$	◤$\frac{S7}{h6}$	$\frac{T7}{h6}$	◤$\frac{U7}{h6}$				
h7					$\frac{E8}{h7}$	◤$\frac{F8}{h7}$		◤$\frac{H8}{h7}$	$\frac{JS8}{h7}$	$\frac{K8}{h7}$	$\frac{M8}{h7}$	$\frac{N8}{h7}$									
h8				$\frac{D8}{h8}$	$\frac{E8}{h8}$	$\frac{F8}{h8}$		$\frac{H8}{h8}$													
h9				◤$\frac{D9}{h9}$	$\frac{E9}{h9}$	$\frac{F9}{h9}$		◤$\frac{H9}{h9}$													
h10				$\frac{D10}{h10}$				$\frac{H10}{h10}$													
h11	$\frac{A11}{h11}$	$\frac{B11}{h11}$	◤$\frac{C11}{h11}$	$\frac{D11}{h11}$				◤$\frac{H11}{h11}$													
h12		$\frac{B12}{h12}$						$\frac{H12}{h12}$	常用配合共 47 种，其中优先配合 13 种。标注◤的配合为优先配合												

（2）在零件图上的标注形式　在零件图上标注公差带代号有以下三种形式：

1）在孔或轴的基本尺寸后面注出基本偏差代号和公差等级，用公称尺寸数字的同号字体书写，如图 8—44b 中的 ϕ18H7。这种形式用于大批量生产的零件图上。

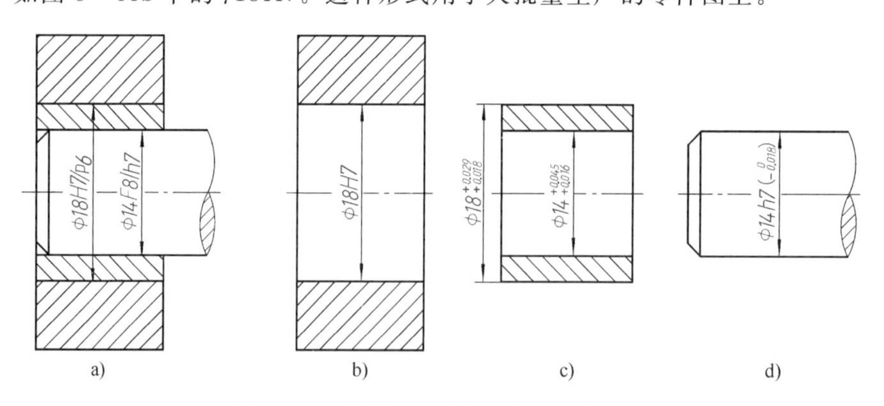

图 8—44　图样上公差与配合的标注方法

2）在孔或轴的公称尺寸后面注出偏差值。上极限偏差注写在公称尺寸的右上方，下极限偏差注写在公称尺寸的同一底线上，偏差值的字号比公称尺寸数字的字号小一号，如图 8—44c 中的 $\phi18^{+0.029}_{+0.018}$ 和 $\phi14^{+0.045}_{+0.016}$。若上、下极限偏差相同，而符号相反，则可简化标注，如 $\phi50\pm0.02$（小数点后的最后一位数若为零，可省略不写）。若上极限偏差或下极限偏差为零，应注明“0”，且与另一偏差左侧第一位数字对齐，如 $\phi30^{+0.125}_{0}$。这种形式用于单件或小批量生产的零件图上。

3）在孔或轴的公称尺寸后面，既注出基本偏差代号和公差等级，又注出偏差数值（偏

差数值加括号），如图 8—44d 中的 $\phi 14h7\left({}_{-0.018}^{\ 0}\right)$。这种形式用于生产批量不定的零件图上。

（3）极限偏差值的查表方法示例

【例 8—5】 查表写出 $\phi 18H8/f7$ 和 $\phi 14N7/h6$ 的偏差数值，并说明属于何种配合制度的配合。

分析

（1）$\phi 18H8/f7$ 中的 H8 为基准孔的公差带代号，f7 为轴的公差带代号。

1）$\phi 18H8$ 基准孔的极限偏差　在附表 15 中由公称尺寸 14～18 mm 所在行和公差带 H8 所在列汇交处查得${}_{\ 0}^{+27}$ μm，这就是基准孔的上、下极限偏差，换算单位后写成${}_{\ 0}^{+0.027}$ mm，标注为 $\phi 18_{\ 0}^{+0.027}$。基准孔的公差为 0.027 mm，这在表 8—4 中由公称尺寸 10～18 所在行和 IT8 所在列汇交处也能查到（即 27 μm）。

2）$\phi 18f7$ 轴的极限偏差　在附表 16 中由公称尺寸 14～18 mm 所在行和公差带 f7 所在列汇交处查得${}_{-34}^{-16}$ μm，这就是轴的上、下极限偏差（即${}_{-0.034}^{-0.016}$ mm），标注为 $\phi 18_{-0.034}^{-0.016}$。

从 $\phi 18H8/f7$ 公差带图（图 8—45a）中可以看出，孔的公差带在轴的公差带之上，所以该配合为基孔制间隙配合。$\phi 18H8/f7$ 的含义：公称尺寸为 18 mm、公差等级为 8 级的基准孔，与相同公称尺寸、公差等级为 7 级、基本偏差为 f 的轴组成的间隙配合。

（2）$\phi 14N7/h6$ 中的 h6 为基准轴的公差带代号，N7 为孔的公差带代号。

1）$\phi 14h6$ 基准轴的极限偏差　在附表 16 中由公称尺寸 10～14 mm 所在行和公差带 h6 所在列汇交处查得${}_{-11}^{\ 0}$ μm（即${}_{-0.011}^{\ 0}$ mm），这就是基准轴的上、下极限偏差，标注为 $\phi 14_{-0.011}^{\ 0}$。基准轴的公差为 0.011 mm。同样，在表 8—4 中由公称尺寸 10～18 mm 所在行和 IT6 所在列汇交处也可查得（即 11 μm）。

2）$\phi 14N7$ 孔的极限偏差　由附表 15 中查得${}_{-23}^{-5}$ μm（即${}_{-0.023}^{-0.005}$ mm），这就是孔的上、下极限偏差，标注为 $\phi 14_{-0.023}^{-0.005}$。

从 $\phi 14N7/h6$ 的公差带图（图 8—45b）中可以看出，孔的公差带与轴的公差带重叠，该配合为基轴制过渡配合。$\phi 14N7/h6$ 的含义：公称尺寸为 14 mm、公差等级为 6 级的基准轴，与相同公称尺寸、公差等级为 7 级、基本偏差为 N 的孔组成的过渡配合。

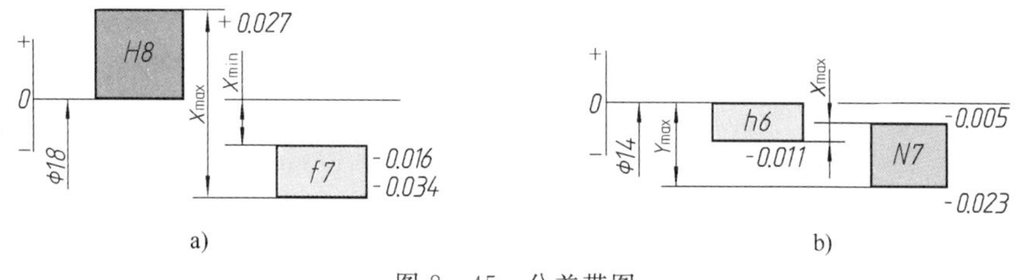

图 8—45　公差带图

a）$\phi 18H8/f7$　b）$\phi 14N7/h6$

从 $\phi 18H8/f7$ 的公差带图中可以看出，最大间隙 X_{max} 为 +0.061 mm，最小间隙 X_{min} 为 +0.016 mm；从 $\phi 14N7/h6$ 的公差带图中可以看出，最大间隙 X_{max} 为 +0.006 mm，最大过盈 Y_{max} 为 −0.023 mm。

查表时要注意尺寸段的划分，如 $\phi 18$ 要划在 14～18 mm 的尺寸段内，而不要划在 18～24 mm 的尺寸段内。

三、几何公差

1. 基本概念

零件在加工过程中，不仅会产生尺寸误差，也会出现形状和相对位置误差。例如，加工轴时可能会出现轴线弯曲或大小头的现象，这就是零件形状误差。如图 8—46a 所示的圆柱销，除了注出直径的尺寸公差外，还标注了圆柱轴线的形状公差（直线度）代号，它表示圆柱实际轴线必须限定在 ϕ0.006 mm 的圆柱面内。又如图 8—46b 所示，箱体上的两个孔是安装锥齿轮轴的孔，如果两孔的轴线歪斜太大，势必影响一对锥齿轮的啮合传动。为了保证正常的啮合，必须标注方向公差——垂直度。图中代号的含义如下：水平孔的轴线必须位于距离为 0.05 mm，且垂直于另一个孔轴线的两平行平面之间。

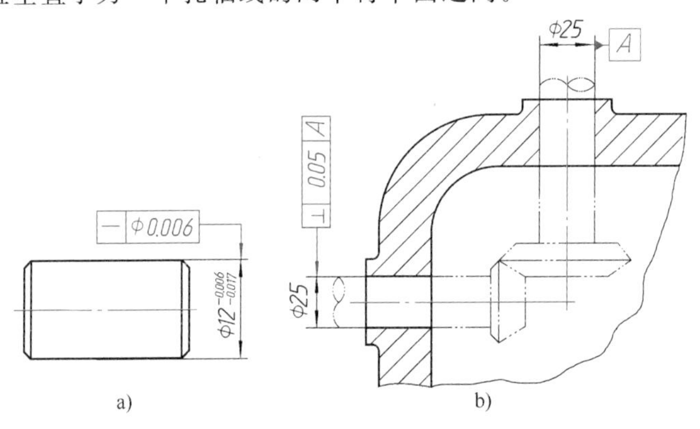

图 8—46　几何公差示例

由此可见，为保证加工零件的装配和使用要求，在图样上除给出尺寸公差、表面结构要求外，还有必要给出几何公差（形状公差、方向公差、位置公差和跳动公差）要求。几何公差在图样上的注法应遵照 GB/T 1182—2008 的规定。

2. 几何公差符号

几何公差的几何特征和符号见表 8—7。

表 8—7　几何公差的几何特征和符号

公差类型	几何特征	符号	有无基准
形状公差	直线度	—	无
	平面度	▱	无
	圆度	○	无
	圆柱度	⌭	无
	线轮廓度	⌒	无
	面轮廓度	⌓	无
方向公差	平行度	//	有
	垂直度	⊥	有
	倾斜度	∠	有
	线轮廓度	⌒	有
	面轮廓度	⌓	有
位置公差	位置度	⊕	有或无
	同心度（用于中心点）	◎	有
	同轴度（用于轴线）	◎	有
	对称度	⌯	有
	线轮廓度	⌒	有
	面轮廓度	⌓	有
跳动公差	圆跳动	↗	有
	全跳动	⌰	有

3. 几何公差在图样上的标注

（1）公差框格与基准符号　如图 8—47a 所示，几何公差框格用细实线绘制，分成两格或多格，框格高度是图中尺寸数字高度的 2 倍，框格长度根据需要而定。框格中的字母、数字与图中数字等高。几何公差项目符号的线宽为图中数字高度的 1/10，框格应水平或垂直绘制。图 8—47b 所示为标注带有基准要素几何公差时所用的基准符号。其基准字母注写在基准细实线方格内，与一个涂黑（或空心）的三角形相连。

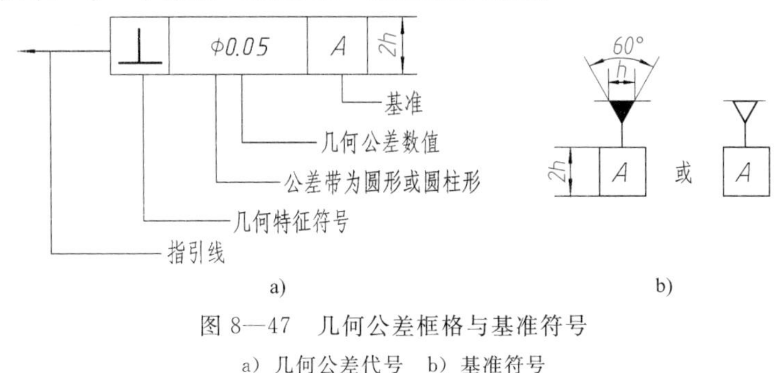

图 8—47　几何公差框格与基准符号

a）几何公差代号　b）基准符号

（2）被测要素的标注　按下列方式之一用指引线连接被测要素和公差框格。指引线引自框格的任意一侧，终端带一箭头。

1）当被测要素为轮廓线或轮廓面时，指引线的箭头指向该要素的轮廓线或其延长线上（应与尺寸线明显错开），如图 8—48a、b 所示。箭头也可指向引出线的水平线，引出线引自被测面，如图 8—48c 所示。

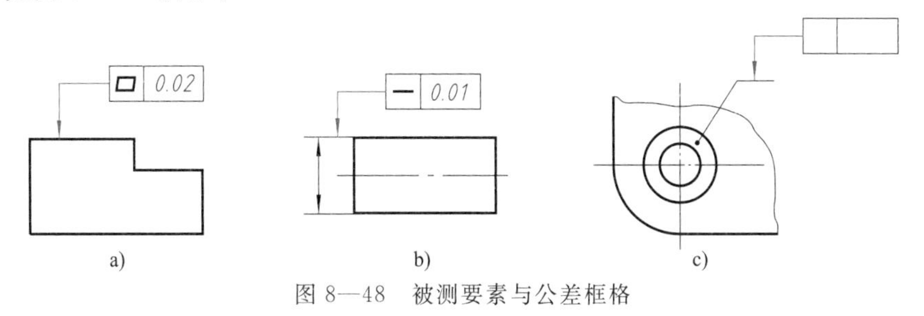

图 8—48　被测要素与公差框格

2）当被测要素为轴线或中心平面时，箭头应位于尺寸线的延长线上，如图 8—49a 所示。公差值前加注 ϕ，表示给定的公差带为圆形或圆柱形。

（3）基准要素的标注　基准要素是零件上用于确定被测要素方向和位置的点、线或面，用基准符号表示，表示基准的字母也应注写在公差框格内，如图 8—49b 所示。

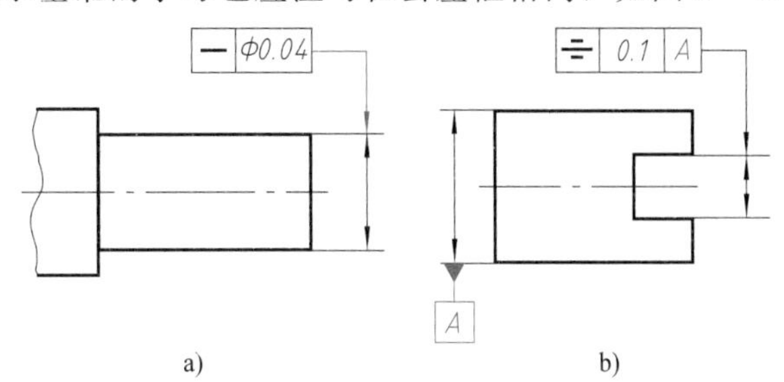

图 8—49　被测要素为轴线或中心平面时的注法

带基准字母的基准三角形应按以下规定放置：

1）当基准要素为轮廓线或轮廓面时，基准三角形放置在要素的轮廓线或其延长线上（应与尺寸线明显错开），如图 8—50 所示。

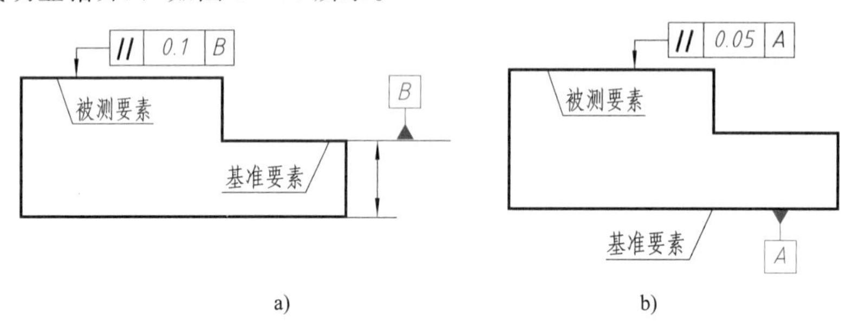

图 8—50　基准要素为轮廓线或轮廓面时的注法

2）当基准要素为轴线或中心平面时，基准三角形应放置在该尺寸线的延长线上，如图 8—51a 所示。如果没有足够的位置标注基准要素尺寸的两个尺寸箭头，则其中一个箭头可用基准三角形代替，如图 8—51b 所示。

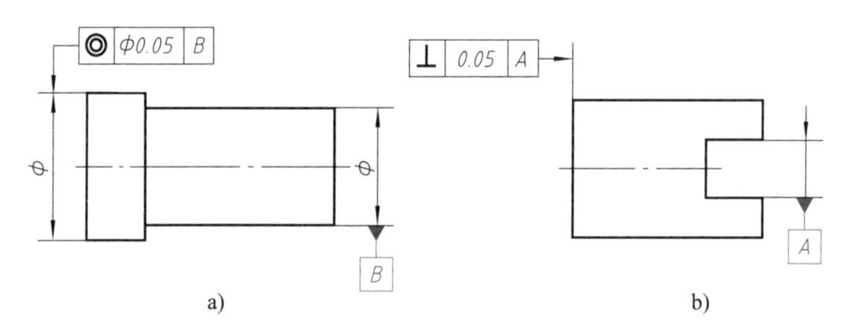

图 8—51　基准要素为轴线或中心平面时的注法

4. 几何公差标注示例

图 8—52 所示为气门阀杆几何公差标注示例。从图中可以看到，当被测要素为轮廓要素时，从框格引出的指引线箭头应指在该要素的轮廓线或其延长线上。当被测要素为轴线或对称中心线（中心要素）时，应将箭头与该要素的尺寸线对齐，如 M8×1 轴线同轴度的注法。当基准要素为轴线时，应将基准符号与该要素的尺寸线对齐，如图 8—52 中的基准 *A*。

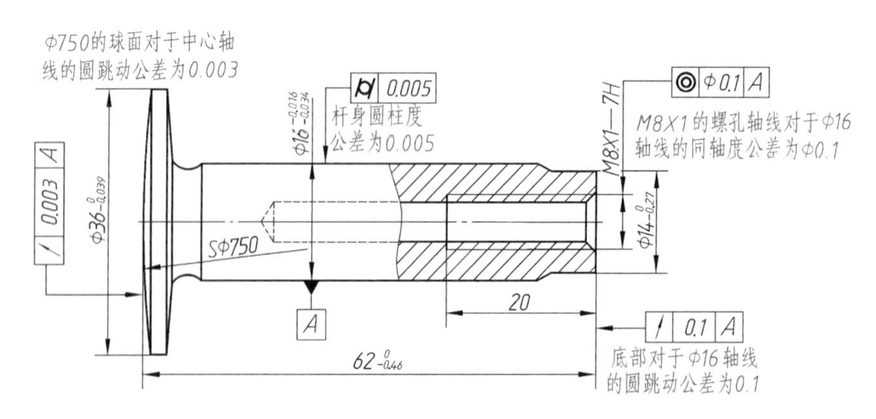

图 8—52　几何公差标注示例

§8—6 读零件图

零件图是制造和检验零件的依据，是反映零件结构、大小和技术要求的载体。读零件图的目的就是根据零件图想象零件的结构和形状，了解零件的制造方法和技术要求。为了读懂零件图，最好能结合零件在机器或部件中的位置、功能以及与其他零件的装配关系来读图。下面通过球阀中的主要零件来介绍识读零件图的方法和步骤。

球阀是管路系统中的一个开关，从图 8—53 所示球阀轴测装配图中可以看出，球阀的工作原理是驱动扳手使阀杆和阀芯转动，从而控制球阀的启闭。阀杆和阀芯包容在阀体内，阀盖通过四个螺柱与阀体连接。通过以上分析，即可清楚了解球阀中主要零件的功能以及零件间的装配关系。

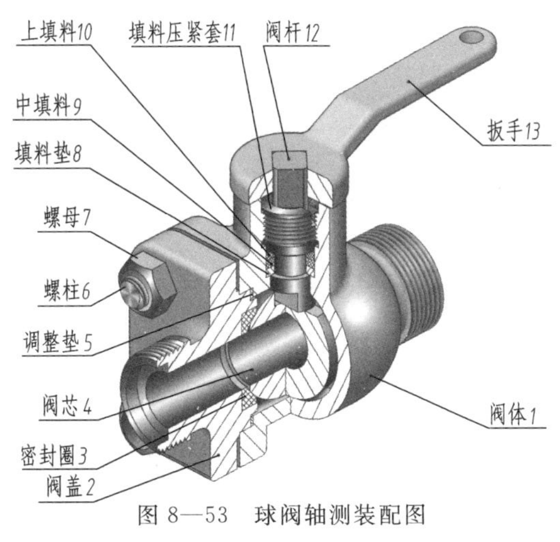

图 8—53　球阀轴测装配图

一、阀杆（图 8—54）

1. 结构分析

对照球阀轴测装配图可以看出，阀杆是轴套类零件，阀杆上部为四棱柱体，与扳手的方孔配合；阀杆下部带球面的凸榫插入阀芯上部的通槽内，以便使用扳手带动阀杆和阀芯旋转，控制球阀的启闭和流量。

2. 表达分析

阀杆零件图用一个基本视图和一个断面图表达，轴套类零件一般在车床上加工，所以阀杆主视图按加工位置水平横放。左端的四棱柱体采用移出断面图表示。

3. 尺寸分析

阀杆以水平轴线作为径向尺寸基准，也是高度和宽度方向的尺寸基准，由此注出径向各部分尺寸 $\phi14$、$\phi11$、$\phi14c11(^{-0.095}_{-0.205})$、$\phi18c11(^{-0.095}_{-0.205})$。凡尺寸数字后面注写公差带代号或偏差值的，一般是指零件该部分与其他零件有配合关系。如 $\phi14c11(^{-0.095}_{-0.205})$ 和 $\phi18c11(^{-0.095}_{-0.205})$ 分别与球阀

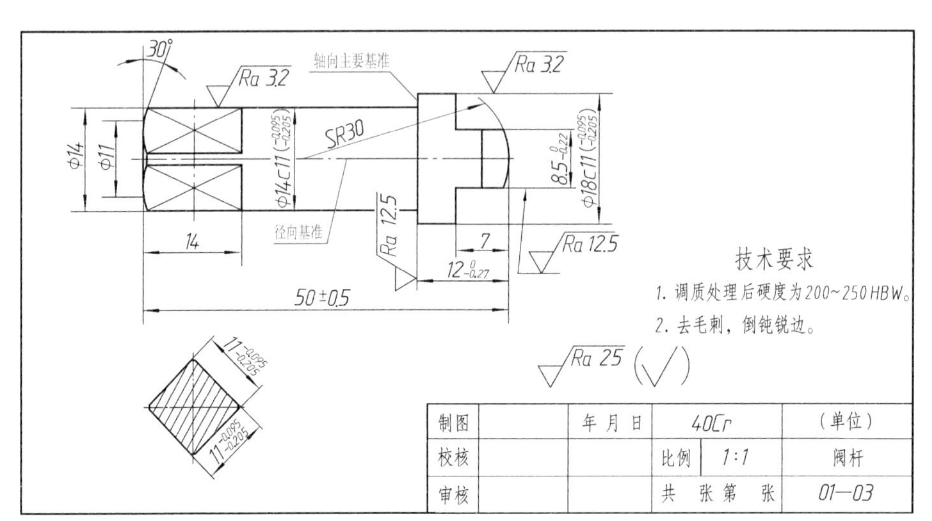

图 8—54　阀杆

中的填料压紧套和阀体有配合关系（图 8—53），所以表面质量的要求较高，*Ra* 值为 3.2 μm。

选择表面粗糙度 *Ra* 12.5 μm 的中间圆柱端面作为阀杆长度方向的主要尺寸基准（轴向主要基准），由此注出尺寸 $12_{-0.27}^{\ 0}$；以右端面为轴向的第一辅助基准，注出尺寸 7、50±0.5；以左端面为轴向的第二辅助基准，注出尺寸 14。

阀杆经过调质处理后硬度应达到 200～250HBW，以提高材料的韧性和强度。

二、阀盖（图 8—55）

1. 结构分析

对照球阀轴测装配图，阀盖的右边与阀体有相同的方形法兰盘结构。阀盖通过螺柱与阀

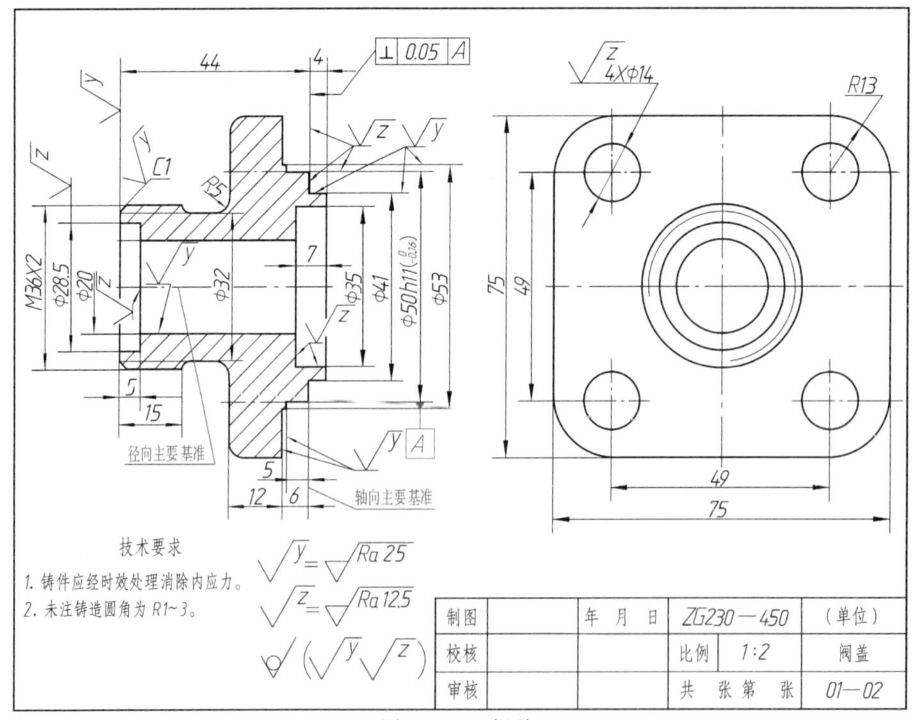

图 8—55　阀盖

体连接，中间的通孔与阀芯的通孔对应。阀盖的左侧有与阀体右侧相同的外管螺纹连接管道，形成流体通道。图 8—56 所示为阀盖轴测图。

2. 表达分析

阀盖零件图用两个基本视图表达，主视图采用全剖视，表示零件的空腔结构以及左端的外螺纹。阀盖属于盘盖类零件。主视图的安放既符合主要加工位置，也符合阀盖在部件中的工作位置。左视图表达了带圆角的方形凸缘和四个均布的通孔。

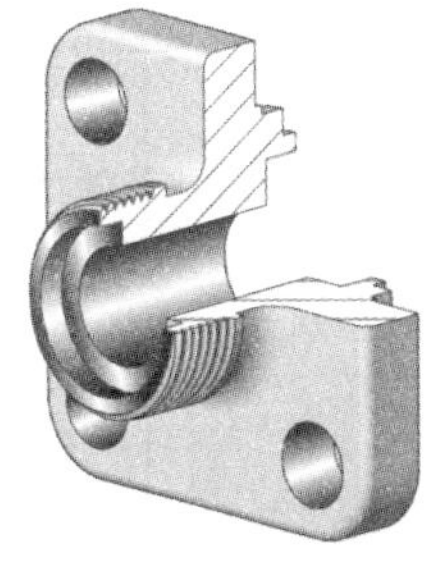

图 8—56　阀盖轴测图

3. 尺寸分析

多数盘盖类零件的主体部分是回转体，所以通常以轴孔的轴线作为径向主要基准，由此注出阀盖各部分同轴线的直径尺寸，方形凸缘也用它作为高度和宽度方向的尺寸基准。在注有公差的尺寸 $\phi50h11(^{\ 0}_{-0.16})$ 处，表明在这里与阀体有配合要求。

以阀盖的重要端面（右端凸缘端面）作为轴向主要基准，即长度方向的主要尺寸基准，由此注出尺寸 4、44 以及 5、6 等。有关长度方向的辅助基准和联系尺寸，请读者自行分析。

4. 了解技术要求

阀盖是铸件，需要进行时效处理，以消除内应力。视图中有小圆角（铸造圆角为 $R1$～3 mm）过渡的表面是非加工表面。注有尺寸公差的尺寸 $\phi50h11$（$^{\ 0}_{-0.16}$）所对应部位，对照球阀轴测装配图可以看出，与阀体有配合关系，但由于相互之间没有相对运动，所以表面质量要求不严，Ra 值为 12.5 μm。作为长度方向主要尺寸基准的端面，相对阀盖 $\phi50h11(^{\ 0}_{-0.16})$ 凸缘水平轴线的垂直度公差为 0.05 mm。

三、阀体（图 8—57）

1. 结构分析

阀体的作用是支承和包容其他零件，它属于箱体类零件。阀体的结构特征明显，是一个具有三通管式空腔的零件。水平方向空腔容纳阀芯和密封圈（在空腔右侧 $\phi35$ 圆柱形槽内放密封圈）；阀体右侧有外管螺纹与管道相通，形成流体通道；阀体左侧有 $\phi50H11$（$^{+0.16}_{\ \ 0}$）圆柱形槽与阀盖右侧 $\phi50h11$（$^{\ 0}_{-0.16}$）圆柱形凸缘相配合。竖直方向的空腔容纳阀杆、填料和填料压紧套等零件，孔 $\phi18H11$（$^{+0.11}_{\ \ 0}$）与阀杆下部凸缘 $\phi18c11$（$^{-0.095}_{-0.205}$）相配合，阀杆凸缘在这个孔内转动。

2. 表达分析

阀体采用三个基本视图，主视图采用全剖视，表达零件的空腔结构；左视图的图形对称，采用半剖视，既表达零件空腔的结构和形状，也表达零件外部的结构和形状；俯视图表达阀体俯视方向的外形。将三个视图综合起来想象阀体的结构和形状，并仔细看懂各部分的局部结构。如俯视图中标注 90°±1°的两段粗短线，对照主视图和左视图看懂 90°扇形限位块，它是用来控制扳手和阀杆旋转角度的。

图 8—58 所示为阀体轴测图。

3. 尺寸分析

阀体的结构和形状比较复杂，标注的尺寸很多，这里仅分析其中一些主要尺寸，其余尺寸请读者自行分析。

（1）以阀体水平孔轴线为高度方向主要基准，注出水平方向孔的直径尺寸 $\phi50H11(^{+0.16}_{\ \ 0})$、

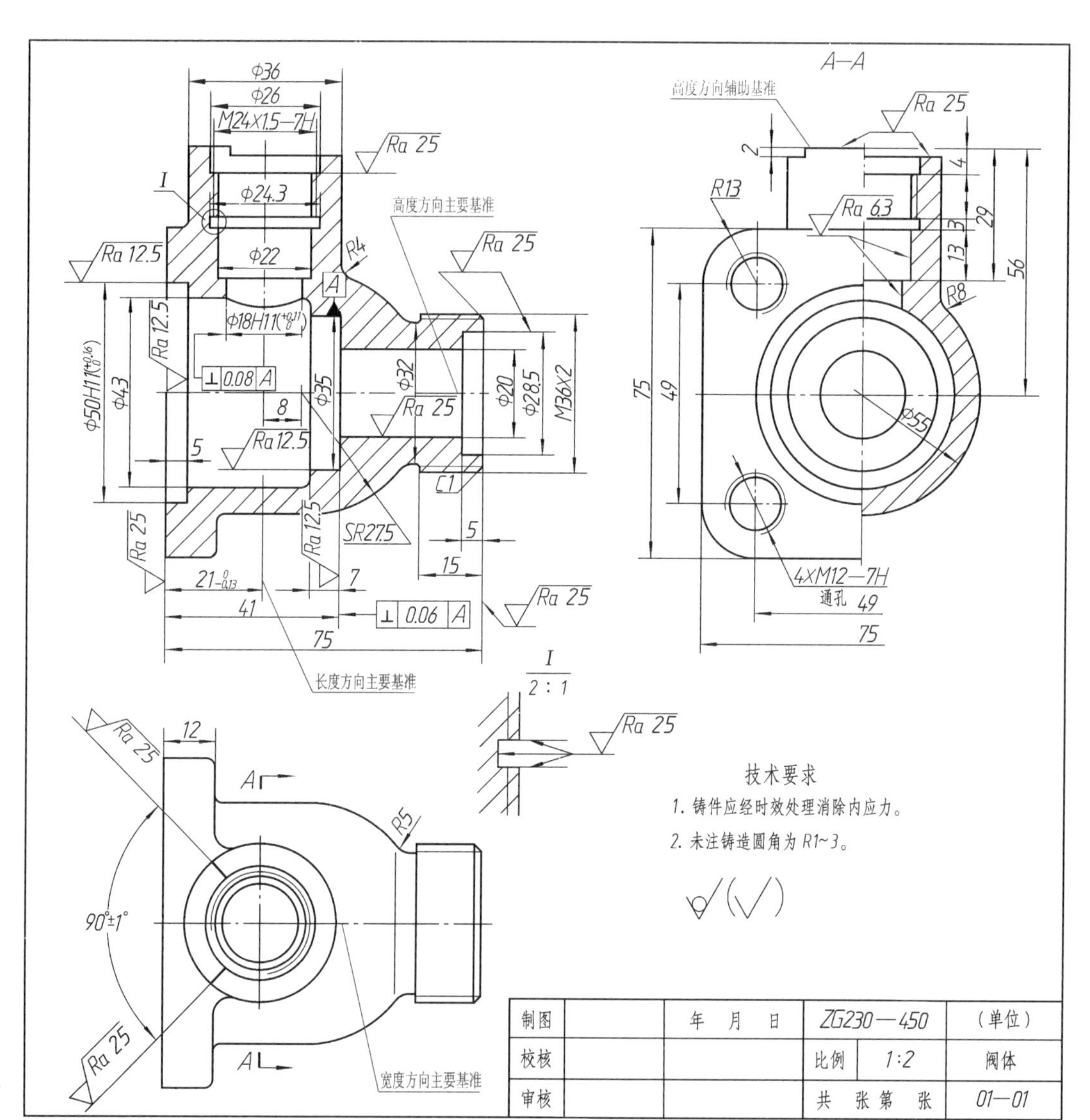

图 8—57　阀体

ϕ43、ϕ35、ϕ32、ϕ20、ϕ28.5 以及右端外螺纹 M36×2 等，同时注出水平轴到顶端的高度尺寸 56（在左视图上）。

（2）以阀体铅垂孔轴线为长度方向主要基准，注出 ϕ36、ϕ26、M24×1.5—7H、ϕ22、ϕ18H11($^{+0.11}_{0}$) 等，同时注出铅垂孔轴线到左端面的距离 $21_{-0.13}^{0}$。

（3）以阀体前后对称面为宽度方向主要基准，在左视图上注出阀体的圆柱体外形尺寸 ϕ55、左端面方形凸缘外形尺寸 75×75，以及四个螺孔的宽度方向定位尺寸 49，同时，在俯视图上注出前后对称的扇形限位块的角度尺寸90°±1°。

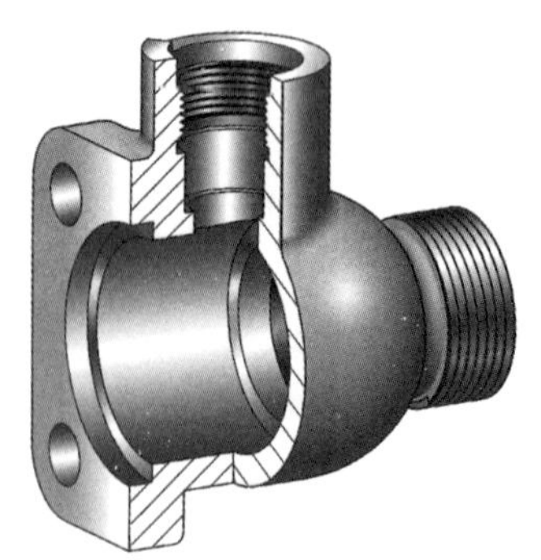

图 8—58　阀体轴测图

4. 了解技术要求

通过上述尺寸分析可以看出，阀体中比较重要的尺寸都标注了偏差数值，与此相对应的表面质量要求也较高，*Ra* 值一般为 6.3 μm。阀体左端和空腔右端的台阶孔 ϕ50H11（$^{+0.16}_{\ 0}$）、ϕ35 分别与密封圈（垫）有配合关系，但因密封圈的材料为塑料，所以相应的表面质量要求稍低，*Ra* 的上限值为 12.5 μm。零件上不太重要的加工表面粗糙度 *Ra* 值一般为 25 μm。

主视图中对于阀体的几何公差要求如下：空腔右端面相对于 ϕ35 轴线的垂直度公差为 0.06 mm；ϕ18H11（$^{+0.16}_{\ 0}$）圆柱孔轴线相对于 ϕ35 圆柱孔轴线的垂直度公差为 0.08 mm。

在零件图的标题栏和第九章装配图的明细栏中均有零件材料一项，关于金属材料（铁、钢、有色金属）的牌号或代号以及有关说明见附表 17 和附表 18。

综合案例

识读图 8—59 所示支架零件图，并补画出 *A*—*A* 剖视图。

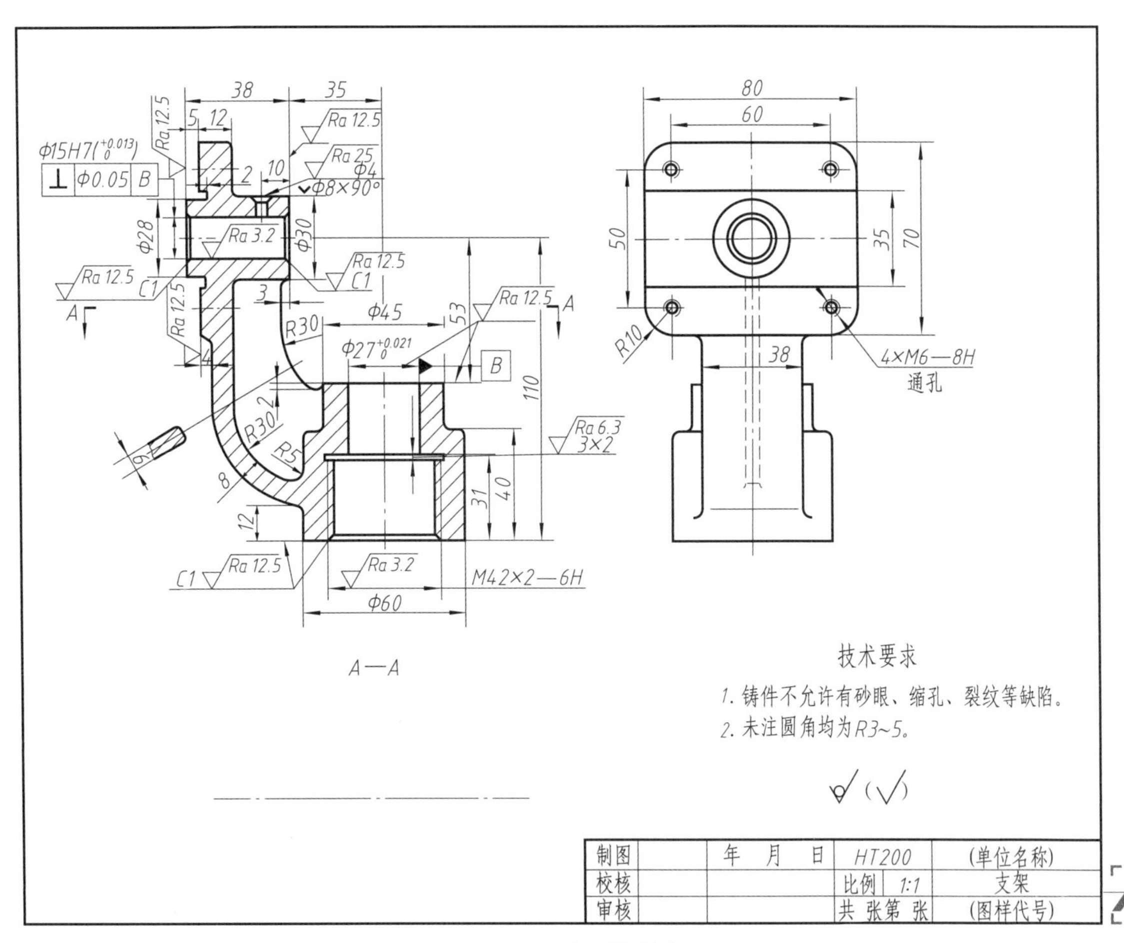

图 8—59 支架零件图

1. 概括了解

由标题栏可知，零件的名称是支架，材料为 HT200，绘图比例是 1∶1。支架属于叉架类零件（支座、支架、拨叉、连杆、摇臂等），这类零件结构和形状较复杂，多为铸造件，通常由支承部分、工作部分和连接部分组成，具有孔、凸台、铸造圆角等常见结构。主视图一般由形状特征和工作位置来确定，并用剖视、断面等各种表示法来表达零件的内外形状和细部结构。尺寸基准一般为较大的加工平面、对称平面或较大孔的轴线，并有相应的尺寸公差、几何公差及表面结构要求等。

2. 分析表达方法

采用主、左两个视图表达。主视图采用全剖视表达支架的主要结构和形状，由于主视图沿支架前后对称剖切，所以省略标注，同时按规定画法，肋板部分不画剖面符号，左视图主要表达支架的外形和左上端连接板的形状。

3. 分析结构和形状

支架由阶梯形圆柱底座、长方体连接板、圆柱套筒和 T 形肋板组合而成。其中阶梯形圆柱底座内有螺孔和圆柱孔；左上端的长方体连接板中部有长方形凹槽，四周倒圆角，并有四个 M6 的螺纹连接孔；套筒伸出连接板凹槽，其轴线与底座圆柱孔轴线垂直，套筒左上方有 $\phi 4$ mm 小孔与之贯通。底座与连接板之间用 T 形肋板连接。

4. 分析尺寸

支架长度方向的主要尺寸基准是底座圆柱孔 $\phi 27^{+0.021}_{0}$ 的轴线，标注其定形尺寸 $\phi 60$、$\phi 27^{+0.021}_{0}$、M42×2—6H，以轴线为基准标出套筒定位尺寸 35，并以套筒右端面作为第一辅助基准，标注 38、10、3 等定位尺寸，同时再以套筒左端面为第二辅助基准，标出与连接板的定位尺寸 5；以底座底面为支架高度方向的主要基准，套筒轴线作为辅助基准，两基准之间的尺寸 110 是定位尺寸，又是两者的联系尺寸，以此标注主视图中的 53、$\phi 15$H7($^{+0.013}_{0}$)、$\phi 28$、$\phi 30$，左视图中的 35、50、70 及主视图中的 40、31、12 等；对称平面是支架宽度方向的主要基准，以此标出肋板宽 38、连接板宽 80 及螺孔的定位尺寸 60。其余尺寸由读者自行分析。

5. 分析技术要求

从图中标有尺寸公差的套筒内表面 $\phi 15$H7($^{+0.013}_{0}$)、底座的圆柱孔 $\phi 27^{+0.021}_{0}$、螺孔 M42×2—6H 可知，这三处都是配合面，表面结构要求较严，均为 *Ra* 3.2 μm，且要求套筒孔 $\phi 15$H7($^{+0.013}_{0}$) 的轴线对孔 $\phi 27^{+0.021}_{0}$ 轴线的垂直度满足 $\phi 0.05$ 的几何公差要求。支架的其他加工表面粗糙度要求为 *Ra* 6.3 μm、*Ra* 12.5 μm 或 *Ra* 25 μm，剩余的为非加工表面。零件图中还对铸造工艺质量方面提出了要求，如铸件不允许有砂眼、缩孔、裂纹等缺陷。

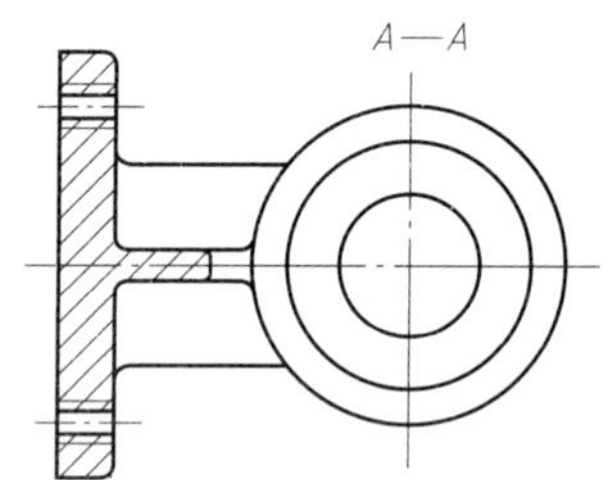

图 8—60　读零件图补画剖视图

6. 补画 A—A 剖视图

根据上述分析和已知两视图，按指定的剖切位置，并按与已知视图的投影关系，完成 *A*—*A* 全剖视图（图 8—60）。

第九章 装 配 图

表示机器（或部件）的图样称为装配图。表示一台完整机器的图样称为总装配图，表示一个部件的图样称为部件装配图。

装配图是表达机器（或部件）整体结构、形状和装配连接关系的，用以指导机器的装配、检验、调试和维修。本章将介绍装配图的表示法和画法，以及识读装配图和拆画零件图的方法与步骤。

§9—1 装配图的内容和表示法

一、装配图的内容

从图 9—1 所示滑动轴承装配图（参阅图 8—1 所示的滑动轴承轴测分解图）中可以看出，一张完整的装配图包括以下几项基本内容：

1. 一组图形

装配图中的一组图形用来表达机器（或部件）的工作原理、装配关系和结构特点。前面所述机件的表达方法可以用来表达装配图，但由于装配图表达重点不同，还需要一些规定的表示法和特殊的表示法。

2. 必要的尺寸

标注出反映机器（或部件）的规格（性能）尺寸、安装尺寸、零件之间的装配尺寸以及外形尺寸等。

3. 技术要求

用文字或符号注写机器（或部件）的质量、装配、检验、使用等方面的要求。

4. 标题栏、零件序号和明细栏

根据生产组织和管理的需要，在装配图上对每个零件编注序号，并填写明细栏。在标题栏中注明装配体名称、图号、绘图比例以及有关人员的责任签字等。

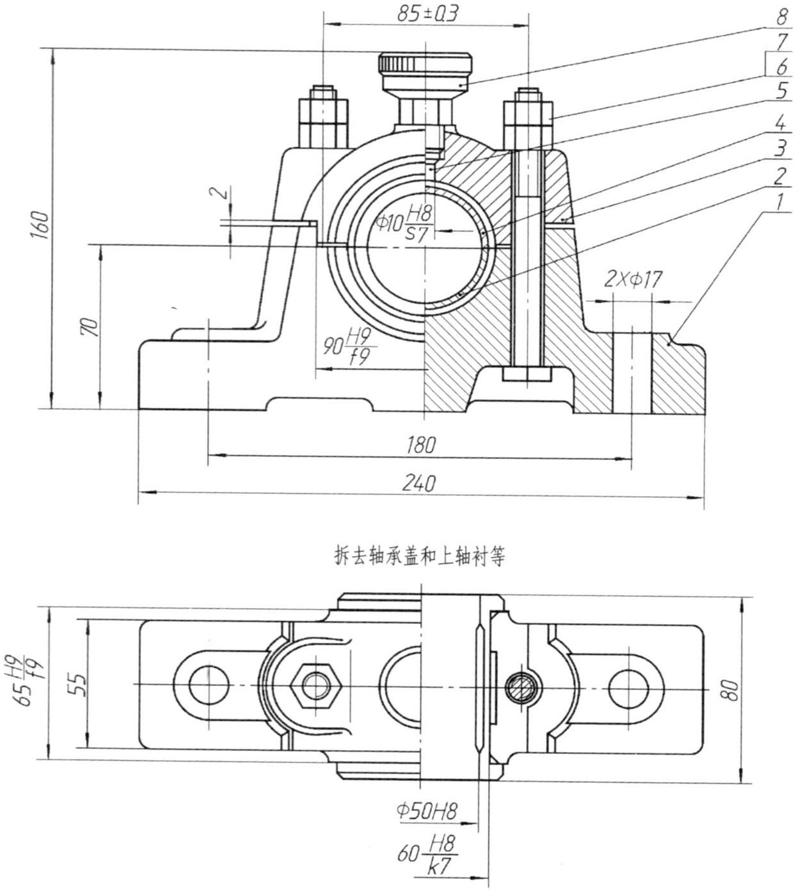

拆去轴承盖和上轴衬等

技术要求

1. 上、下轴衬与轴承座及轴承盖之间应保证接触良好。
2. 轴衬最大压力 $p \leq 27.4\text{MPa}$。
3. 轴衬与轴颈最大线速度 $v \leq 8\text{m/s}$。
4. 轴承温度低于 120℃。

序号	代　号	名　称	数量	材　料	备　注
8	JB/T 7940.3—1995	油杯B12	1		
7	GB/T 6170—2000	螺母M12	4		
6	GB/T 8—1988	螺栓M12×130	2		
5	GB/T 18324—2001	轴套	1	Q235A	
4		上轴衬	1	ZCuAl10Fe3	
3		轴承盖	1	HT150	
2		下轴衬	1	ZCuAl10Fe3	
1		轴承座	1	HT150	

制图		年 月 日		（单位）
校核			比例	滑动轴承
审核			共 张 第 张	（图号）

图 9—1　滑动轴承装配图

二、装配图画法的基本规则

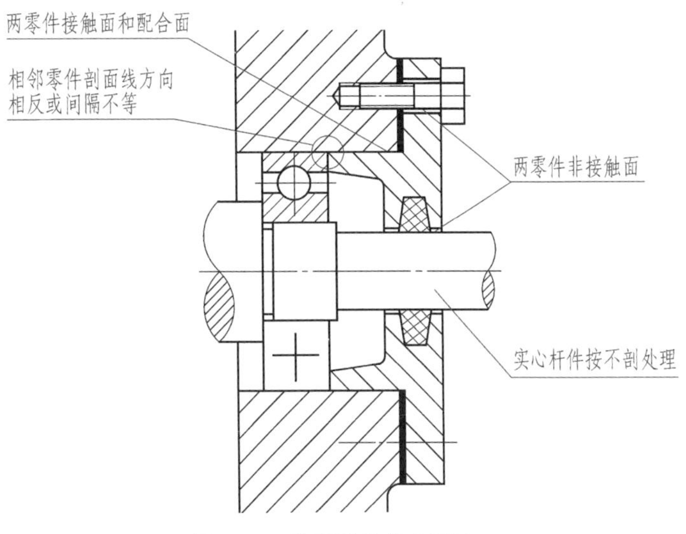

图 9—2　装配图的规定画法

根据国家标准的有关规定，并综合前面章节中的有关表述，装配图画法有以下基本规则（图 9—2）：

1. 实心零件画法

在装配图中，对于紧固件以及轴、键、销等实心零件，若按纵向剖切，且剖切平面通过其对称平面或轴线时，这些零件均按不剖绘制。

2. 相邻零件轮廓线的画法

两个零件的接触表面（或基本尺寸相同的配合面）只用一条共有的轮廓线表示；非接触面画两条轮廓线。

3. 相邻零件剖面线的画法

在剖视图中，相接触的两零件的剖面线方向应相反或间隔不等。三个或三个以上零件相接触时，除其中两个零件的剖面线倾斜方向不同外，第三个零件应采用不同的剖面线间隔或者与同方向的剖面线位置错开。值得注意的是，在各视图中同一零件的剖面线方向与间隔必须一致。

三、装配图的特殊画法

零件图的各种表示法（视图、剖视图、断面图）同样适用于装配图，但装配图着重表达装配体的结构特点、工作原理和各零件间的装配关系。针对这一特点，国家标准制定了表达机器（或部件）装配图的特殊画法。

1. 简化画法

（1）在装配图中，当某些零件遮住了需要表达的结构和装配关系时，可假想沿某些零件的接合面剖切或假想将某些零件拆卸后绘制。需要说明时，在相应的视图上方加注“拆去××等”。如图 9—3 所示的铣刀头装配图，其左视图是沿左端盖与座体的接合面剖切后拆去零件 1、2、3、4、5 再投射后画出的。

（2）装配图中对规格相同的零件组，如图 9—3 中的螺钉连接，可详细地画出一处，其余用细点画线表示其装配位置。

（3）在装配图中，零件的工艺结构（如倒角、圆角、退刀槽等）允许省略不画。

（4）在装配图中，当剖切平面通过某些标准产品的组合件，或该组合件已由其他图形表达清楚时，可只画出其外形轮廓，如图 9—1 中的件 8 油杯。装配图中的滚动轴承允许一半采用规定画法，另一半采用通用画法（图 9—2）。

（5）在装配图中，当某个零件的形状未表示清楚而影响对装配关系的理解时，可另外单独画出该零件的某一视图，如本书第十章图 10—8 所示机用虎钳装配图中单独画出件 2 钳口板的 B 向视图。

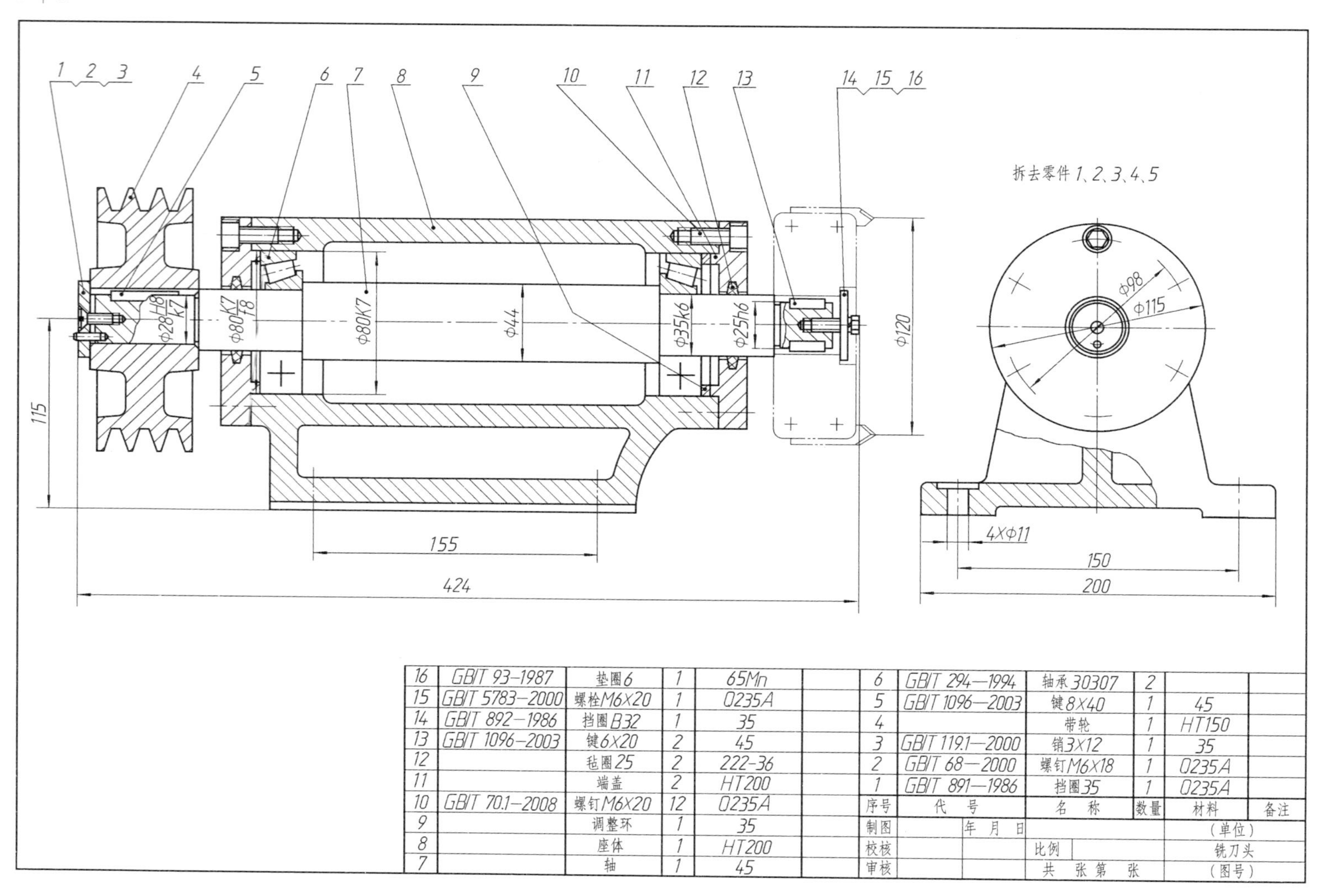

16	GB/T 93-1987	垫圈6	1	65Mn		6	GB/T 294—1994	轴承 30307	2		
15	GB/T 5783-2000	螺栓M6X20	1	Q235A		5	GB/T 1096—2003	键8X40	1	45	
14	GB/T 892-1986	挡圈B32	1	35		4		带轮	1	HT150	
13	GB/T 1096-2003	键6X20	2	45		3	GB/T 119.1—2000	销3X12	1	35	
12		毡圈25	2	222-36		2	GB/T 68—2000	螺钉M6X18	1	Q235A	
11		端盖	2	HT200		1	GB/T 891—1986	挡圈35	1	Q235A	
10	GB/T 70.1-2008	螺钉M6X20	12	Q235A		序号	代 号	名 称	数量	材料	备注
9		调整环	1	35		制图	年 月 日			（单位）	
8		座体	1	HT200		校核		比例		铣刀头	
7		轴	1	45		审核		共 张 第 张		（图号）	

图 9—3 铣刀头装配图

2. 特殊画法

（1）夸大画法　在装配图中，对于薄片零件或微小间隙，无法按其实际尺寸画出，或图线密集难以区分时，可将零件或间隙适当夸大画出，如图 9—2 中的垫片。

（2）假想画法　为了表示与本部件有装配关系，但又不属于本部件的其他相邻零件或部件时，可采用假想画法，将其他相邻零件或部件用细双点画线画出，如图 9—3 所示铣刀头主视图中的铣刀盘。

为了表示运动零件的运动范围或极限位置，可用粗实线画出该零件的一个极限位置，另一个极限位置则用细双点画线表示。如图 9—4 所示，当齿轮板在位置Ⅰ时，齿轮 2、3 均不与齿轮 4 啮合；当齿轮板处于位置Ⅱ时，齿轮 2 与 4 啮合，传动路线为齿轮 1—2—4；当齿轮板处于位置Ⅲ时，传动路线为齿轮 1—2—3—4。由此可见，齿轮板的位置不同，齿轮 4 的转向和转速也不同。图 9—4 中齿轮板工作（极限）位置Ⅱ、Ⅲ均采用细双点画线画出。

（3）展开画法　为了展示传动机构的传动路线和装配关系，可假想按传动顺序沿轴线剖切，然后依次展开，将剖切面均旋转到与选定的投影面平行的位置，再画出其剖视图，这种画法称为展开画法，如图 9—4 所示为三星齿轮传动机构 A—A 展开图。

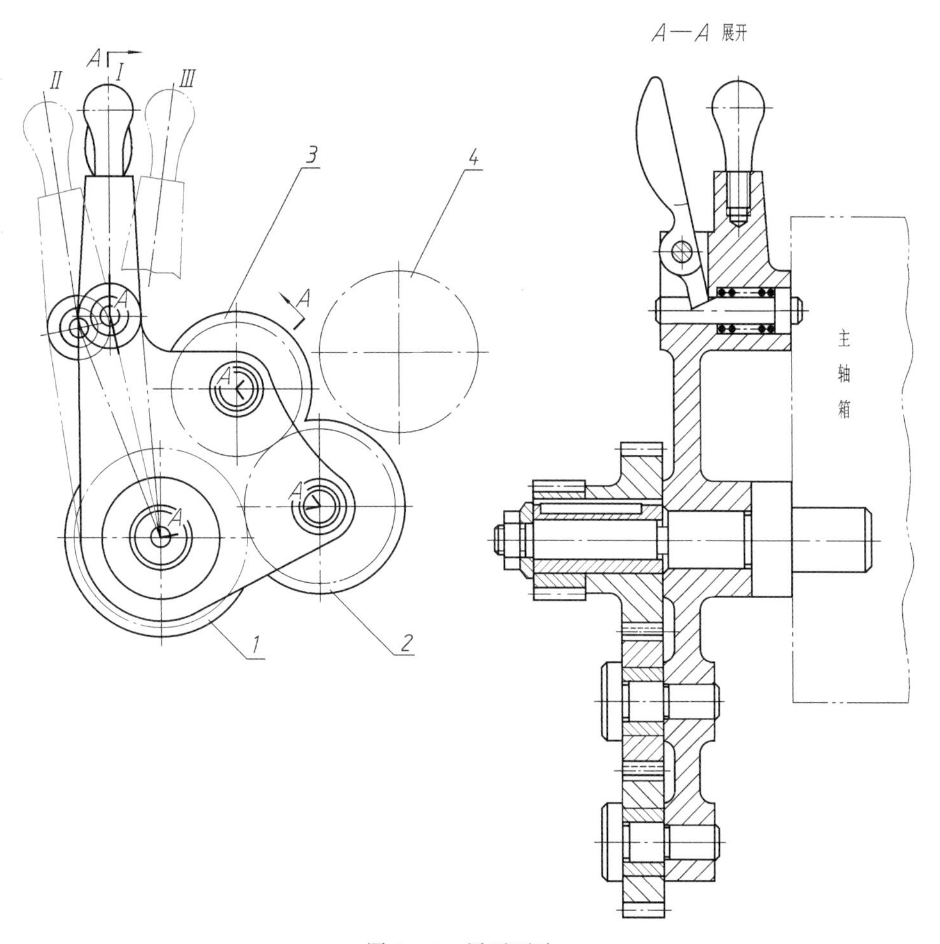

图 9—4　展开画法

§9—2 装配图的尺寸标注、零部件序号和明细栏

一、装配图的尺寸标注

在装配图上标注尺寸与在零件图上标注尺寸的目的不同，因为装配图不是制造零件的直接依据，所以在装配图中无须标注零件的全部尺寸，只需注出下列几种必要的尺寸：

1. 规格（性能）尺寸

表示机器或部件规格（性能）的尺寸，是设计和选用部件的主要依据。如图 9—3 中铣刀盘的尺寸 ϕ120。

2. 装配尺寸

表示零件之间装配关系的尺寸，如配合尺寸和重要相对位置尺寸。如图 9—3 中 V 带轮与轴的配合尺寸 ϕ28H8/k7 等。

3. 安装尺寸

表示将部件安装到机器上或将整机安装到基座上所需的尺寸。如图 9—3 中铣刀头座体底板上四个沉孔的定位尺寸 155、150。

4. 外形尺寸

表示机器或部件外形轮廓的大小，即总长、总宽和总高尺寸。为包装、运输、安装所需的空间大小提供依据。

除上述尺寸外，有时还要标注其他重要尺寸，如运动零件的极限位置尺寸、主要零件的重要结构尺寸等。

二、装配图的零、部件序号和明细栏

为了便于看图和图样管理，对装配图中的所有零、部件均需编号。同时，在标题栏上方的明细栏中与图中序号一一对应地予以列出。

1. 序号

常用的编号方式有两种：一种是对机器或部件中的所有零件（包括标准件和专用件）按一定顺序进行编号，如图 9—3 所示；另一种是将装配图中标准件的数量、标记按规定标注在图上，标准件不占编号，而对非标准件（即专用件）按顺序进行编号。

装配图中编写序号的一般规定如下：

（1）在装配图中，每种零件或部件只编一个序号，一般只标注一次。必要时，多处出现的相同零、部件也可用同一个序号在各处重复标注。

（2）在装配图中，零、部件序号的编写方式如下：

1）在指引线的基准线（细实线）上或圆（细实线圆）内注写序号，序号字高比该装配图上所注尺寸数字的高度大一号或两号，如图 9—5a、b 所示。

2）在指引线附近注写序号，序号字高比该装配图上所注尺寸数字的高度大一号或两号，如图9—5c所示。

（3）指引线应自所指部分的可见轮廓内引出，并在末端画一圆点，如图9—6所示。若所指部分（很薄的零件或涂黑的断面）不便画圆点时，可在指引线末端画出箭头，并指向该部分的轮廓，如图9—6所示。

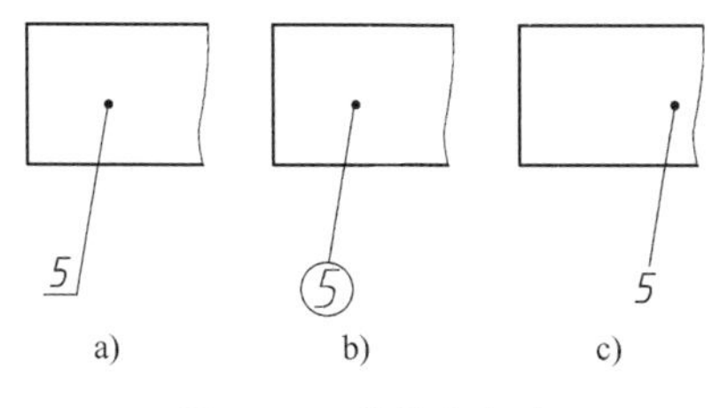

图9—5　序号的注法

（4）指引线不能相互交叉，当通过剖面线的区域时，指引线不能与剖面线平行。必要时允许将指引线画成折线，但只允许转折一次，如图9—3中的序号9所示。

（5）对一组紧固件或装配关系清楚的零件组，可以采用公共指引线，如图9—7所示。

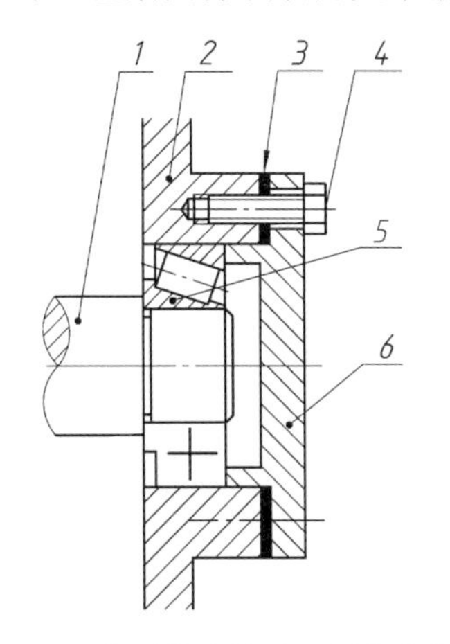

图9—6　指引线末端画一圆点或箭头

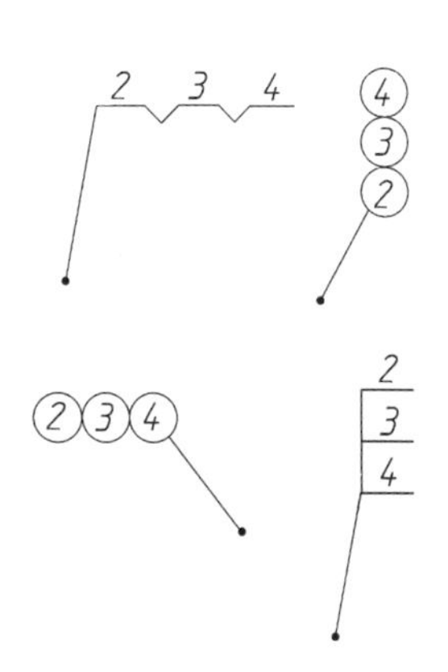

图9—7　公共指引线

（6）同一装配图编注序号的形式应一致。

（7）序号应标注在视图的外面。装配图中的序号应按水平或铅垂方向排列整齐，并按顺时针或逆时针方向顺序排列，尽可能均匀分布。

2. 明细栏

明细栏是装配图中全部零件的详细目录，格式详见国家标准《技术制图　明细栏》（GB/T 10609.2—2009）。明细栏画在装配图标题栏的上方，栏内分隔线为粗实线，左边外框线为粗实线，栏中的编号与装配图中的零、部件序号必须一致。填写内容应遵守下列规定：

（1）零件序号应自下而上。如位置不够时，可将明细栏顺序画在标题栏的左方，如图9—3所示。当装配图不能在标题栏的上方配置明细栏时，可作为装配图的续页，按A4幅面单独给出，其顺序应自上而下（即序号1填写在最上面一行）。

（2）“代号”栏内注出零件的图样代号或标准件的标准编号，如GB/T 891—1986。

（3）“名称”栏内注出每种零件的名称，若为标准件应注出规定标记中除标准号以外的其余内容，如螺钉M6×18。对齿轮、弹簧等具有重要参数的零件，还应注出参数。

（4）“材料”栏内填写制造该零件所用的材料标记，如HT150。

（5）“备注”栏内可填写必要的附加说明或其他有关的重要内容，如齿轮的齿数、模数等。

制图作业中建议使用图9—8所示的格式。

8	JB/T 7940.3—1995	油杯 B12	1		
7	GB/T 6170—2000	螺母 M12	4		
6	GB/T 8—1988	螺栓 M12×130	2		
5	GB/T 18324—2001	轴套	1	Q235A	
4		上轴衬	1	ZCuAl10Fe3	
3		轴承盖	1	HT150	
2		下轴衬	1	ZCuAl10Fe3	
1		轴承座	1	HT150	
序号	代号	名称	数量	材料	备注

制图		年 月 日		（单位）
校核			比例	滑动轴承
审核			共 张 第 张	（图号）

图 9—8 标题栏和明细栏的格式

§9—3 常见的装配结构

在绘制装配图时，应考虑装配结构的合理性，以保证机器和部件的性能，使其连接可靠且便于零件装拆。

一、接触面与配合面结构的合理性

1. 两个零件在同一方向上只能有一个接触面和配合面，如图 9—9 所示。

2. 为保证轴肩端面与孔端面接触，可在轴肩处加工出退刀槽，或在孔的端面加工出倒角，如图 9—10 所示。

二、密封装置

为防止机器或部件内部的液体或气体向外渗漏，同时也避免外部的灰尘、杂质等侵入，必须采用密封装置。图 9—11a、b 所示为两种典型的密封装置，通过压盖或螺母将填料压紧而起防漏作用。

滚动轴承需要进行密封，一方面是防止外部的灰尘和水分进入轴承；另一方面也要防止轴承的润滑剂渗漏。常见的密封方法如图 9—11c 所示。

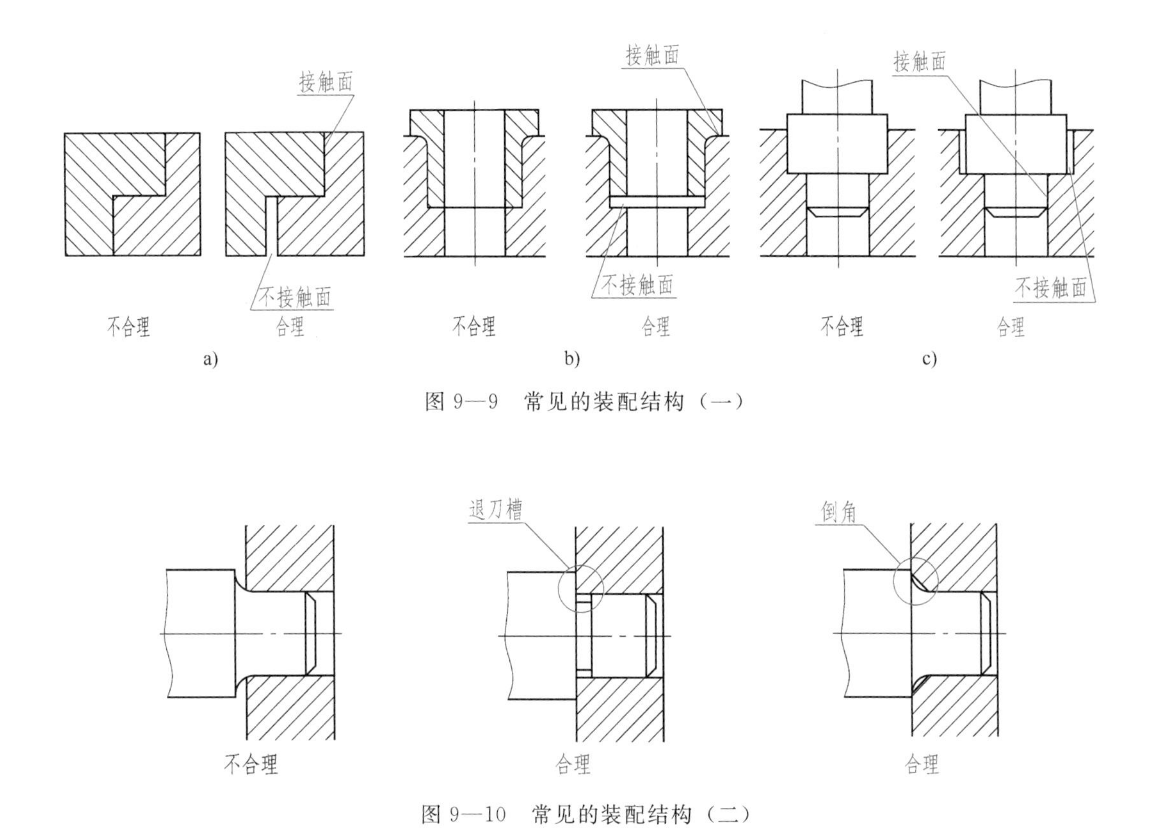

图 9—9 常见的装配结构（一）

图 9—10 常见的装配结构（二）

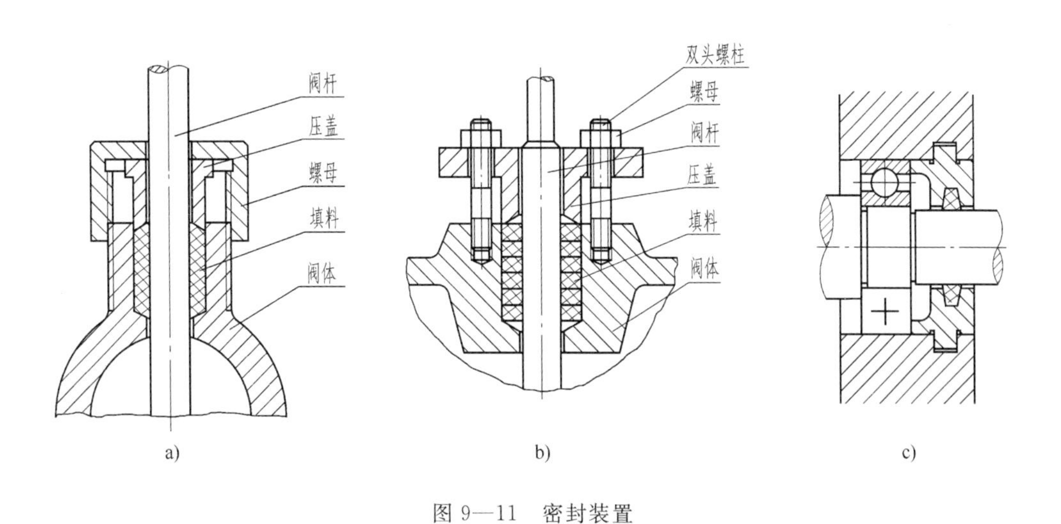

图 9—11 密封装置

三、防松装置

机器或部件在工作时，由于受到冲击或振动，一些紧固件可能产生松动现象。因此，在某些装置中需采用防松结构。图 9—12 所示为几种常用的防松装置。

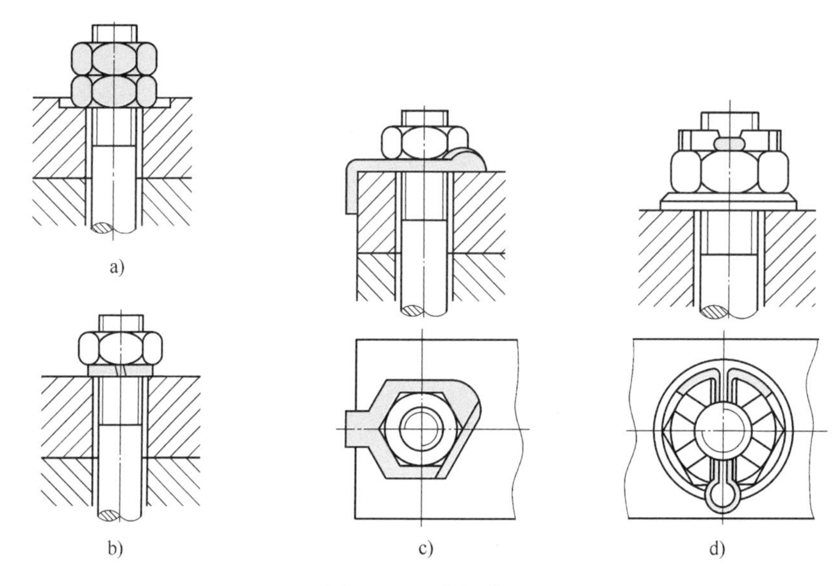

图 9—12　防松装置

a）双螺母防松　b）弹簧垫圈防松　c）止退垫圈防松　d）开口销防松

§9—4　画装配图的方法与步骤

画装配图和画零件图的方法与步骤类似，但还要考虑装配体的整体结构特点、装配关系和工作原理，以确定恰当的表达方案。现以铣刀头（图 9—3）为例说明画装配图的方法与步骤。

一、了解、分析装配体

首先将装配体的实物或装配轴测图（图 9—13）、装配轴测分解图（图 9—14）对照装配示意图[①]（图 9—15）及配套零件图（略）进行分析，了解装配体的用途、结构特点，各零件的形状、作用和零件间的装配关系以及装拆顺序、工作原理等。

铣刀头是铣床上的专用部件，铣刀装在铣刀盘上，铣刀盘通过键 13 与轴 7 连接。动力通过带轮 4 经键 5 传递到轴 7，从而带动铣刀盘旋转，对零件进行铣削加工。

轴 7 由两个圆锥滚子轴承 6 及座体 8 支承，用两个端盖 11 及调整环 9 调节轴承的松紧和轴 7 的轴向位置；两端盖用螺钉 10 与座体 8 连接，端盖内装有毡圈 12，紧贴轴 7 起密封防尘作用；带轮 4 的轴向由挡圈 1 及螺钉 2、销 3 来固定，径向由键 5 固定在轴 7 上；铣刀盘与轴由挡圈 14、垫圈 16 及螺栓 15 固定。

① 装配示意图的画法没有严格规定，除机械传动部分应按 GB/T 4460—1984 中规定的机构运动简图符号绘制外，其他零件均可用单线条画出其大致轮廓，详见第十章。

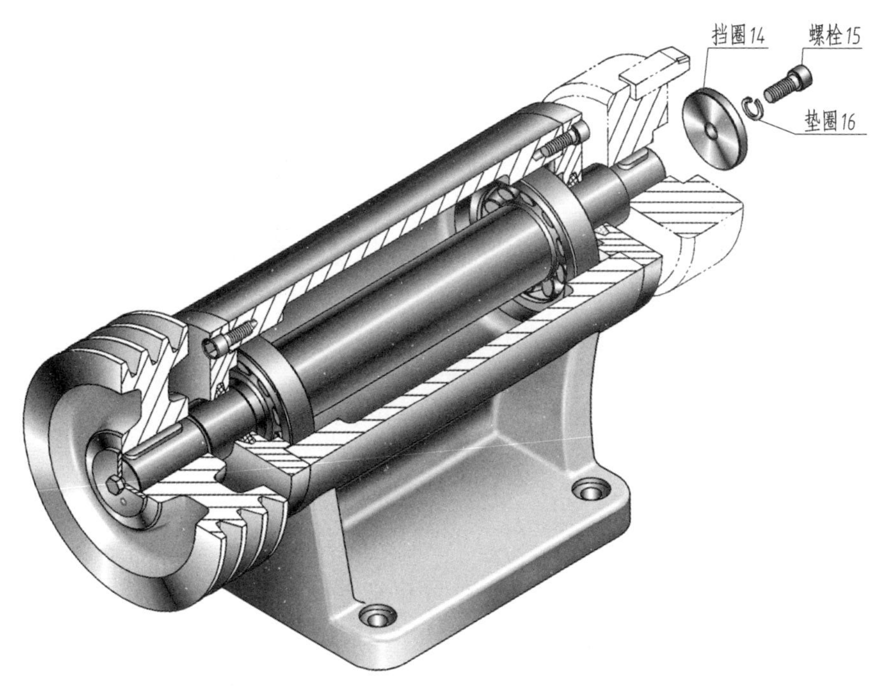

图 9—13　铣刀头装配轴测图

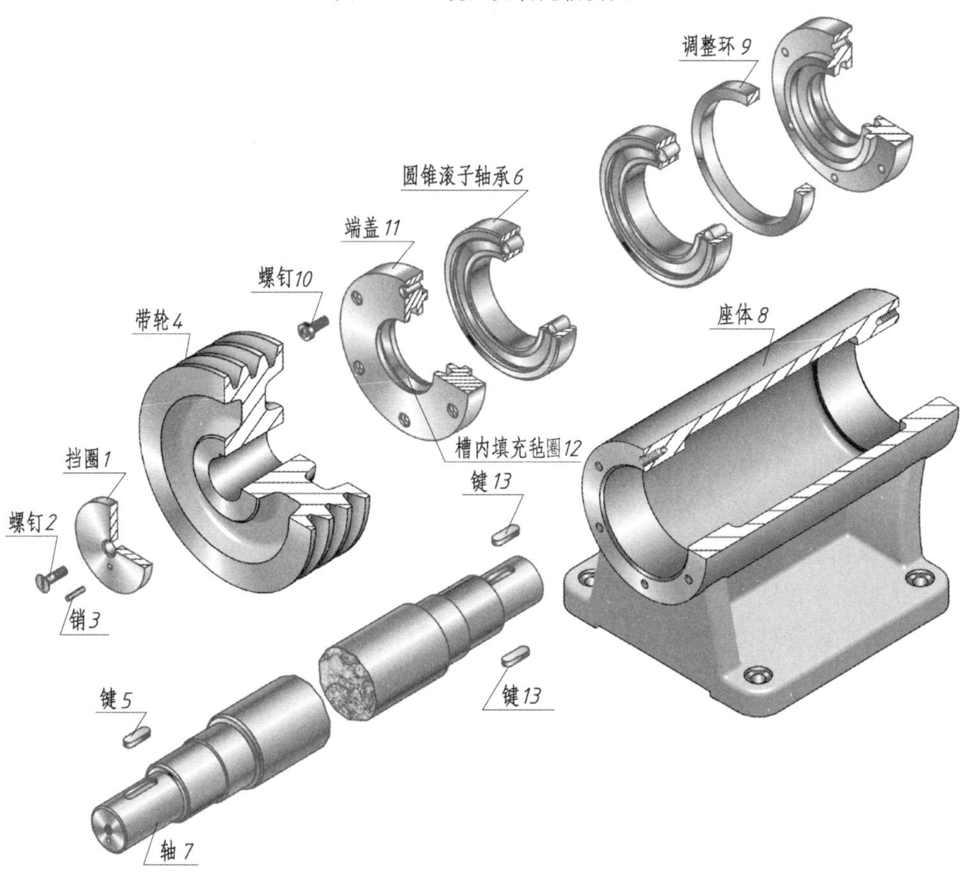

图 9—14　铣刀头装配轴测分解图

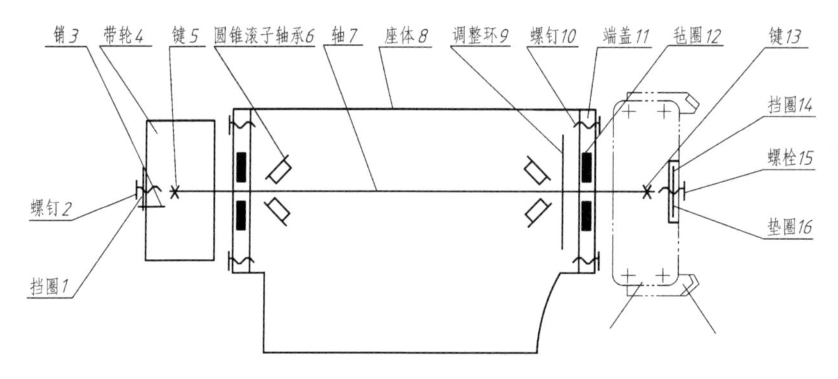

图 9—15　铣刀头装配示意图

二、确定表达方案

1. 主视图的选择

主视图的投射方向应能反映部件的工作位置和部件的总体结构特征，同时能较集中地反映部件的主要装配关系和工作原理。铣刀头座体水平放置，主视图是通过轴 7 轴线的全剖视图，并在轴两端作局部剖视，如图 9—3 所示。为反映铣刀头的主要功能，右端采用了假想画法，用细双点画线将铣刀盘画出，这样就把各零件间的相互位置、主要的装配关系和工作原理表达清楚了。

2. 其他视图的选择

选择其他视图时，主要应考虑对尚未表达清楚的装配关系及零件形状等加以补充。图 9—3 中的左视图是为了进一步将座体的形状以及座体底板与其他零件的安装情况表达清楚。为了突出座体的主要形状特征，左视图采用了装配图的拆卸画法。

三、确定比例、图幅，合理布图

在画装配图前，应根据部件结构的大小、复杂程度及其拟定的表达方案，确定画图的比例、图幅，同时要考虑为尺寸标注、零件序号、明细栏及技术要求等留出足够的位置，使布局合理。

四、画图步骤

1. 画图框、标题栏和明细栏，画出各视图的主要基准线，如铣刀头的座体底平面、轴线、中心线等，画出主要装配干线上轴的主视图（图 9—16a）。

2. 逐层画出各视图。围绕主要装配干线，由里向外地逐个画出零件图形。一般从主视图入手，并兼顾各视图的投影关系，将几个基本视图结合起来进行绘制。画图时还要考虑以下原则：先画主要零件（如轴、座体），后画次要零件；先画大体轮廓，后画局部细节；先画可见轮廓（如带轮、端盖等），被遮挡部分（如轴承端面轮廓和座体孔端面轮廓等）可不画出。具体步骤如图 9—16b、c、d 所示。其中座体与轴之间在长度方向的定位是根据端盖压入的长度及滚动轴承与轴肩之间的尺寸关系确定的。

3. 校核，描深，画剖面线。

4. 标注尺寸，编排序号。

5. 填写技术要求、明细栏、标题栏，完成全图（图 9—3）。

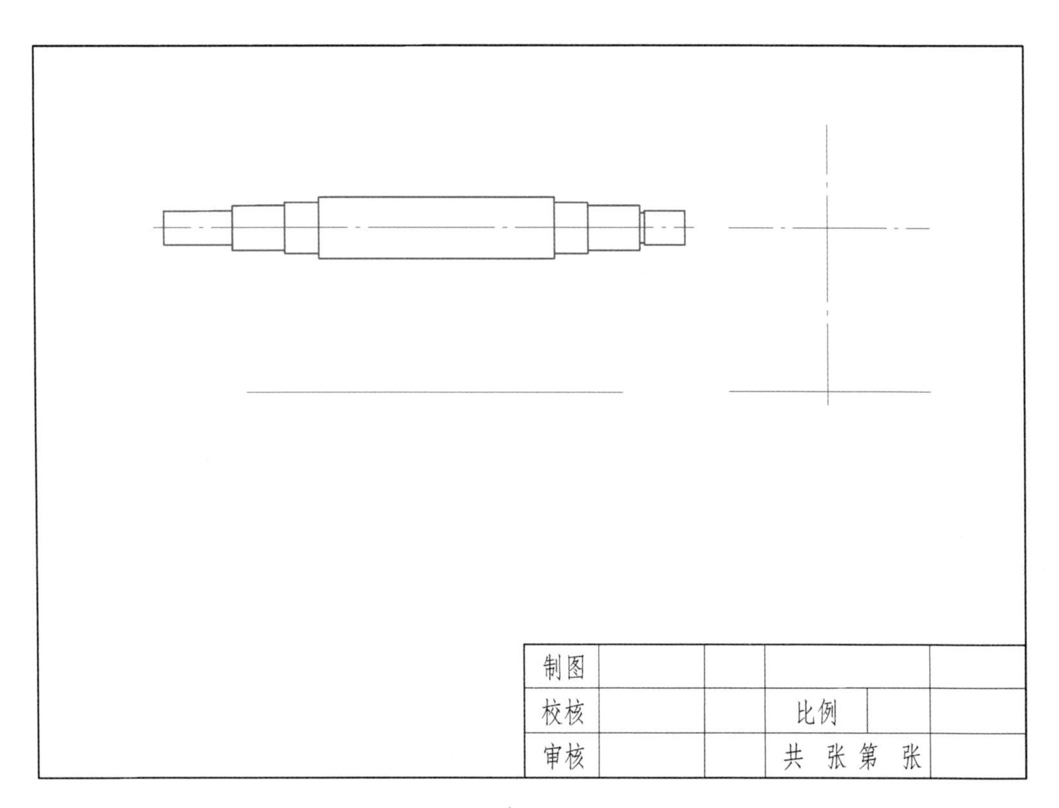

a)

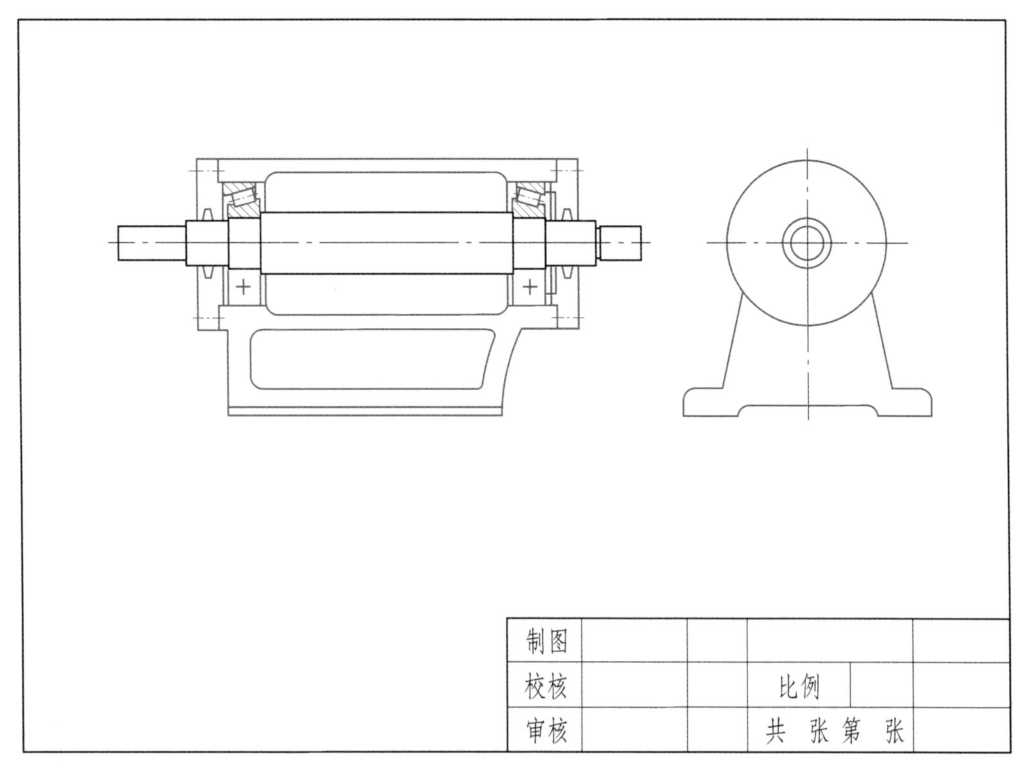

b)

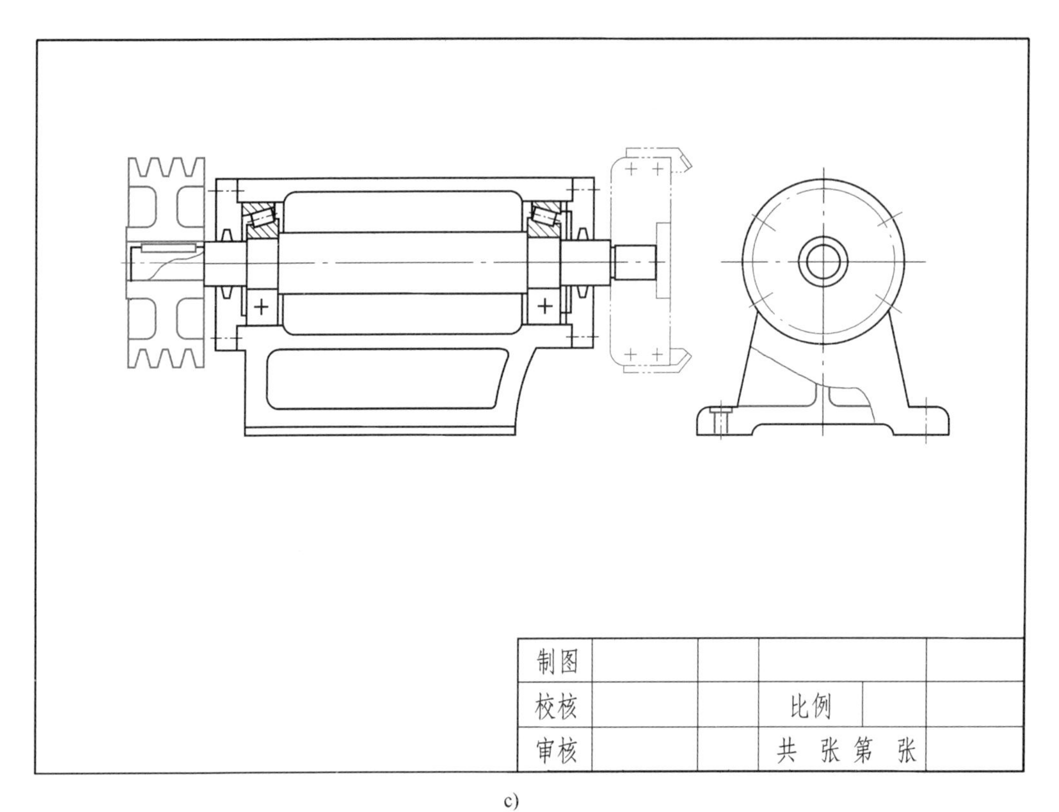

c)

制图
校核
比例
审核
共 张 第 张

d)

图 9—16 铣刀头装配图的画图步骤

§9—5 读装配图的方法与步骤

在机械行业中，组装、检验、使用和维修机器，或进行技术交流、技术革新，都会用到装配图。因此，技能型人才必须具备识读装配图的能力。

读装配图的要求如下：

(1) 了解装配体的名称、用途、性能、结构和工作原理。

(2) 读懂各主要零件的结构、形状及其在装配体中的功用。

(3) 明确各零件之间的装配关系、连接方式，了解装拆的先后顺序。

下面以图 9—17 所示球阀装配图为例来说明识读装配图的方法与步骤（参考图 8—53 所示球阀轴测装配图进行对照阅读）。

一、概括了解

从标题栏中了解装配体的名称和用途。由明细栏和序号可知零件的数量和种类，从而略知其大致的组成情况及复杂程度。由视图的配置、标注的尺寸和技术要求可知该部件的结构特点和大小。

如图 9—17 所示装配图的名称是球阀。阀是管道系统中用来启闭或调节流体流量的部件，球阀是阀的一种。从明细栏中可知球阀由 13 种零件组成，其中标准件两种。按序号依次查明各零件的名称和所在位置。球阀装配图由三个基本视图表达。主视图采用全剖视，表达各零件之间的装配关系。左视图采用拆去扳手的半剖视，表达球阀的内部结构及阀盖方形凸缘的外形。俯视图采用局部剖视，主要表达球阀的外形。

二、了解装配关系和工作原理

分析部件中各零件之间的装配关系，并读懂部件的工作原理，这是识读装配图的重要环节。

通过第八章对球阀的阀杆、阀盖和阀体等主要零件的分析和识读，对球阀各零件之间的装配关系和连接方式已比较清楚。球阀的工作原理比较简单，装配图所示阀芯的位置为阀门全部开启，管道畅通。当扳手按顺时针方向旋转 90°时，阀门全部关闭，管道断流。所以，阀芯是球阀的关键零件。下面针对阀芯与有关零件之间的包容关系和密封关系做进一步分析。

1. 包容关系

阀体 1 和阀盖 2 都带有方形凸缘，它们之间用四个双头螺柱 6 和螺母 7 连接，阀芯 4 通过两个密封圈定位于阀体空腔内，并用合适的调整垫 5 调节阀芯与密封圈之间的松紧程度。通过填料压紧套 11 与阀体内的螺纹旋合，将零件 8、9、10 固定于阀体中。

2. 密封关系

两个密封圈 3 和调整垫 5 形成第一道密封。阀体与阀杆之间的填料垫 8 及填料 9、10 用填料压紧套 11 压紧，形成第二道密封。

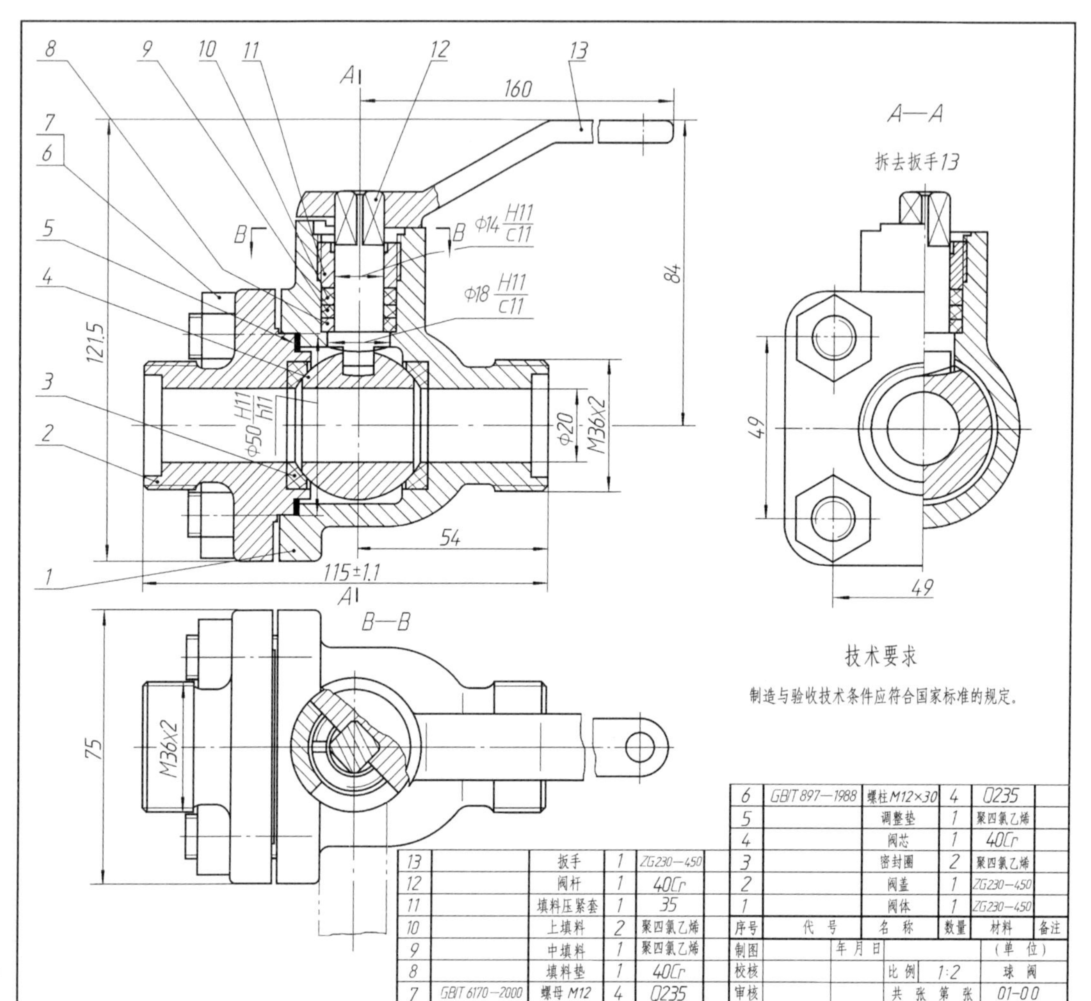

图 9—17 球阀装配图

三、分析零件，读懂零件的结构和形状

利用装配图特有的表达方法和投影关系，将零件的投影从重叠的视图中分离出来，从而读懂零件的基本结构、形状和作用。

对于球阀阀芯，从装配图的主、左视图中根据相同的剖面线方向和间隔，将阀芯的投影轮廓分离出来，结合球阀的工作原理以及阀芯与阀杆的装配关系，从而完整地想象出阀芯是一个左、右两边截成平面的球体，中间是通孔，上部是圆弧形凹槽，如图 9—18 所示。

四、分析尺寸，了解技术要求

装配图中标注必要的尺寸，包括规格（性能）尺寸、装配尺寸、安装尺寸和总体尺寸。其中装配尺寸与技术要求有密切关系，应仔细分析。

球阀装配图中标注的装配尺寸有三处：ϕ50H11/h11 是阀体与阀盖的配合尺寸；ϕ14H11/c11 是阀杆与填料压紧套的配合尺寸；ϕ18H11/c11 是阀杆下部凸缘与阀体的配合尺寸。为了便于装拆，三处均采用基孔制间隙配合。此外，技术要求还包括部件在装配过程中

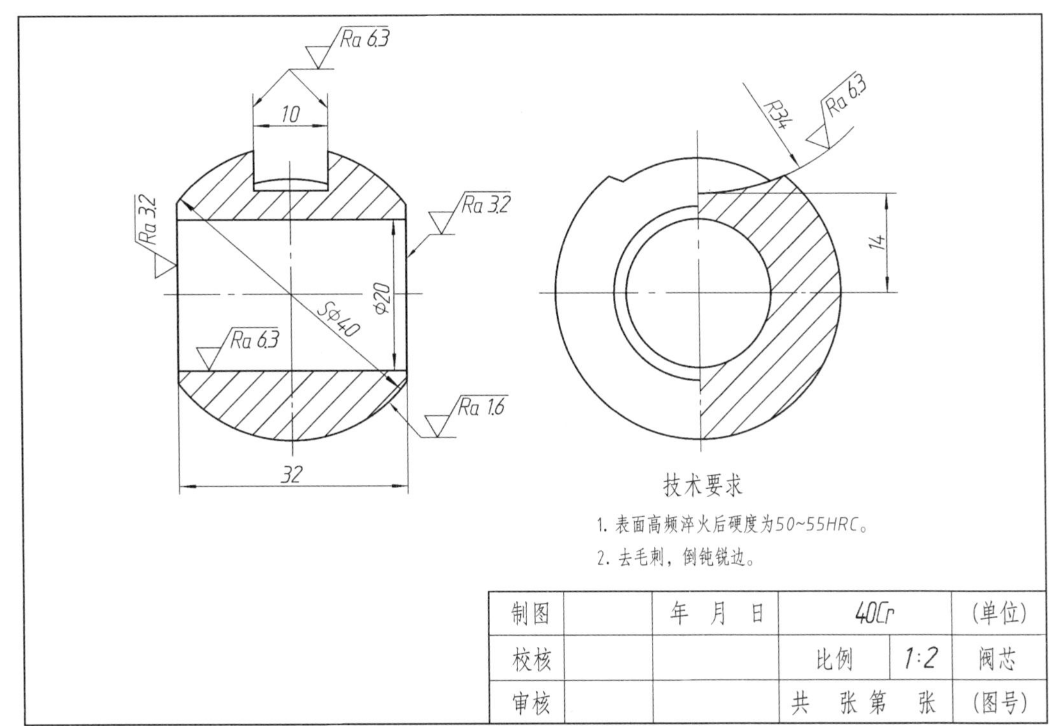

图 9—18 球阀阀芯零件图

或装配后必须达到的技术指标（如装配的工艺和精度要求），以及对部件的工作性能、调试与试验方法、外观等的要求。

§9—6 由装配图拆画零件图

机器在设计过程中是先画出装配图，再由装配图拆画零件图。维修机器时，如果其中某个零件损坏，也要将该零件拆画出来。在识读装配图的教学过程中，常要求拆画其中某个零件图，以检查是否真正读懂装配图。因此，拆画零件图应该在读懂装配图的基础上进行。

下面以图 9—19 所示的齿轮油泵为例，说明由装配图拆画零件图的方法和步骤。

一、概括了解

齿轮油泵是机器中用来输送润滑油的一个部件，由泵体、左端盖、右端盖、传动齿轮轴和齿轮轴等 15 种零件装配而成。

齿轮油泵装配图用两个视图表达。全剖的主视图表达了零件间的装配关系，左视图沿左端盖处的垫片与泵体接合面剖开，并用局部剖画出油孔，表示了部件吸油和压油的工作原理及其外部形状。

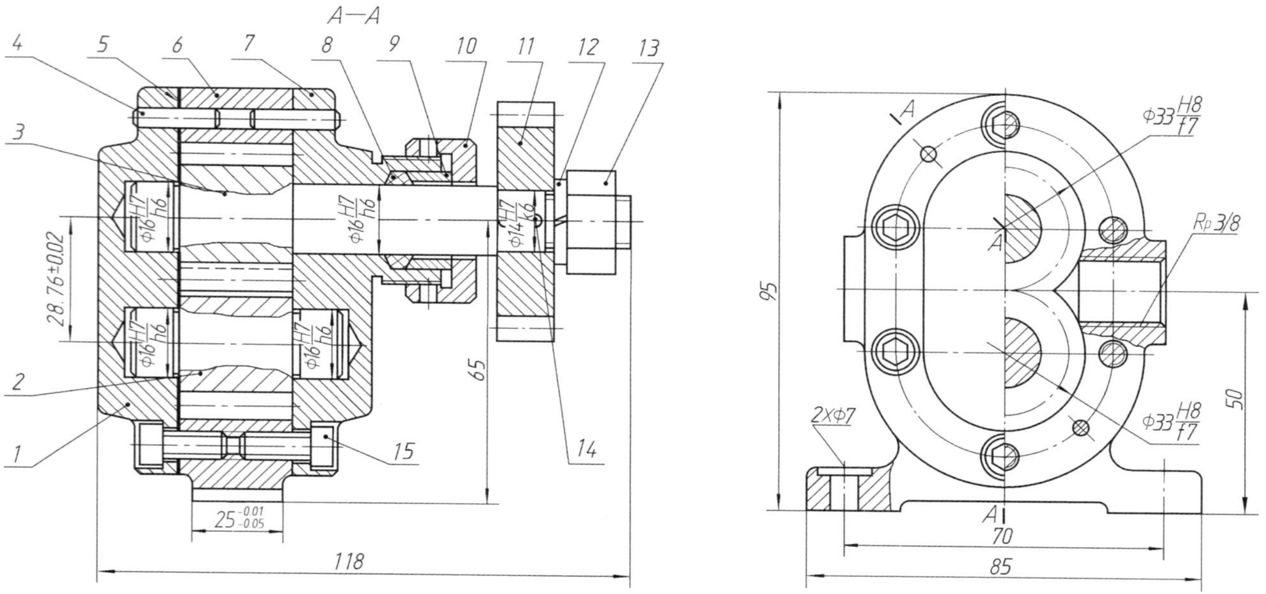

技术要求

1. 齿轮安装后应转动灵活。
2. 两齿轮轮齿的接触斑点应占齿高的3/4以上。

15	GB/T 70.1—2008	螺钉M6×16	12	35	
14	GB/T 1096—2003	键4×10	1	45	
13	GB/T 6170—2000	螺母M12×1.5	1	35	
12	GB/T 93—1987	垫圈	1	65Mn	
11		传动齿轮	1	45	
10		压盖螺母	1	35	
9		压盖	1	ZCuSn5-5-5	
8		密封圈	1	毛毡	
7		右端盖	1	HT200	

6		泵体	1	HT200	
5		垫片	2	纸	$\delta=1$
4	GB/T 119.1—2000	销5m6×18	4	45	
3		传动齿轮轴	1	45	$m=3, z=9$
2		齿轮轴	1	45	$m=3, z=9$
1		左端盖	1	HT200	
序号	代号	名称	数量	材料	备注
制图		年 月 日			(单位)
校核			比例		齿轮油泵
审核			共 张 第 张		(图号)

图 9—19 齿轮油泵装配图

二、了解部件的装配关系和工作原理

泵体 6 的内腔容纳一对齿轮。将齿轮轴 2、传动齿轮轴 3 装入泵体后，由左端盖 1、右端盖 7 支承这一对齿轮轴的旋转运动。由销 4 将左、右端盖与泵体定位后，再用螺钉 15 连接。为防止泵体与泵盖接合面及齿轮轴伸出端漏油，分别用垫片 5 及密封圈 8、压盖 9、压盖螺母 10 密封。

左视图反映部件吸油和压油的工作原理。如图 9—20 所示，当主动轮逆时针方向转动时，带动从动轮顺时针方向转动，两轮啮合区右边的油被齿轮带走，压力降低而形成负压，油池中的油在大气压力的作用下进入油泵低压区内的吸油口，随着齿轮的转动，齿槽中的油不断地沿箭头方向被带至左边的压油口把油压出，送至机器需要润滑的部位。

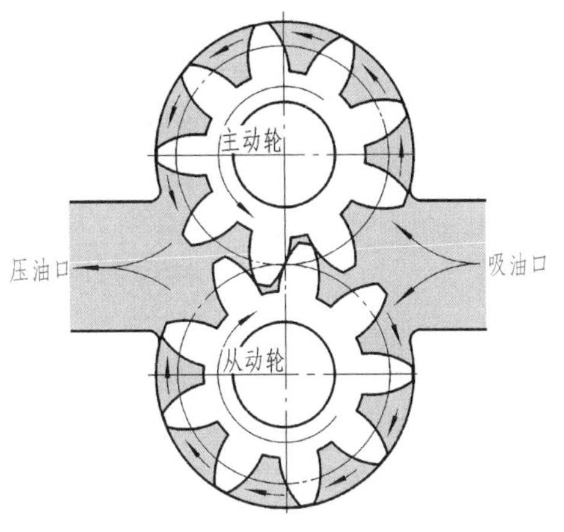

图 9—20　齿轮油泵工作原理

三、分析零件，拆画零件图

对部件中主要零件的结构和形状做进一步分析，可加深对零件在装配体中的功能以及零件间装配关系的理解，也为拆画零件图打下基础。

根据明细栏与零件序号，在装配图中逐一对照各零件的投影轮廓进行分析，其中标准件是规定画法，垫片、密封圈、压盖和压盖螺母等零件形状都比较简单，不难看懂。本例需要分析的零件是泵体和左、右端盖。

分析零件的关键是将零件从装配图中分离出来，再通过投影想象形体，弄清楚该零件的结构和形状。下面以齿轮油泵中的泵体为例，说明分析和拆画零件图的过程。

1. 分离零件

根据方向、间隙相同的剖面线将泵体从装配图中分离出来，如图 9—21a 所示。由于在装配图中泵体的可见轮廓线可能被其他零件（如螺钉、销等）遮挡，所以分离出来的图形可能是不完整的，必须补全（如图中红色图线）。对照主、左视图进行分析，想象出泵体的整体形状，如图 9—21b 所示。

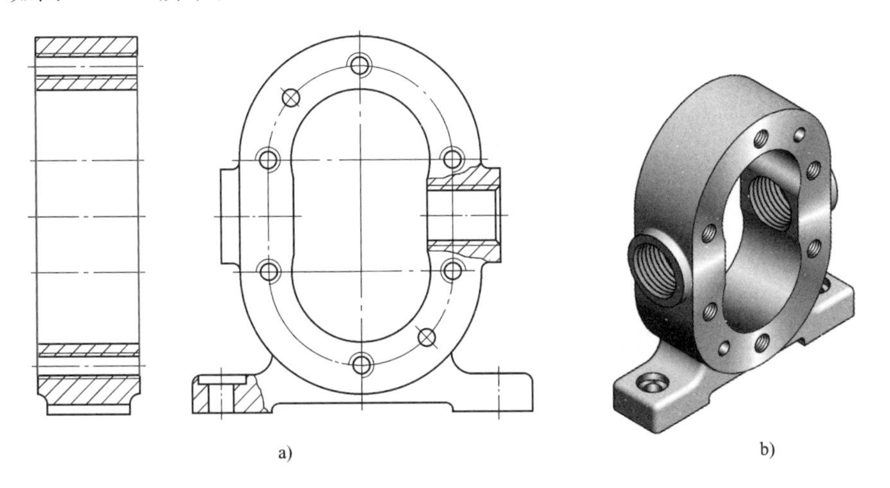

图 9—21　拆画泵体

a）分离出泵体　b）泵体轴测图

2. 确定零件的表达方案

零件的视图表达应根据零件的结构和形状确定，而不是从装配图中照抄。在装配图中，泵体的左视图反映了容纳一对齿轮的长圆形空腔以及与空腔相通的进油孔、出油孔，同时也反映了销钉与螺钉孔的分布以及底座上沉孔的形状。因此，画零件图时将这一方向作为泵体主视图的投射方向比较合适。装配图中省略未画出的工艺结构，如倒角、退刀槽等，在拆画零件图时应按标准结构要素补全。

3. 零件图的尺寸标注

装配图中已经注出的重要尺寸直接抄注在零件图上，如 ϕ33H8/f7 是一对啮合齿轮的齿顶圆与泵体空腔内壁的配合尺寸，28.76±0.02 是一对啮合齿轮的中心距，Rp3/8 是进油孔、出油孔的管螺纹尺寸。另外，还有油孔中心高尺寸 50、底板上安装孔定位尺寸 70 等。其中配合尺寸应标注公差带代号，或查表注出上、下极限偏差数值。

装配图中未注的尺寸可按比例从图中量取，并加以圆整。某些标准结构，如键槽的深度和宽度、沉孔、倒角、退刀槽等，应查阅有关标准注出。

4. 零件图的技术要求

零件的表面粗糙度、尺寸公差和几何公差等技术要求，要根据该零件在装配体中的功能以及该零件与其他零件的关系来确定。零件的其他技术要求可用文字注写在标题栏附近。图 9—22 所示为根据齿轮油泵装配图拆画的泵体零件图。

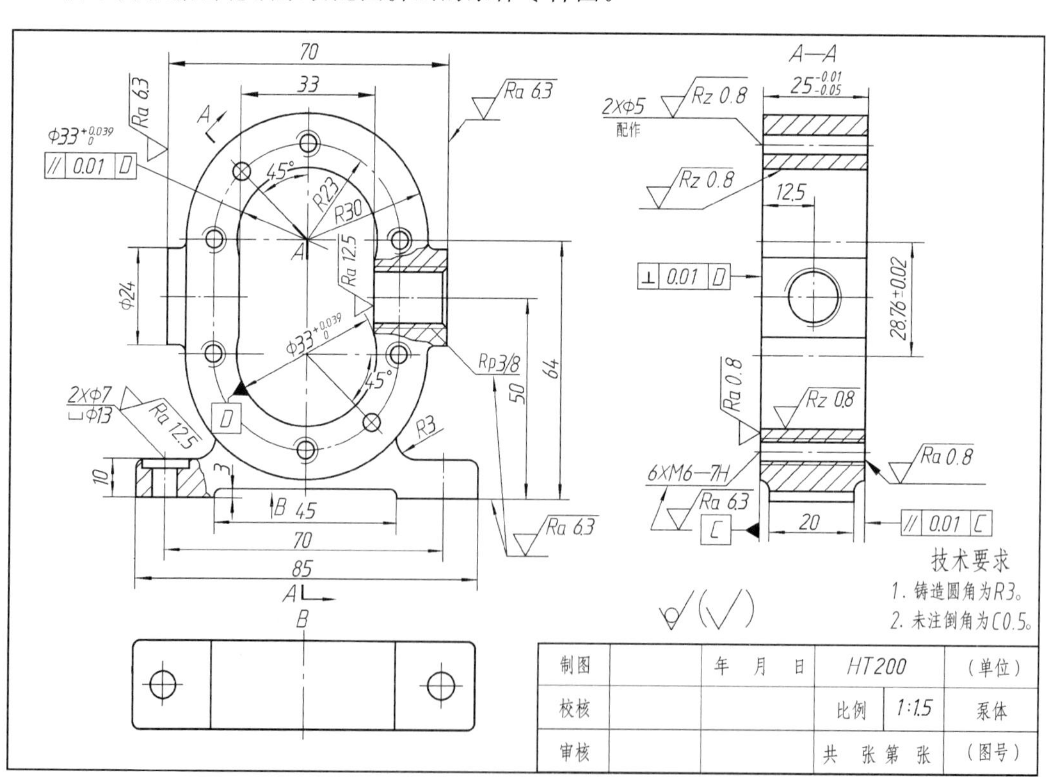

图 9—22 泵体零件图

综合实例

识读微调机构装配图（图 9—23），并拆画 8 号件零件图。

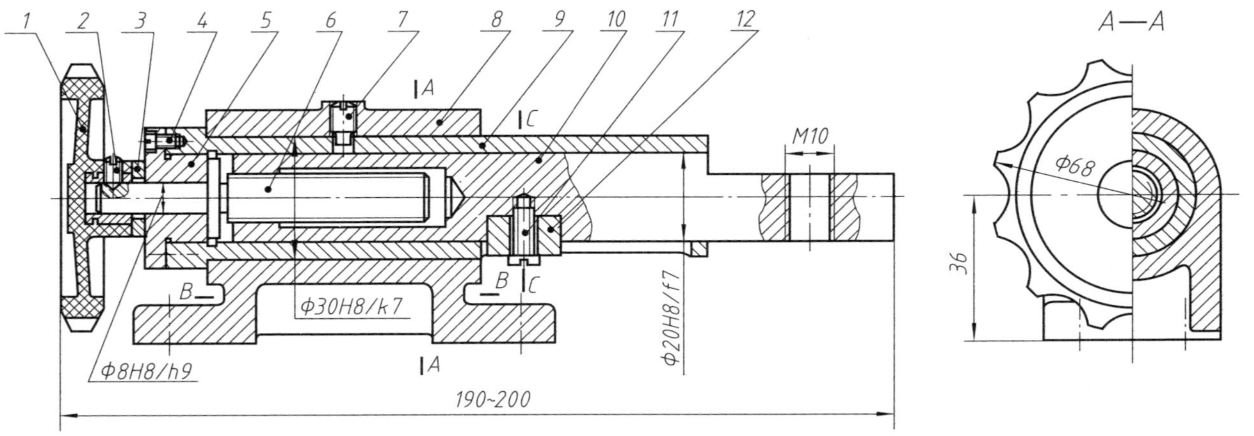

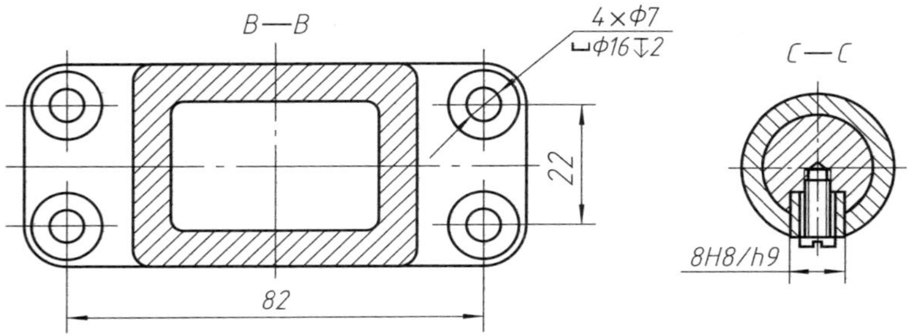

序号	代号	名称	数量	材料	备注
12		键 8×16	1	45	
11	GB/T 65—2000	螺钉M5×14	1	Q235A	
10		导杆	1	45	
9		导套	1	45	
8		支座	1	ZL103	
7	GB/T 71—1985	紧定螺钉M6×12	1	Q235A	
6		螺杆	1	45	
5		轴套	1	45	
4	GB/T 67—2008	螺钉M3×8	4	Q235A	
3		垫圈	1	Q235A	
2	GB/T 71—1985	紧定螺钉M5×8	1	Q235A	
1	JB 1352—73	手轮	1	酚醛塑料	

制图		年 月 日		(单位)
校核			比例 1:1	微调机构
审核			共 张第 张	1—01

技术要求

转动手轮时应保证导杆运动平稳。

图 9—23 微调机构装配图

1. 概括了解

由标题栏、零件序号和明细栏可知，微调机构由 12 种零件组成，其中包括 4 种标准件（不同类型的螺钉）。除手轮为非金属材料（酚醛塑料）外，其他零件均由金属材料制成。微调机构一般是指行程范围为毫米级、位移分辨率及定位精度达到纳米级（甚至亚纳米级）的位移机构。

微调机构采用四个视图来表达。主视图采用全剖视图（含两处局部剖视），反映微调机构的工作原理和零件间的装配关系；俯视图采用全剖视图，主要表达支座主体的结构和底板形状及其安装孔的分布情况；左视图采用半剖视图，既表达了机构的外部形状特征，又进一步表达了运动件之间的装配关系；*C—C* 断面图进一步表达了键与导杆、导套的装配关系和工作原理。

2. 分析工作原理与装配关系

微调机构靠螺栓通过支座底板上的四个安装孔将其固定，工作时旋转手轮（逆时针或顺时针）1 使螺杆 6 转动，螺杆 6 与导杆 10 通过螺纹配合，而导杆 10 在导套 9 中有键 12 的导向作用，从而带动导杆 10 做左右直线运动，以实现微调。由图中尺寸 190～200 可知，微调机构导杆左右移动量为 0～10 mm，导杆右端 M10 的螺孔用于连接其他零件；导套 9 与支座 8 靠过渡配合 ϕ30H8/k7 和其左台肩结构及紧定螺钉 7 固定（其他零件间的装配关系请读者自行分析）。

3. 分析重要尺寸

图中给出了微调机构的规格（性能）尺寸 190～200，同时也是其外形总长度尺寸，总宽度尺寸是 ϕ68；重要的配合部位给出了配合尺寸，如螺杆 6 与轴套 5 之间 ϕ8H8/h9、支座 8 与导套 9 之间 ϕ30H8/k7、导套 9 与导杆 10 之间 ϕ20H8/f7、键 12 与导套 9 和导杆 10 之间 8H8/h9；还给出了安装尺寸 82、22、$\dfrac{4\times\phi7}{\sqcup\phi16\downarrow2}$和其他重要尺寸 M10、36。

4. 分析零件并拆画零件图（以支座 8 为例，其他零件作为练习，由读者自行分析）

（1）分离零件　将装配图中有关支座 8 的图和尺寸全部分离出来，如图 9—24a 所示。补全在装配图中被遮挡的可见轮廓线，以构成各完整视图。对照装配图和分离出来的支座三视图不难看出，支座是微调机构起支承作用的主要零件之一，它由长方形底板、圆柱套筒、箱型支承体和顶部带螺孔的圆柱凸台四部分组合而成，如图 9—24b 所示。

（2）选择表达方案　通常从装配图中分离出来的视图构成零件的一种表达方案，但由于装配图侧重于表达各零件之间的装配关系、连接方式及装配体的工作原理等，这种表达方案对某一零件并不一定适合。从现有表达方案看，它可以将支座的结构和形状表达清楚，但针对支座的结构和形状前后、左右对称的特点，若将主视图改成半剖视图，既可以表达其内部结构，又可以反映其外部形状，同时在视图一侧对安装孔作一局部剖视，更进一步表达了孔的局部结构，综合考虑尺寸标注，可省略左视图。最后确定的表达方案如图 9—25 所示。

（3）完善尺寸标注及技术要求　装配图中给出的尺寸可直接标注在零件图上，如 36、82、22、$\dfrac{4\times\phi7}{\sqcup\phi16\downarrow2}$等，其他尺寸可根据装配图按比例测量或根据支座与其他零件的装配关系确定，如 ϕ30H8、M6 等；有关极限与配合、表面结构及几何公差等技术要求可参照同类产品资料并对照国家标准规范完善标注，如查表后将 ϕ30H8 改成 $\phi30^{+0.033}_{0}$。完成支座零件图，如图 9—25 所示。

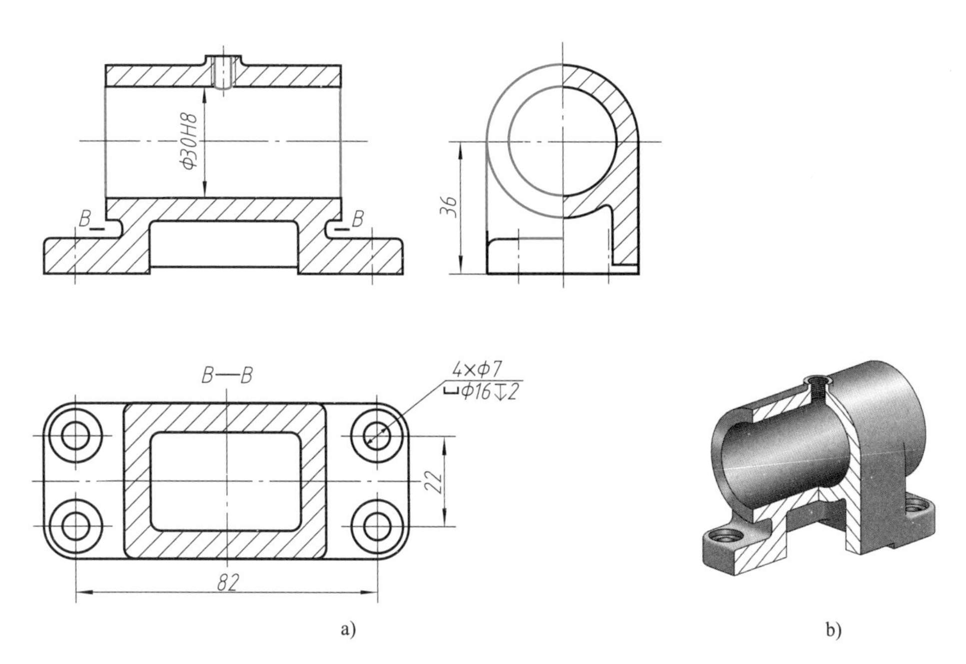

a) b)

图 9—24 拆画支座

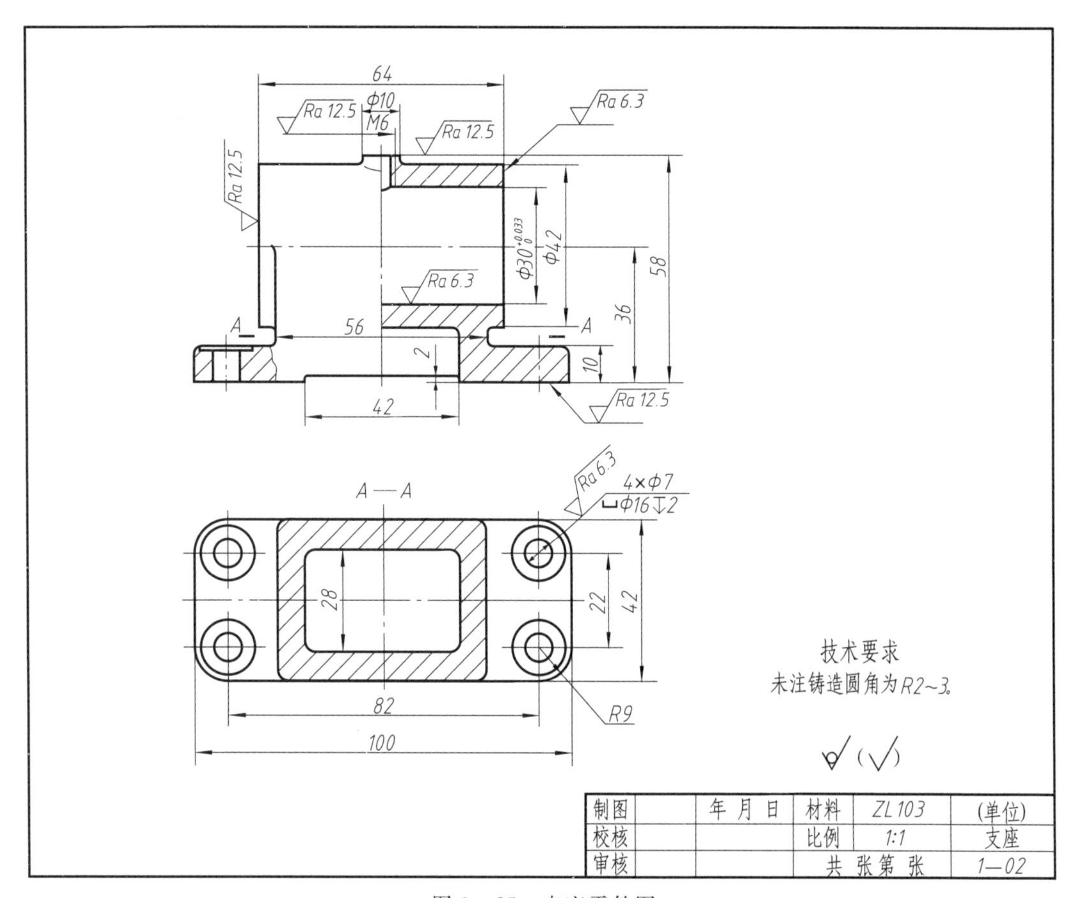

图 9—25 支座零件图

第十章 零部件测绘

根据已有的机器、部件或零件进行分析、拆卸、测量，并绘制出装配图和零件图的全过程称为零部件测绘。对机器或部件的测绘，也称装配体测绘；仅对某一零件的测绘称为零件测绘。在实际生产中，设计、仿制新产品时，有时需要测绘同类产品，以供设计参考；维修机器或设备时，若某一零件损坏，在既无备用零件又无图样的情况下，也需要测绘损坏的零件，以画出其零件图作为加工的依据，满足维修需要。因此，零部件测绘是工程技术人员必须具备的一项基本专业技能。

§10—1 零部件测绘方法和步骤

一、了解和分析测绘对象

测绘前要对被测绘零件进行全面仔细的观察、了解和分析，收集并参照有关资料、说明书或同类产品的图样，以便对被测绘部件的性能、用途、工作原理、功能结构特点以及装配体中各零件间的装配关系、连接方式等有概括的了解，为下一步拆卸零部件和绘图做好各项准备工作。

二、拆卸零部件和画装配示意图

1. 拆卸环境与常用拆卸工具

实际拆卸零部件应在场地宽敞、光线良好、常温 20℃左右的环境下进行。有条件的最好在钳工工作室完成拆卸工作。

拆卸零部件时，为了不损坏零部件及影响精度，应在认真分析、把握装配体结构及配合特点的基础上，选用合适的工具逐步拆卸，必要时可选用或制作专用工具。常用工具有扳手、台虎钳、旋具、钳工锤、垫片等。

2. 拆卸注意事项

(1) 在初步了解零部件的基础上，依次拆卸，并仔细编号，记录零件名称和数量，拆卸的零件最好能够按顺序妥善保管，避免损坏、生锈和丢失；对于螺钉、螺母、键、销等易散失的小零件，拆卸后仍应装在原孔、槽中，从而避免丢失或装错位置，以便测绘后装配复原。

（2）拆卸前要仔细观察及分析装配体的结构特点、装配关系和连接方式，以选择合适的拆卸顺序，采用合理的拆卸方法。明确哪些是精密或重要的零件，拆卸时以避免重击和损伤。

（3）对不可拆卸零件，如焊接件、铆接件、镶嵌件或过盈配合连接件等，不要拆开；对于精度要求较高的过渡配合或不拆也可测绘的零件，尽量不拆，以免降低机器精度和损坏零件而无法复原；对于标准件，如滚动轴承或油杯等，也可不拆卸，通过相关件尺寸间接查看有关标准即可。

（4）对于零件中的一些重要尺寸，如零件间的相对位置尺寸、装配间隙和运动零件的极限位置尺寸等，应在拆卸前进行测量，以便重新装配部件时保持原来的装配要求和性能，同时也为装配图标注尺寸打好基础。

3. 画装配示意图

为了便于拆卸后能顺利装配复原，在拆卸零部件的同时必须画出装配示意图，并编上零件序号，记录零件的名称、数量、装配关系和拆卸顺序。装配示意图一般用粗实线绘制，指引线用细实线绘制，同时应注意以下几点：

（1）在画装配示意图时，可以仅用简单的符号和粗实线表达部件中各零件的大致形状、装配关系和连接方式。例如，图 7—7、图 7—8 中的螺栓、螺柱连接可用图 10—1 所示的装配示意图来表达。通常部件的装配示意图仅画出相当于一个投射方向的图形，并尽可能集中反映全部零件。若表达不够清楚，可适当增加图形，但图形之间应符合投影规律，以便于作图和读图。

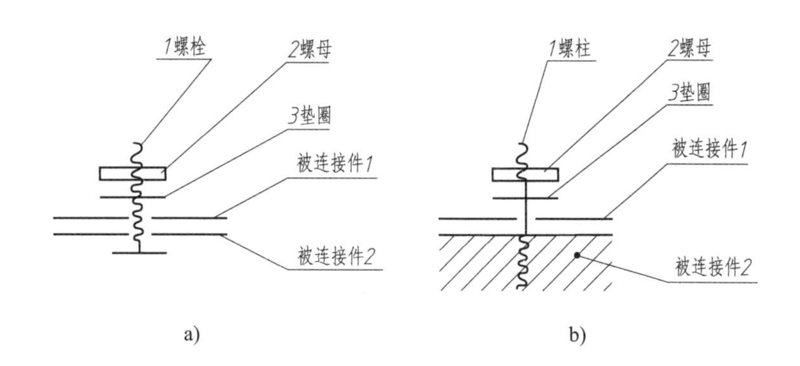

图 10—1　螺纹连接件装配示意图

a）螺栓连接　b）螺柱连接

（2）一般采用目测徒手绘制示意图，但应使各零件的比例与实物基本相当。

（3）可将被测绘部件假想成透明体，既要画出外形轮廓，又要画出内、外部零件间的装配关系和连接方式。

（4）相邻两零件的接触面之间最好留有间隙，以便区分不同零件。零件的通孔可画成开口，以便于表达装配关系，如图 10—1a 所示螺栓连接的两被连接件均为通孔。当用双头螺柱连接时，上面零件为通孔，下面零件为螺纹盲孔，如图 10—1b 所示。

（5）装配示意图中的零件按拆卸顺序编号，并注明零件的名称、数量、材料等。不同位置的同一种零件只编一个号。由于螺钉、螺母、垫圈、滚动轴承等标准件不必画出零件草图，因此，通过测得几个主要尺寸，从相应的标准中查出规定标记，并将这些标准件的名称、数量和规定标记注写在装配示意图上或列表说明。

（6）一些常用零件（如轴、轴承、齿轮、弹簧等）应参照 GB/T 4460—2013 中规定的示意符号表示，表 10—1 列举了部分常用零件机构简图符号。对没有规定符号的零件，则可用粗实线单线条画出其大致轮廓，以显示其形状特征。

表 10—1 **常用零件机构简图符号**

名称	基本符号	名称	基本符号
机架	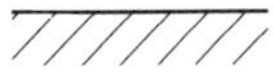	联轴器	
轴、杆		螺杆传动	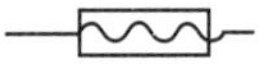 或 
圆柱轮	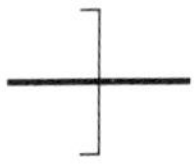 或 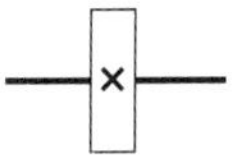	开合螺母	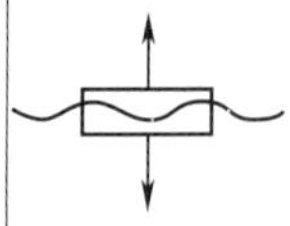 或 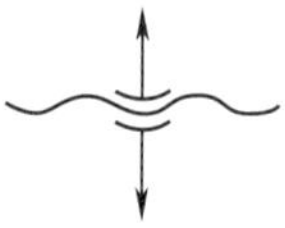
圆柱齿轮	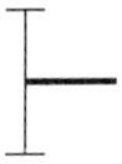 或 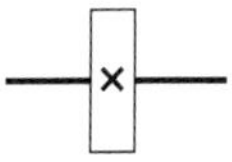	滚动轴承	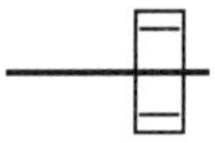 或 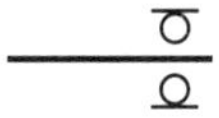
锥齿轮	 或 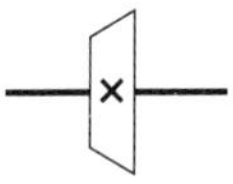	推力滚动轴承	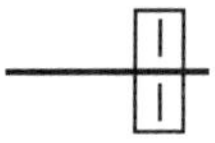 或 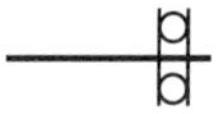
普通轴承	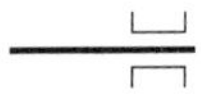	向心推力滚动轴承	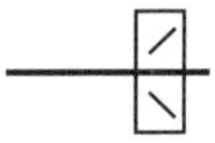 或 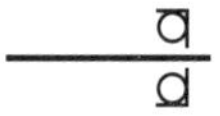
弹簧			

三、画零件草图与测量及标注尺寸

1. 零件草图的基本要求

零件草图是指在测绘现场目测实物大致比例，画出各视图并画好尺寸线，然后集中测量及标注尺寸所完成的图样。零件草图绝非“潦草”之图。它将作为绘制部件装配图和零件图的重要依据，因此，绘制零件草图必须符合基本要求：图形及尺寸表达正确、完整、清晰，并注明必要的技术要求。

2. 分析零件，确定表达方案

（1）了解待测绘零件的名称和用途，鉴别零件的材料属性。

（2）分析零件的结构和形状：了解零件的类别（是轴套类、盘盖类、叉架类还是箱体类），为初步选择表达方案奠定基础，特别是要明确该零件在部件中的功用以及与其他零件间的装配关系和连接方式，把握其关键结构和形状特征，同时也要注意必要的装配工艺结构。

（3）必要的工艺分析：同一零件可用不同的加工顺序或加工方法制造，因而其结构和形状的表达、基准的选择及尺寸标注也不会完全相同。

（4）拟定零件的表达方案：确定零件的安放位置、主视图投射方向以及视图数量等。

3. 画零件草图的步骤

画零件草图时，建议选用较厚的绘图纸、网格纸或复印纸等，画零件草图要保证线型粗细清晰。下面以图 10—2 所示螺母块为例，说明画零件草图的步骤。

（1）根据视图数量布置视图位置。画出各视图的基准线、中心线，如图 10—2a 所示。布图时要考虑在各视图之间留有标注尺寸的位置，并在右下角留有标题栏的位置。

（2）画出反映零件主要结构特征的主视图，按投影关系完成其他视图，如图 10—2b 所示。

（3）选择基准，画出尺寸界线、尺寸线和箭头，要确保尺寸齐全、清晰、不遗漏、不重复，仔细核对后描深轮廓线并画出剖面线，如图 10—2c 所示。

（4）测量尺寸并注写尺寸数字和技术要求，填写标题栏，如图 10—2d 所示。

4. 零件测绘时的注意事项

（1）零件的制造缺陷，如砂眼、气孔、刀痕以及长期使用产生的磨损等不应画出，并予以修正。

（2）零件上的工艺结构，如铸造圆角、倒角、凸台、凹坑、退刀槽和砂轮越程槽等都必须画出，不能省略。

（3）零件上的标准结构要素，如螺纹、键槽、齿形等，应将测得的数值与相应标准对照，使相关尺寸符合标准结构要求。

（4）测量尺寸应在画好视图、注全尺寸界线和尺寸线后集中进行。有条件时最好两人配合，一人测量读数，另一人记录并标注尺寸。切忌每画一条尺寸线便测量一个尺寸，填写一个数字。

（5）对相邻零件有配合功能要求的尺寸（如配合的孔和轴的直径），一般只需测量出它的公称尺寸，若有小数应适当取整数（如 24.8 mm 可取整数 25 mm）。

四、画装配图

根据装配示意图和零件草图，明确零件之间的装配关系和连接方式，绘制部件的装配图。画装配图的过程也是识读、检验、修正零件草图的过程，所以要认真分析研究相邻零件草图的相关结构、尺寸，调整不合理的公差范围以及所测尺寸，以便正确地表达装配体和为绘制零件图提供正确的依据。画部件装配图的方法和步骤如下：

1. 拟定表达方案

装配图的作用是表达机器或部件的工作原理、装配关系、连接方式以及主要零件的结构和形状。表达方案包括选择主视图、确定视图数量及相应的表达方法，因此，应多考虑几种表达方案，通过比较，以最少的视图，完整、清晰地表达部件装配关系和工作原理的方案为最佳方案。

（1）选择主视图　通常使部件处于工作位置，能较清楚地表达部件的工作原理、传动方式、零件间主要的装配关系或装配干线，以及主要零件的结构和形状特征。在部件中，

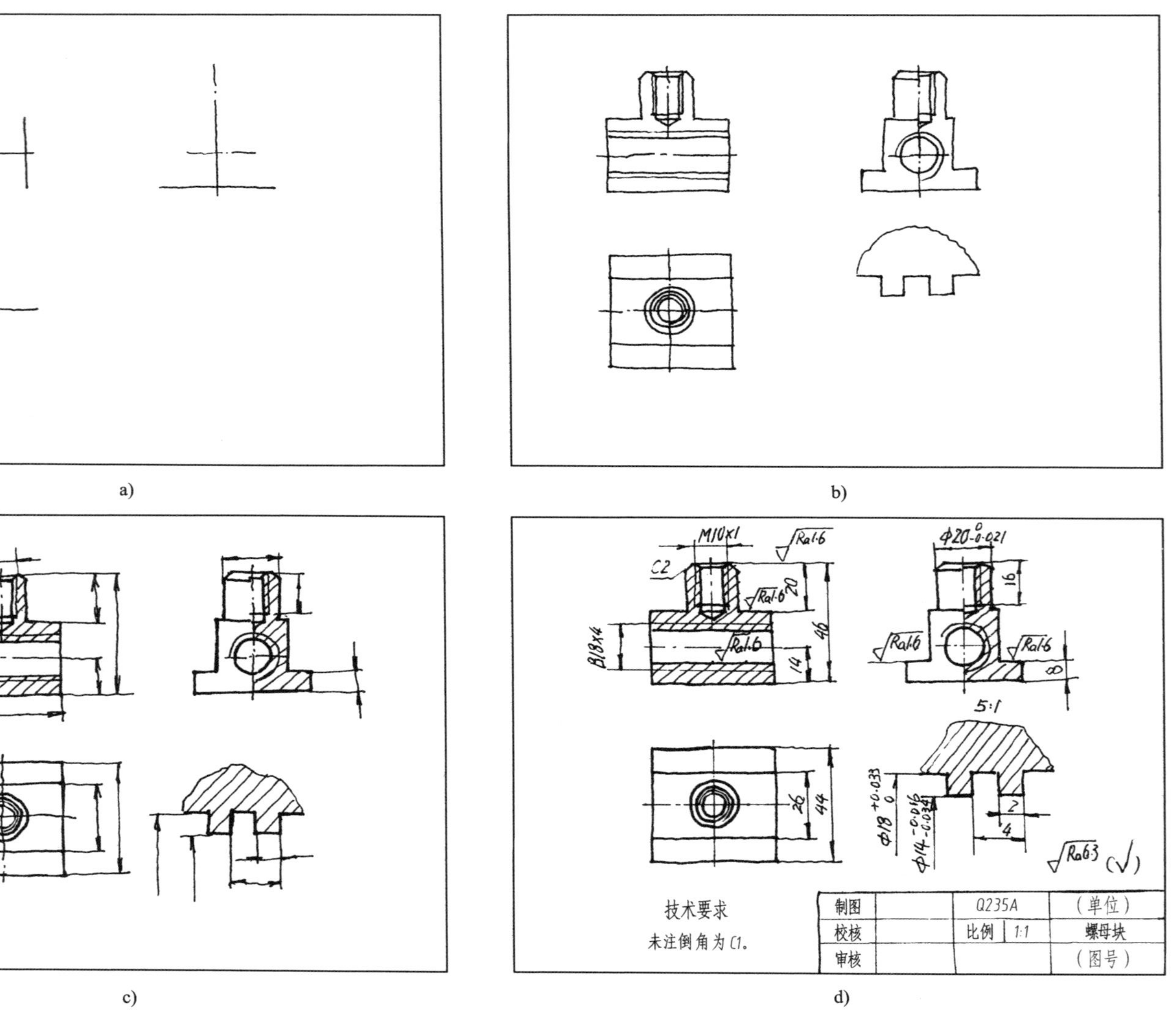

图 10—2　螺母块零件草图画图步骤

一般将组装在同一轴线上的一系列相关零件称为装配干线。一个部件通常有若干主要和次要的装配干线。

（2）确定其他视图　针对主视图未能表达清楚的装配关系及主要结构等，需选用其他视图和表示法予以进一步补充。

2. 画装配图的步骤

（1）选比例，定图幅　根据拟定的表达方案，以表达清晰、便于识图为原则，选择合适的比例（尽可能采用1∶1的比例），然后根据视图整体布局确定图纸幅面，画好图框、标题栏和明细栏。

（2）画基准线，合理布图　根据拟定的表达方案，合理、匀称地布置各视图，并充分考虑标注尺寸、零件序号所占位置，同时应使各视图之间符合投影关系。

（3）作图顺序　一般先从反映部件工作原理和形状特征的主视图画起，并从主要零件、较大零件、反映特征的视图入手，再按投影关系逐步、逐层地画出各视图。注意应沿部件主要装配干线，由内向外依次画出，这样可避免多画被遮挡的不可见轮廓线。

（4）描深，标注尺寸，编排零件序号，填写标题栏、明细栏和技术要求，完成装配图。

五、画零件工作图

零件工作图是零件制造、检验和确定工艺规程的基本技术文件。它既要根据装配图表明设计要求，又要考虑制造的可能性和合理性。一张完整的零件工作图应包括以下内容：

（1）清楚、正确地表达出零件各部分的结构、形状和尺寸。

（2）标出零件各部分的尺寸及其精度。

（3）标出零件各部分必要的几何公差。

（4）标出零件各表面的粗糙度。

（5）注明对零件的其他技术要求，如圆角半径、中心孔类型及传动件的主要参数等。

（6）画出零件工作图标题栏。

根据装配图和零件草图绘制零件工作图的过程是进一步校核零件草图的过程。此时画零件工作图不是简单地用传统绘图工具或计算机重复照抄，而是再一次检查及校正，是对零件图有关内容的全面完善和充实。画零件工作图必须认真、严谨。

§10—2　常用测量工具及测量方法

测量尺寸是测绘零件过程中的重要环节，熟练地掌握常用测量工具及测量方法是顺利地进行测绘和满足测绘精准度的重要保证。常用测量工具有钢直尺、外卡钳和内卡钳、游标卡尺、千分尺及螺纹样板（又称螺纹规）和半径样板等。常用测量工具及测量方法见表10—2。

表 10—2 常用测量工具及测量方法

线性尺寸

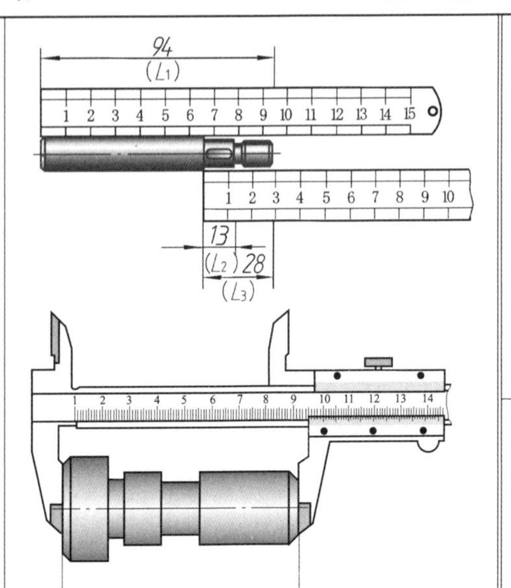

长度尺寸可用钢直尺直接测量读数，如图中的长度 L_1(94)、L_2(13)、L_3(28)，精度要求较高可用游标卡尺测量，如 L(95)

螺纹的螺距

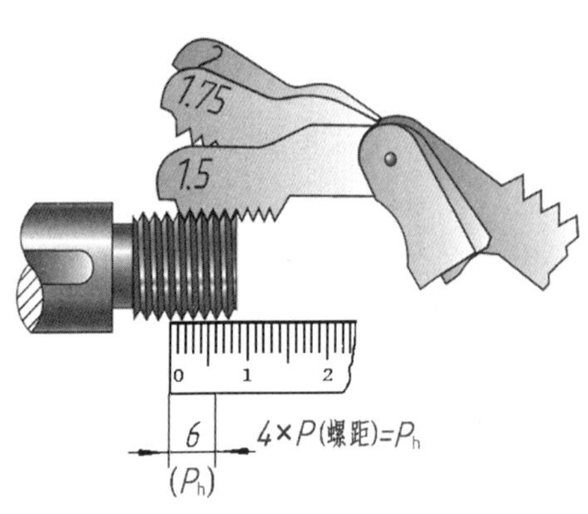

1. 用螺纹规确定螺纹的牙型和螺距 $P=1.5$ mm
2. 用游标卡尺量出螺纹大径
3. 目测螺纹的线数和旋向
4. 根据测得的牙型、大径、螺距，与有关手册中的螺纹标准核对，选取相近的标准值

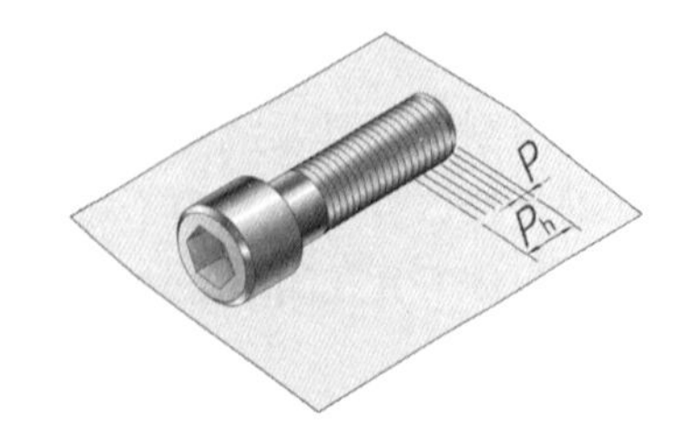

壁厚尺寸

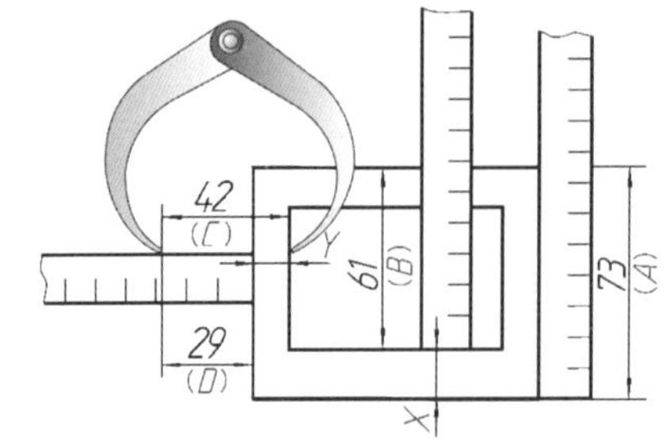

壁厚尺寸可用钢直尺测量，如图中底壁厚度 $X=A-B$，或用卡钳和钢直尺测量，如图中侧壁厚度 $Y=C-D$

直径尺寸

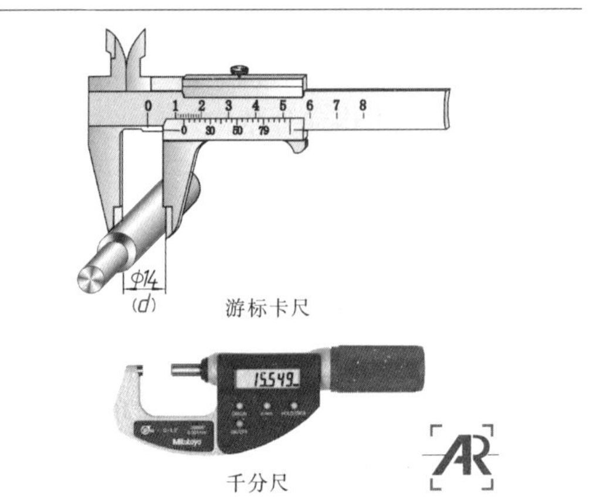

游标卡尺

千分尺

直径尺寸可用游标卡尺（或千分尺）直接测量读数，如图中的直径 $d(\phi 14)$

孔中心距

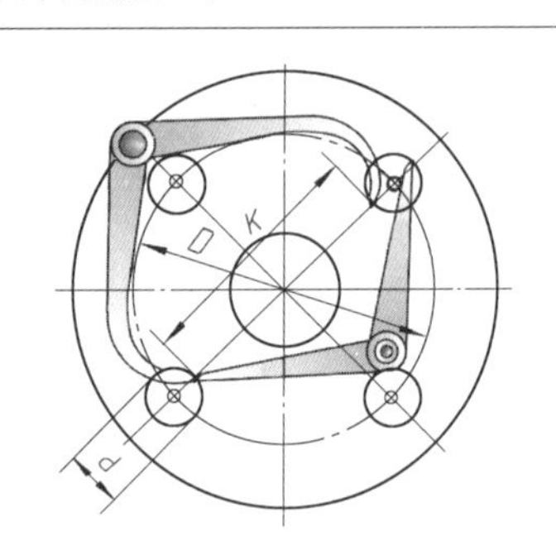

$$D=K+d$$

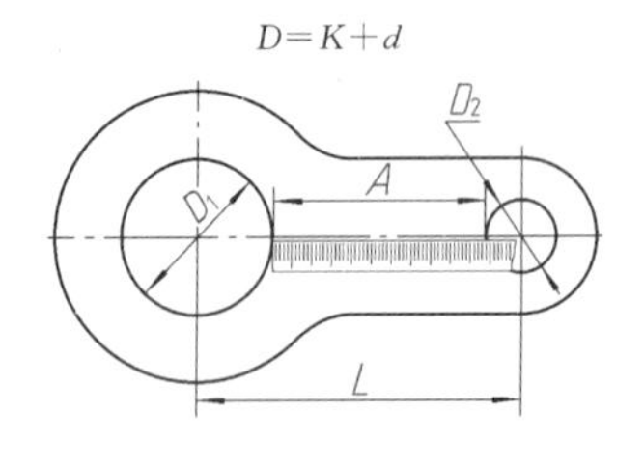

$$L=A+\frac{D_1+D_2}{2}$$

孔间距、中心距可用卡钳（或游标卡尺）结合钢直尺测出

中心高	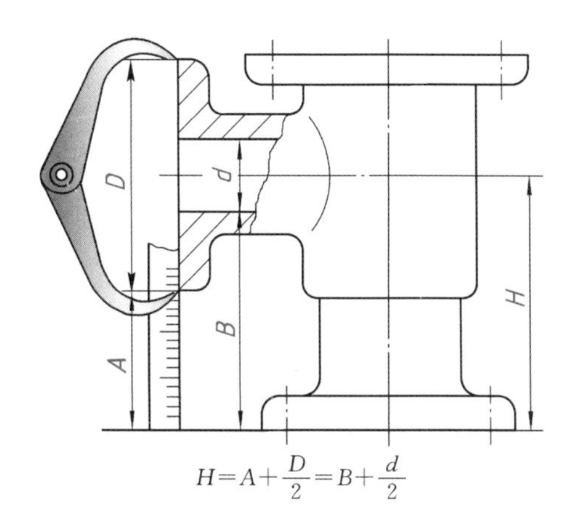 $H=A+\frac{D}{2}=B+\frac{d}{2}$ 中心高可用钢直尺和卡钳（或游标卡尺）测出，也可用游标高度尺测量
齿轮的模数	1. 数出齿数 $z=16$ 2. 量出齿顶圆直径 $d_a=59.8$ mm 当齿数为单数而不能直接测量时，可按右图所示方法量出（$d_a=d+2e$） 3. 计算模数 $m'=\frac{d_a}{z+2}=\frac{59.8}{16+2}\approx3.32$（mm） 4. 修正模数。由于齿轮磨损或测量误差，当计算的模数不是标准模数时，应在标准模数表（表 7—6）中选用与 m'最接近的标准模数，现确定模数为 3.5 mm 5. 按表 7—7 计算出齿轮其余各部分尺寸 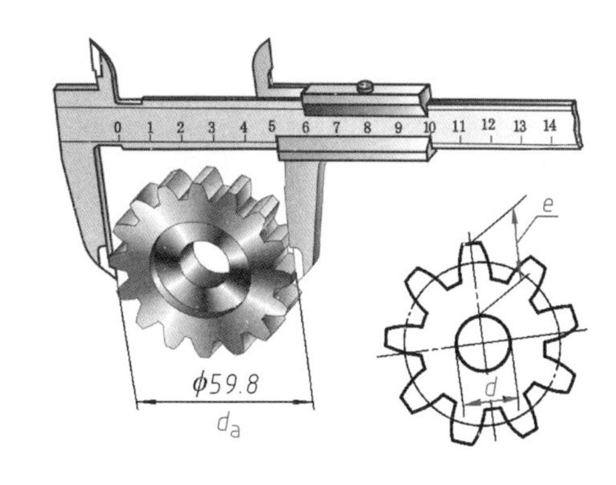
曲面轮廓	可采用拓印法、铅丝法（用铅丝弯出蛇形尺寸，测出零件的曲面轮廓）、坐标法测量 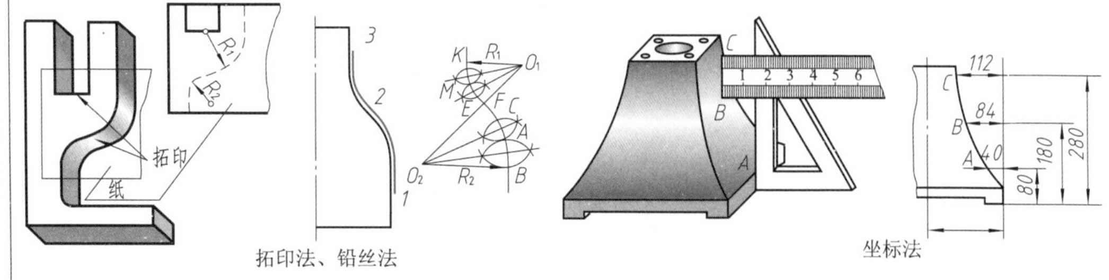 拓印法、铅丝法　　坐标法 直接测量泵盖外形的圆弧连接曲线有困难，可采用拓印法，先在泵盖端面涂一些油，再将其放在纸上拓印出轮廓形状，然后用几何作图方法求出两圆心的位置 O_1 和 O_2，并定出轮廓部分各圆弧的尺寸

角度测量	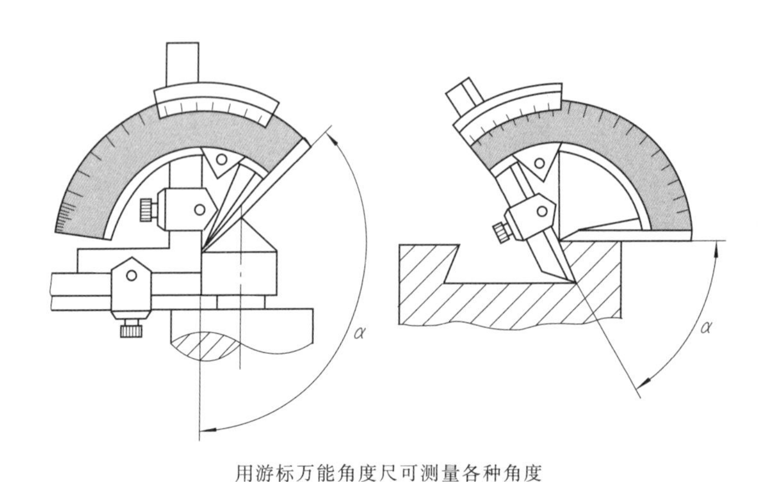 用游标万能角度尺可测量各种角度

§10—3 测绘机用虎钳

机用虎钳是安装在机床工作台上，用于夹紧工件以便于切削加工的一种通用夹具，如图10—3所示。下面以测绘机用虎钳为例进行说明。

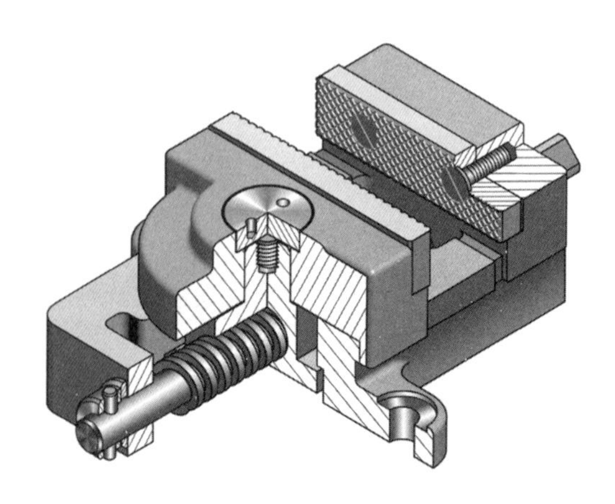

图 10—3 机用虎钳轴测图

一、分析、拆卸机用虎钳

1. 了解零部件组成、装配关系和连接方式

图 10—4 所示为机用虎钳轴测分解图，它由 11 种零件组成，其中垫圈 5、圆柱销 7 和螺钉 10、垫圈 11 是标准件。对照轴测图和轴测分解图，初步了解机用虎钳中主要零件之间的装配关系和连接方式：螺母块 9 从固定钳座 1 下方的空腔装入工字形槽内，再装入螺杆 8，并用垫圈 11、垫圈 5 以及环 6、圆柱销 7 将螺杆轴向固定；通过螺钉 3 将活动钳身 4 与螺母块 9 连接；最后用螺钉 10 将两块钳口板 2 分别与固定钳座 1 和活动钳身 4 连接。

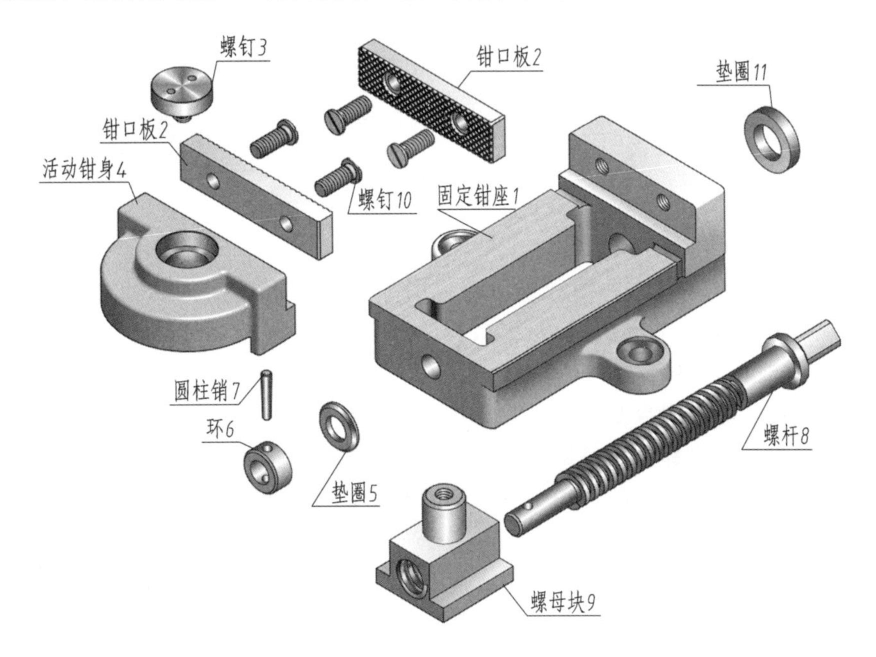

图 10—4　机用虎钳轴测分解图

2. 机用虎钳的工作原理

用扳手沿顺时针或逆时针方向旋转螺杆 8，使螺母块 9 带动活动钳身 4 沿螺杆 8 轴向做水平直线运动，以夹紧或松开工件，从而进行切削加工。

3. 拆卸顺序

（1）以螺杆 8 为主要装配干线拆去圆柱销 7、环 6、垫圈 5，旋出螺杆 8，取下垫圈 11。

（2）拆去螺钉 10 和钳口板 2。

（3）拆去螺钉 3、螺母块 9 和活动钳身 4。

二、画装配示意图

画装配示意图与拆卸部件同时进行。画装配示意图可从固定钳座入手，然后沿主要装配干线依次画出螺杆、螺母块和活动钳身，再逐个画出垫圈、螺钉、钳口板等，如图 10—5 所示。

在画装配示意图过程中，要注意了解和分析机用虎钳各零件间的连接方式、配合关系等，为绘制零件草图和装配图做必要的准备。

三、画零件草图

机用虎钳中除螺钉 10、垫圈 5 和 11、圆柱销 7 四种标准件外，其他 7 种专用零件都需

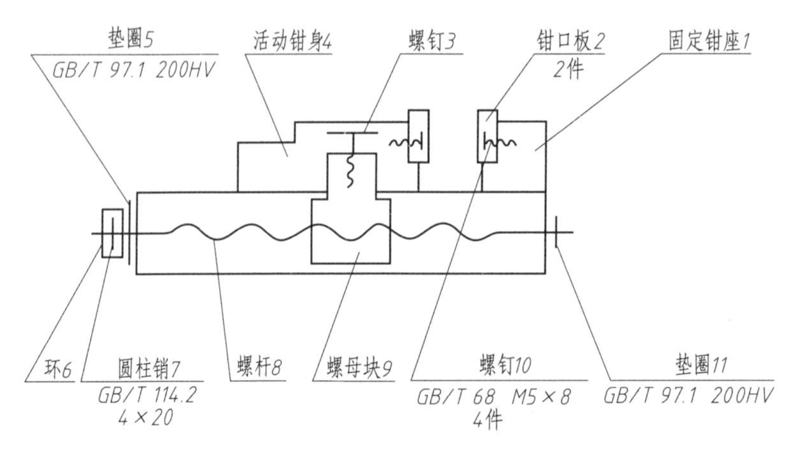

图 10—5 机用虎钳装配示意图

要画出零件草图。下面仅以活动钳身为例，说明零件的测绘过程（螺母块零件草图参见图10—2，其他零件草图请读者自行练习绘制）。

1. 选择零件视图，确定表达方案

（1）结构分析 活动钳身是铸造件，如图 10—6 所示，其左侧为阶梯形半圆柱体，右侧为长方体，前后向下凸出部分包住固定钳座导轨前后两侧面；中部的台阶孔与螺母块上圆柱体部分相配合；右上端长方形缺口用于安装钳口板，两个螺孔用于固定。

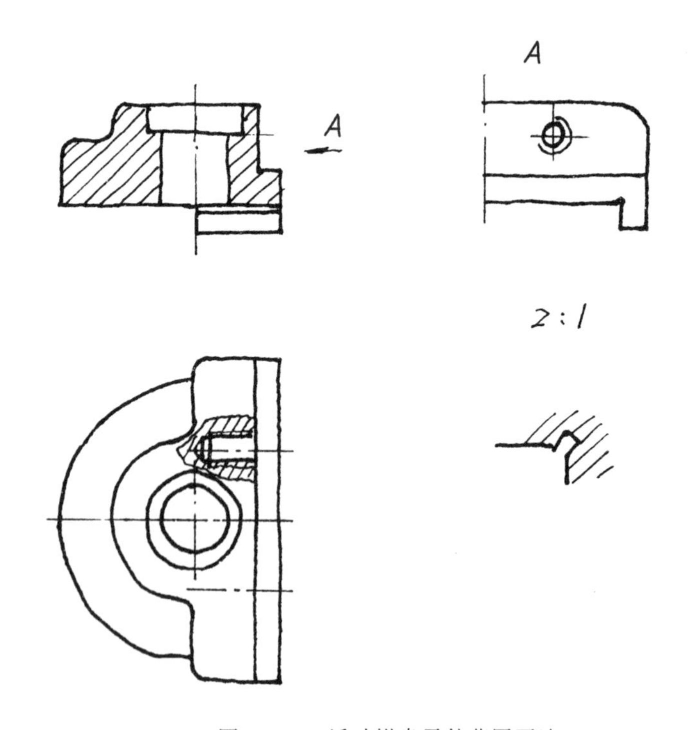

图 10—6 活动钳身零件草图画法

（2）表达分析　主视图采用全剖视图，表达中间台阶孔、左侧和右侧阶梯形以及右侧下方凸出的形状；俯视图主要表达活动钳身的外形，并用局部剖视表示螺孔的位置和深度；再通过 *A* 向局部视图补充表达右下方凸出部分的形状。

2. 标注尺寸

标注尺寸要特别注意机用虎钳中有装配关系的尺寸，其公称尺寸要一致。如螺母块上方圆柱的外径和同它相配合的活动钳身中孔径公称尺寸要一致，活动钳身前后下方凸出部分与固定钳座前后两侧相配合的尺寸要一致。标注尺寸时还需注意，在零件草图上将尺寸线全部画出，检查无遗漏后，再用测量工具集中测量所需对应尺寸，并填写尺寸数值。

活动钳身（图 10—7）右端面为长度方向主要基准，注出尺寸 25 和 7，以圆柱孔中心线为辅助基准，注出尺寸 $\phi28$、$\phi20^{+0.033}_{0}$、$R24$ 和 $R40$，长度方向尺寸 65 是参考尺寸；以前后对称中心线（对称平面）为宽度方向主要基准，注出尺寸 92、40；在 *A* 向局部视图中标注尺寸 $82^{+0.35}_{0}$；以螺孔轴线为辅助基准，注出 2×M8；以底面为高度方向主要基准，注出尺寸 18、28；以顶面为辅助基准，注出尺寸 8、20、36，并在 *A* 向局部视图中注出螺孔定位尺寸 9，其余尺寸请读者自行分析。

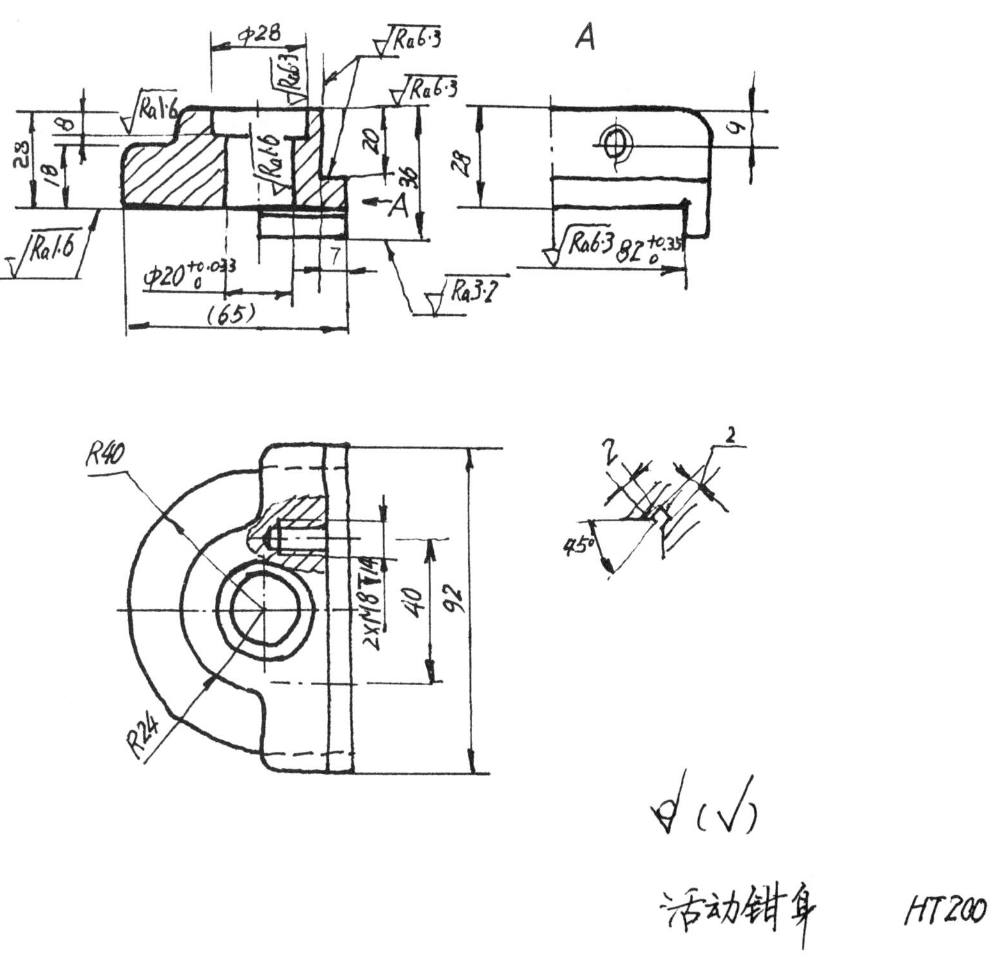

图 10—7　活动钳身零件草图

3. 确定材料和技术要求

（1）确定材料　常用金属材料的牌号及其用途见附表 17 和附表 18。机用虎钳的固定钳座和活动钳身都是铸铁件，一般选用中等强度的灰铸铁 HT200；螺母块、环、垫圈等受力不大的零件选用碳素结构钢 Q235A；对于轴、杆、键、销等零件通常也可选用碳素结构钢，螺杆、钳口板的材料可采用强度更高些的 45 钢。

（2）表面结构要求的确定　固定钳座工字形槽的上、下导轨面有较严的表面质量要求，*Ra* 值选用 1.6 μm，与其配合的活动钳身与底面的表面粗糙度 *Ra* 值也是 1.6 μm，以保证活动钳身在固定钳座导轨上滑动平稳和使用寿命长。类似的活动钳身与螺母块配合圆柱面、螺母块与螺杆配合面也宜选择 *Ra*1.6 μm，其他非配合面一般选择 *Ra* 值为 12.5～6.3 μm，铸件的非加工表面为 $\sqrt{}$。

（3）配合要求　机用虎钳各零件间有配合要求的共有 4 处，尺寸公差应根据实测数据并参照极限配合标准确定。

为了使螺杆在钳座左右两圆柱孔内转动灵活，螺杆两端轴颈与圆柱孔采用基孔制间隙配合（ϕ12H8/f7、ϕ18H8/f7）。

螺母块上圆柱部分与活动钳身圆柱孔的接合面采用基孔制间隙配合（ϕ20H8/h7），查标准可知活动钳身上孔为 ϕ20H8（$^{+0.033}_{0}$）。

（4）几何公差要求　为确保机用虎钳传动部分灵活、自如、平稳，满足使用要求，对有关零件的关键结构和形状有几何公差要求，如固定钳座左右两圆柱孔的轴线有同轴度要求（图 10—10）。

四、绘制机用虎钳装配图

根据装配示意图和零件草图画装配图时应遵循前面所介绍的画装配图的方法与步骤。在画装配图的过程中，应注意校正零件草图的结构、形状和尺寸等。

1. 机用虎钳装配图的表达形式

在对机用虎钳的结构、形状、工作原理及零件间的装配关系、连接方式进行分析及了解的基础上，采用三个基本视图和一个表达单个零件的局部视图来表达。主视图采用全剖视图，反映机用虎钳的工作原理和零件间的装配关系；俯视图反映固定钳座的结构、形状和安装位置，并通过局部剖视表达钳口板与钳座连接的局部结构；左视图采用 *A*—*A* 半剖视图，进一步充分反映螺母块与相关零件的装配关系及机用虎钳的整体内外形状，如图 10—8 所示。

2. 机用虎钳装配图的作图步骤

按机用虎钳的主要装配干线依次画出固定钳座、活动钳身（图 10—9a）→螺杆、垫圈（图 10—9b）→螺母块、螺钉和钳口板（图 10—9c）→其他零件（图 10—9d），然后标注主要尺寸，编写零件序号，填写标题栏、明细栏和技术要求等，完成后的装配图如图 10—8 所示。

五、绘制零件图

根据机用虎钳零件草图和装配图，按画零件图的方法与步骤，依次画出固定钳座、螺杆、活动钳身、螺母块、钳口板、环、螺钉的零件图，如图 10—10～图 10—15 所示。

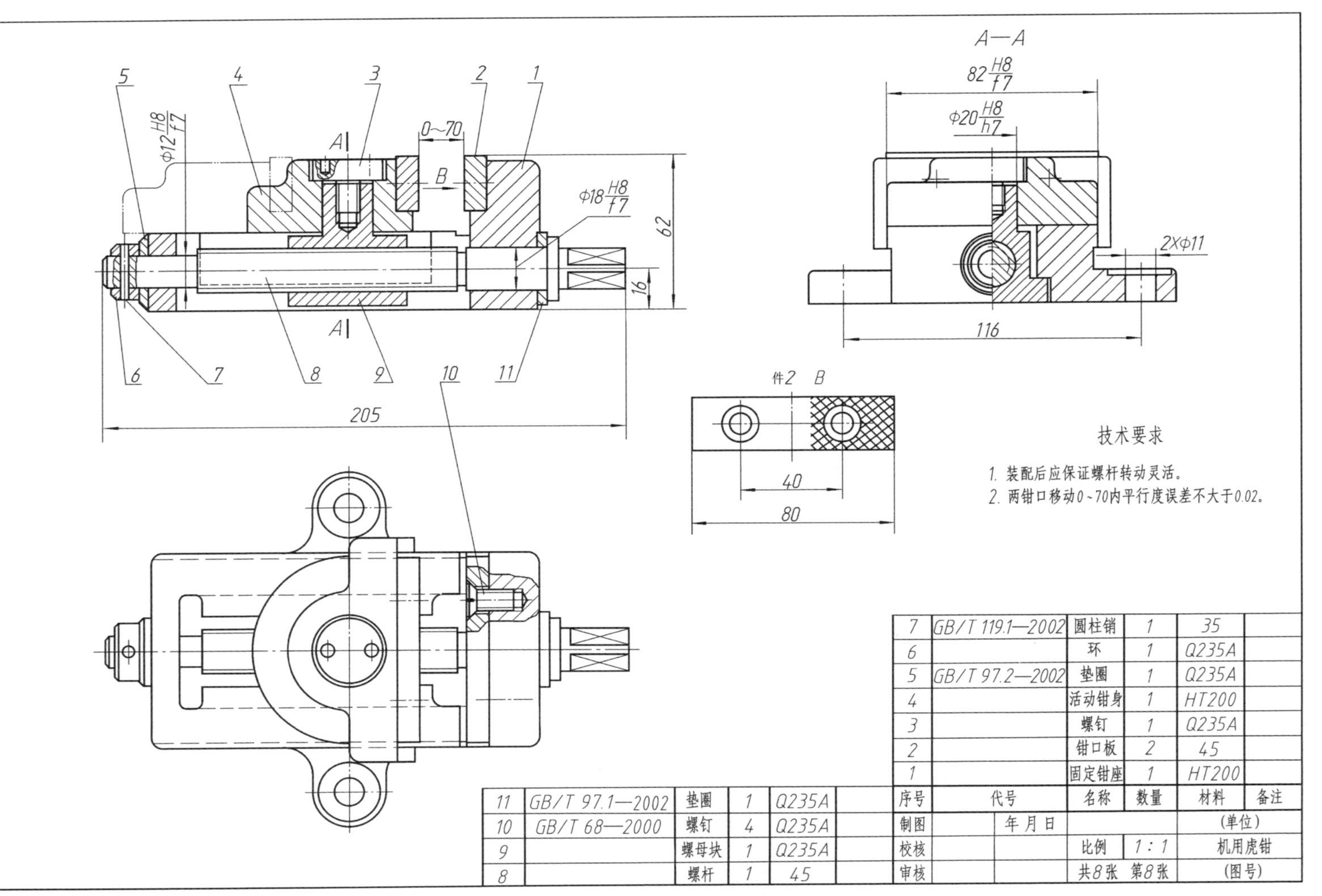

图 10—8 机用虎钳装配图

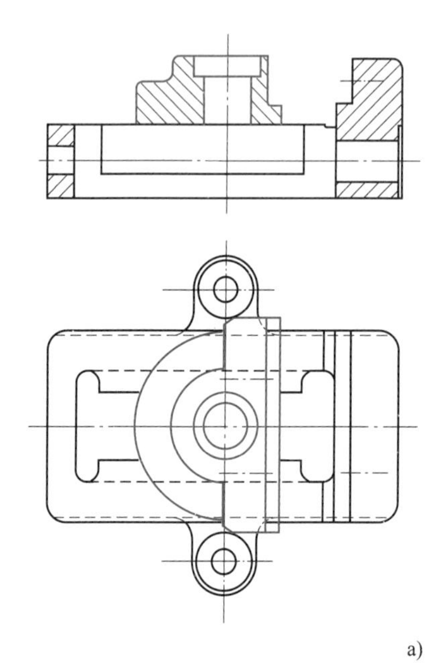
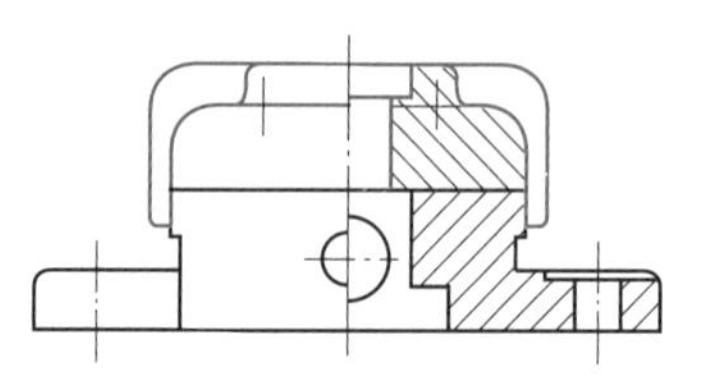

a)

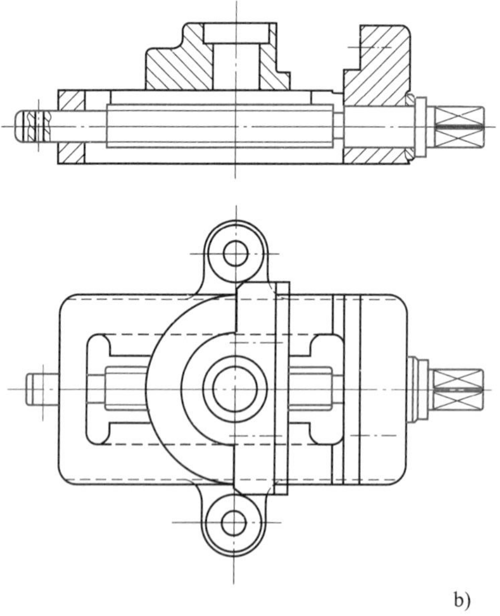
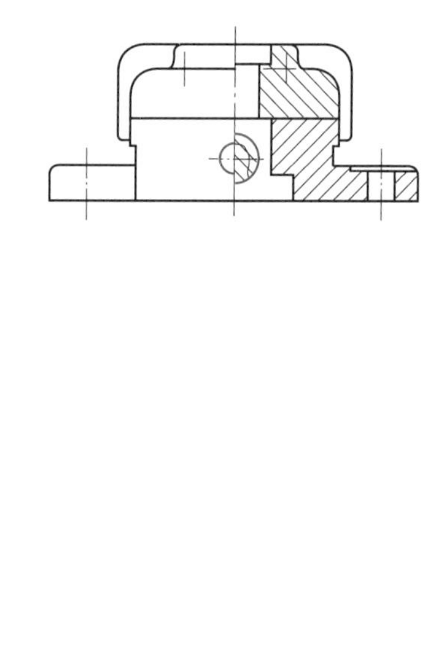

b)

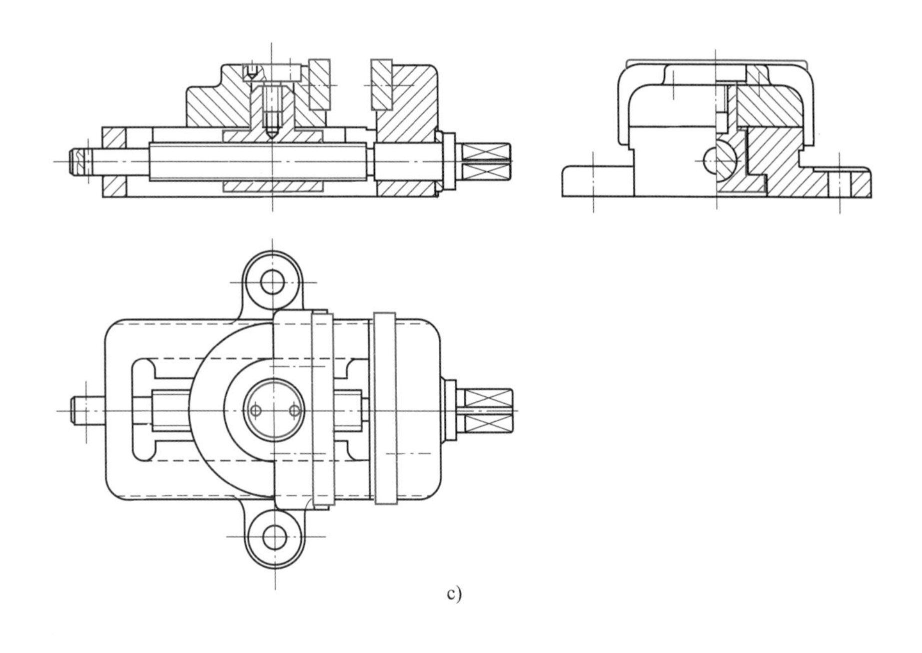

c)

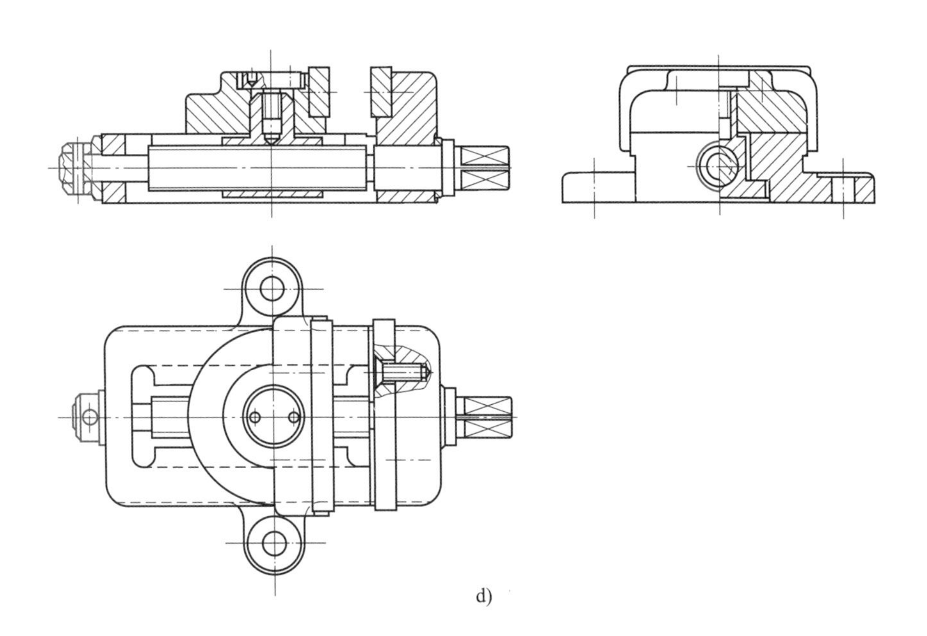

d)

图 10—9　机用虎钳装配图作图步骤

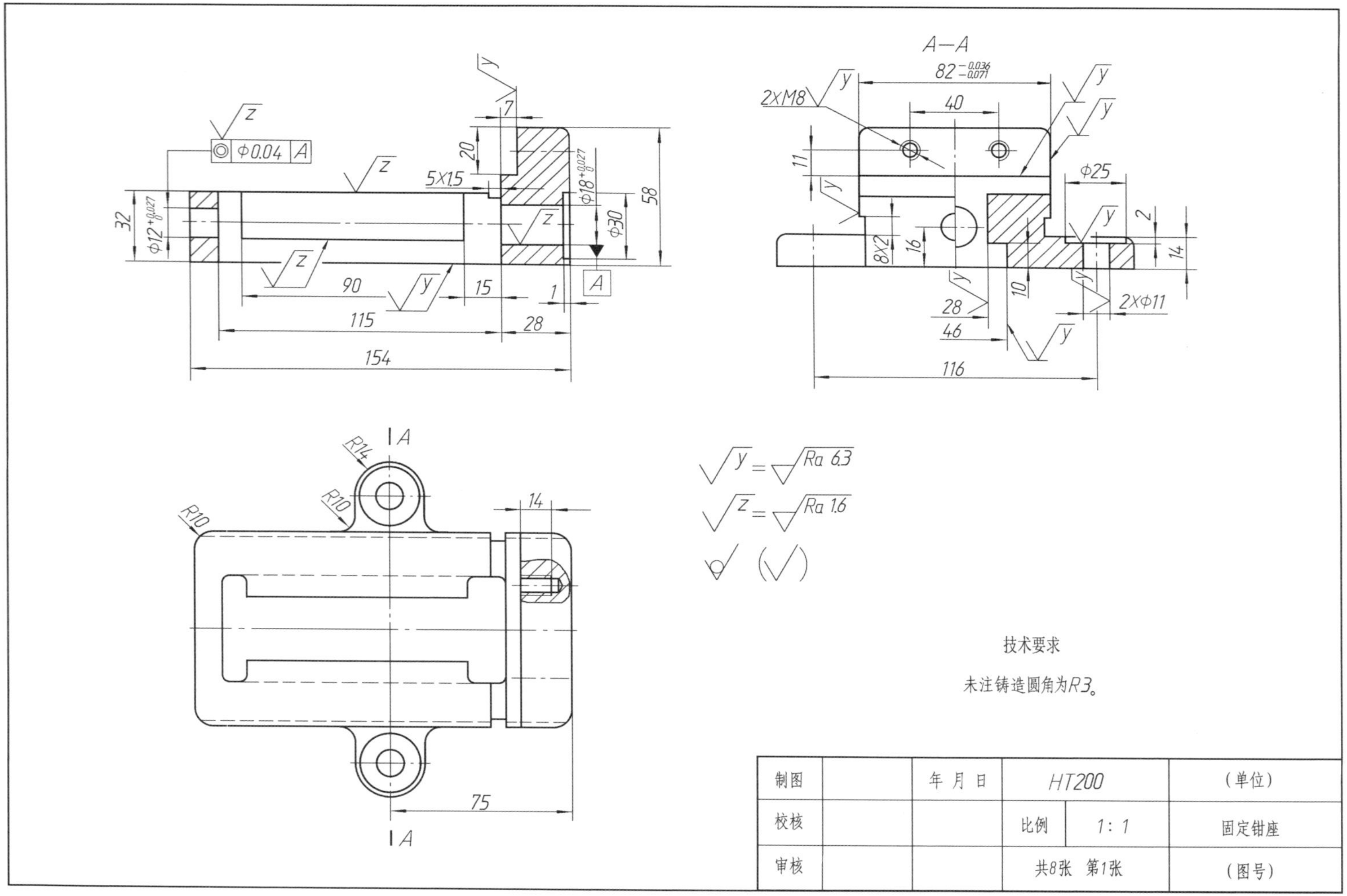

A—A

2×M8

技术要求

未注铸造圆角为R3。

制图		年 月 日	HT200		（单位）
校核			比例	1∶1	固定钳座
审核			共8张 第1张		（图号）

图 10—10 固定钳座零件图

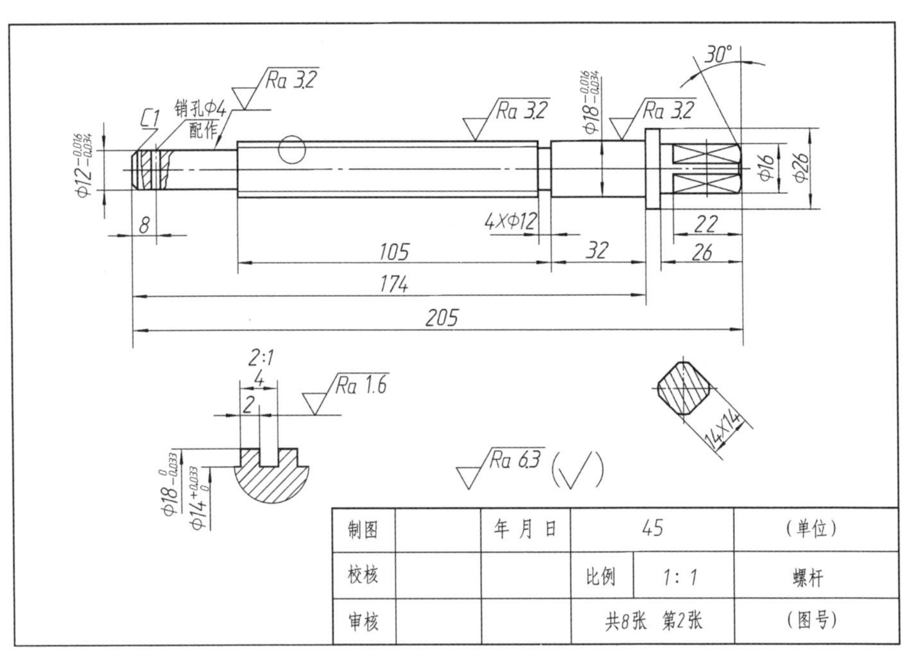

图 10—11 螺杆零件图

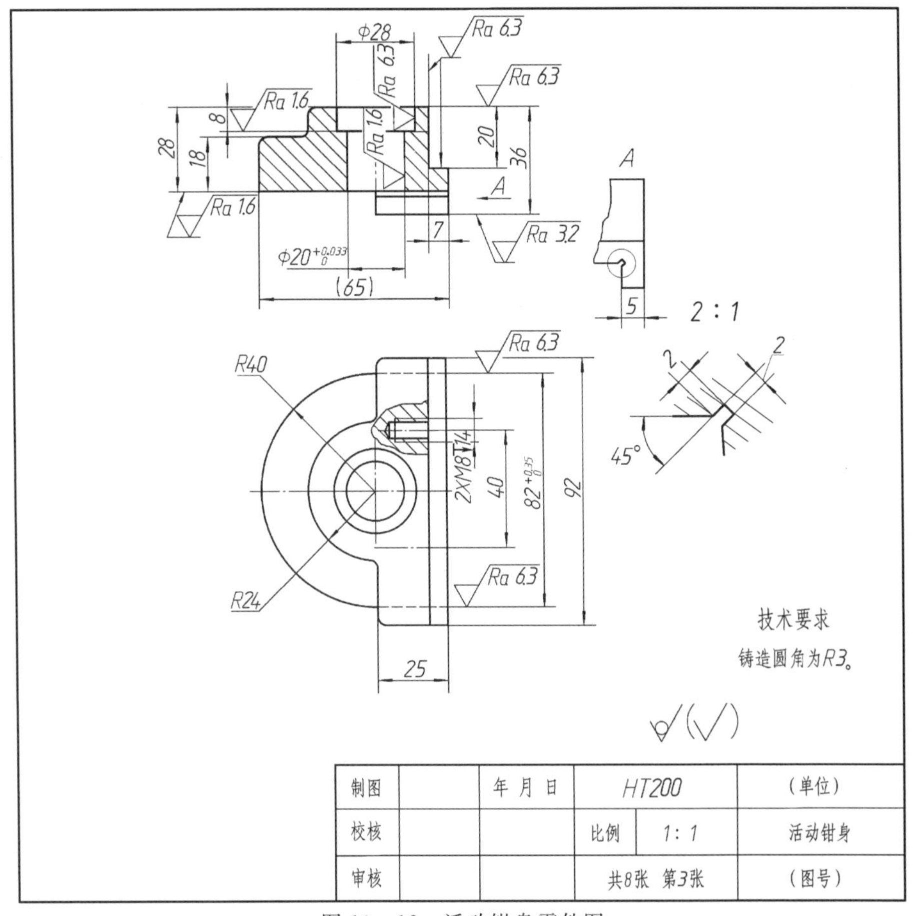

图 10—12 活动钳身零件图

技术要求

未注倒角为C1。

制图		年 月 日	Q235A		(单位)
校核			比例	1:1	螺母块
审核			共8张 第4张		(图号)

图 10—13 螺母块零件图

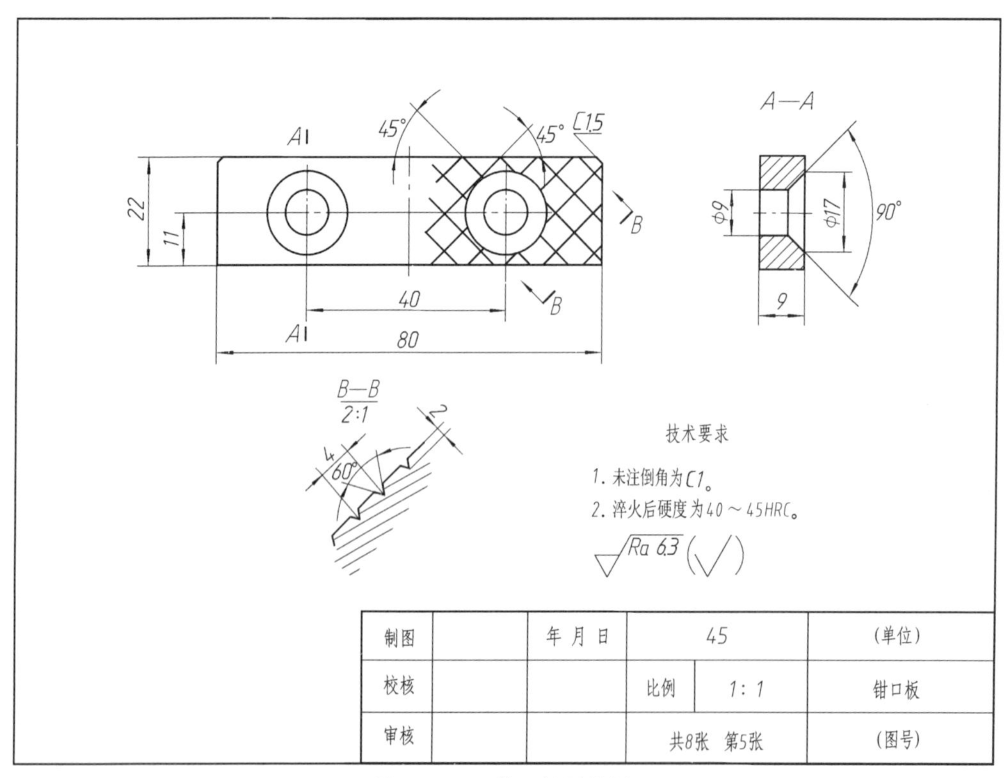

图 10—14 钳口板零件图

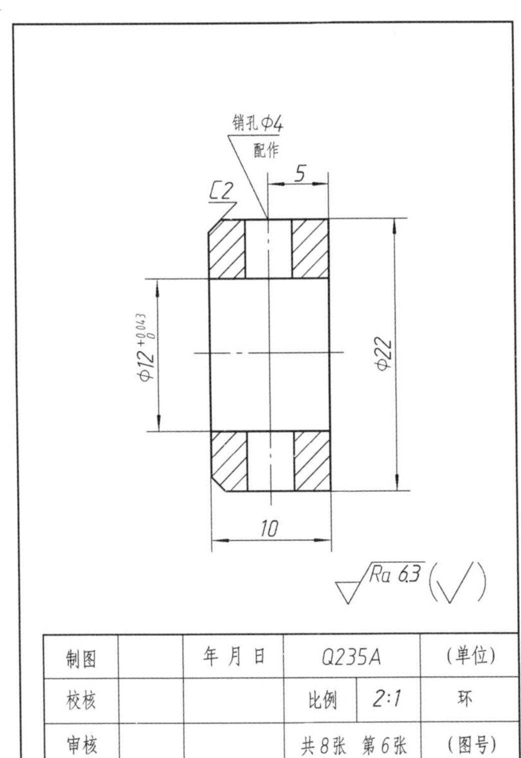

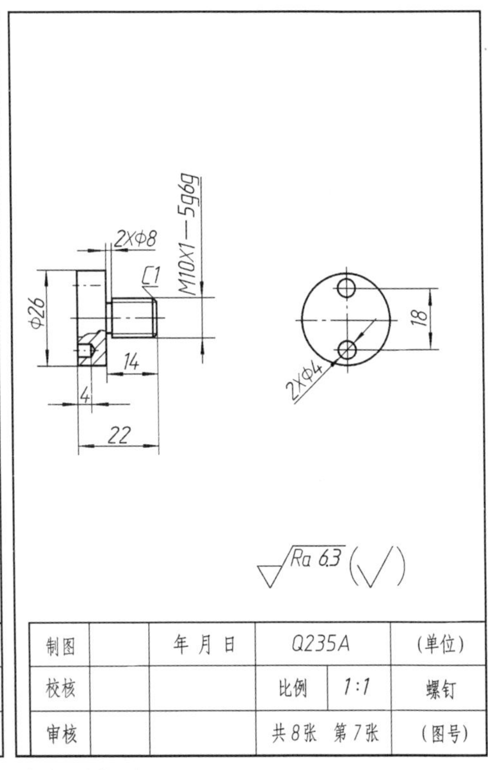

图 10—15 环、螺钉零件图

*第十一章 金属结构图、焊接图和展开图

金属结构件广泛用于机械、化工设备及桥梁、建筑结构。金属结构图的绘制原理和方法与机械图样一致。金属结构件通常是由各种型钢与钢板通过焊接（局部也有用螺栓连接或铆接）方式连接组成的。

§11—1 金属结构件的表示法

一、棒料、型材及其断面简化表示（GB/T 4656—2008）

棒料、型材及其断面用相应的标记（表11—1、表11—2）表示，各参数间用短画分隔。必要时可在标记后注出切割长度，如图11—1所示。此标记也可填入明细栏（参见GB/T 10609.2—2009）。

标记示例：

【例11—1】 角钢，尺寸为50 mm×50 mm×4 mm，长度为1 000 mm，标记为：

∟GB/T 9787—50×50×4—1000

表11—1　　棒料断面尺寸和标记（GB/T 4656—2008）

棒料断面与尺寸	标记	
	图形符号	必要尺寸
圆形（φd）　圆管形（φd，t）	⌀	d $d \cdot t$
方形（b）　空心方管形（b，t）	□	b $b \cdot t$

续表

棒料断面与尺寸	标记	
	图形符号	必要尺寸
扁矩形　空心矩管形		$b \cdot h$ $b \cdot h \cdot t$
六角形　空心六角管形		s $s \cdot t$
三角形		b
半圆形		$b \cdot h$

表 11—2　　型材断面尺寸和标记（GB/T 4656—2008）

型材	标记		
	图形符号	字母代号	尺寸
角钢		L	特征尺寸
T 型钢		T	
工字钢		I	
H 钢		H	
槽钢		U	
Z 型钢		Z	

型材	标记		
	图形符号	字母代号	尺寸
钢轨			
球头角钢			特征尺寸
球扁钢			

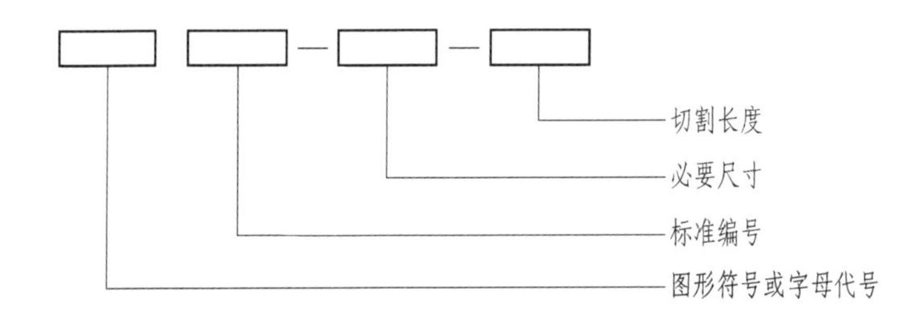

图 11—1　金属结构件的标记

在有相应标准但不致引起误解或相应标准中没有规定棒料、型材的标记时，可采用表 11—1 和表 11—2 中规定的图形符号加必要尺寸及其切割长度简化表示。

【例 11—2】 扁钢，尺寸为 50 mm×10 mm，长度为 100 mm，简化标记为：

▭ 50×10—100

为了简化，也可用大写字母代号代替表 11—2 中型材的图形符号。

【例 11—3】 角钢，尺寸为 90 mm×56 mm×7 mm，长度为 500 mm，简化标记为：

∟ 90×56×7—500　或　L90×56×7—500

标记应尽可能靠近相应的构件标注，如图 11—2 和图 11—3 所示。图样上的标记应与型钢的位置相一致，如图 11—4 所示。

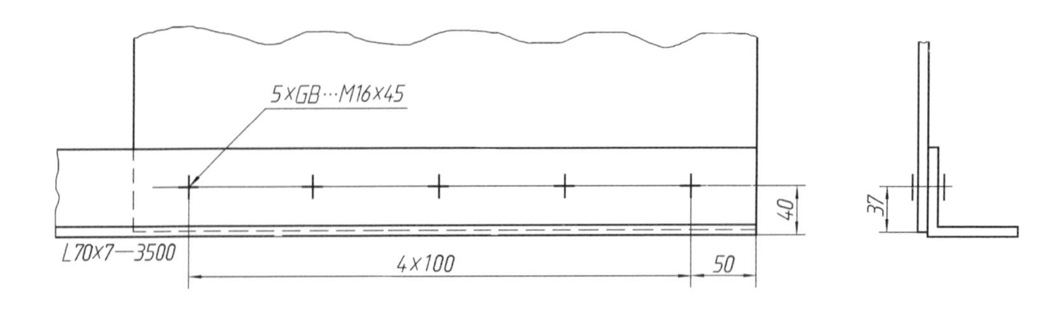

图 11—2　金属构件尺寸标注与标记（一）

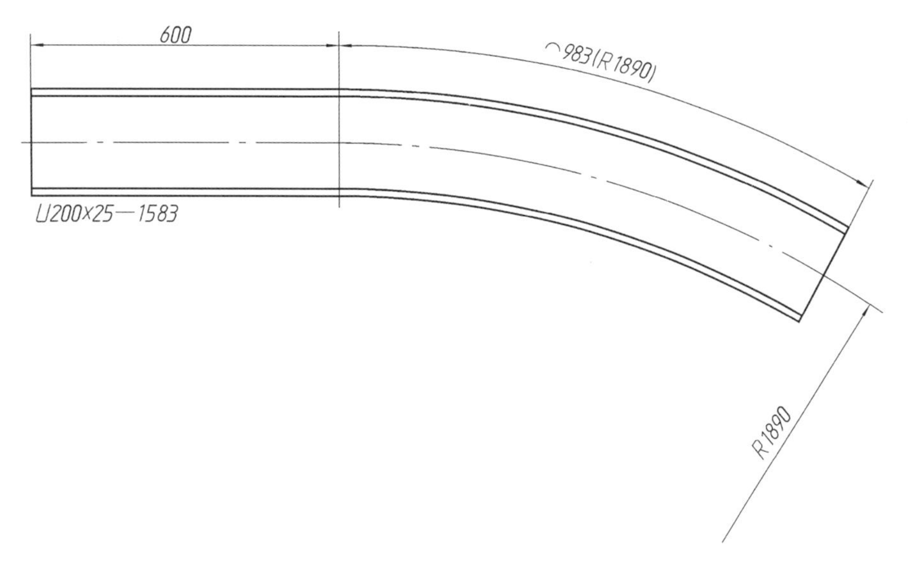

图 11—3　金属构件尺寸标注与标记（二）

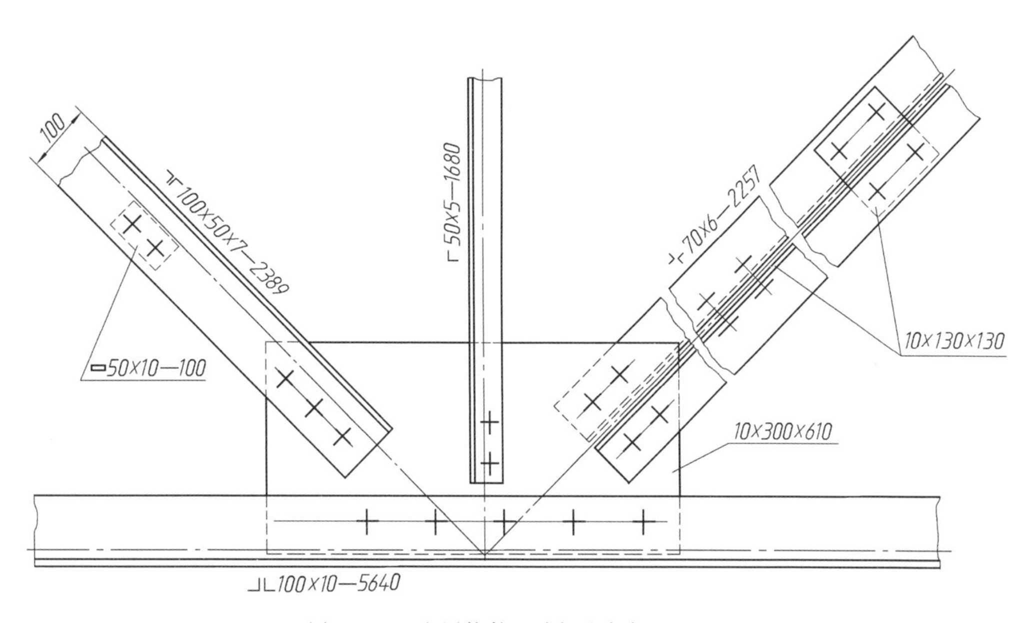

图 11—4　金属构件尺寸标注与标记（三）

二、金属构件的简图表示

金属构件可用粗实线画出的简图表示。此时，节点间的距离值应按图 11—5 所示的方法标注。

金属构件的尺寸允许标注封闭尺寸。在需考虑累积误差时，要指明封闭环尺寸。

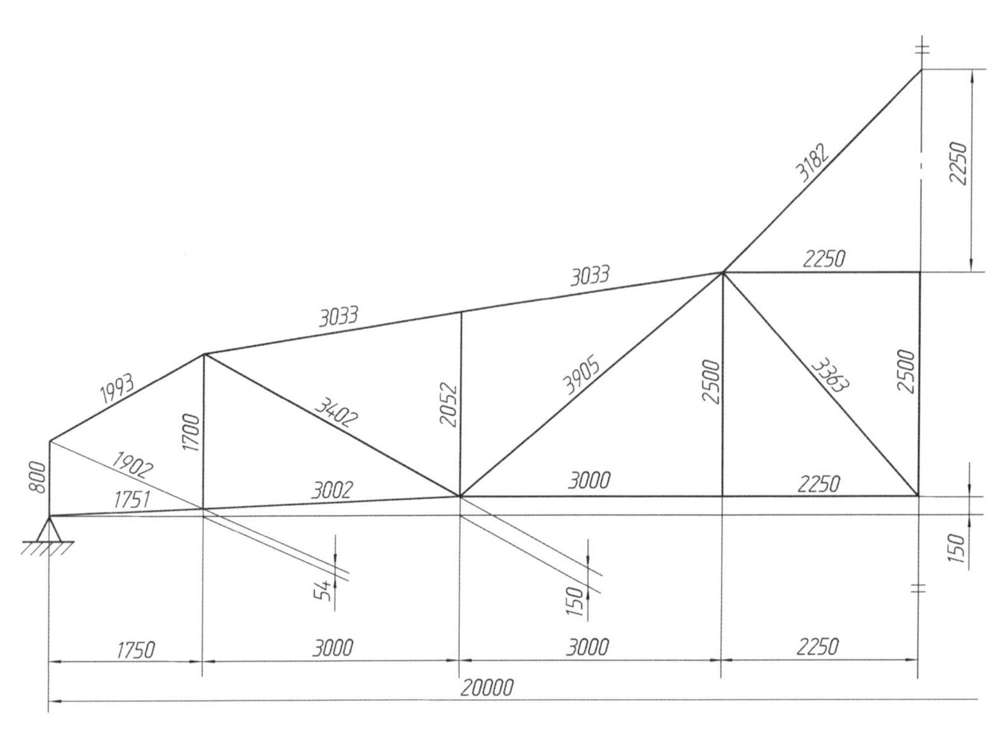

图 11—5　金属构件的简图表示法及尺寸标注

三、金属结构中的螺栓、孔、电焊铆钉图例及其标注（表 11—3）

表 11—3　　螺栓、孔、电焊铆钉图例及其标注

名称	图例	名称	图例
永久螺栓	M Φ	圆形螺栓孔	Φ
高强螺栓	Φ	长圆形螺栓孔	M Φ
安装螺栓	M Φ	电焊铆钉	d

§11—2 焊 接 图

金属结构主要是通过焊接将型钢和钢板连接而成的，焊接是一种不可拆连接，因其工艺简单、连接可靠、节省材料，所以应用日益广泛。

金属结构件被焊接后所形成的接缝称为焊缝。焊缝在图样上一般采用焊缝符号（表示焊接方式、焊缝形式和焊缝尺寸等技术内容的符号）表示。

一、焊缝符号及其标注方法

焊缝符号由基本符号和指引线组成，必要时还可以加上基本符号的组合、补充符号和焊缝尺寸符号及数据等。

1. 基本符号

基本符号是指表示焊缝横断面形状的符号，它采用近似焊缝横断面形状的符号来表示。基本符号用粗实线绘制。常用焊缝的基本符号、图示法及标注方法示例见表 11—4，其他焊缝的基本符号可查阅 GB/T 12212—2012。

2. 基本符号的组合

标注双面焊缝或接头时，基本符号可以组合使用，见表 11—5。

3. 补充符号

补充符号用来说明与焊缝有关的某些特征（如表面形状、衬垫、焊缝分布及施焊地点等），用粗实线绘制，见表 11—6。

表 11—4　　常用焊缝的基本符号、图示法及标注方法示例

名称	符号	示意图	图示法	标注方法
I 形焊缝	ǁ		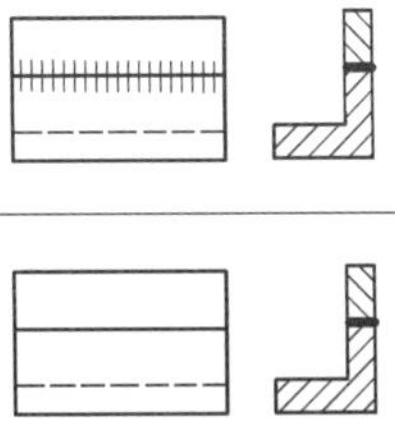	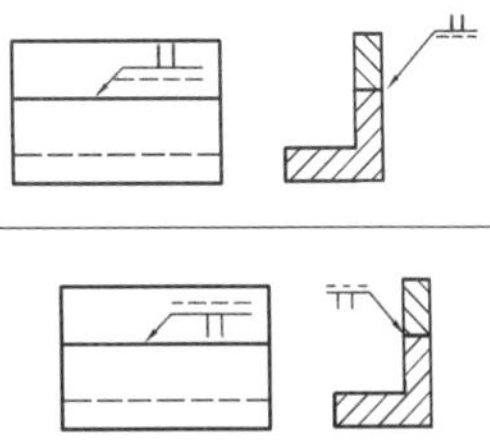
V 形焊缝	∨		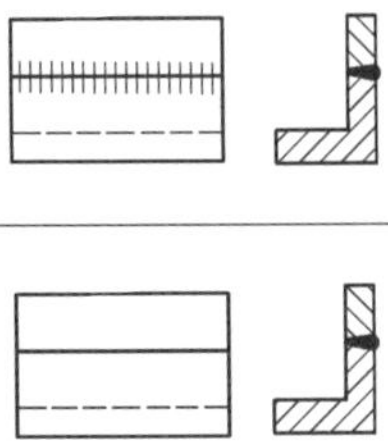	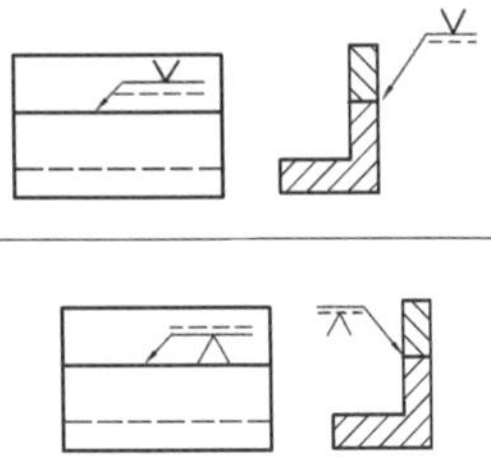

续表

名称	符号	示意图	图示法	标注方法
角焊缝		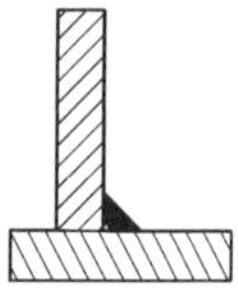	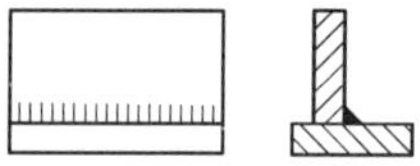	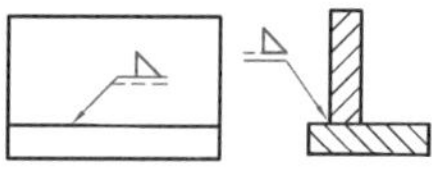
			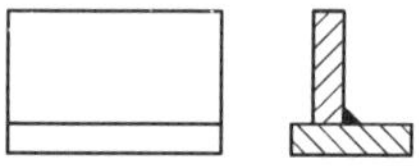	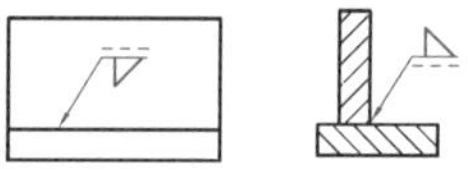
点焊缝	○	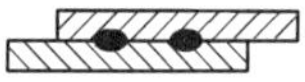	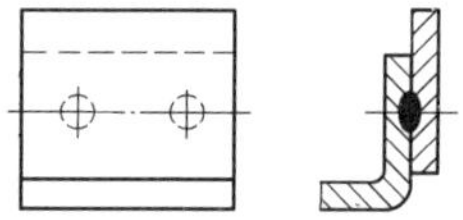	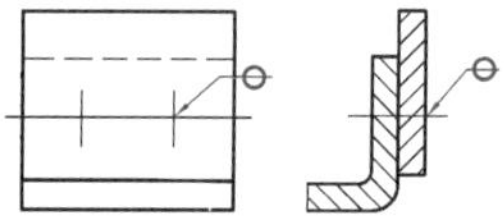

表 11—5　　基本符号的组合

名称	符号	形式及标注示例
双面 V 形焊缝（X 焊缝）		
双面单 V 形焊缝（K 焊缝）		
带钝边双面 V 形焊缝		

表 11—6　　补充符号及标注示例

名称	符号	形式及标注示例	说明
平面	—	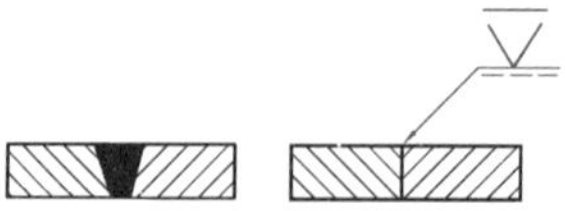	V 形焊缝表面通常经过加工后平整
凹面		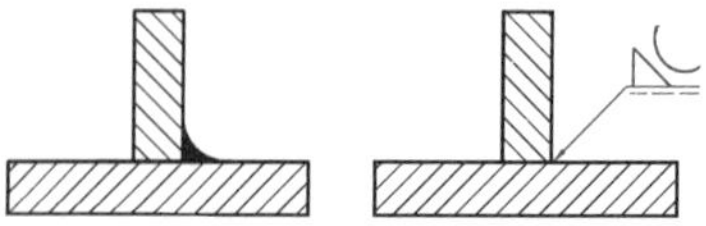	角焊缝表面凹陷
凸面		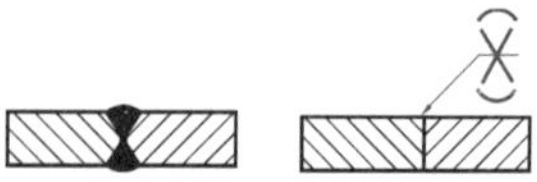	双面 V 形焊缝表面凸起
永久衬垫		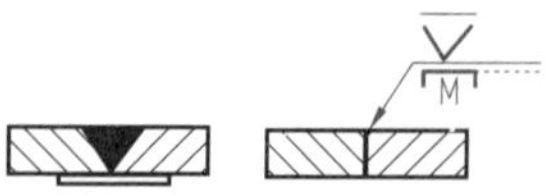	V 形焊缝的背面底部有衬垫永久保留

续表

名称	符号	形式及标注示例	说明
三面焊缝	└		工件三面带有角焊缝
周围焊缝	○		在现场沿工件周围施焊
现场焊缝	▶		
尾部	<		用手工电弧焊，有 4 条相同的角焊缝

4. 指引线

指引线一般由箭头线和两条基准线（一条为细实线，一条为细虚线）组成，如图 11—6 所示。箭头线用来将整个焊缝符号指引到图样上的有关焊缝处，必要时允许弯折一次。基准线应与主标题栏平行。基准线的上面和下面用来标注各种符号及尺寸，基准线的细虚线可画在细实线上侧或下侧。必要时可在基准线（细实线）末端加一尾部符号，作为其他说明之用，如焊接方法和焊缝数量等。

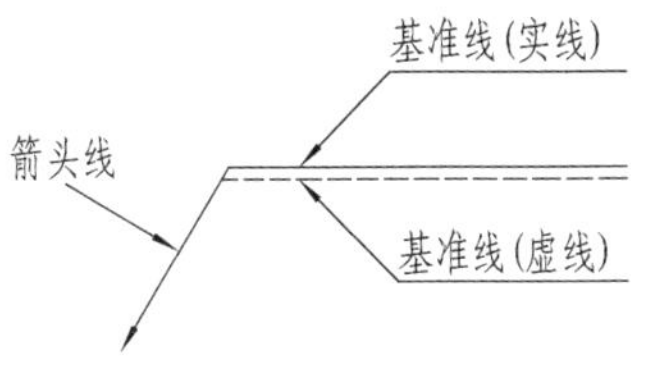

图 11—6　指引线的画法

5. 焊缝尺寸符号

焊缝尺寸符号用来表示坡口及焊缝尺寸，一般不必标注。如设计或生产需要注明焊缝尺寸时，可按国家标准《焊缝符号表示法》（GB/T 324—2008）的规定标注。常用焊缝尺寸符号见表 11—7。

表 11—7　　常用焊缝尺寸符号

名称	符号	名称	符号
板材厚度	δ	焊缝间距	e
坡口角度	α	焊脚尺寸	K
根部间隙	b	焊点熔核直径	d
钝边高度	p	焊缝宽度	c
焊缝长度	l	焊缝余高	h

二、焊接方法及数字代号

焊接的方法很多，常用的有电弧焊、电渣焊、点焊和钎焊等，其中以电弧焊应用最广泛。焊接方法可用文字在技术要求中注明，也可用数字代号直接注写在指引线的尾部。常用焊接方法及数字代号见表 11—8。

表 11—8　　常用焊接方法及数字代号

焊接方法	数字代号	焊接方法	数字代号
手工电弧焊	111	激光焊	751
埋弧焊	12	氧—乙炔焊	311
电渣焊	72	硬钎焊	91
电子束焊	76	点焊	21

三、焊缝标注示例

在技术图样或文件上需要表示焊缝或接头时，推荐采用焊缝符号。必要时，也可采用一般的技术制图方法表示，焊缝标注示例见表 11—9。

表 11—9　　焊缝标注示例

接头形式	焊缝形式	标注示例	说明
对接接头	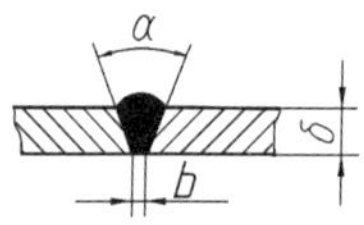 α δ b	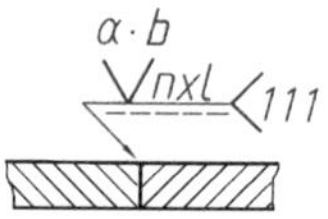 α·b nxl 111	111 表示用手工电弧焊，V 形坡口，坡口角度为 α，根部间隙为 b，有 n 段焊缝，焊缝长度为 l
T 形接头	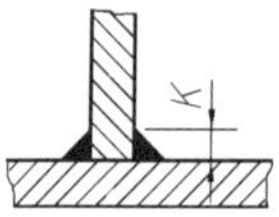 K	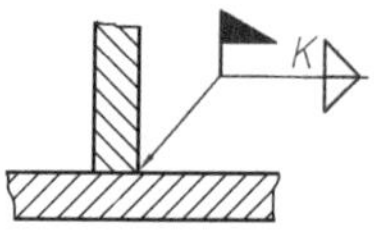 K	表示在现场或工地上进行焊接 表示双面角焊缝，焊脚尺寸为 K
	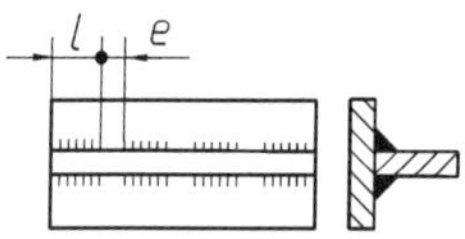 l e	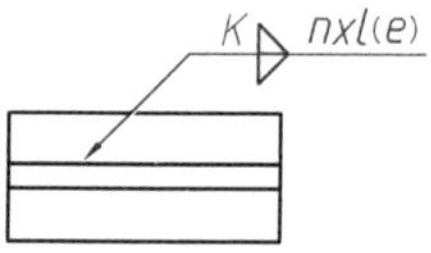 K nxl(e)	表示有 n 段断续双面角焊缝，l 表示焊缝长度，e 表示断续焊缝间距
	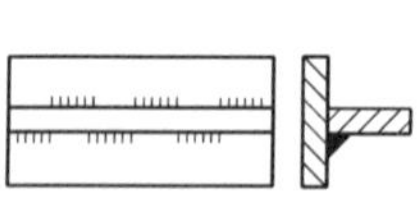	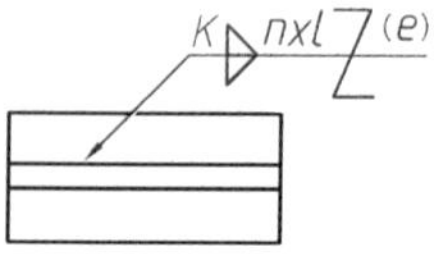 K nxl Z (e)	Z 表示交错断续角焊缝
角接接头	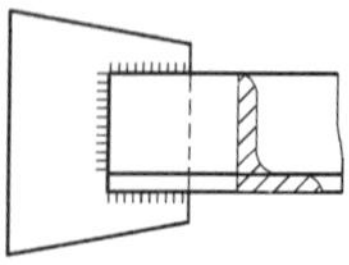	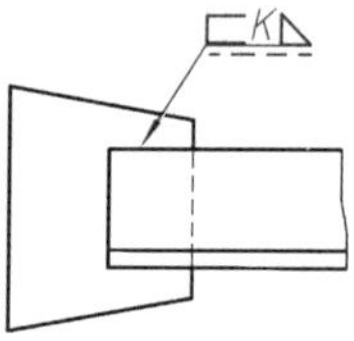 K	表示三面焊缝 表示单面角焊缝

续表

接头形式	焊缝形式	标注示例	说明
角接接头			表示双面焊缝，上面为带钝边的单边 V 形焊缝，下面为角焊缝
搭接接头			○表示点焊缝，d 表示焊点直径，e 表示焊点间距，n 为点焊数量，l 表示起始焊点中心至板边的间距

四、读焊接图举例

金属焊接图除了将构件的形状、尺寸表达清楚外，还要把焊接的有关内容表达清楚。如图 11—7 所示的弯头是化工设备上的一个焊接件，由底盘、弯管和方形凸缘三个零件组成。

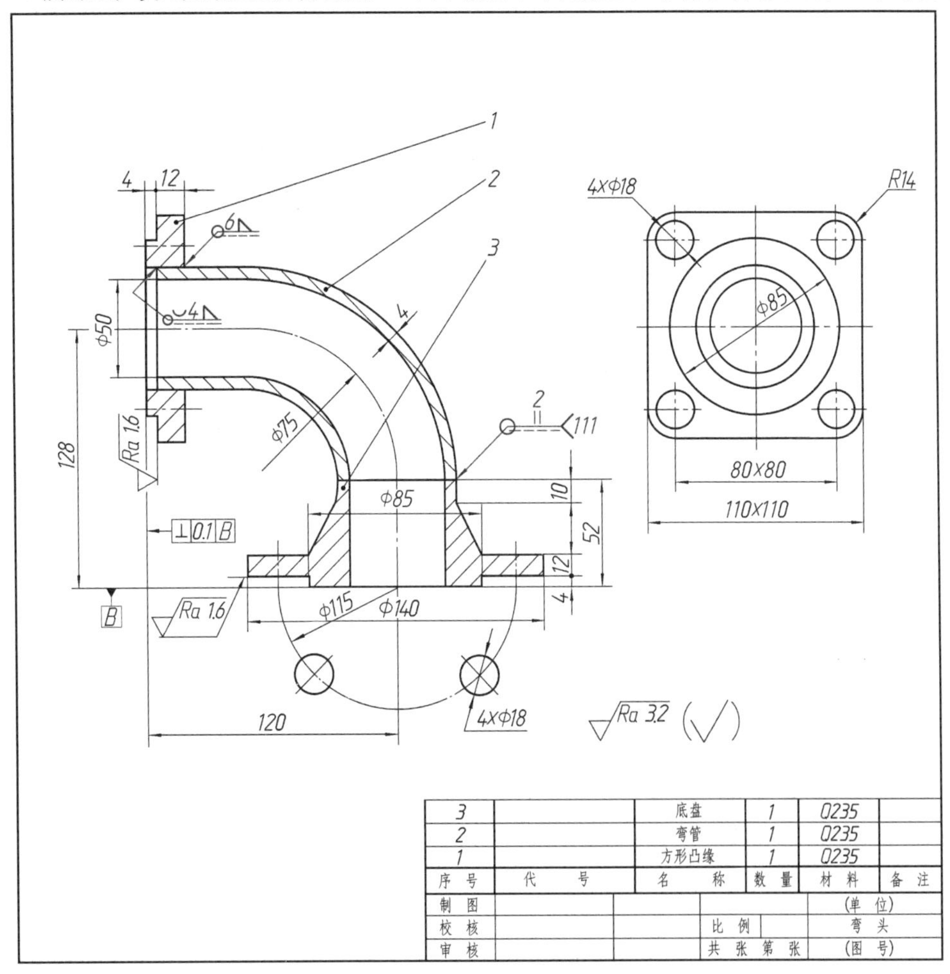

图 11—7　弯头焊接图

图样中不仅表达了各零件的装配和焊接要求，而且还表达了零件的形状、尺寸以及加工要求，因此不必另画零件图。

焊接图识读要点如下：

（1）底盘和弯管间的焊缝代号为 2 ‖ 111，其中“2 ‖”表示Ⅰ形焊缝，对接间隙 b＝2 mm；“111”表示全部焊缝均采用手工电弧焊。

（2）方形凸缘和弯管外壁的焊缝代号为 6◺，其中“○”表示环绕工件周围焊接；“◺”表示角焊缝，焊脚高度为 6 mm。

（3）方形凸缘和弯管的内焊缝代号为 ◡4◺，其中“◡”表示焊缝表面凹陷。

§11—3 展 开 图

在生产中，经常用到各种薄板制件，如油罐、水箱、防护罩以及各种管接头等。图 11—8 所示的集粉筒即为实例之一。制造这类制件时，通常是先在金属薄板上放样画出表面展开图，然后下料弯制成形，最后经焊接或铆接而成。

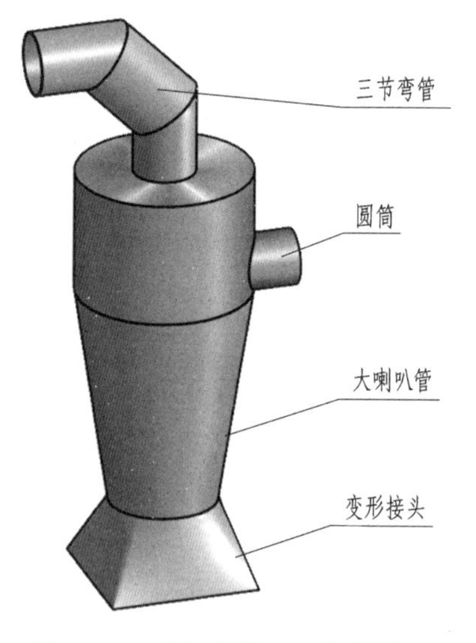

图 11—8　薄板制件——集粉筒

将制件各表面按其实际大小和形状依次连续地展开在一个平面上，称为制件的表面展开，展开所得图形称为表面展开图，简称展开图。

一、平面立体制件的展开图画法

由于平面立体的表面都是平面，因此，平面制件的展开只要作出各表面的实形，并将它们依次连续地画在一个平面上，即可得到平面立体制件的展开图。

1. 斜口直四棱柱管

如图 11—9a 所示为斜口直四棱柱管，由于从制件的投影图中（图 11—9b）可直接量得各表面的边长和实形，因此作图比较简单，具体步骤如下（图 11—9c）：

（1）将各底边的实长展开成一条水平线，标出Ⅰ、Ⅱ、Ⅲ、Ⅳ、Ⅰ诸点。

（2）过这些点作铅垂线，在其上量取各棱线的实长，即得各顶点 A、B、C、D、A。

（3）用直线依次连接各顶点，即为斜口直四棱柱管的展开图。

2. 吸气罩（四棱台管）

分析

图 11—10a 所示为吸气罩的两面投影，图 11—10b 所示为吸气罩轴测图。从图中可知，

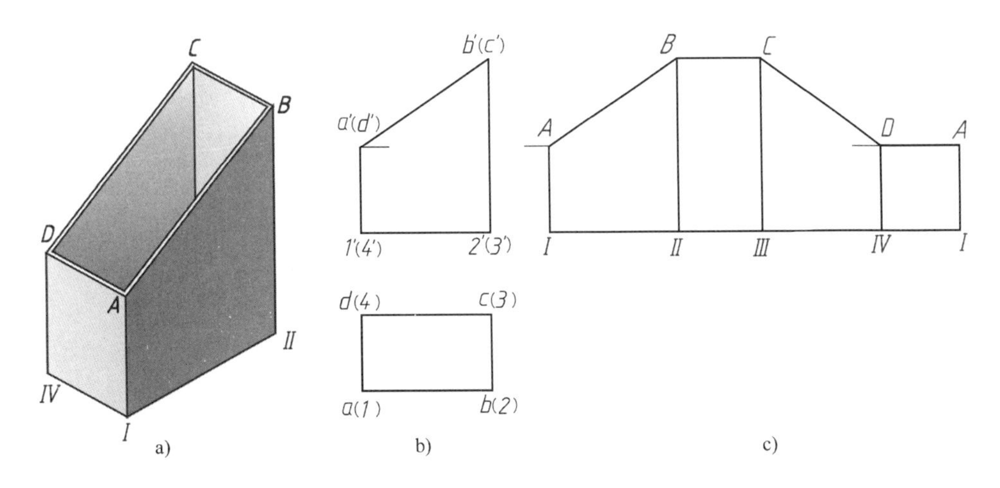

图 11—9　斜口直四棱柱管的展开

吸气罩是由四个梯形平面围成的，其前后、左右对应相等，在其投影图上并不反映实形。要依次画出四个梯形平面的实形，可先求出四棱台管棱线的实长（四条棱线相等），以此为半径画出扇形，再在扇形内作出四个等腰梯形，其中对应面梯形相等。

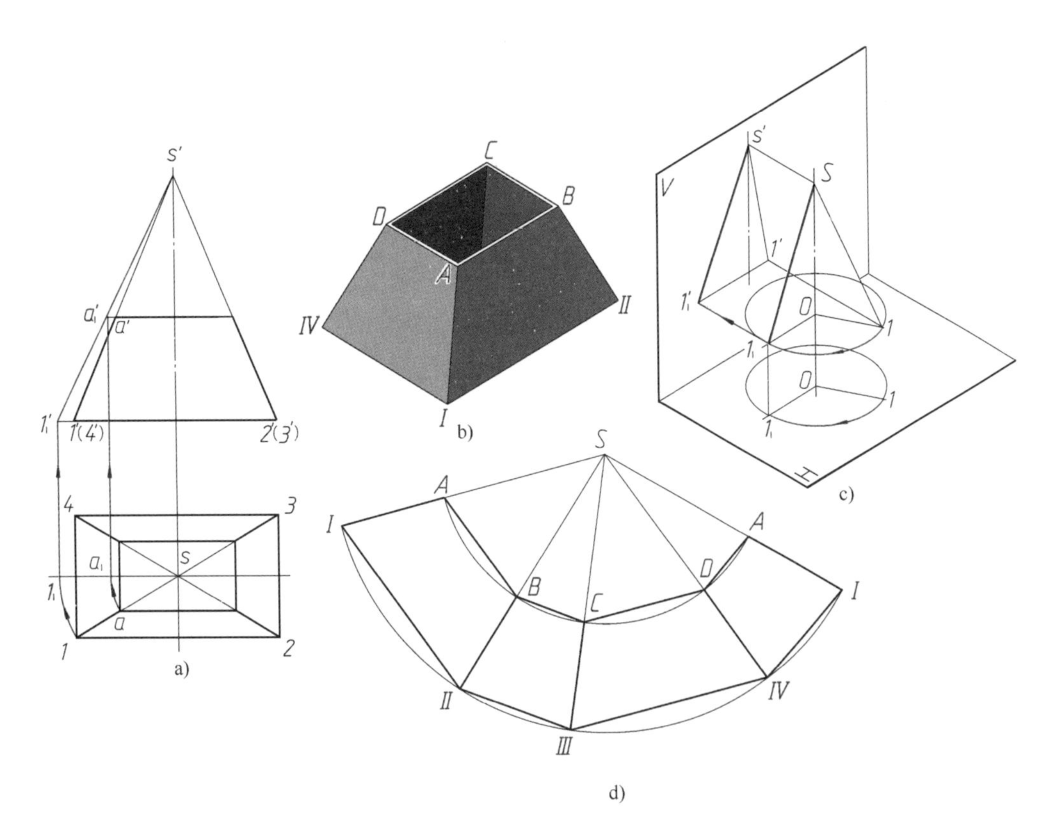

图 11—10　吸气罩（四棱台管）的展开

作图

（1）将主视图中的棱线延长得交点 s'，用旋转法（参见图 11—10c 所示用旋转法求作一般位置直线实长的作图方法）求出棱线 SⅠ、SA 的实长为 $s'1'_1$、$s'a'_1$，如图 11—10a 所示。

（2）以 S 为圆心，$s'1'_1$ 和 $s'a'_1$ 为半径画圆弧，在圆弧上依次截取 ⅠⅡ＝12、ⅡⅢ＝23、ⅢⅣ＝34、ⅣⅠ＝41，并过Ⅰ、Ⅱ、Ⅲ、Ⅳ、Ⅰ各点向 S 连线，再过 A 点依次作底边的平行线，得 AB、BC、CD、DA，即为吸气罩的表面展开图，如图 11—10d 所示。

二、圆管制件的展开图画法

1. 圆管

如图 11—11 所示，圆管的展开图为一矩形，矩形底边的边长为圆管（底圆的）周长 πD，高为管高 H。

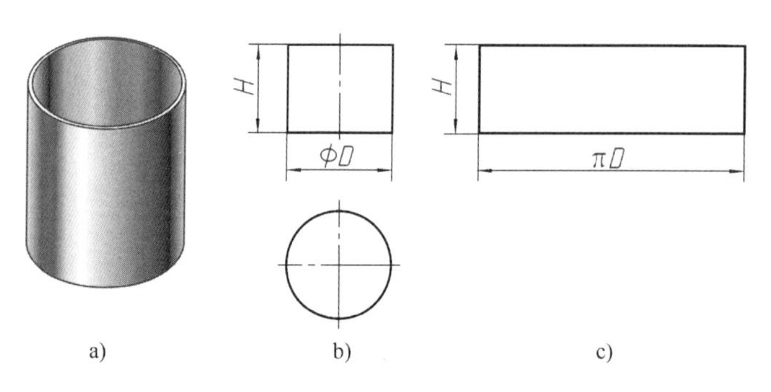

图 11—11　圆管的展开

2. 斜截口圆管

分析

如图 11—12 所示，圆管被斜切后，表面素线的高度有了差异，但仍互相平行，且与底面垂直，其正面投影反映实长，斜截口展开后成为曲线。

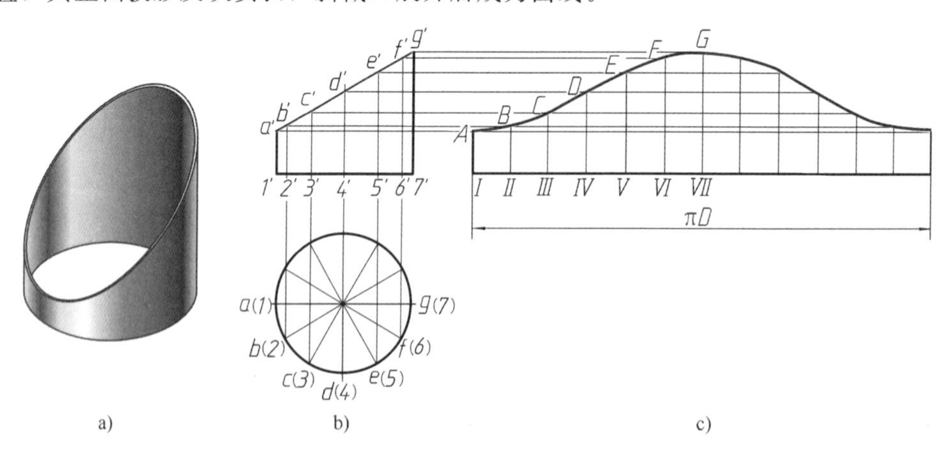

图 11—12　斜截口圆管的展开

作图

（1）在俯视图上将圆周分成 12 等份（等分点越多，展开图越准确），过各等分点在主视图上作出相应素线的投影 $1'a'$、$2'b'$、$3'c'$…（图 11—12b）。

（2）将底圆展开成直线，其长度为 πD，量取 12 段相等距离，使每段等于相应的弧长（$\text{I}\,\text{II}=\widehat{12}$），得Ⅰ、Ⅱ、Ⅲ…诸点。过Ⅰ、Ⅱ、Ⅲ…各点作直线的垂线，并在垂线上量取相应素线的长度 $\text{I}A=1'a'$、$\text{II}B=2'b'$、$\text{III}C=3'c'$…最后，将各素线的端点连成光滑的曲线，即为斜截口圆管的表面展开图，如图 11—12c 所示。

3. 等径直角弯管

分析

在通风管道中，如果要垂直改变风道的方向，可采用直角弯管。根据通风要求，一般将直角弯管分成若干节（本例为三节，中间节只有一节，实例可参见图 11—8 所示集粉筒上部的三节弯管），每节为一斜截正圆柱面，两端的端节是中间各节的一半，各中间节的长度和形状均相同，且各中间节与各自中部的横截面相对称，可按图 11—12 所示的展开画法画出每节展开图。

为了节省材料和提高工效，把三节斜口圆管拼合成一圆管来展开，即把中间节绕其轴线旋转 180°，再拼合上节和下节，如图 11—13a 主视图中两个端节和一个中间节的投影所示，最后一次画出如图 11—13b 所示的三节直角弯管展开图。

作图

如图 11—13 所示，上、下两节均为一端是斜口的圆管，其展开图画法与图 11—12 所示的斜截口圆管的展开图画法完全相同，两曲线的中间部分（套红部分）则是中间节的展开图。

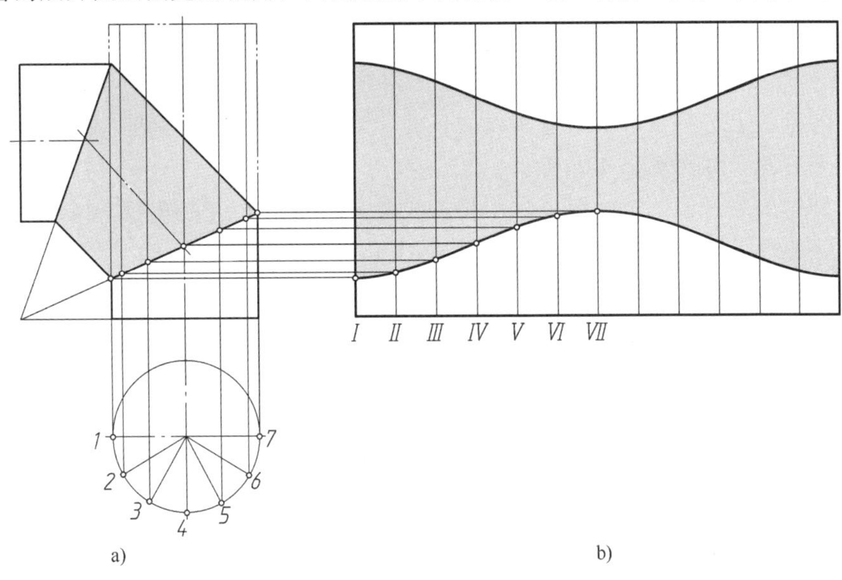

图 11—13　三节直角弯管的展开

4. 异径直角三通管

分析

异径直角三通管由两个不等径的圆管垂直正交而形成，如图 11—14c 所示。根据它的投影图作展开图时，必须先在投影图上准确地作出相贯线的投影，然后分别作出大、小圆管的展开图。为了简化作图，可以不画水平投影，而把铅垂的小圆管的水平投影用半个圆周画在正面和侧面投影上，如图 11—14b 所示，从而作出相贯线的正面投影和两圆管的展开图。

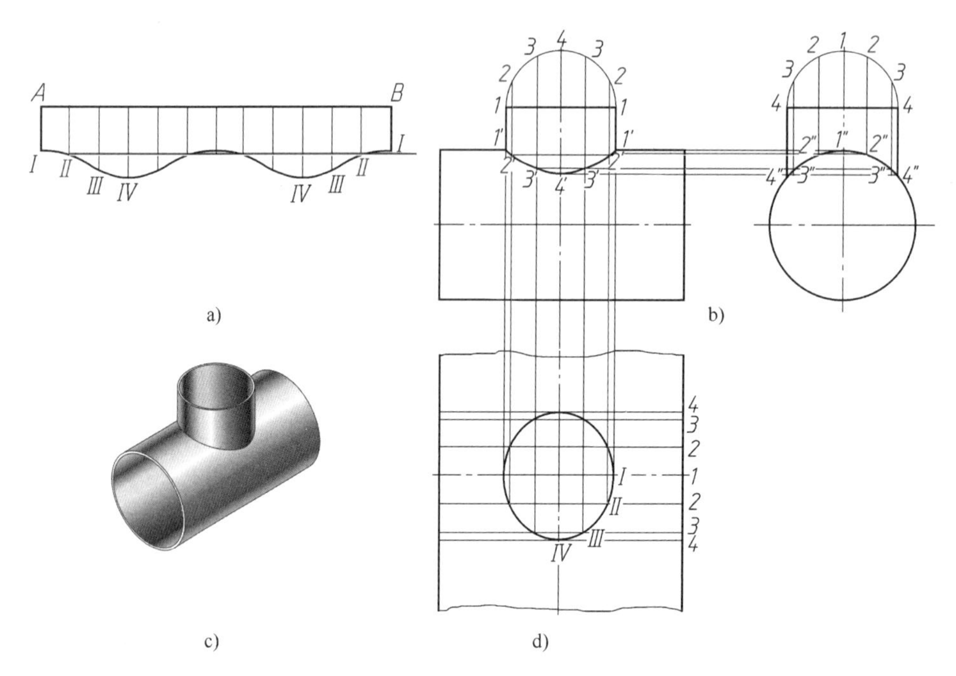

图 11—14　异径直角三通管的展开

作图

（1）小圆管的展开图画法与前述斜截口圆管的展开图画法相同。先画出小圆管上端面圆周的展开线 AB，并将其分成若干等份（与求作相贯线一致，分成 12 等份），再从各等分点作垂线，在各垂线上分别量取其对应素线的长度，得Ⅰ、Ⅱ、Ⅲ…各点，然后光滑连接，即得小圆管的展开图，如图 11—14a 所示。

（2）大圆管的展开图画法主要是求作相贯线展开后的图形。如图 11—14d 所示，先将大圆管展开成一矩形（图中仅画局部），画出对称中心线，量取 $12=1''2''$、$23=2''3''$、$34=3''4''$（取弦长代替弧长），过俯视图上 1、2、3、4 各点引水平线，与过主视图上 1、2、3、4 各点向下引的铅垂线相交，得相应素线的交点Ⅰ、Ⅱ、Ⅲ、Ⅳ，然后光滑连接，即得相贯线展开后的图形。

实际生产中，特别是单件制作这种金属薄板制件时，通常不在大圆管的展开图上开孔，而是将小圆管展开，弯卷焊接后，定位在大圆管画有中心线的位置上，描画曲线形状，然后气割开孔，把两圆管焊接在一起，这样可避免大圆管弯卷时产生变形。

三、圆锥管制件的展开图画法

1. 正圆锥

完整的正圆锥的表面展开图为一扇形，可计算出相应参数直接作图，其中扇形的直线边等于圆锥素线的实长，圆弧长度等于圆锥底圆的周长 πD，中心角 $\alpha=360^\circ\pi D/(2\pi R)=180^\circ D/R$，如图 11—15a 所示。

近似作图时，可将正圆锥表面看成由很多三角形（即棱面）组成，那么这些三角形的展开图近似地为锥管表面的展开图，具体作图步骤如下（图 11—15b）：

（1）将水平投影圆周 12 等分，在正面投影图上作出相应的投影 $s'1'$、$s'2'$等。

（2）以素线实长 $s'7'$为半径画弧，在圆弧上量取 12 段相等距离，此时以底圆上的分段弦长近似代替分段弧长，即ⅠⅡ＝12、ⅡⅢ＝23等，将首尾两点与圆心相连，即得正圆锥面的展开图。

若需展开图11—8中大喇叭管形平截口正圆锥管，只需在正圆锥管展开图上截去下面的小圆锥面即可。

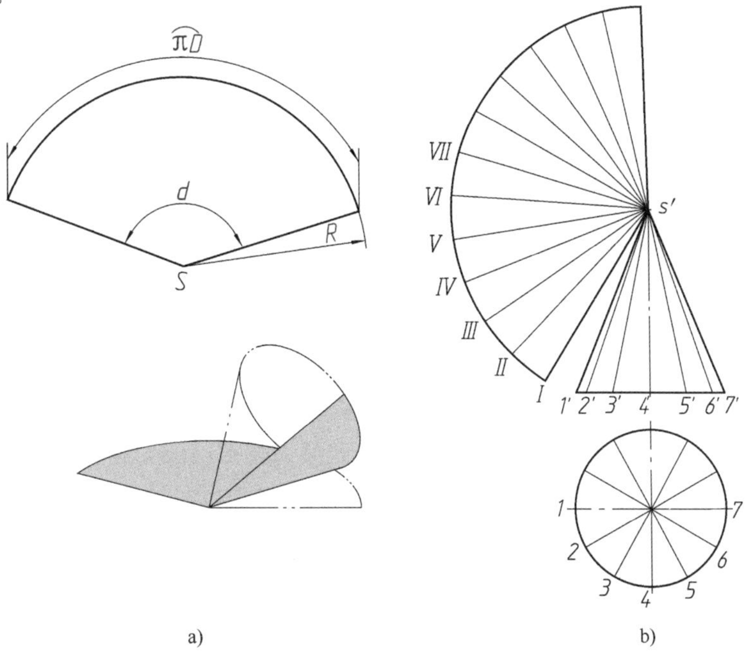

图11—15　圆锥表面的展开

2. 斜截口正圆锥管

如图11—16a所示为斜截口正圆锥管，它的近似展开图如图11—16b、c所示，作图步骤如下：

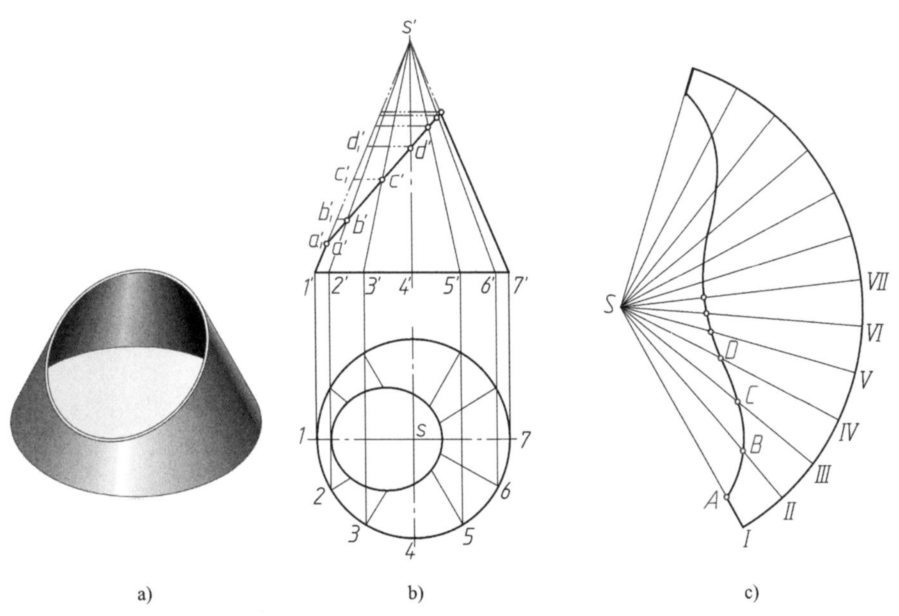

图11—16　斜截口正圆锥管的展开

（1）将水平投影圆周 12 等分，在正面投影图上作出相应素线的投影 $s'1'$、$s'2'$等。

（2）过正面投影图上各条素线与斜顶面交点 a'、b'…分别作水平线，与圆锥转向线 $s'1'$ 分别交于 a_1'、b_1'…各点，则 $1'a_1'$、$1'b_1'$…为斜截口正圆锥管上相应素线的实长。

（3）作出完整的圆锥表面的展开图。在相应棱线上截取 Ⅰ$A=1'a_1'$、Ⅱ$B=1'b_1'$等，得 A、B… 各点。

（4）用光滑曲线连接 A、B…各点，得到斜截口正圆锥管的表面展开图，如图 11—16c 所示。

四、变形管接头的展开图画法

如图 11—17a 所示为上圆下方变形管接头的两视图，它的表面由四个全等的等腰三角形和四个相同的局部斜圆锥面组成。变形管接头上口和下口的水平投影反映实形和实长；三角形的两腰 AⅠ、BⅠ以及锥面上的所有素线均为一般位置直线，必须求出它们的实长才能画出展开图。具体作图步骤如下：

（1）将上口 1/4 圆周 3 等分，并与下口顶点相连，得斜圆锥面上四条素线的投影。用旋转法求作素线实长 AⅠ$=A$Ⅳ$=a'4_1'$，AⅡ$=A$Ⅲ$=a'3_1'$。

（2）以后面等腰三角形的中垂线为接缝展开，则展开图与前面等腰三角形的高对称。如图 11—17b 所示，首先以水平线 $AB=ab$ 为底、AⅠ$=B$Ⅰ$=a'4_1'$ 为两腰，作出等腰三角形 ABⅠ。

（3）以 A 为圆心、$a'3_1'$ 为半径画弧，再以Ⅰ为圆心、上口等分弧的弦长为半径画弧，两弧交于Ⅱ，作出△AⅠⅡ。用同样的方法作出△AⅡⅢ、△AⅢⅣ，再将Ⅰ、Ⅱ、Ⅲ、Ⅳ各点光滑连接，得一斜圆锥面的展开图。

（4）用上述方法向两侧继续作图，最后在两侧分别作出一个直角三角形，也就是相当于上述等腰三角形的一半，即得这个变形管接头的展开图。

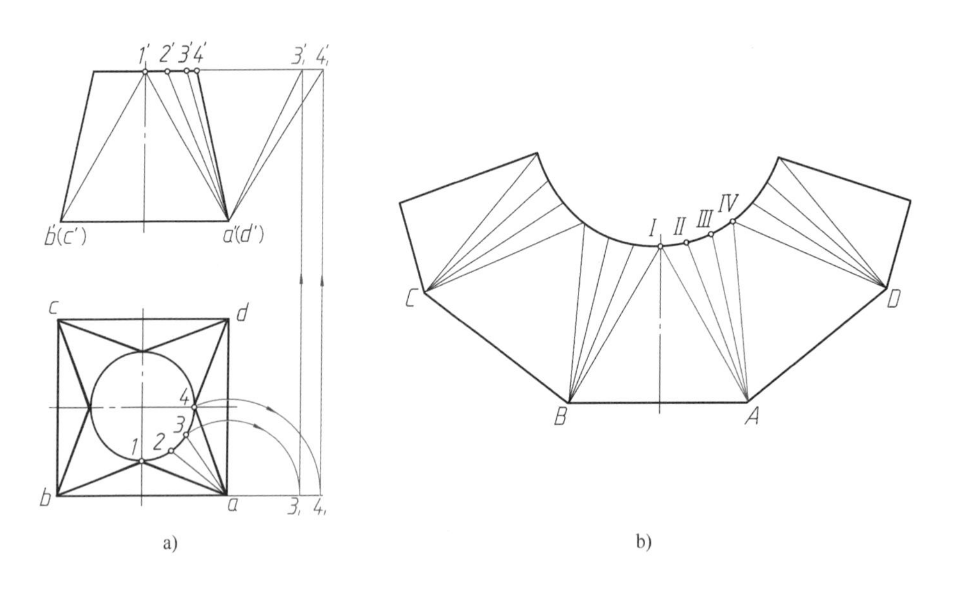

a)　　b)

图 11—17　变形管接头的展开

附表 1　　普通螺纹直径与螺距、基本尺寸（GB/T 193—2003 和 GB/T 196—2003）

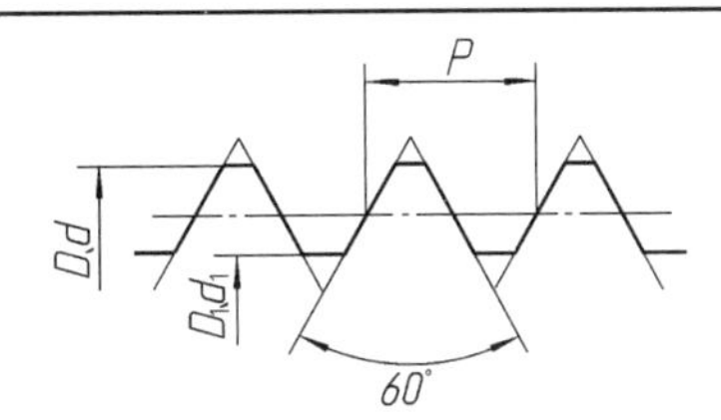

标记示例

公称直径 24 mm，螺距 3 mm，右旋粗牙普通螺纹，公差带代号 6g，其标记为：M24

公称直径 24 mm，螺距 1.5 mm，左旋细牙普通螺纹，公差带代号 7H，其标记为：M24×1.5—7H—LH

内外螺纹旋合的标记为：M16—7H/6g

mm

公称直径 D、d		螺距 P		粗牙小径 D_1、d_1	公称直径 D、d		螺距 P		粗牙小径 D_1、d_1
第一系列	第二系列	粗牙	细牙		第一系列	第二系列	粗牙	细牙	
3		0.5	0.35	2.459	16		2	1.5、1	13.835
4		0.7	0.5	3.242		18	2.5	2、1.5、1	15.294
5		0.8		4.134	20				17.294
6		1	0.75	4.917		22			19.294
8		1.25	1、0.75	6.647	24		3	2、1.5、1	20.752
10		1.5	1.25、1、0.75	8.376	30		3.5	(3)、2、1.5、1	26.211
12		1.75	1.5、1.25、1	10.106	36		4	3、2、1.5	31.670
	14	2		11.835		39			34.670

注：1. 应优先选用第一系列，括号内尺寸尽可能不用。

2. 外螺纹公差带代号有 6e、6f、6g、8g、5g6g、7g6g、4h、6h、3h4h、5h6h、5h4h、7h6h；内螺纹公差带代号有 4H、5H、6H、7H、5G、6G、7G。

附表 2　　梯形螺纹直径与螺距、基本尺寸

（GB/T 5796.2—2005、GB/T 5796.3—2005 和 GB/T 5796.4—2005）

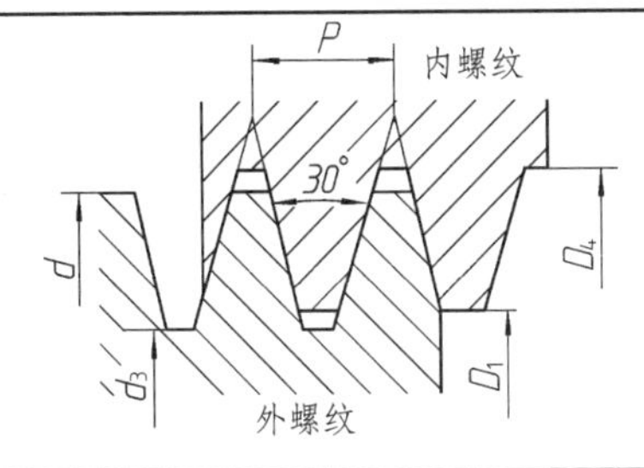

标记示例

公称直径 28 mm、螺距 5 mm、中径公差带代号为 7H 的单线右旋梯形内螺纹，其标记为：Tr28×5—7H

公称直径 28 mm、导程 10 mm、螺距 5 mm、中径公差带代号为 8e 的双线左旋梯形外螺纹，其标记为：Tr28×10(P5)LH—8e

内、外螺纹旋合所组成的螺纹副的标记为：Tr24×8—7H/8e

mm

公称直径 d		螺距 P	大径 D_4	小径		公称直径 d		螺距 P	大径 D_4	小径	
第一系列	第二系列			d_3	D_1	第一系列	第二系列			d_3	D_1
16		2	16.50	13.50	14.00	24		3	24.50	20.50	21.00
		4		11.50	12.00			5		18.50	19.00
	18	2	18.50	15.50	16.00			8	25.00	15.00	16.00
		4		13.50	14.00		26	3	26.50	22.50	23.00
20		2	20.50	17.50	18.00			5		20.50	21.00
		4		15.50	16.00			8	27.00	17.00	18.00
	22	3	22.50	18.50	19.00	28		3	28.50	24.50	25.00
		5		16.50	17.00			5		22.50	23.00
		8	23.00	13.00	14.00			8	29.00	19.00	20.00

注：外螺纹公差带代号有 9c、8c、8e、7e；内螺纹公差带代号有 9H、8H、7H。

附表 3　　　　　　　　　　**管螺纹尺寸代号及基本尺寸**

55°非密封管螺纹（GB/T 7307—2001）

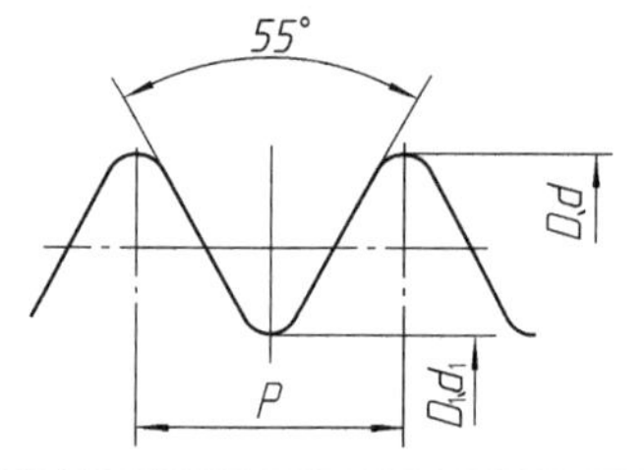

标记示例

尺寸代号为 1/2 的 A 级右旋外螺纹的标记为：G1/2A

尺寸代号为 1/2 的 B 级左旋外螺纹的标记为：G1/2B—LH

尺寸代号为 1/2 的右旋内螺纹的标记为：G1/2

上述右旋内外螺纹所组成的螺纹副的标记为：G1/2A

当螺纹为左旋时的标记为：G1/2A—LH

尺寸代号	每 25.4 mm 内的牙数 n	螺距 P（mm）	大径 $D=d$（mm）	小径 $D_1=d_1$（mm）	基准距离（mm）
1/4	19	1.337	13.157	11.445	6
3/8	19	1.337	16.662	14.950	6.4
1/2	14	1.814	20.955	18.631	8.2
3/4	14	1.814	26.441	24.117	9.5
1	11	2.309	33.249	30.291	10.4
1¼	11	2.309	41.910	38.952	12.7
1½	11	2.309	47.803	44.845	12.7
2	11	2.309	59.614	56.656	15.9

注：1. 55°密封圆柱内螺纹牙型与55°非密封管螺纹牙型相同，尺寸代号为 1/2 的右旋圆柱内螺纹的标记为 Rp1/2；它与外螺纹所组成的螺纹副的标记为 Rp/R_1 1/2，详见 GB/T 7306.1—2000。

2. 55°密封圆锥管螺纹大径、小径是指基准平面上的尺寸。圆锥内螺纹的端面向里 0.5P 处即为基面，而圆锥外螺纹的基准平面与小端相距一个基准距离。

3. 55°密封管螺纹的锥度为 1∶16，即 $\varphi=1°47'24''$。

附表 4　　　　　　　　　　**六角头螺栓**

六角头螺栓—A 和 B 级 (GB/T 5782—2016)

六角头螺栓—全螺纹 (GB/T 5783—2016)

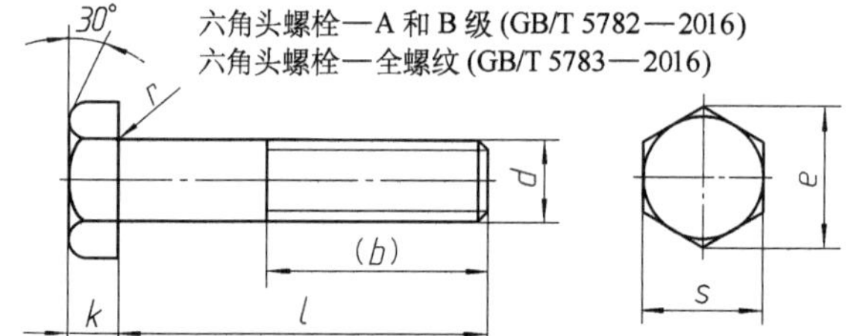

标记示例

螺纹规格d=M12、公称长度l=80 mm、性能等级为8.8级、表面氧化、A级的六角头螺栓：

螺栓　GB/T 5782　M12×80

mm

螺纹规格 d		M3	M4	M5	M6	M8	M10	M12	(M14)	M16	(M18)	M20	(M22)	M24	(M27)	M30	M36
s		5.5	7	8	10	13	16	18	21	24	27	30	34	36	41	46	55
k		2	2.8	3.5	4	5.3	6.4	7.5	8.8	10	11.5	12.5	14	15	17	18.7	22.5
r		0.1	0.2	0.2	0.25	0.4	0.4	0.6	0.6	0.6	0.6	0.6	1	0.8	1	1	1
e	A	6.01	7.66	8.79	11.05	14.38	17.77	20.03	23.36	26.75	30.14	33.53	37.72	39.98	—	—	—
	B	5.88	7.50	8.63	10.89	14.20	17.59	19.85	22.78	26.17	29.56	32.95	37.29	39.55	45.20	50.85	51.11
(b) GB/T 5782	l≤125	12	14	16	18	22	26	30	34	38	42	46	50	54	60	66	—
	125<l≤200	18	20	22	24	28	32	36	40	44	48	52	56	60	66	72	84
	l>200	31	33	35	37	41	45	49	53	57	61	65	69	73	79	85	97
l范围 (GB/T 5782)		20～30	25～40	25～50	30～60	40～80	45～100	50～120	60～140	65～160	70～180	80～200	90～220	90～240	100～260	110～300	140～360

续表

l 范围 (GB/T 5783)	6～30	8～40	10～50	12～60	16～80	20～100	25～120	30～140	30～150	35～150	40～150	45～150	50～150	55～200	60～200	70～200
l 系列	6、8、10、12、16、20、25、30、35、40、45、50、(55)、60、(65)、70、80、90、100、110、120、130、140、150、160、180、200、220、240、260、280、300、320、340、360、380、400、420、440、460、480、500															

附表 5 **双 头 螺 柱**

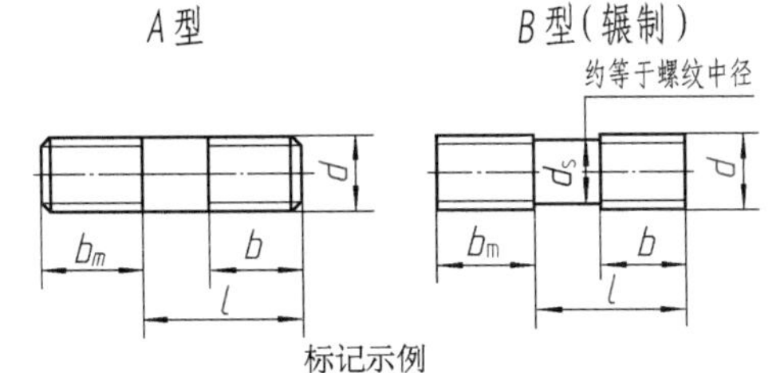

GB/T 897—1988(b_m=1d)
GB/T 898—1988(b_m=1.25d)
GB/T 899—1988(b_m=1.5d)
GB/T 900—1988(b_m=2d)

标记示例

两端均为粗牙普通螺纹、d=10 mm、l=50 mm、性能等级为4.8级、不经表面处理、B型、b_m=1d 的双头螺柱：

螺柱 GB/T 897 M10×50

若为 A 型，则标记为：螺柱 GB/T 897 A M10×50

双头螺柱各部分尺寸 mm

螺纹规格 d		M3	M4	M5	M6	M8
b_m	GB/T 897—1988	—	—	5	6	8
	GB/T 898—1988	—	—	6	8	10
	GB/T 899—1988	4.5	6	8	10	12
	GB/T 900—1988	6	8	10	12	16
$\frac{l}{b}$		$\frac{16\sim20}{6}$ $\frac{(22)\sim40}{12}$	$\frac{16\sim(22)}{8}$ $\frac{25\sim40}{14}$	$\frac{16\sim(22)}{10}$ $\frac{25\sim50}{16}$	$\frac{20\sim(22)}{10}$ $\frac{25\sim30}{14}$ $\frac{(32)\sim(75)}{18}$	$\frac{20\sim(22)}{12}$ $\frac{25\sim30}{16}$ $\frac{(32)\sim90}{22}$

螺纹规格 d		M10	M12	M16	M20	M24
b_m	GB/T 897—1988	10	12	16	20	24
	GB/T 898—1988	12	15	20	25	30
	GB/T 899—1988	15	18	24	30	36
	GB/T 900—1988	20	24	32	40	48
$\frac{l}{b}$		$\frac{25\sim(28)}{14}$ $\frac{30\sim(38)}{16}$ $\frac{40\sim120}{26}$ $\frac{130}{32}$	$\frac{25\sim30}{16}$ $\frac{(32)\sim40}{20}$ $\frac{45\sim120}{30}$ $\frac{130\sim180}{36}$	$\frac{30\sim(38)}{20}$ $\frac{40\sim(55)}{30}$ $\frac{60\sim120}{38}$ $\frac{130\sim200}{44}$	$\frac{35\sim40}{25}$ $\frac{45\sim(65)}{35}$ $\frac{70\sim120}{46}$ $\frac{130\sim200}{52}$	$\frac{45\sim50}{30}$ $\frac{(55)\sim(75)}{45}$ $\frac{80\sim120}{54}$ $\frac{130\sim200}{60}$

注：1. GB/T 897—1988 和 GB/T 898—1988 规定螺柱的螺纹规格 d＝M5～M48，公称长度 l＝16～300 mm；GB/T 899—1988 和 GB/T 900—1988 规定螺柱的螺纹规格 d＝M2～M48，公称长度 l＝12～300 mm。

2. 螺柱公称长度 l（系列）：12、(14)、16、(18)、20、(22)、25、(28)、30、(32)、35、(38)、40、45、50、(55)、60、(65)、70、(75)、80、(85)、90、(95)、100～260（十进位）、280、300 mm，尽可能不采用括号内的数值。

3. 材料为钢的螺柱性能等级有 4.8、5.8、6.8、8.8、10.9、12.9 级，其中 4.8 级为常用。

附表 6　1 型六角螺母（GB/T 6170—2015）

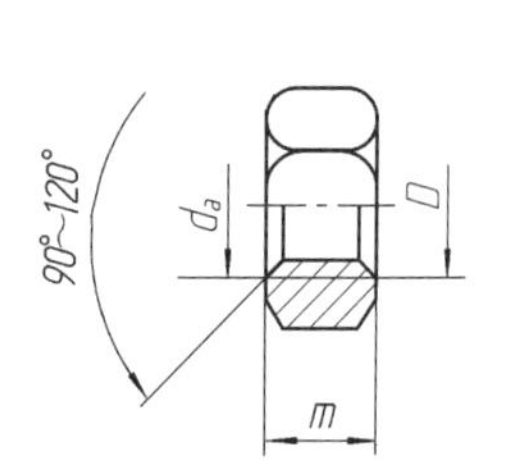

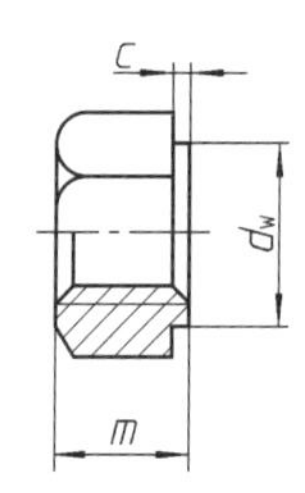

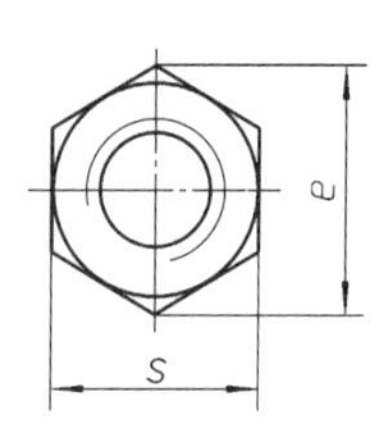

标记示例

螺纹规格 D=M12、性能等级为8级、不经表面处理、产品等级为A级的1型六角螺母：

螺母　GB/T 6170　M12

mm

螺纹规格 D		M3	M4	M5	M6	M8	M10	M12	M16	M20	M24	M30	M36
e	min	6.01	7.66	8.79	11.05	14.38	17.77	20.03	26.75	32.95	39.55	50.85	60.79
s	max	5.5	7	8	10	13	16	18	24	30	36	46	55
	min	5.32	6.78	7.78	9.78	12.73	15.73	17.73	23.67	29.16	35	45	53.8
c	max	0.4	0.4	0.5	0.5	0.6	0.6	0.6	0.8	0.8	0.8	0.8	0.8
d_w	min	4.6	5.9	6.9	8.9	11.6	14.6	16.6	22.5	27.7	33.2	42.7	51.1
d_a	max	3.45	4.6	5.75	6.75	8.75	10.8	13	17.3	21.6	25.9	32.4	38.9
m	max	2.4	3.2	4.7	5.2	6.8	8.4	10.8	14.8	18	21.5	25.6	31
	min	2.15	2.9	4.4	4.9	6.44	8.04	10.37	14.1	16.9	20.2	24.3	29.4

附表 7　平垫圈—A 级（GB/T 97.1—2002）、平垫圈倒角型—A 型（GB/T 97.2—2002）

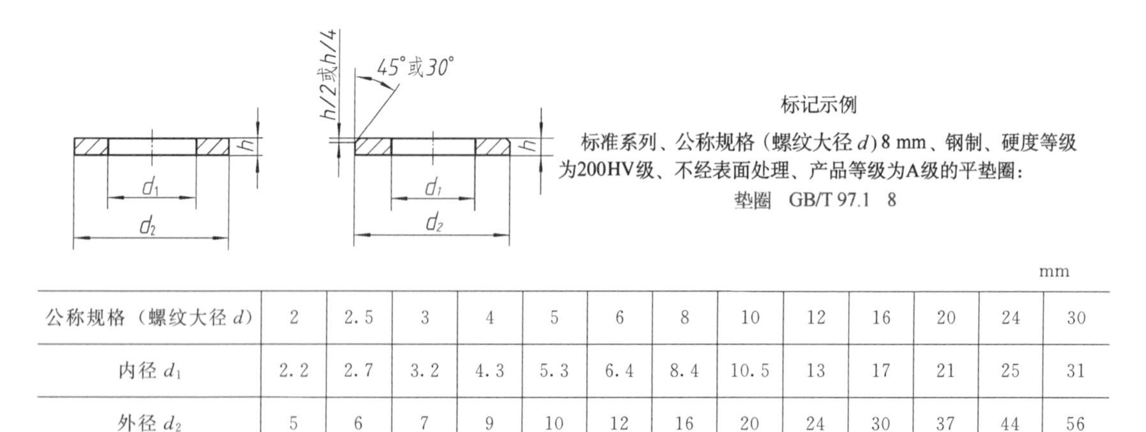

标记示例

标准系列、公称规格（螺纹大径 d）8 mm、钢制、硬度等级为200HV级、不经表面处理、产品等级为A级的平垫圈：

垫圈　GB/T 97.1　8

mm

公称规格（螺纹大径 d）	2	2.5	3	4	5	6	8	10	12	16	20	24	30
内径 d_1	2.2	2.7	3.2	4.3	5.3	6.4	8.4	10.5	13	17	21	25	31
外径 d_2	5	6	7	9	10	12	16	20	24	30	37	44	56
厚度 h	0.3	0.5	0.5	0.8	1	1.6	1.6	2	2.5	3	3	4	4

附表 8　标准型弹簧垫圈（GB/T 93—1987）、轻型弹簧垫圈（GB/T 859—1987）

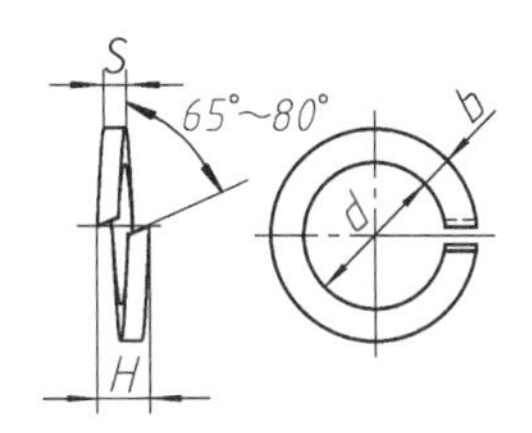

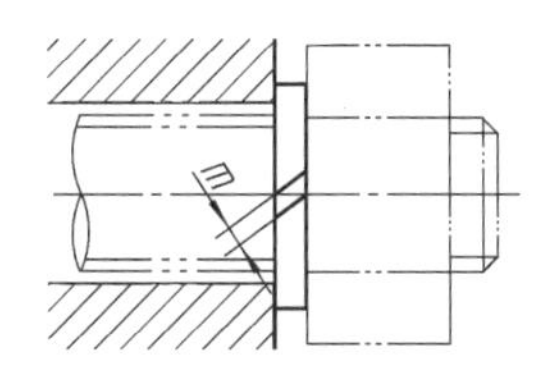

标记示例

规格16 mm、材料为65Mn、表面氧化的标准型弹簧垫圈：

垫圈　GB/T 93　16

mm

规格（螺纹大径）		2	2.5	3	4	5	6	8	10	12	16	20	24	30	36	42	48
d		2.1	2.6	3.1	4.1	5.1	6.2	8.2	10.2	12.3	16.3	20.5	24.5	30.5	36.6	42.6	49
H	GB/T 93—1987	1.2	1.6	2	2.4	3.2	4	5	6	7	8	10	12	13	14	16	18
	GB/T 859—1987	1	1.2	1.6	1.6	2	2.4	3.2	4	5	6.4	8	9.6	12	—	—	—
$S(b)$	GB/T 93—1987	0.6	0.8	1	1.2	1.6	2	2.5	3	3.5	4	5	6	6.5	7	8	9
S	GB/T 859—1987	0.5	0.6	0.8	0.8	1	1.2	1.6	2	2.5	3.2	4	4.8	6	—	—	—
$m\leqslant$	GB/T 93—1987	0.4		0.5	0.6	0.8	1	1.2	1.5	1.7	2	2.5	3	3.2	3.5	4	4.5
	GB/T 859—1987	0.3		0.4		0.5	0.6	0.8	1	1.2	1.6	2	2.4	3	—	—	—
b	GB/T 859—1987	0.8		1	1.2		1.6	2	2.5	3.5	4.5	5.5	6.5	8	—	—	—

附表 9　开 槽 螺 钉

开槽圆柱头螺钉（GB/T 65—2016）、开槽盘头螺钉（GB/T 67—2016）、开槽沉头螺钉（GB/T 68—2016）

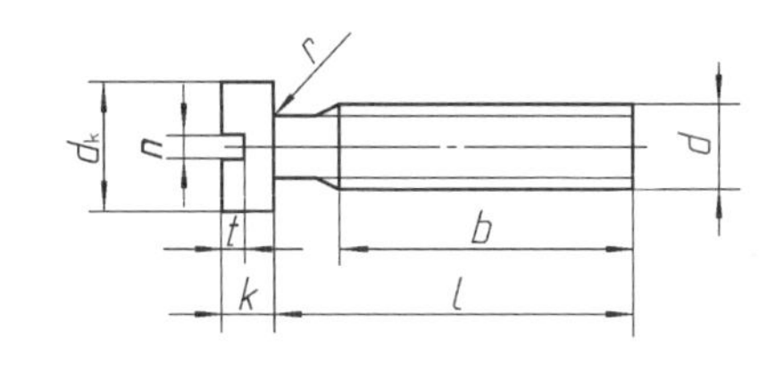

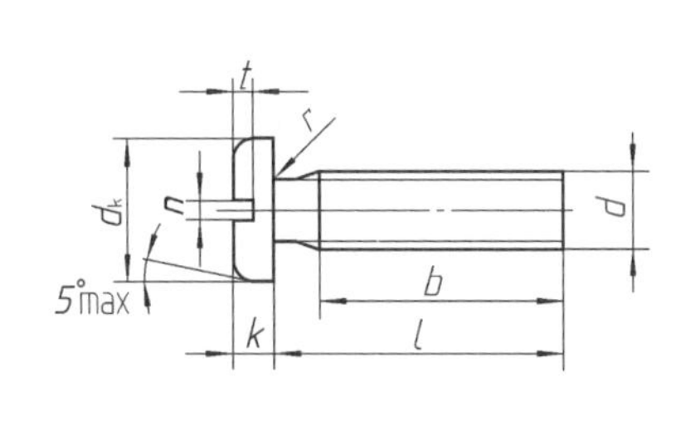

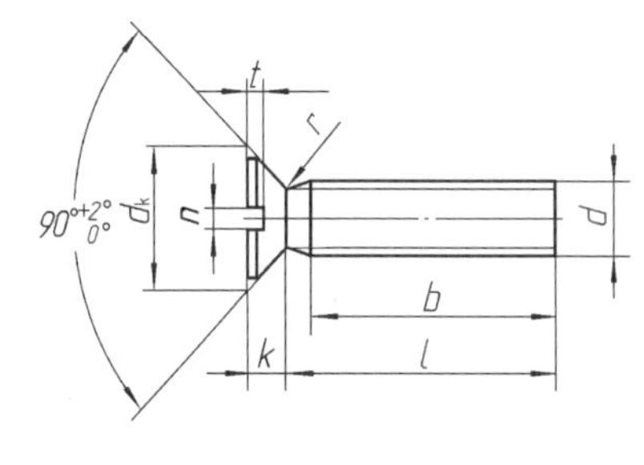

标记示例

螺纹规格d=M5、公称长度l=20 mm、性能等级为4.8级、不经表面处理的A级开槽圆柱头螺钉：

螺钉　GB/T 65　M5×20

续表

螺纹规格 d		M1.6	M2	M2.5	M3	M4	M5	M6	M8	M10
GB/T 65—2016	d_k	3	3.8	4.5	5.5	7	8.5	10	13	16
	k	1.1	1.4	1.8	2	2.6	3.3	3.9	5	6
	t_{min}	0.45	0.6	0.7	0.85	1.1	1.3	1.6	2	2.4
	r_{min}	0.1	0.1	0.1	0.1	0.2	0.2	0.25	0.4	0.4
	l	2～16	3～20	3～25	4～30	5～40	6～50	8～60	10～80	12～80
GB/T 67—2016	d_k	3.2	4	5	5.6	8	9.5	12	16	23
	k	1	1.3	1.5	1.8	2.4	3	3.6	4.8	6
	t_{min}	0.35	0.5	0.6	0.7	1	1.2	1.4	1.9	2.4
	r_{min}	0.1	0.1	0.1	0.1	0.2	0.2	0.25	0.4	0.4
	l	2～16	2.5～20	3～25	4～30	5～40	6～50	8～60	10～80	12～80
GB/T 68—2016	d_k	3	3.8	4.7	5.5	8.4	9.3	11.3	15.8	18.5
	k	1	1.2	1.5	1.65	2.7	2.7	3.3	4.65	5
	t_{min}	0.32	0.4	0.5	0.6	1	1.1	1.2	1.8	2
	r_{max}	0.4	0.5	0.6	0.8	1	1.3	1.5	2	2.5
	l	2.5～16	3～20	4～25	5～30	6～40	8～50	8～60	10～80	12～80
n		0.4	0.5	0.6	0.8	1.2	1.2	1.6	2	2.5
b_{min}		25				38				
l 系列		2、2.5、3、4、5、6、8、10、12、(14)、16、20、25、30、35、40、45、50、(55)、60、(65)、70、(75)、80								

注：表中是对应标准的部分数据，单位为 mm。

附表 10　　圆柱销　不淬硬钢和奥氏体不锈钢（GB/T 119.1—2000）

圆柱销　淬硬钢和马氏体不锈钢（GB/T 119.2—2000）

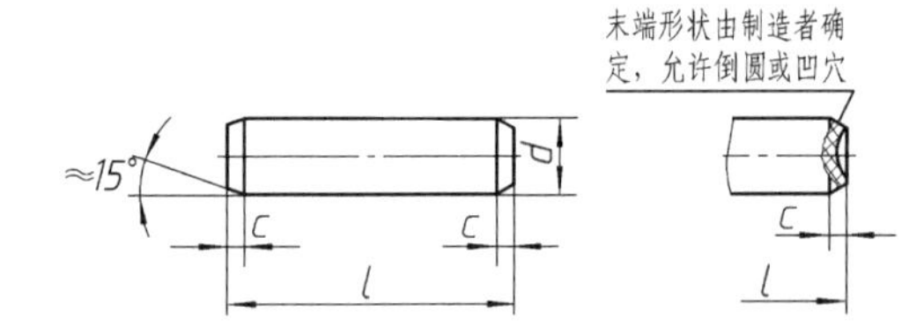

标记示例

公称直径 d=6 mm、公差为 m6、公称长度 l=30 mm、材料为钢、不经淬火、不经表面处理的圆柱销：

销　GB/T 119.1　6m6×30

公称直径 d=6 mm、公差为 m6、公称长度 l=30 mm、材料为钢、普通淬火（A 型）、表面氧化处理的圆柱销：

销　GB/T 119.2　6×30

mm

公称直径 d		3	4	5	6	8	10	12	16	20	25	30	40	50
c≈		0.5	0.63	0.8	1.2	1.6	2.0	2.5	3.0	3.5	4.0	5.0	6.3	8.0
公称长度 l	GB/T 119.1	8～30	8～40	10～50	12～60	14～80	18～95	22～140	26～180	35～200	50～200	60～200	80～200	95～200
	GB/T 119.2	8～30	10～40	12～50	14～60	18～80	22～100	26～100	40～100	50～100	—	—	—	—
l 系列		8、10、12、14、16、18、20、22、24、26、28、30、32、35、40、45、50、55、60、65、70、75、80、85、90、95、100、120、140、160、180、200												

注：1. GB/T 119.1—2000 规定圆柱销的公称直径 d=0.6～50 mm，公称长度 l=2～200 mm，公差有 m6 和 h8。

2. GB/T 119.2—2000 规定圆柱销的公称直径 d=1～20 mm，公称长度 l=3～100 mm，公差仅有 m6。

3. 当圆柱销公差为 h8 时，其表面粗糙度 Ra≤1.6 μm。

附表 11　　　　　　　　　　**圆锥销（GB/T 117—2000）**

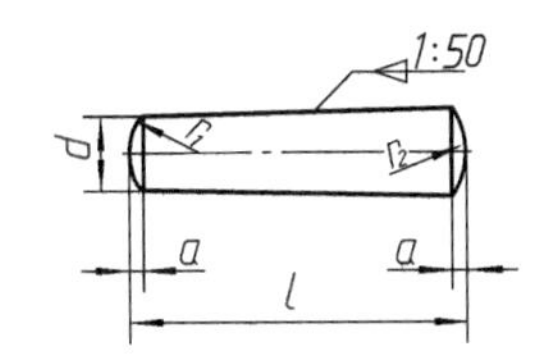

标记示例

公称直径d=10 mm、公称长度l=60 mm、材料为35钢、热处理硬度25~38HRC、表面氧化处理的A型圆锥销：

销　GB/T 117　10×60

mm

公称直径 d	4	5	6	8	10	12	16	20	25	30	40	50
a≈	0.5	0.63	0.8	1	1.2	1.6	2	2.5	3	4	5	6.3
公称长度 l	14~55	18~60	22~90	22~120	26~160	32~180	40~200	45~200	50~200	55~200	60~200	65~200
l 系列	2、3、4、5、6、8、10、12、14、16、18、20、22、24、26、28、30、32、35、40、45、50、55、60、65、70、75、80、85、90、95、100、120、140、160、180、200											

注：1. 标准规定圆锥销的公称直径 d=0.6～50 mm。

2. 分为 A 型和 B 型。A 型为磨削，锥面表面粗糙度 Ra=0.8 μm；B 型为切削或冷镦，锥面表面粗糙度 Ra=3.2 μm。

附表 12　　　　　　　　　　**滚　动　轴　承**

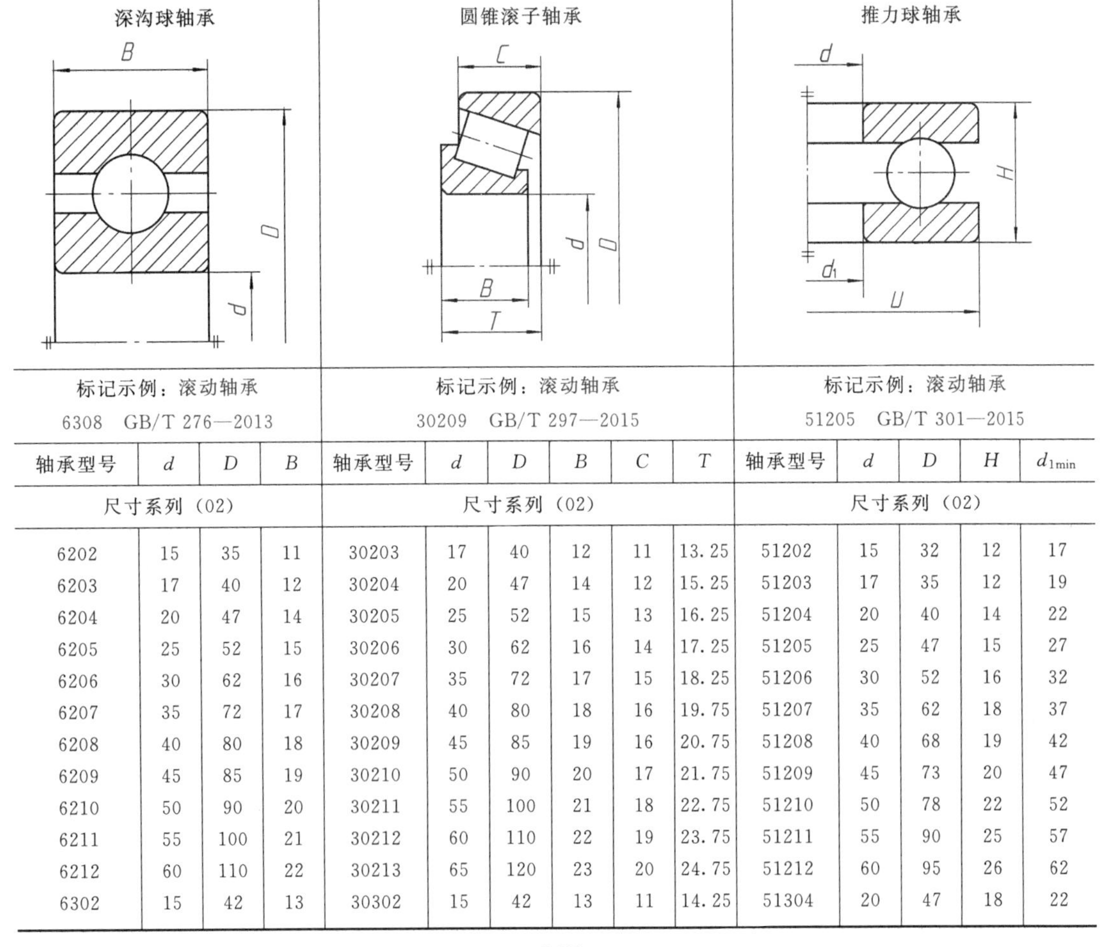

深沟球轴承	圆锥滚子轴承	推力球轴承
标记示例：滚动轴承 6308　GB/T 276—2013	标记示例：滚动轴承 30209　GB/T 297—2015	标记示例：滚动轴承 51205　GB/T 301—2015

轴承型号	d	D	B
尺寸系列（02）			
6202	15	35	11
6203	17	40	12
6204	20	47	14
6205	25	52	15
6206	30	62	16
6207	35	72	17
6208	40	80	18
6209	45	85	19
6210	50	90	20
6211	55	100	21
6212	60	110	22
6302	15	42	13

轴承型号	d	D	B	C	T
尺寸系列（02）					
30203	17	40	12	11	13.25
30204	20	47	14	12	15.25
30205	25	52	15	13	16.25
30206	30	62	16	14	17.25
30207	35	72	17	15	18.25
30208	40	80	18	16	19.75
30209	45	85	19	16	20.75
30210	50	90	20	17	21.75
30211	55	100	21	18	22.75
30212	60	110	22	19	23.75
30213	65	120	23	20	24.75
30302	15	42	13	11	14.25

轴承型号	d	D	H	d_{1min}
尺寸系列（02）				
51202	15	32	12	17
51203	17	35	12	19
51204	20	40	14	22
51205	25	47	15	27
51206	30	52	16	32
51207	35	62	18	37
51208	40	68	19	42
51209	45	73	20	47
51210	50	78	22	52
51211	55	90	25	57
51212	60	95	26	62
51304	20	47	18	22

续表

尺寸系列（03）				尺寸系列（03）						尺寸系列（03）				
6303	17	47	14	30303	17	47	14	12	15.25	51305	25	52	18	27
6304	20	52	15	30304	20	52	15	13	16.25	51306	30	60	21	32
6305	25	62	17	30305	25	62	17	15	18.25	51307	35	68	24	37
6306	30	72	19	30306	30	72	19	16	20.75	51308	40	78	26	42
6307	35	80	21	30307	35	80	21	18	22.75	51309	45	85	28	47
6308	40	90	23	30308	40	90	23	20	25.25	51310	50	95	31	52
6309	45	100	25	30309	45	100	25	22	27.25	51311	55	105	35	57
6310	50	110	27	30310	50	110	27	23	29.25	51312	60	110	35	62
6311	55	120	29	30311	55	120	29	25	31.5	51313	65	115	36	67
6312	60	130	31	30312	60	130	31	26	33.5	51314	70	125	40	72
6313	65	140	33	30313	65	140	33	28	36.0	51315	75	135	44	77

附表 13　　普通螺纹退刀槽和倒角（GB/T 3—1997）　　mm

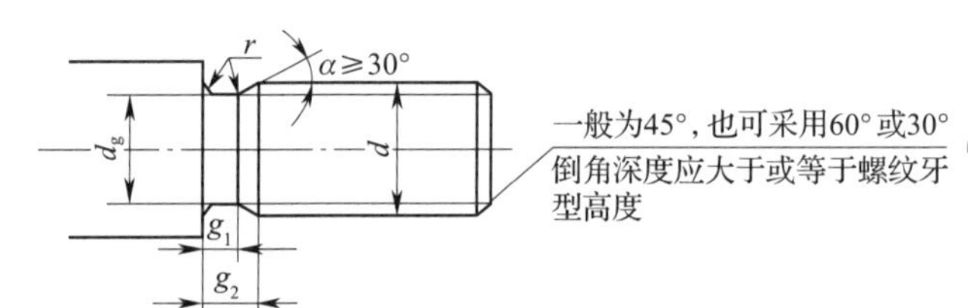

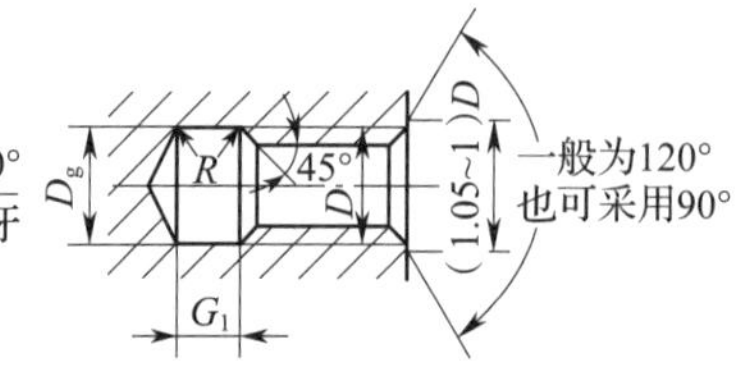

螺距	外螺纹			内螺纹		螺距	外螺纹			内螺纹	
	g_{2max}	g_{1min}	d_g	G_1	D_g		g_{2max}	g_{1min}	d_g	G_1	D_g
0.5	1.5	0.8	$d-0.8$	2	$D+0.3$	1.75	5.25	3	d−2.6	7	$D+0.5$
0.7	2.1	1.1	$d-1.1$	2.8		2	6	3.4	d−3	8	
0.8	2.4	1.3	$d-1.3$	3.2		2.5	7.5	4.4	d−3.6	10	
1	3	1.6	d−1.6	4	$D+0.5$	3	9	5.2	d−4.4	12	
1.25	3.75	2	d−2	5		3.5	10.5	6.2	d−5	14	
1.5	4.5	2.5	d−2.3	6		4	12	7	d−5.7	16	

注：1. d、D 为螺纹公称直径代号。

2. d_g 公差：$d>3$ mm 时，为 h13；$d\leqslant 13$ mm 时，为 h12。D_g 公差为 H13。

3. “短”退刀槽仅在结构受限制时采用。

附表 14　　砂轮越程槽（GB/T 6403.5—2008）　　mm

磨外圆　　磨内圆

b_1	0.6	1.0	1.6	2.0	3.0	4.0	5.0	8.0	10
b_2	2.0	3.0		4.0		5.0		8.0	10
h	0.1	0.2		0.3	0.4		0.6	0.8	1.2
r	0.2	0.5		0.8	1.0		1.6	2.0	3.0
d	<10			10～50		50～100		>100	

注：1. 越程槽内二直线相交处不允许产生尖角。

2. 越程槽深度 h 与圆弧半径 r 要满足 $r\leqslant 3h$。

3. 磨削具有数个直径的工件时，可使用同一规格的越程槽。

4. 直径 d 值大的零件，允许选择小规格的砂轮越程槽。

5. 砂轮越程槽的尺寸公差和表面粗糙度根据该零件的结构、性能确定。

附表 15　　优先配合中孔的极限偏差（GB/T 1800.2—2009）

公称尺寸（mm）		公差带（μm）												
		C	D	F	G	H				K	N	P	S	U
大于	至	11	9	8	7	7	8	9	11	7	7	7	7	7
—	3	+120 +60	+45 +20	+20 +6	+12 +2	+10 0	+14 0	+25 0	+60 0	0 −10	−4 −14	−6 −16	−14 −24	−18 −28
3	6	+145 +70	+60 +30	+28 +10	+16 +4	+12 0	+18 0	+30 0	+75 0	+3 −9	−4 −16	−8 −20	−15 −27	−19 −31
6	10	+170 +80	+76 +40	+35 +13	+20 +5	+15 0	+22 0	+36 0	+90 0	+5 −10	−4 −19	−9 −24	−17 −32	−22 −37
10	14	+205 +95	+93 +50	+43 +16	+24 +6	+18 0	+27 0	+43 0	+110 0	+6 −12	−5 −23	−11 −29	−21 −39	−26 −44
14	18													
18	24	+240 +110	+117 +65	+53 +20	+28 +7	+21 0	+33 0	+52 0	+130 0	+6 −15	−7 −28	−14 −35	−27 −48	−33 −54
24	30													−40 −61
30	40	+280 +120	+142 +80	+64 +25	+34 +9	+25 0	+39 0	+62 0	+160 0	+7 −18	−8 −33	−17 −42	−34 −59	−51 −76
40	50	+290 +130												−61 −86
50	65	+330 +140	+174 +100	+76 +30	+40 +10	+30 0	+46 0	+74 0	+190 0	+9 −21	−9 −39	−21 −51	−42 −72	−76 −106
65	80	+340 +150											−48 −78	−91 −121
80	100	+390 +170	+207 +120	+90 +36	+47 +12	+35 0	+54 0	+87 0	+220 0	+10 −25	−10 −45	−24 −59	−58 −93	−111 −146
100	120	+400 +180											−66 −101	−131 −166
120	140	+450 +200	+245 +145	+106 +43	+54 +14	+40 0	+63 0	+100 0	+250 0	+12 −28	−12 −52	−28 −68	−77 −117	−155 −195
140	160	+460 +210											−85 −125	−175 −215
160	180	+480 +230											−93 −133	−195 −235
180	200	+530 +240	+285 +170	+122 +50	+61 +15	+46 0	+72 0	+115 0	+290 0	+13 −33	−14 −60	−33 −79	−105 −151	−219 −265
200	225	+550 +260											−113 −159	−241 −287
225	250	+570 +280											−123 −169	−267 −313
250	280	+620 +300	+320 +190	+137 +56	+69 +17	+52 0	+81 0	+130 0	+320 0	+16 −36	−14 −66	−36 −88	−138 −190	−295 −347
280	315	+650 +330											−150 −202	−330 −382

续表

公称尺寸(mm)		公差带(μm)												
		C	D	F	G	H				K	N	P	S	U
大于	至	11	9	8	7	7	8	9	11	7	7	7	7	7
315	355	+720 +360	+350 +210	+151 +62	+75 +18	+57 0	+89 0	+140 0	+360 0	+17 −40	−16 −73	−41 −98	−169 −226	−369 −426
355	400	+760 +400											−187 −244	−414 −471
400	450	+840 +440	+385 +230	+165 +68	+83 +20	+63 0	+97 0	+155 0	+400 0	+18 −45	−17 −80	−45 −108	−209 −272	−467 −530
450	500	+880 +480											−229 −292	−517 −580

附表 16　　优先配合中轴的极限偏差(GB/T 1800.2—2009)

公称尺寸(mm)		公差带(μm)												
		c	d	f	g	h				k	n	p	s	u
大于	至	11	9	7	6	6	7	9	11	6	6	6	6	6
—	3	−60 −120	−20 −45	−6 −16	−2 −8	0 −6	0 −10	0 −25	0 −60	+6 0	+10 +4	+12 +6	+20 +14	+24 +18
3	6	−70 −145	−30 −60	−10 −22	−4 −22	0 −8	0 −12	0 −30	0 −75	+9 +1	+16 +8	+20 +12	+27 +19	+31 +23
6	10	−80 −170	−40 −76	−13 −28	−5 −14	0 −9	0 −15	0 −36	0 −90	+10 +1	+19 +10	+24 +15	+32 +23	+37 +28
10	14	−95 −205	−50 −93	−16 −34	−6 −17	0 −11	0 −18	0 −43	0 −110	+12 +1	+23 +12	+29 +18	+39 +28	+44 +33
14	18													
18	24	−110 −240	−65 −117	−20 −41	−7 −20	0 −13	0 −21	0 −52	0 −130	+15 +2	+28 +15	+35 +22	+48 +35	+54 +41
24	30													+61 +48
30	40	−120 −280	−80 −142	−25 −50	−9 −25	0 −16	0 −25	0 −62	0 −160	+18 +2	+33 +17	+42 +26	+59 +43	+76 +60
40	50	−130 −290												+86 +70
50	65	−140 −330	−100 −174	−30 −60	−10 −29	0 −19	0 −30	0 −74	0 −190	+21 +2	+39 +20	+51 +32	+72 +53	+106 +87
65	80	−150 −340											+78 +59	+121 +102
80	100	−170 −390	−120 −207	−36 −71	−12 −34	0 −22	0 −35	0 −87	0 −220	+25 +3	+45 +23	+59 +37	+93 +71	+146 +124
100	120	−180 −400											+101 +79	+166 +144

续表

公称尺寸（mm）		公差带（μm）												
		c	d	f	g	h				k	n	p	s	u
大于	至	11	9	7	6	6	7	9	11	6	6	6	6	6
120	140	−200 −450	−145 −245	−43 −83	−14 −39	0 −25	0 −40	0 −100	0 −250	+28 +3	+52 +27	+68 +43	+117 +92	+195 +170
140	160	−210 −460											+125 +100	+215 +190
160	180	−230 −480											+133 +108	+235 +210
180	200	−240 −530	−170 −285	−50 −96	−15 −44	0 −29	0 −46	0 −115	0 −290	+33 +4	+60 +31	+79 +50	+151 +122	+265 +236
200	225	−260 −550											+159 +130	+287 +258
225	250	−280 −570											+169 +140	+313 +284
250	280	−300 −620	−190 −320	−56 −108	−17 −49	0 −32	0 −52	0 −130	0 −320	+36 +4	+66 +34	+88 +56	+190 +158	+347 +315
280	315	−330 −650											+202 +170	+382 +350
315	355	−360 −720	−210 −350	−62 −119	−18 −54	0 −36	0 −57	0 −140	0 −360	+40 +4	+73 +37	+98 +62	+226 +190	+426 +390
355	400	−400 −760											+244 +208	+471 +435
400	450	−440 −840	−230 −385	−68 −131	−20 −60	0 −40	0 −63	0 −155	0 −400	+45 +5	+80 +40	+108 +68	+272 +232	+530 +490
450	500	−480 −880											+292 +252	+580 +540

附表 17　　　　铁　和　钢

牌号	统一数字代号	使用举例	说明
1. 灰铸铁（摘自 GB/T 5612—2008）、工程用铸钢（摘自 GB/T 11352—2009）			
HT150 HT200 HT350 ZG230—450 ZG310—570		中强度铸铁：底座、刀架、轴承座、端盖 高强度铸铁：床身、机座、齿轮、凸轮、联轴器、机座、箱体、支架 各种形状的机件、齿轮、飞轮、重负荷机架	"HT"表示灰铸铁，后面的数字表示最小抗拉强度（MPa） "ZG"表示铸钢，第一组数字表示屈服强度最低值（MPa），第二组数字表示抗拉强度最低值（MPa）
2. 碳素结构钢（摘自 GB/T 700—2006）、优质碳素结构钢（摘自 GB/T 699—2015）			
Q215 Q235 Q255 Q275		受力不大的螺钉、轴、凸轮、焊件等 螺栓、螺母、拉杆、钩、连杆、轴、焊件 金属构造物中的一般机件、拉杆、轴、焊件 重要的螺钉、拉杆、钩、连杆、轴、销、齿轮	"Q"表示钢的屈服强度，数字为屈服强度数值（MPa），同一钢号下分质量等级，用 A、B、C、D 表示质量依次下降，如 Q235A

续表

牌号	统一数字代号	使用举例	说明
30 35 40 45 65Mn	U20302 U20352 U20402 U20452 U21652	曲轴、轴销、连杆、横梁 曲轴、摇杆、拉杆、键、销、螺栓 齿轮、齿条、凸轮、曲柄轴、链轮 齿轮轴、联轴器、衬套、活塞销、链轮 大尺寸的各种扁、圆弹簧，如座板簧、弹簧发条	牌号数字表示钢中平均含碳量的万分数，例如，“45”表示平均含碳量为0.45%，数字依次增大，抗拉强度、硬度增加，断后伸长率降低。当含锰量为0.7%～1.2%时需注出“Mn”
3. 合金结构钢（摘自GB/T 3077—1999）			
15Cr 40Cr 20CrMnTi	A20152 A20402 A26202	用于渗碳零件、齿轮、小轴、离合器、活塞销 活塞销、凸轮，用于心部韧性较高的渗碳零件 工艺性好，汽车、拖拉机的重要齿轮，供渗碳处理	符号前数字表示含碳量的万分数，符号后数字表示元素含量的百分数，当含量小于1.5%时不注数字

附表18　有色金属及其合金

牌号或代号	使用举例	说明
1. 加工黄铜（摘自GB/T 5231—2012）、铸造铜合金（摘自GB/T 1176—2013）		
H62（代号）	散热器、垫圈、弹簧、螺钉等	“H”表示普通黄铜，数字表示铜含量的平均百分数
ZCuZn38Mn2Pb2 ZCuSn5Pb5Zn5 ZCuAl10Fe3	铸造黄铜：用于轴瓦、轴套及其他耐磨零件 铸造锡青铜：用于承受摩擦的零件，如轴承 铸造铝青铜：用于制造蜗轮、衬套和耐腐蚀性零件	“ZCu”表示铸造铜合金，合金中的其他元素用化学符号表示，符号后数字表示该元素含量的平均百分数
2. 铝及铝合金（摘自GB/T 3190—2008）、铸造铝合金（摘自GB/T 1173—2013）		
1060 1050A 2A12 2A13	适于制作储槽、塔、热交换器、防止污染及深冷设备 适用于中等强度的零件，焊接性能好	铝及铝合金牌号用四位数字或字符表示，部分新旧牌号对照如下： 新　旧　新　旧 1060　L2　2A12　LY12 1050A　L3　2A13　LY13
ZAlCu5Mn （代号ZL201） ZAlMg10 （代号ZL301）	砂型铸造，工作温度为175～300℃的零件，如内燃机缸头、活塞 在大气或海水中工作、承受冲击载荷、外形不太复杂的零件，如舰船配件等	“ZAl”表示铸造铝合金，合金中的其他元素用化学符号表示，符号后数字表示该元素含量的平均百分数。代号中的数字表示合金系列代号和顺序号